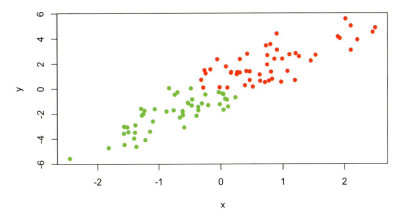

口絵 1　本文 p. 194 参照.

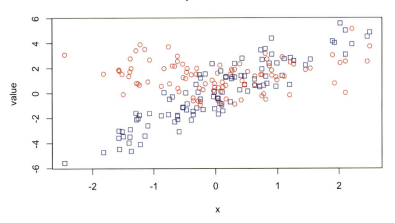

口絵 2　本文 p. 195 参照.

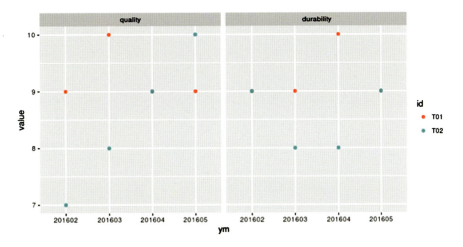

口絵 3　本文 p. 374 参照.

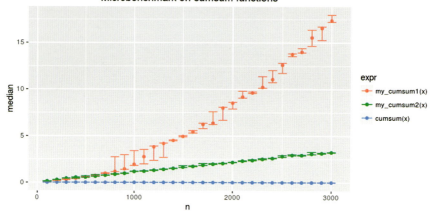

口絵 4　本文 p. 419 参照.

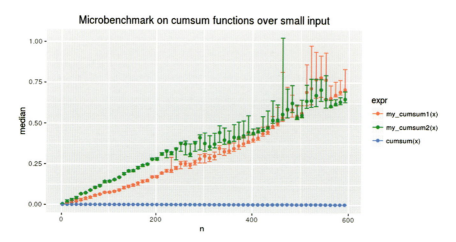

口絵 5　本文 p. 420 参照.

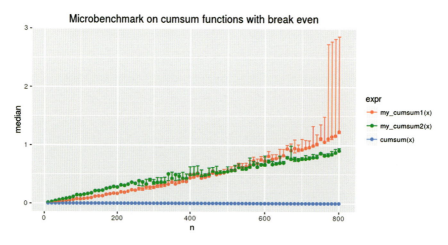

口絵 6　本文 p. 420 参照.

Learning R Programming
Become an efficient data scientist with R

Rプログラミング
本格入門

達人データサイエンティストへの道

Kun Ren：著

湯谷啓明・松村杏子・市川太祐：訳　　株式会社ホクソエム：監訳

共立出版

Learning R Programming

By Kun Ren

Copyright © Packt Publishing 2016.

First published in the English language under the title 'Learning R Programming – 9781785889776'

Japanese language edition published by KYORITSU SHUPPAN CO., LTD.

まえがき

　Rは統計計算，データ分析，そしてその結果を可視化するために設計されたプログラミング言語であり，近年，データサイエンスおよび統計学の分野においては最も有名なものとなっている．Rによるプログラミングにはデータプロセシングが大きな比重を占めており，これはRに不慣れなユーザにとってはかなり骨の折れる作業でもある．

　Rは動的言語 (dynamic language) であり，C++やJava，C#といった厳密な型をもつ言語に比べると非常に柔軟なデータ構造を有する．実際，そのような言語に慣れていた筆者がRを利用し始めた時には，Rの挙動は非常に奇妙かつ予測不能で，一貫性のないものに思えたものである．Rを利用するようなデータ分析プロジェクトにおいて，多くの時間はモデルの作成ではなく，データクリーニングや探索的分析，その可視化に割かれる．そして，おかしな結果やエラーを吐き出すコードの間違い探しも，我々から多くの時間を奪う．本質的な問題解決とは程遠いプログラミングそのものの問題と戦っている時，とりわけヒントなしに何時間もバグと戦っている時などはイライラして仕方がない．しかし，データ分析プロジェクトにおける経験を積み，Rにおけるオブジェクトや関数の挙動を理解するにつれ，思ったよりもこの言語は一貫性があり美しく設計されているのではないかと思うようになった．この観点を多くの人と共有したい，これがこの本を執筆するに至った動機である．

　本書を通じて，あなたはRをプログラミング言語として広く一貫性をもった形で理解でき，周辺の有用なツールについても知ることができる．また，あなたの生産性を向上させるベストプラクティスやデータ操作についての深い理解も得られるだろう．そして，Rを用いてプログラミングを行い，適切な問題解決を実行するために十分な自信も獲得できるものと思われる．

本書がカバーする内容

　第1章「クイックスタート」では，Rに関する基本的な知識やRの環境構築方法，そしてRStudioを用いたプログラミングについて学ぶ．第2章「基本的なオブジェクト」では，Rにおける基本的なオブジェクトの内容および挙動について学ぶ．第3章「作業スペースの管理」では，作業ディレクトリやR内の環境，そして拡張パッケージの管理方法について学ぶ．第4章「基本的な表現式」では，代入式，条件式，ループといった基本的な条件式について学ぶ．第

iv　　まえがき

5章「基本的なオブジェクトを扱う」では，Rにおけるオブジェクトを操作するための基本的な関数について学ぶ．第6章「文字列を扱う」では，文字列に関連するRのオブジェクトおよび文字列操作のテクニックについて学ぶ．第7章「データを扱う」では，実例を交えた形でシンプルな入出力関数について学ぶ．第8章「Rの内部を覗く」では，遅延評価や環境，関数，レキシカルスコーピングといったトピックを取り上げながら，Rにおける評価の仕組みについて学ぶ．第9章「メタプログラミング」では，Rの言語オブジェクト (language object) や非標準評価 (non-standard evaluation) を理解する際に役立つメタプログラミングについて学ぶ．第10章「オブジェクト指向プログラミング」では，S3，S4，参照クラス，拡張パッケージとして提供されているR6といったRにおけるクラスシステムについて学ぶ．第11章「データベース操作」では，SQLiteやMySQLといったポピュラーなリレーショナルデータベースをRでどう扱うかに始まり，MongoDBやRedisといったNoSQL型データベースの操作方法についても学ぶ．第12章「データ操作」では，**data.table**パッケージおよび**dplyr**パッケージを用いたデータフレームの操作，そして**rlist**パッケージを用いたリストの操作について学ぶ．第13章「ハイパフォーマンスコンピューティング」では，パフォーマンスの話題を扱い，**Rcpp**パッケージの利用といったRにおける計算速度を高める方法について紹介する．第14章「ウェブスクレイピング」では，ウェブページ，CSSセレクタ，XPathの基礎および**rvest**パッケージを用いたウェブスクレイピングについて学ぶ．第15章「生産性を高める」では，分析結果のレポーティングやプレゼンテーションを効率よく実行できるRMarkdown, Shinyについて学ぶ．

本書のコードを実行するために必要な環境

本書のコードはR3.4.0日本語版で実行を確認している[1]．また，開発環境はRStudioが望ましい．

第11章のコードを実行するためにはMongoDB, Redisの実行環境が必要である．第13章におけるRcppのコードを実行する際，Windowsの場合は利用しているRのバージョンに合わせたRtoolsのインストールが，Linux/macOSの場合はgccのインストールがそれぞれ必要である．

本書の想定読者

本書の読者としては，データ分析プロジェクトにかかわっており生産性を上げたいと思っているものの，プログラミングには不慣れな人を想定している．また同時に，周辺技術やツール，拡張パッケージも交えた形でRを言語として体系立てて理解したい上級者も想定読者に含まれる．

いくつかの章は初心者にとっては難しいため，読み飛ばしてもらっても構わない．だが，これらの章を読んでおくと，Rに限らないプログラミングの基本概念やデータ分析における基本

---

[1] 訳注：エラーメッセージ，警告メッセージについては和英が混在している形になっているが，これは本実行環境を反映したものとなっている．

概念を知ることができるので，上級者を志すなら一読をお薦めしたい．

本書の表記について

　本書では用途に合わせて表記を変えている．データベースのテーブル名，フォルダ（ディレクトリ）名，ファイル拡張子，Twitter のハンドル名は，コードと同様の書体で表記している．また，関数名については apply() のように末尾に括弧を付与している．以下にその表記例を示す．

例：apply() は配列による入力を受け付け，行列の形で出力する．

　本文中のコードは以下のようにインデントを加えて表記しており，出力結果については # を 2 つ並べた形で区別している．

```
x <- c(1, 2, 3)
class(x)
## [1] "numeric"
typeof(x)
## [1] "double"
str(x)
## num [1:3] 1 2 3
```

　一部のコードでは，重要なポイントを表すために太字で表記している．

```
x <- rnorm(100)
y <- 2 * x + rnorm(100) * 0.5
m <- lm(y ~ x)
coef(m)
```

　初出の単語および重要な用語についても太字で表記している．

---

[2] 訳注：本書の正誤表およびコードに関する補足事項は，GitHub 上のサポートサイトに掲載している．
https://github.com/HOXOMInc/Learning_R_Programming

目　次

まえがき iii

第1章　クイックスタート 1

1.1　Rについて 1

    1.1.1　プログラミング言語としてのR 2

    1.1.2　計算環境としてのR 2

    1.1.3　コミュニティとしてのR 2

    1.1.4　エコシステムとしてのR 3

1.2　なぜRが必要か 3

1.3　Rのインストール 5

1.4　RStudio 8

    1.4.1　RStudioのユーザインターフェース 8

    1.4.2　RStudio Server 14

1.5　Rの簡単な実行例 14

1.6　まとめ 16

第2章　基本的なオブジェクト 17

2.1　ベクトル 18

    2.1.1　数値型ベクトル 18

    2.1.2　論理値型ベクトル 20

    2.1.3　文字列型ベクトル 21

    2.1.4　ベクトルの一部を抽出する 22

    2.1.5　名前付きベクトル 25

    2.1.6　要素を抽出する 26

    2.1.7　ベクトルのクラスを確認する 27

viii　目　次

	2.1.8　ベクトルを変換する	28
	2.1.9　数値型ベクトルのための算術演算子	29
2.2	行列	30
	2.2.1　行列を作る	30
	2.2.2　行と列に名前をつける	31
	2.2.3　行列から部分集合を取得する	31
	2.2.4　行列の演算子を使う	33
2.3	配列	34
	2.3.1　配列を作成する	35
	2.3.2　配列の部分集合をとる	36
2.4	リスト	36
	2.4.1　リストを作成する	37
	2.4.2　リストから要素を抽出する	37
	2.4.3　リストから部分集合をとる	38
	2.4.4　名前付きリスト	39
	2.4.5　値を代入する	40
	2.4.6　リストに関係する関数群	41
2.5	データフレーム	42
	2.5.1　データフレームを作成する	42
	2.5.2　データフレームの行と列に名前をつける	43
	2.5.3　データフレームの部分集合をとる	44
	2.5.4　値を代入する	47
	2.5.5　因子型	49
	2.5.6　データフレームのための便利な関数	50
	2.5.7　ディスクへのデータの読み込みと書き込み	51
2.6	関数	52
	2.6.1　関数を作成する	53
	2.6.2　関数を呼び出す	53
	2.6.3　動的型付け	54
	2.6.4　関数を汎用化する	54
	2.6.5　関数の引数のデフォルト値	56
2.7	まとめ	57

第3章　作業スペースの管理　　58

3.1　Rの作業ディレクトリ　　　　　　　　　　　　　　58

| | | | 目 次 | ix |

3.1.1	RStudio によるプロジェクトの作成	59
3.1.2	絶対・相対パスの比較	60
3.1.3	プロジェクトファイルの管理	61
3.2	環境の調査	63
3.2.1	既存のシンボルの調査	63
3.2.2	オブジェクトの構造を見る	65
3.2.3	シンボルの削除	68
3.3	グローバルオプションの変更	69
3.3.1	表示される桁数の変更	69
3.3.2	警告レベルの改変	71
3.4	パッケージの管理	73
3.4.1	パッケージに対する理解	74
3.4.2	CRAN からパッケージをインストールする	74
3.4.3	CRAN からパッケージを更新する	76
3.4.4	オンラインレポジトリからパッケージをインストールする	77
3.4.5	パッケージの関数を使う	77
3.4.6	マスキングと名前の衝突	81
3.4.7	パッケージがインストールされているかを確認する	83
3.5	まとめ	84

第 4 章　基本的な表現式　　85

4.1	代入式	85
4.1.1	他の代入演算子	86
4.1.2	非標準的な名前とバッククオートの使用	89
4.2	条件式	91
4.2.1	if を文として使う	91
4.2.2	if を式として使う	95
4.2.3	if をベクトルと一緒に使う	97
4.2.4	ベクトル化された if を使う：ifelse	99
4.2.5	値を分岐させるために switch を使う	100
4.3	ループ式	102
4.3.1	for ループを使う	102
4.3.2	while ループを使う	107
4.4	まとめ	109

x　目　次

第5章　基本的なオブジェクトを扱う　　110

5.1　オブジェクト関数を使う　　110
　5.1.1　オブジェクトの型を調べる　　111
　5.1.2　データの次元にアクセスする　　115
5.2　論理関数を使う　　119
　5.2.1　論理演算子　　119
　5.2.2　論理関数　　120
　5.2.3　欠損値に対処する　　123
　5.2.4　論理値への型変換　　125
5.3　数学関数を使う　　125
　5.3.1　基本的な関数　　125
　5.3.2　数値を丸める関数　　127
　5.3.3　三角関数　　127
　5.3.4　ハイパボリック関数　　128
　5.3.5　極限関数　　128
5.4　数値解析法を使う　　131
　5.4.1　求根　　131
　5.4.2　微積分　　135
5.5　統計関数を使う　　136
　5.5.1　ベクトルからの抽出　　137
　5.5.2　確率分布を扱う　　138
　5.5.3　統計量を計算する　　140
5.6　apply 族の関数を使う　　143
　5.6.1　lapply()　　144
　5.6.2　sapply()　　145
　5.6.3　vapply()　　146
　5.6.4　mapply()　　147
　5.6.5　apply()　　148
5.7　まとめ　　148

第6章　文字列を扱う　　150

6.1　文字列を始める　　150
　6.1.1　テキストを表示する　　150
　6.1.2　文字列を連結する　　153

	6.1.3 テキストを変換する	155
	6.1.4 テキストの書式設定をする	159
6.2	日時の書式設定をする	162
	6.2.1 テキストを日時にパースする	162
	6.2.2 日時を文字列に変換する	166
6.3	正規表現を使用する	167
	6.3.1 文字列のパターンを見つける	169
	6.3.2 グループを用いてデータを抽出する	170
	6.3.3 カスタマイズ可能な方法でデータを読む	172
6.4	まとめ	173

第7章　データを扱う　　175

7.1	データを読み書きする	175
	7.1.1 テキスト形式のデータファイルの読み書きを行う	175
	7.1.2 Excel ワークシートの読み書きを行う	180
	7.1.3 ネイティブ形式のデータファイルの読み書きを行う	182
	7.1.4 組み込みのデータセットを読み込む	186
7.2	データを可視化する	188
	7.2.1 散布図を作成する	188
	7.2.2 折れ線グラフを作成する	195
	7.2.3 棒グラフを作成する	200
	7.2.4 円グラフを作成する	202
	7.2.5 ヒストグラムと密度プロットを作成する	202
	7.2.6 箱ひげ図を作成する	206
7.3	データを分析する	208
	7.3.1 線形モデルを当てはめる	208
	7.3.2 決定木を当てはめる	213
7.4	まとめ	215

第8章　Rの内部を覗く　　217

8.1	遅延評価を理解する	217
8.2	コピー修正を理解する	222
	8.2.1 関数外のオブジェクトに変更を加える	226
8.3	レキシカルスコープについて理解する	228

xii 目次

8.4 環境の動作を理解する	233
8.4.1 環境オブジェクトについて知る	233
8.4.2 環境を作成してつなげる	234
8.4.3 環境をつなげる	235
8.4.4 関数にかかわる環境を理解する	241
8.5 まとめ	243

第9章 メタプログラミング 244

9.1 関数型プログラミングを理解する	244
9.1.1 クロージャを作成して使う	244
9.1.2 高階関数を使う	249
9.2 言語オブジェクトの処理	254
9.2.1 表現式を捕捉して変更を加える	256
9.2.2 表現式を評価する	263
9.2.3 非標準評価について理解する	266
9.3 まとめ	272

第10章 オブジェクト指向プログラミング 274

10.1 オブジェクト指向プログラミングとは	274
10.1.1 クラスとメソッドを理解する	275
10.1.2 継承を理解する	275
10.2 S3 オブジェクトシステム	276
10.2.1 総称関数とメソッドディスパッチについて理解する	276
10.2.2 組み込みクラスとメソッドを使う	279
10.2.3 既存のクラスに総称関数を定義する	286
10.2.4 新しいクラスのオブジェクトを作る	288
10.3 S4 を扱う	299
10.3.1 S4 のクラスを定義する	299
10.3.2 S4 の継承を理解する	304
10.3.3 S4 の総称関数	306
10.3.4 多重ディスパッチを理解する	308
10.4 参照クラスを扱う	311
10.5 R6 を扱う	312
10.6 まとめ	315

第 11 章　データベース操作　　316

11.1　リレーショナルデータベースの操作	316
11.1.1　SQLite データベースの作成	317
11.1.2　テーブルおよびテーブル内のフィールドへのアクセス	320
11.1.3　SQL を学ぶ	322
11.1.4　チャンク単位でクエリの結果を取得する	331
11.1.5　データの一貫性を保証するためにトランザクションを用いる	332
11.1.6　データベースへのデータ保存	337
11.2　NoSQL データベースの操作	340
11.2.1　MongoDB の操作	341
11.2.2　Redis の操作	356
11.3　まとめ	361

第 12 章　データ操作　　362

12.1　データフレームの基本操作	362
12.1.1　組み込み関数群を用いたデータフレームの操作	363
12.1.2　reshape2 パッケージを用いたデータフレームの変形	370
12.2　sqldf パッケージを用いた SQL によるデータフレームの操作	375
12.3　data.table パッケージを用いたデータ操作	379
12.3.1　インデックスを用いたデータへのアクセス	385
12.3.2　グループ化を用いたデータの集約	387
12.3.3　データテーブルの変形	390
12.3.4　set 系関数による操作	392
12.3.5　データテーブルにおける動的スコープ	393
12.4　dplyr パッケージを用いたデータ操作	398
12.5　rlist パッケージを用いたネストされたデータの操作	405
12.6　まとめ	410

第 13 章　ハイパフォーマンスコンピューティング　　412

13.1　コードのパフォーマンス問題を理解する	412
13.1.1　コードのパフォーマンスを測定する	414
13.2　コードのプロファイリング	421
13.2.1　Rprof によるコードのプロファイリング	421

xiv　目　次

13.2.2	profvis パッケージによるコードのプロファイリング	424
13.2.3	なぜコードが遅いのかを理解する	426
13.3	コードのパフォーマンスを加速させる	428
13.3.1	組み込み関数を使う	428
13.3.2	ベクトル化を使う	431
13.3.3	バイトコードコンパイラ	433
13.3.4	Intel MKL 版の R ディストリビューションを使う	434
13.3.5	並列処理を使う	435
13.3.6	Rcpp パッケージを使う	443
13.4	まとめ	452

第14章　ウェブスクレイピング　453

14.1　ウェブページの内部構造	453
14.2　CSS セレクタを用いたウェブページからのデータ抽出	459
14.3　XPath を用いたデータ抽出	462
14.4　HTML のソース解析によるデータ抽出	466
14.5　まとめ	477

第15章　生産性を高める　478

15.1	Markdown 書類を書く	478
15.1.1	Markdown を知る	479
15.1.2	R と Markdown の融合	484
15.1.3	表とグラフを埋め込む	487
15.2	インタラクティブなアプリケーションを作成する	494
15.2.1	Shiny アプリケーションを作成する	494
15.2.2	shinydashboard パッケージを使う	498
15.3	まとめ	502

訳者あとがき　504

索　引　506

第1章
クイックスタート

　データ分析を適切なツールなしに遂行するのは難しい．大量のデータを直接確認してそこから一定のパターンを見出し，何らかの結論を得ることは，熟練した分析者でもほとんど不可能だろう．適切なツール，たとえば R は，データを扱う際の生産性を著しく向上させる．筆者の経験上プログラミング言語の習得は，（英語や日本語のような）語学の習得に似ている．語学を勉強する際，用いられる用語や文法といった細かい話にいきなり入るのは得策ではない．まずは全体像をつかみ，そしてモチベーションを高め，少しずつ始めるとよい．本章では R 言語の概要について紹介することとし，以下のトピックを扱う．

- R について
- R がなぜ必要か
- R のインストール
- R のコードを書く上で必要なツール

　R の環境が整うと簡単なプログラムを書けるようになる．簡単なプログラムが書けるようになれば，あとはそれを発展させてより複雑なアプリケーションも作れるようになるはずである．

1.1　R について

　R は，統計計算，データ探索，分析，可視化を実施する上でパワフルな言語である．R は無料のオープンソースの言語であり，ユーザと開発者が互いの経験を共有するコミュニティをもつ．そこから生まれた R の拡張パッケージの数は 7,500 以上にのぼり [1]，これにより様々な領域の問題を扱うことができる．

　R は 1993 年にリリースされたが，特にこの 10 年でデータ関連産業に広まっており，データサイエンスにおける共通言語となりつつある．R はただのプログラミング言語以上のもので，包括的な計算環境であり，強固で活発なコミュニティであり，急成長しているエコシステムと

---

[1] https://cran.r-project.org/web/views/

もいえる.

1.1.1 プログラミング言語としての R

R は使いやすく，柔軟な統計環境，データ探索，可視化を提供するために，プログラミング言語としてこの 20 年で大きく進化してきた．ただし，いきすぎた使いやすさと柔軟性は，時としていざこざをもたらすことに注意が必要である．数回クリックするだけで統計解析における様々なタスクを簡単にこなせるソフトウェアは，カスタマイズや自動化，再現性の確保に関する柔軟性をもたないことが往々にしてある．また，統計ソフトウェアにおいてデータ操作や複雑な図を作成できる機能は多く用意されているが，これらの機能の使い方を習得し，正しく組み合わせるのは容易ではない．R はこのバランスがうまくとれているプログラミング言語である．

1.1.2 計算環境としての R

R は計算環境として軽量であり，使いやすい．MATLAB や SAS といった他の有名な統計ソフトウェアに比べても，サイズが小さくデプロイも容易である．

本書では，R の操作のほとんどすべてに RStudio を用いることとする．RStudio は R の統合開発環境であり，シンタックスハイライトや補完機能，パッケージ管理，グラフィックビューア，ヘルプビューア，デバッグといった優れた機能を数多く備えている．これらの機能は，R を操作する上での生産性を大きく向上させてくれるだろう．

1.1.3 コミュニティとしての R

R はコミュニティとしても強固かつ活発である．たとえば Try R[2] にアクセスしてみるとよい．インタラクティブなチュートリアルを通して R の基本を学ぶことができる．また，コーディングが求められている時でさえ，抱えている問題をすべて自分自身で解決する必要がない．疑問が生じたら Google で検索してみるとよい．多くの疑問に関しての答えが StackOverflow[3] で見つかるだろう．もしそこで解決策が見つからなければ，そのまま質問してみよう．きっと数分もしないうちに回答が返ってくるだろう．

R の拡張パッケージを使う際にその詳細について知りたい場合は，ウェブ上で公開されているソースコードを確認するとよい．多くのソースコードは GitHub[4] で公開されている．GitHub では，公開されているソースコードの確認以上のことが可能である．正しく動作しないパッケージがあれば，その問題について「Issue」という形でバグを報告できる．パッケージの目的に沿っ

---

[2] http://tryr.codeschool.com/

[3] http://stackoverflow.com/questions/tagged/r

[4] https://www.github.com

た新機能追加の要望も Issue で挙げられる．バグの修正や新機能の実装という形でパッケージ開発に参加したい場合はプロジェクトを「Fork」し，コードを修正し，その修正を反映してもらうよう，プロジェクトのオーナーに対して「Pull Request」するとよい．修正が受け入れられれば，晴れてあなたもパッケージのコントリビュータとして開発者の一員に名を連ねることになる．R と何千もの拡張パッケージは，このようなコントリビュータによって支えられているのである．

1.1.4　エコシステムとしての R

エコシステムとしての R は，IT 業界のみならずデータに関連する領域すべてで急速に広まっている．ユーザの多くはプロのエンジニアではなく，データ分析者や統計家である．こういったユーザの書くコードは質の高いものではないが，車輪の再発明をすることなく R にかかわり，R の適用範囲を拡大しているという意味で，エコシステムの一員である．

たとえば，ある計量経済学者が，時系列パターンのカテゴリを検出する新しい手法をパッケージとして実装したとしよう．このパッケージは，一定のユーザにとって興味深く有益なものである．あるユーザはこのパッケージをより高速かつ汎用性の高いものに改良するだろう．またあるクオンツは，自身の取引アルゴリズムに組み込んで，ポートフォリオのリスクとなりうるパターンを検出させようとするかもしれない．つまり，計量経済学者が開発したパッケージは結果として実社会に適用され，ポートフォリオのリスクを軽減させるという影響を及ぼしたのである．

以上がエコシステムの一例であり，R がデータを扱う領域において広まっている理由の 1 つでもある．R はそのエコシステムの中で，汎用的なツールとして，データサイエンスや学術領域等の IT 産業以外の分野における最先端の知識をすぐに実装することができる．言い換えれば，R を使うことで様々な分野の知見を生産性や価値に変換できるのである．

1.2　なぜ R が必要か

R は他の統計ソフトウェアと比較して以下のような特徴をもつ．

- **無料である**

  R は無料である．ライセンスを購入する必要はない．したがって，R や拡張パッケージを導入するのに金銭的な壁はない．
- **オープンソースである**

  R とその拡張パッケージはすべてオープンソースである．何千もの開発者がパッケージのソースコードをレビューしており，バグがないか，そして改善点はないかチェックしている．もし R を使っていて問題があれば，自分自身でソースコードを確認して問題を修正することすらできる．

4 第1章 クイックスタート

- **有名である**

  R は非常に有名である．データマイニングや分析，可視化を行う統計プログラミング言語
  やプラットフォームの中で最も有名だろう．有名であることは，他のユーザと同じ言語を用
  いて「話す」ことが容易であることを意味する．

- **柔軟である**

  R は動的プログラミング言語である．そして，関数型言語やオブジェクト指向言語といっ
  た複数のパラダイムを用いてプログラミングすることができる．R ではまた，メタプログラ
  ミングもサポートしている．これにより，自身の用途に向けてカスタマイズしたデータ操作
  と可視化が可能になる．

- **再現性がある**

  グラフィカルユーザインターフェース (GUI) を用いたソフトウェアを利用する際，ユー
  ザはメニューを選んでボタンを押すだけで操作が可能である．しかし，操作の再現性と自動
  化は実現できない．これにはスクリプトを書く必要があり，R はその面で適している．

  – 多くの科学や産業分野において，再現性を求められる機会は多い．R のスクリプトはユー
    ザが望むことを簡潔に記述でき，再現性を確保できる．

- **リソースが豊かである**

  R には巨大かついまも急速に増え続けているウェブ上のリソースがある．1 つの例として
  拡張パッケージが挙げられる．本書の執筆時点で R のミラーサーバの世界的ネットワーク
  である **CRAN(Comprehensive R Archive Network)** には 7,500 以上のパッケージが登
  録されており，世界のどこにいても，そこから同一かつ最新の R 本体および拡張パッケー
  ジをインストールすることができる．

  – これらのパッケージは 4,500 人を超える開発者によって開発されている．パッケージはほ
    とんどすべてのデータを扱う学術・産業分野に対応している．たとえば，多変量解析，時
    系列分析，計量経済学，ベイズ推定，最適化，金融，遺伝学，ケモメトリクス，計算物理
    学等であり，CRAN Task View[5] でその概要を確認できる．

  – 大量のパッケージ群に加えて，たくさんのユーザがブログや Stack Overflow 上での回答
    でもって，自身の考えや経験，効率的なやり方等を共有している．さらに，R-bloggers[6]
    や R documentation[7]，METACRAN[8] 等，R に特化したウェブサイトも数多くある．

- **強固なコミュニティ**

  R のコミュニティは R の開発者だけでなく，統計学や計量経済学，金融，バイオインフォ
  マティクス，機械工学，物理学，医学といった様々なバックグラウンドをもつ R ユーザで
  構成されている．

---

[5] https://cran.r-project.org/web/views/

[6] http://www.r-bloggers.com/

[7] http://www.rdocumentation.org/

[8] http://www.r-pkg.org/

– 無数の R 開発者が，R を利用したオープンソースプロジェクトやパッケージ開発に取り組
んでいる．コミュニティは，データ分析やデータの探索，可視化について，より簡単に，
より面白く取り組めるよう日々開発を続けている．

– R を利用している際に問題が生じたら，その問題について Google で検索してみるとよ
い．おそらくあなたの問題についていくつかの回答が得られるだろう．もし回答が見つか
らなければ，Stack Overflow で質問してみるとよい．すぐに回答が得られるはずだ．

● 最先端の知見

多くの R ユーザは，統計学，計量経済学等のプロの研究者である．最先端の手法を実装し
た新しいパッケージを発表する際，併せてその内容についての論文も発表していることが多
い．たとえば，新しい統計学的検定法やパターン認識，より効率的な最適化手法等である．

– R コミュニティでは，実社会における最先端のデータサイエンスの知見が発表されること
が多い．この事実こそが R コミュニティをより機能的にしており，また同時に R コミュ
ニティの可能性を示唆するものでもある．

1.3　R のインストール

R をインストールするには，まず公式サイト [9] にアクセスし，近くのミラーサーバを選んだ
上で，download R [10] から使用中の OS に合わせたバージョンをダウンロードする．本書の
執筆時点では最新版は 3.2.3 である [11]．本書におけるコード例はすべて，Windows もしくは
Linux におけるこのバージョンの R を利用しているが，他の OS や以前のバージョンの R を利
用しても出力に大きな違いはないはずである．Windows を使っている場合は最新版のインス
トーラをダウンロードし，実行するだけでインストールできる．インストールの手順は簡単だ
が，多くのユーザが途中で問題に当たるようだ．インストーラを実行するとまずどのコンポー
ネントをインストールするか 4 つのチェックボックスが提示される．Core files は，R のコア
のライブラリである．Message translations コンポーネントは，翻訳がサポートされる言語に
対して警告とエラーメッセージを翻訳する．しかしもっとユーザの頭を悩ませるのは，32 ビッ
トと 64 ビットのどちらをインストールするかだろう．しかし心配する必要はない．ここでは
64 ビットをインストールするとよい．最近のほとんどの PC は，64 ビットの OS 上で実行で
きるプログラムをサポートしているからだ．したがって，R のインストーラのメニューにおい
ても 64 ビットがデフォルトで選択されている．なお，もし 32 ビットの OS を利用しているな
ら 64 ビットの R は利用できない．

つまるところ，インストーラのドロップダウンメニューに関していえば，以下のスクリーン
ショットと同じようにデフォルトのメニューを選ぶのがよい．

---

[9] https://www.r-project.org/
[10] https://cran.r-project.org/mirrors.html
[11] 訳注：翻訳時点のバージョンは 3.4.0 である．

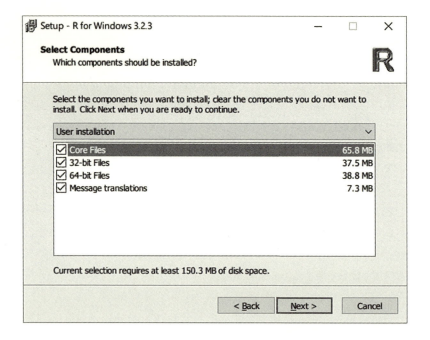

　他の悩ましい点として，Rのバージョン番号をレジストリに保存するかどうかというオプションがある．このオプションを選んでおくと，他のプログラムがインストールされているRのバージョンを検出することができる．Rを自分しか使わないことが確実であれば，デフォルトの選択肢を選んでおけばよい．

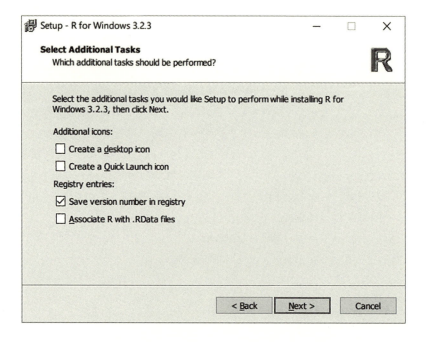

一通りインストールメニューを選択し終えるとインストールが開始し，ハードディスクへファイルがコピーされる．

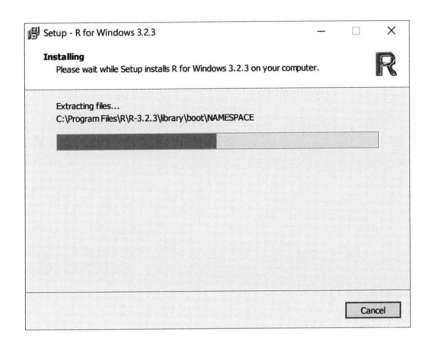

こうしてRが無事あなたのPCにインストールされた．Rを利用するには，コマンドプロンプト（またはターミナル），もしくはGUIの2通りの方法がある．デスクトップにショートカットを作るチェックをつけていた場合，コマンドプロンプトとGUIの2つのショートカットが作られているはずであり，そこからRを実行できる．

これですぐにでもRを利用できるが，必ずしもこの2通りの方法のみでRを利用する必要はない．筆者はRを利用する際にはRStudioを用いることを強く薦める．実際，本書はRStudioでR Markdownを用いて書かれた．RStudioは非常に便利だが，当然Rが適切にインストールされていないと利用できない．つまりRがバックエンド，RStudioはそれを利用しやすくするフロントエンドという役割分担になるのである．

Windowsを利用している場合，Rtools[12]をインストールしておくとよい．RtoolsをインストールしておくとC++のコードおよびコンパイル，Rからの呼び出しが可能になり，同時にC/C++で書かれたコードを含むパッケージをコンパイルできるようになる．

---

[12] http://cran.rstudio.com/bin/windows/Rtools/

1.4 RStudio

RStudio は，R プログラミングを行う上で非常に強力なインターフェースである．RStudio は無料かつオープンソースで，Windows, mac, Linux といった複数の OS で利用できる．

RStudio には，データ分析および可視化におけるユーザの生産性を向上させる機能がある．たとえば，シンタックスハイライト，自動補完，マルチタブビュー，ファイル管理機能，グラフィックビューポート，パッケージ管理，ヘルプビューワ，コードフォーマット，バージョン管理，インタラクティブなデバッグ機能等である．

最新の安定版の RStudio は，`https://www.rstudio.com/products/rstudio/download` からダウンロードできる．プレビュー版には新機能が搭載されており，`https://www.rstudio.com/products/rstudio/download/preview` からダウンロードできる．なお，RStudio には R 本体は含まれていないため，別途インストールしておく必要がある．

以降の節では RStudio のインターフェースについて簡単に解説する．

1.4.1 RStudio のユーザインターフェース

以下のスクリーンショットは，Windows における RStudio のユーザインターフェースである．MacOS X および Linux においてもおおよそ同じである．

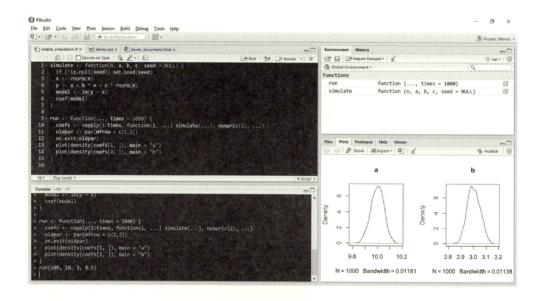

画面は，異なる機能をもつペインと呼ばれるパートに分かれている．各ペインは分析者がデータを扱う上で使いやすいように設計されている．

(1) コンソールペイン

　以下のスクリーンショットは，RStudio における R のコンソールである．このコンソール
は，コマンドプロンプト（ターミナル）とほぼ同じ動作をする．コンソールにコマンドをタイ
プすると，RStudio はそのリクエストを R 本体に送る．コマンドを実行するのは R 本体であ
る．つまり RStudio の役割は，ユーザからの入力を R 本体に送り，R 本体における実行結果
をユーザに返す仲立ちである．

```
Console ~/R/
+   model <- lm(y ~ x)
+   coef(model)
+ }
>
> run <- function(..., times = 1000) {
+   coefs <- vapply(1:times, function(i, ...) simulate(...), numeric(2), ...)
+   oldpar <- par(mfrow = c(1,2))
+   on.exit(oldpar)
+   plot(density(coefs[1, ]), main = "a")
+   plot(density(coefs[2, ]), main = "b")
+ }
> sim1 <- run(200, 2, 3, 0.2)
> |
```

　コンソールでは，コマンドの実行，変数の定義，式の評価を簡単に実行でき，これにより統
計的指標，データ変形，図の作成をインタラクティブに行うことができる．

(2) エディタペイン

　通常データ分析を行う際，コンソールにコマンドを直接タイプすることは少ない．代わりに
スクリプトを書く．スクリプトは分析ロジックを書いたコマンドで構成されており，ファイル
から読み込まれ，R 本体で実行される．このスクリプトを書く際にエディタが有用である．R
スクリプト以外にも，エディタでは Markdown，ウェブページ，C++ のソースコードの他，
各種設定ファイルを編集できる．

```
simple_simulation.R ×    demo.cpp ×    demo_document.Rmd ×
         Source on Save                                      Run      Source
 1  simulate <- function(n, a, b, c, seed = NULL) {
 2    if (!is.null(seed)) set.seed(seed)
 3    x <- rnorm(n)
 4    y <- a + b * x + c * rnorm(n)
 5    model <- lm(y ~ x)
 6    coef(model)
 7  }
 8
 9  run <- function(..., times = 1000) {
10    coefs <- vapply(1:times, function(i, ...) simulate(...), numeric(2), ...)
11    oldpar <- par(mfrow = c(1,2))
12    on.exit(oldpar)
13    plot(density(coefs[1, ]), main = "a")
14    plot(density(coefs[2, ]), main = "b")
15  }
16  |
16:1   (Top Level)                                             R Script
```

RStudio におけるコードエディタの機能は，単なるテキストエディタ以上のものである．シンタックスハイライト，R コードの自動補完，ブレークポイントを用いたデバッグ等をサポートしている．より具体的にいえば，たとえば以下のようなショートカットキーがある．

- Ctrl + Enter：選択行を実行する．
- Ctrl + Shift + S：現在編集中のドキュメント全体をソースとして実行する（ドキュメントを上から順に実行する）．
- Ctrl + Space または Tab：変数および関数の補完候補を提示する．

また，左端の行番号をクリックするとブレークポイントが設定できる．ブレークポイントを設定すると，設定した行でスクリプトの実行を一時停止させることができるので，その行までのスクリプトの実行結果を確認できる．

(3) 環境ペイン

環境 (Environment) ペインでは，作成した変数および関数のうち，再利用可能なものが表示される．デフォルトでは変数はグローバル環境，つまり，現在作業中のワークスペース上にあるものが表示されるようになっている．

新しいオブジェクト（変数や関数）を作成するたび，作成されたオブジェクトの情報が環境ペインに表示される．オブジェクトの情報は，名前とオブジェクトの簡単な説明で構成される．オブジェクトの値を変更したり，オブジェクトを消去したりすることで環境を操作すると，その結果は環境ペインに反映される．

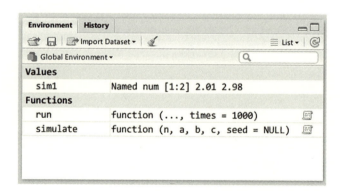

(4) 履歴ペイン

履歴 (History) ペインは，コンソールで評価された式の履歴を表示する．履歴として表示されている式を選択すると，以前に実行した式を再度実行できる．なお，履歴は作業ディレクトリの.Rhistory ファイルに保存されている．

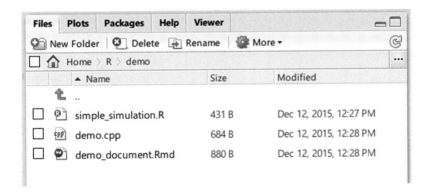

(5) ファイルペイン

　ファイルペインには，フォルダ内のファイルが表示されている．このペインではフォルダ間の移動，フォルダの削除，名前の変更といったファイル操作が可能である．RStudio のプロジェクト機能を利用している場合，ファイルペインはプロジェクトファイルを閲覧・操作するのに便利である．

(6) プロットペイン

　プロットペインでは，R で生成されるプロットを表示する．生成した過去のプロットはこのペインに保存されるので，消去しない限りはペイン上部の矢印のボタンを用いて呼び出すことができる．プロットペインのサイズを変更すると，そこの表示されているプロットのサイズも併せて変更される．またプロットペインからプロットをファイルに出力することもできる．

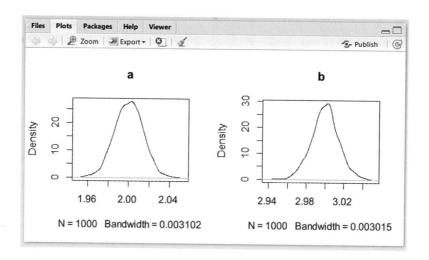

(7) パッケージペイン

Rの素晴らしさを支えているのが拡張パッケージである．パッケージペインでは，インストールされているすべてのパッケージが表示される．このペインで，CRANを経由したパッケージのインストールおよびアップデート，そしてパッケージのアンインストールが可能である．

(8) ヘルプペイン

拡張パッケージと並んで，詳細なヘルプドキュメントもRの特徴といえる．ヘルプペインではヘルプドキュメントを表示する．

ヘルプドキュメントを呼び出すには以下の方法がある．

- 関数名を検索ボックスに入力する．
- 関数名をコンソールに入力し F1 キーを押す．
- 関数名の前に？[13]をつけて実行する．

ヘルプがあるので，R を利用する上ですべての関数名を覚えておく必要はない．むしろヘルプが必要になるような使い慣れない関数名だけ覚えておけばよい．

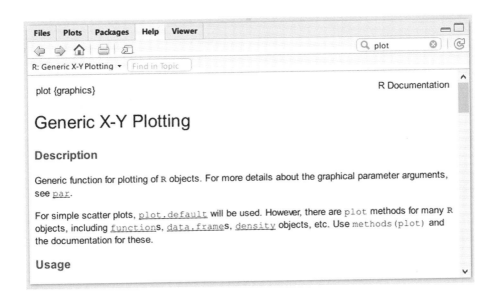

(9) ビューワペイン

ビューワ (Viewer) ペインは新しい機能である．これは，現在増えつつある JavaScript のライブラリを利用したパッケージの機能を活かすために追加された．これらのパッケージはデータの表現力が豊かであり，なおかつインタラクティブな操作性をもつ．以下のスクリーンショットでは，筆者が開発した **formattable** パッケージ[14]の例を示した．このパッケージは，Excel における条件付き書式を R のデータフレームで実現したものである．

---

[13] 訳注：help() を用いてもヘルプを確認できる．
[14] http://renkun.me/formattable

id	name	age	grade	test1_score	test2_score	final_score	registered
1	Bob	28	C	8.9	9.1	9.00 (rank: 06)	✔ Yes
2	Ashley	27	A	9.5	9.1	9.30 (rank: 03)	✘ No
3	James	30	A	9.6	9.2	9.40 (rank: 02)	✔ Yes
4	David	28	C	8.9	9.1	9.00 (rank: 06)	✘ No
5	Jenny	29	B	9.1	8.9	9.00 (rank: 06)	✔ Yes
6	Hans	29	B	9.3	8.5	8.90 (rank: 08)	✔ Yes
7	Leo	27	B	9.3	9.2	9.25 (rank: 04)	✔ Yes
8	John	27	A	9.9	9.3	9.60 (rank: 01)	✘ No
9	Emily	31	C	8.5	9.1	8.80 (rank: 09)	✘ No
10	Lee	30	C	8.6	8.8	8.70 (rank: 10)	✘ No

1.4.2 RStudio Server

もし Linux を利用しているなら，RStudio のサーバ版である RStudio Server を簡単に導入できる．これはホストサーバ（往々にしてノートブック PC より高性能）上で動く RStudio であり，ウェブブラウザで R を実行できる．ローカル版とほとんど同じ感覚で，サーバ上の RStudio を実行できるようになっている．

1.5 Rの簡単な実行例

この節では，R を用いた計算，モデルフィッティング，図の作成について簡単な例を示す．まずは，正規分布に従った乱数を 100 個格納したベクトル x を作ってみよう．さらにベクトル x を 2 倍して 3 を加えた後，ランダムノイズを加える．<- は代入演算子であり，これについては後述する．ベクトルの構造を表示するために str() を用いる．

```
x <- rnorm(100)
y <- 2 + 3 * x + rnorm(100) * 0.5
str(x)
##  num [1:100] -0.360957 -0.830179 -1.816244 0.000918 -0.013665 ...
str(y)
##  num [1:100] 0.139 0.02 -2.876 2.935 1.484 ...
```

ベクトル x とベクトル y は，線形関係にあるといえる．したがって，線形モデルをフィッティングさせて，この線形関係（係数 3，切片 2）を予測できるかどうか試してみよう．線形モデルには lm() を用いて，lm(y ~ x) のように記述する．

```
model1 <- lm(y ~ x)
```

1.5 Rの簡単な実行例　　15

　線形モデルのフィッティング結果はmodel1というオブジェクトに格納した．結果を確認するにはmodel1とタイプするか，print(model1)と明示的にprint()を用いるとよい．

```
model1
##
## Call:
## lm(formula = y ~ x)
##
## Coefficients:
## (Intercept)              x
##       2.034          3.084
```

　詳細な結果を確認したい場合はsummary()を用いる．

```
summary(model1)
##
## Call:
## lm(formula = y ~ x)
##
## Residuals:
##      Min       1Q   Median       3Q      Max
## -1.30679 -0.37741  0.05464  0.31792  1.04662
##
## Coefficients:
##             Estimate Std. Error t value Pr(>|t|)
## (Intercept)  2.03386    0.04773   42.61   <2e-16 ***
## x            3.08367    0.04968   62.07   <2e-16 ***
## ---
## Signif. codes:  0 '***' 0.001 '**' 0.01 '*' 0.05 '.' 0.1 ' ' 1
##
## Residual standard error: 0.4715 on 98 degrees of freedom
## Multiple R-squared:  0.9752, Adjusted R-squared:  0.9749
## F-statistic:  3852 on 1 and 98 DF,  p-value: < 2.2e-16
```

　元のベクトルx, yと予測したモデルの結果を同じ図に描いてみよう．

```
plot(x, y, main = "Simple linear regression")
abline(model1$coefficients, col = "blue")
```

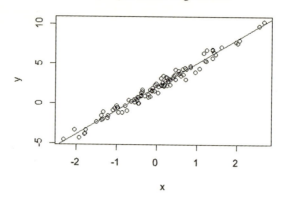

　以上のスクリーンショットは R のいくつかの関数を簡単に実行した結果であり，あなたが初めて R を触ってみた結果である．これまでの例に出てきた記号や関数に馴染めないようでも心配はいらない．以降の章でこういった基本的なオブジェクトや関数について説明をしていく．

1.6　まとめ

　本章では，R の基本的事項とその強みについて学んできた．Windows における R のインストール方法についてや，R におけるプログラミングを楽にする RStudio の導入，そして RStudio のメイン画面における各ペインの使い方についても学んだ．最後にいくつかの R のコマンドを用いてモデルフィッティングとその結果を描画し，R に少し触れてもらった．

　次の章では，より R に馴染んで，幅広い範囲のデータを表現，操作できるように，R の基本オブジェクトの挙動およびデータ構造について説明していく．

第2章
基本的なオブジェクト

　Rプログラミングを学ぶための最初の一歩は，基本的なRのオブジェクトとその挙動に慣れることである．この章では，以下について学ぶ．

- アトミックベクトル（たとえば，数値型ベクトル，文字列型ベクトル，論理値型ベクトル），行列，配列，リスト，データフレームの作成と部分集合の方法
- 関数の定義方法と使い方

　　　存在するもののすべてはオブジェクトである．発生するもののすべては関数である．

　　　　　　　　　　　　　　　　　　　　　　　　　　　　　　——ジョン・チェンバース

　たとえば統計分析において，我々はしばしば線形回帰モデルにデータを入力し，線形係数の組を獲得する．

　異なるオブジェクトがRにあるのならば，線形回帰を行った際に基本的にRで起こることは，データ一式を保持したデータフレームオブジェクトを与え，それを線形モデル関数に渡して，回帰の結果からなるリストオブジェクトを得て，最終的に，このリストから線形回帰係数を表す数値型ベクトルを抜き出す．これもまた別のタイプのオブジェクトである．

　すべてのタスクは，様々な異なるタイプのオブジェクトを伴う．それぞれのオブジェクトは，異なるゴールと振る舞いをもつ．実世界の問題を解くために，とりわけよりエレガントなコードかつ少ない工程で，基本的なオブジェクトがどのように機能するのかを理解することは重要である．さらに重要なことに，オブジェクトの挙動を具体的に理解すると，正しいコードに到達するまでに引っかかる様々な問題を解決しやすくなる．こうすることで，本質的な問題解決により多くの時間を割くことができるようになるのだ．

　以下の節では，種々の基本的なRのオブジェクトについて見ていく．それらは，異なるタイプのデータを表し，データセットを分析し，可視化することを容易にする．それらのオブジェクトがどのように機能し，それぞれがどのように相互に作用するかについての基本知識が得られるだろう．

18   第 2 章 基本的なオブジェクト

2.1 ベクトル

　ベクトルは同じ型のプリミティブな値の組である．1つのベクトルはプリミティブな値，つまり数値，真偽値，文字列等を要素としてもち，その型はすべて同一である．ベクトルは，すべての R オブジェクトの基本的な要素の1つである．

　R のベクトルにはいくつかの型がある．それらは，保持している要素の型によりそれぞれ異なる．以下，最もよく使われるベクトルである数値型ベクトル，論理値型ベクトル，文字列型ベクトルについて見ていく．

2.1.1 数値型ベクトル

　数値型ベクトルは数値のベクトルである．スカラは最もシンプルな数値型ベクトルである．以下が例である．

```
1.5
## [1] 1.5
```

　数値型ベクトルは最もよく使われるデータ型で，ほとんど全種類のデータ分析の基本である．R 以外のプログラミング言語においては，スカラには，整数型，浮動小数点型，文字列型といった型が適用されている．スカラは，ベクトルのようなコンテナを構成する基本的な要素である．しかし，R においてはスカラについて形式的定義はなく，数値型ベクトルの特殊なケースである．特殊である理由は，ただその長さが1であるためである．

　値を作成する時は将来使うことに備え，保持しておくことについて考えるのは自然である．値を保持するには，<- を用いて，シンボルに値を割り当てる．言い換えると，1.5 という値をもった x という名の変数を作成するのである．

```
x <- 1.5
```

　これでシンボル x に値が与えられたので，これから先は x を使って値を表現できる．

```
x
## [1] 1.5
```

　数値型ベクトルを作成する方法はいくつかある．numeric() を用い，引数に与えた長さの 0 ベクトルを作成できる．

```
numeric (10)
## [1] 0 0 0 0 0 0 0 0 0 0
```

　c() を用い，いくつかのベクトルを組み合わせ，1つのベクトルを作成することもできる．最も簡単な例は，いくつかの単一の値をもったベクトルを組み合わせ，複数の値をもったベクトルにすることである．

```
c(1, 2, 3, 4, 5)
## [1] 1 2 3 4 5
```

　単一の値をもったベクトルと複数の値をもったベクトルが混合したものを組み合わせ，上で作ったものと同じ要素をもったベクトルを得ることもできる．

```
c(1, 2, c(3, 4, 5))
## [1] 1 2 3 4 5
```

　連続した整数のベクトルを作成したい場合は，: 演算子を用いる．

```
1:5
## [1] 1 2 3 4 5
```

　正確にいうと，前述のコードは数値型ベクトルではなく，整数型ベクトルを生成している．多くの場合，この違いはさほど重要ではない．この話題は後ほど取り上げる．

　連続した数値を生成するより一般的な方法としては，seq() を用いることである．たとえば，以下のコードは 1〜10 の間で 2 ずつ連続して値が増える数値型ベクトルを生成する．

```
seq(1, 10, 2)
## [1] 1 3 5 7 9
```

　seq() のような関数には多くの引数がある．すべての引数を与え，こういった関数を呼び出すこともできるが，多くの場合その必要はない．ほとんどの関数は，いくつかの引数に適当なデフォルトの値を与えているので，関数を呼び出しやすくしてくれてある．その場合，デフォルトの値に変化を加えたい引数だけを指定すればよい．

　たとえば，3 から始まり 10 の長さをもった他のベクトルを作成したい場合には，length.out 引数を指定すればよい．

```
seq(3, length.out = 10)
## [1] 3 4 5 6 7 8 9 10 11 12
```

　上記のコードでは名前のついた引数 length.out を用いており，他の引数はデフォルトの値に保たれているので，この引数だけに変更が加わる．

　数値型ベクトルを定義する方法は多くあるが，演算子を用いる場合は常に気をつけるべきである．以下が気をつけるべき場合の例である．

```
1 + 1:5
## [1] 2 3 4 5 6
```

　ここでは 2 を起点に 5 を終点とした連続した数列ではなく，1 を起点に 5 を終点とした連続した数列にそれぞれ 1 を加えた結果が返っている．: 演算子は + よりも優先的に評価され，結果として 1:5 を先に評価し，それからそれぞれに 1 が足され，上記の数列が生成される．演算子

20   第 2 章 基本的なオブジェクト

の優先順位については，後ほど取り上げる．

2.1.2 論理値型ベクトル

数値型ベクトルとは異なり，論理値型ベクトルは TRUE もしくは FALSE の値の組をもっている．論理的な質問の組に対して，「はい」か「いいえ」で答えた結果を示すものである．最も簡単な論理値型ベクトルは，TRUE と FALSE それ自身である．

```
TRUE
## [1] TRUE
```

論理値型ベクトルを得るためのよりよく用いられる方法としては，R のオブジェクトについて論理的な質問をすることである．たとえば，R に対し，1 は 2 より大きいか尋ねるとしよう．

```
1 > 2
## [1] FALSE
```

答えが「はい」であれば，TRUE として表現される．時々，TRUE, FALSE と書くことが冗長なことがある．その場合，TRUE の略語として T，FALSE の略語として F を用いることができる．同時に複数を比較する場合，直接数値型ベクトルを質問に用いることができる．

```
c(1, 2) > 2
## [1] FALSE FALSE
```

R はこの表現を，c(1, 2) と 2 の要素ごとの比較だと解釈する．言い換えると，これは c(1 > 2, 2 > 2) と同等である．

長い方のベクトルの長さが短い方のベクトルの倍数であれば，2 つの複数の要素をもった数値型ベクトルの比較を行うこともできる．

```
c(1, 2) > c(2, 1)
## [1] FALSE TRUE
```

上記のコードは c(1 > 2, 2 > 1) と同等である．2 つの異なる長さのベクトルがどう比較されるかについては，以下の例を見てほしい．

```
c(2, 3) > c(1, 2, -1, 3)
## [1] TRUE TRUE TRUE FALSE
```

少し混乱するかもしれない．計算のメカニズムとしては，c(2 > 1, 3 > 2, 2 > -1, 3 > 3) というように，短い方のベクトルが繰り返し用いられるのである．より正確にいうと，短い方のベクトルは，長い方のベクトルのそれぞれの要素を比較し終えるまで繰り返し用いられる．

R には論理演算子が用意されている．いくつか紹介すると，== (同等)，> (大なり)，>= (大なりイコール)，< (小なり)，<= (小なりイコール)，さらには左辺のベクトルの各要素が右辺

のベクトルに含まれているか否かを示す%in%などがある.

```
1 %in% c(1, 2, 3)
## [1] TRUE
c(1, 4) %in% c(1, 2, 3)
## [1] TRUE FALSE
```

　なお，%in%は他の論理演算子のように，リサイクル処理（短い方のベクトルが繰り返し用いられる処理）が適用されるわけではないことに注意してほしい．上記例の場合でいえば，c(1 %in% c(1, 2, 3), 4 %in% c(1, 2, 3))といったように，左のベクトルに対して繰り返し処理を行う.

2.1.3　文字列型ベクトル

　文字列型ベクトル (character vector) は，文字列 (character) の集まりである．ただし，ここでいう character は，他のプログラミング言語でいうような単一の文字や記号ではなく，this is a string のような文字列 (string) と同等である．以下のように，文字列型ベクトルを作るには，ダブルクォーテーションとシングルクォーテーションの両方を用いることができる.

```
"hello, world!"
## [1] "hello, world!"
'hello, world!'
## [1] "hello, world!"
```

　連結関数 c() を用い，複数の要素をもった文字列型ベクトルを構築することもできる.

```
c("Hello", "World")
## [1] "Hello" "World"
```

　== を用い，2つのベクトルの対応する位置にある値同士が等しいかどうかを確かめることができるが，これは文字列型ベクトルの場合も当てはまる.

```
c("Hello", "World") == c('Hello', 'World')
## [1] TRUE TRUE
```

　これらの文字列型ベクトルが同値である理由としては，" と ' はいずれも文字列を生成するのに使われるだけで，生成される値自体には影響を及ぼさないためである.

```
c("Hello", "World") == "Hello, World"
## [1] FALSE FALSE
```

　前述の式はいずれも FALSE を返す．Hello も World も，Hello, World に一致しないためである．この2つのクォーテーションマークの違いは，クォーテーションマークを含む文字列

22　第2章　基本的なオブジェクト

を生成する際の挙動である.

　"を使い, "自身を含む文字列（単一要素のみの文字列型ベクトル）を作成したい場合には, 文字列の中の"が文字列を表すダブルクォーテーションの締めの方と解釈されないよう, \ を打つことでエスケープさせる必要がある.

　以下の例はクォーテーションマークをエスケープする例である. このコードにおいては, 与えられたテキストを出力するのに cat() を用いている.

```
cat("Is \"You\" a Chinese name?")
## Is "You" a Chinese name?
```

　これを読むのが簡単でないと感じるのであれば, 文字列の生成には ’ を用いればよい. こうすれば, 読みやすくなる.

```
cat('Is "You" a Chinese name?')
## Is "You" a Chinese name?
```

　言い換えると, "はエスケープなしで ’ を使うことを許容し, ’はエスケープなしで " を使うことを許容する.

　数値型ベクトル, 論理値型ベクトル, 文字列型ベクトルの作成についての基礎はこれで理解できただろう. なお, R には他のベクトルとして複素数型ベクトル (complex vectors) とバイト型ベクトル (raw vectors) が存在する. 複素数型ベクトルは, c(1 + 2i, 2 + 3i) といった, 複素数値をもったベクトルのことである. バイナリ型ベクトルは, 16進数で表現されたバイナリデータを格納するものである. これら2種類のベクトルはそこまで高い頻度で使われるものではないが, すでに学んだ3種類のベクトルと同じような挙動をする.

　次節ではベクトルの一部を扱うためのいくつかの方法について学ぶ. ベクトルの一部を抽出することで, 異なるタイプのベクトル同士がどのように関連しているのかについて理解し始めることができるはずだ.

2.1.4　ベクトルの一部を抽出する

　ベクトルの特定の要素や一部分を扱いたい場合, ベクトルの一部を抽出するということが意味するのは, ベクトルの特定の要素や一部分を呼び出すということである. 本節では, ベクトルの一部を抽出する様々な方法について説明する.

　初めに, 簡単な数値型ベクトルを作成し, v1 に割り当てる.

```
v1 <- c(1, 2, 3, 4)
```

　以下に示すすべての操作は, v1 の特定の部分を取り出すものである. たとえば, 2つ目の要素のみを抽出にはこのようにする.

```
v1[2]
## [1] 2
```

2〜4つ目の要素を取り出すにはこのようにする．

```
v1[2:4]
## [1] 2 3 4
```

3つ目以外の要素を取り出すにはこのようにする．

```
v1[-3]
## [1] 1 2 4
```

これらのパターンは明快である．ベクトル名に続く四角の括弧に，抽出したい位置の番号を並べた文字列型ベクトルを与えればよいのである．

```
a <- c(1, 2, 3)
v1[a]
## [1] 1 2 3
```

前述の例は，すべて要素の位置に応じてベクトルの一部分の抽出を行うものである．すなわち，ベクトルの一部分の抽出は要素の位置を指定することで実行できる．1つ注意してほしいのは，正の数と負の数を同時に使用することはできないということである．

```
v1[c(1, 2, -3)]
## v1[c(1, 2, -3)] でエラー: 負の添字と混在できるのは 0 という添字だけです
```

もし，ベクトルの長さよりも先にある位置を指定してしまった場合にはどうなるだろうか？以下の例は，ベクトル v1 の3つ目から存在しない6つ目の要素を取得しようと試みるものである．

```
v1[3:6]
## [1] 3 4 NA NA
```

これを見てわかるように，存在しない位置にあるものの値は NA として表現される．実際のデータでは，欠損値は頻繁に存在するものである．欠損値のよい点としては，NA を含む演算は一貫して NA という結果を返してくるということである．反面，欠損を含まないと仮定してデータを扱うということは安全ではないので，常に欠損を含むかどうかに気を配ってデータを扱わなければならない．

ベクトルの一部を抽出する他の方法としては，論理値型ベクトルを用いることである．抽出元のベクトルと同じ長さをもった論理値型ベクトルを与えることで，どの要素を抽出するのか決定することができる．

```
v1[c(TRUE, FALSE, TRUE, FALSE)]
```

24   第2章 基本的なオブジェクト

```
## [1] 1 3
```

抽出だけでなく，以下のようにしてベクトルの一部を上書きすることもできる．

```
v1[2] <- 0
```

この場合，v1 はこのようになる．

```
v1
## [1] 1 0 3 4
```

異なる位置にある複数の要素を同時に上書きすることも可能である．

```
v1[2:4] <- c(0, 1, 3)
```

v1 は以下のようになる．

```
v1
## [1] 1 0 1 3
```

一部の抽出と同じように，論理値型ベクトルも上書きに用いることができる．

```
v1[c(TRUE, FALSE, TRUE, FALSE)] <- c(3, 2)
```

v1 はこのようになる．

```
v1
## [1] 3 0 2 3
```

この演算の便利な使い方としては，要素を論理的基準に照らして選択するということである．たとえば，次のコードは，v1 における 2 以下のすべての要素を抽出するものである．

```
v1[v1 <= 2]
## [1] 0 2
```

より複雑な選択基準についても機能する． 以下の例は $x^2 - x + 1 \geq 0$ を満たす v1 のすべての要素を抽出する．

```
v1[v1 ^ 2 - v1 + 1 >= 0]
## [1] 3 0 2 3
```

x <= 2 を満たす要素をすべて 0 に置き換えるには，以下の操作を行う．

```
v1[v1 <= 2] <- 0
```

v1 は以下のようになる．

```
v1
```

```
## [1] 3 0 0 3
```

存在しない添字に対しベクトルを上書きした場合，ベクトルは自動で指定した添字に至るまで延長され，指定されていない要素には NA が欠損値として入る．

```
v1[10] <- 8
v1
## [1] 3 0 0 3 NA NA NA NA NA 8
```

2.1.5 名前付きベクトル

名前付きベクトルは，数値型ベクトルや論理値型ベクトルといった特定のデータ型を含むベクトルを指すわけではない．ベクトルの要素それぞれに対応する名前がついたものである．ベクトル作成時にそれのベクトルに名前を与えることができる．

```
x <- c(a = 1, b = 2, c = 3)
x
## a b c
## 1 2 3
```

こうすることで，対応する要素は 1 つの要素をもった文字列型ベクトルを用いて抽出できる．

```
x["a"]
## a
## 1
```

また，複数の要素をもった文字列型ベクトルを用いることで，対応する複数の要素を得ることもできる．

```
x[c("a", "c")]
## a c
## 1 3
```

用いる文字列型ベクトルが重複した要素をもっている場合，選択の結果も重複したものとなる．

```
x[c("a", "a", "c")]
## a a c
## 1 1 3
```

これに加え，ベクトルに用いられる他のすべての演算子は，名前付きベクトルに対しても完璧に機能する．ベクトルについている名前は names() を用いることで得られる．

```
names(x)
## [1] "a" "b" "c"
```

ベクトルの名前は固定されたものではない．文字列型ベクトルを与えることで，そのベクト

26　第 2 章　基本的なオブジェクト

ルの名前を変更することができる.

```
names(x) <- c("x", "y", "z")
x["z"]
## z
## 3
```

　名前がもう必要でないのであれば,NULL を用いてベクトルの名前を取り除くことができる.
NULL は未定義の値を表現する特別なオブジェクトである.

```
names(x) <- NULL
x
## [1] 1 2 3
```

　名前が存在しないとどうなるだろうか? 元々の x の値を使って実験してみよう.

```
x <- c(a = 1, b = 2, c = 3)
x["d"]
## <NA>
## NA
```

　直感的に,存在しない要素を指定しようとするとエラーになると思うだろう.しかし,結果
としてはエラーではなく,単一の欠損値からなる名前をもたないベクトルが返る.

```
names(x["d"])
## [1] NA
```

　ある要素には名前が存在し,他の要素には名前が存在しないベクトルに対して文字列型ベク
トルを与えると,得られるベクトルは与えたベクトルの長さを保つ.

```
x[c("a", "d")]
## a <NA>
## 1 NA
```

2.1.6　要素を抽出する

　[] はベクトルの一部を抽出するものであるが,[[]] はベクトルの要素を抽出するものであ
る.ベクトルは 10 個のキャンディーの箱であり,[] はたとえばキャンディーの箱を 3 つ取り
出す操作で,[[]] は箱を空けて中のキャンディーを取り出す操作である.
　単純なベクトルについては,[] と [[]] は 1 つの要素を取り出すので,得られる結果は同じ
ものになる.しかし,場合によってはそれぞれ異なる挙動をする.たとえば,名前のついたベ
クトルを [] と [[]] をそれぞれ用いて抽出すると,異なる結果になる.

```
x <- c(a = 1, b = 2, c = 3)
x["a"]
```

```
## a
## 1
x[["a"]]
## [1] 1
```

キャンディーの箱にたとえるとわかりやすくなるだろう．x["a"] は"a"とラベルのついた箱をあなたに与え，x[["a"]] は"a"とラベルのついた箱からキャンディーを取り出してあなたに与える．

[[]] は 1 つの要素のみを抽出するが，1 つ以上の要素をもったベクトルに対しては機能しない．

```
x[[c(1, 2)]]
## x[[c(1, 2)]] でエラー: attempt to select more than one element in vectorIndex
```

また，ある位置の要素は除外するということを意味する負の整数も，[[]] では機能しない．

```
x[[-1]]
## x[[-1]] でエラー: attempt to select more than one element in get1index <real>
```

存在しない位置にあるベクトルを抽出しようとすると欠損値が返ってくることについてはすでに学んだ．しかし，[[]] は範囲外にある位置の要素を抽出しようとすると，単純に機能しない．また，[[]] は存在しない名前を与えても機能しない．

```
x[["d"]]
## x[["d"]] でエラー:  添え字が許される範囲外です
```

初心者の多くは，[[]] と [] の両方が含まれたコードを見ると混乱し，使い方を誤ってしまうことが多いだろう．そんな時はキャンディーの箱のたとえを思い出してほしい．

2.1.7　ベクトルのクラスを確認する

事を起こす前に，扱っているベクトルの種類を知らなければならない時があるだろう．class() は R オブジェクトのクラスを教えてくれる．

```
class(c(1, 2, 3))
## [1] "numeric"
class(c(TRUE, TRUE, FALSE))
## [1] "logical"
class(c("Hello", "World"))
## [1] "character"
```

そのオブジェクトが特定のクラスのベクトルであることを確かめなければならない場合には，is.numeric()，is.logical()，is.character() や，その他似たような名前をもった関数を用いることができる．

28   第 2 章 基本的なオブジェクト

```
is.numeric(c(1, 2, 3))
## [1] TRUE
is.numeric(c(TRUE, TRUE, FALSE))
## [1] FALSE
is.numeric(c("Hello", "World"))
## [1] FALSE
```

2.1.8 ベクトルを変換する

　ベクトルのクラスは別のクラスに変換することができる．例を挙げてみよう．ここで 1 と 20 という数値が文字列として表現されていたとする．文字列のままでは算術操作ができないため，数値に変換する必要がある．幸い R ではこの文字列をそのまま数値に変換することができる．

　具体例を用いてベクトルの変換について学んでいこう．まずは文字列型ベクトルを準備しよう．

```
strings <- c("1", "2", "3")
class(strings)
## [1] "character"
```

　先述したように，文字列型ベクトルに対して算術操作は実行できない．

```
strings + 10
## Error in strings + 10: non-numeric argument to binary operator
```

　算術操作を行う際は，as.numeric() を用いて文字列型ベクトルを数値型ベクトルに変換する必要がある．

```
numbers <- as.numeric(strings)
numbers
## [1] 1 2 3
class(numbers)
## [1] "numeric"
```

　これで数値型ベクトルとして算術操作が実行できるようになった．

```
numbers + 10
## [1] 11 12 13
```

　is.* 関数群 (is.numeric(), is.logical(), is.character() 等) は，実行時にオブジェクトのクラスをチェックする．

```
as.numeric(c("1", "2", "3", "a"))
## 警告メッセージ:　強制変換により NA が生成されました
## [1] 1 2 3 NA
as.logical(c(-1, 0, 1, 2))
```

```
## [1] TRUE FALSE TRUE TRUE
as.character(c(1, 2, 3))
## [1] "1" "2" "3"
as.character(c(TRUE, FALSE))
## [1] "TRUE" "FALSE"
```

上記コードのように，ベクトルの型は他の型へと自由に変換できるように見える．しかし，型変換はこれから示すルールに則って実行される．

先のコードの最初の例では，文字列型ベクトルを数値型ベクトルに変換していたが，この文字列型ベクトルの最後の要素である a は数値型には変換できない．数値型への型変換は a 以外の要素に対して行われ，a は欠損値 NA に変換される．数値型ベクトルを論理値型ベクトルに変換する際は，0 のみが FALSE に変換され，他の数値は TRUE に変換される．すべての型は文字列型にそのまま変換できる．なぜなら，すべての値は文字列として表現できるからである．しかし，一旦数値型ベクトル，論理値型ベクトルを文字列型ベクトルに変換すると，元の型に戻さない限りは算術操作を実行できなくなる．うまくいかない例を見てみよう．

```
c(2, 3) + as.character(c(1, 2))
## c(2, 3) + as.character(c(1, 2)) でエラー:　二項演算子の引数が数値ではありません
```

これまで見てきたように，R には柔軟な型変換のルールがあるが，必ずしもユーザの意図を汲んだ挙動をするとは限らない．多くの場合は問題ないものの，予想外の挙動をすることもある．予防策として，データに対しては適切な型を与えるべきである．

2.1.9　数値型ベクトルのための算術演算子

数値型ベクトルを扱う算術演算子における処理のルールはシンプルであり，その原則は「ベクトルの要素単位で作用する」「短いベクトルに対してはリサイクル処理を行う」の 2 つである．以下は数値型ベクトルに対する算術演算子の適用例である．

```
c(1, 2, 3, 4) + 2
## [1] 3 4 5 6
c(1, 2, 3) - c(2, 3, 4)
## [1] -1 -1 -1
c(1, 2, 3) * c(2, 3, 4)
## [1] 2 6 12
c(1, 2, 3) / c(2, 3, 4)
## [1] 0.5000000 0.6666667 0.7500000
c(1, 2, 3) ^ 2
## [1] 1 4 9
c(1, 2, 3) ^ c(2, 3, 4)
## [1] 1 8 81
c(1, 2, 3, 14) %% 2
## [1] 1 0 1 0
```

30 第 2 章 基本的なオブジェクト

なお，ベクトルが名前をもっていても，算術演算子がその名前に従った処理結果を返すわけではないことに注意してほしい．以下の例のように演算子の左側のベクトルの名前のみが残り，右側のベクトルの名前は無視される．

```
c(a = 1, b = 2, c = 3) + c(b = 2, c = 3, d = 4)
## a b c
## 3 5 7
c(a = 1, b = 2, 3) + c(b = 2, c = 3, d = 4)
## a b
## 3 5 7
```

ここまで，数値型ベクトル，論理値型ベクトル，文字列型ベクトルの基本的な挙動について学んできた．この 3 つはよく使われる型であり，他のより複雑なオブジェクトの基礎的要素になる．そのようなオブジェクトの 1 つに行列がある．行列は統計学や計量経済学における定式化でよく用いられており，2 次元のデータを表現し，線形系の問題を扱うのに非常に有用な道具である．次の節では，R における行列の操作方法に始まり，これがベクトルとどれだけ密接にかかわっているかについて学んでいこう．

2.2 行列

行列は，2 次元のベクトルで表現される．したがって，ベクトルに適用できる操作は行列に対しても適用できる．たとえば，数値型ベクトル，文字列型ベクトルに対応して，それぞれ数値型行列，文字列型行列を作成可能である．

2.2.1 行列を作る

matrix() を用いることで，ベクトルから行列を作成できる．

```
matrix(c(1, 2, 3, 2, 3, 4, 3, 4, 5), ncol = 3)
## [,1] [,2] [,3]
## [1,] 1 2 3
## [2,] 2 3 4
## [3,] 3 4 5
```

この例では ncol = 3 を指定することで，3 列の行列を作成するよう指示している．ただ，このコードは若干直感的ではないと感じた方もいるかもしれない．そのような時は，行数を指定する nrow や行方向に値を並べる byrow 引数を用いることで，自身の好みに沿った操作が可能である．

```
matrix(c(1, 2, 3, 4, 5, 6, 7, 8, 9), nrow = 3, byrow = FALSE)
## [,1] [,2] [,3]
## [1,] 1 4 7
```

```
## [2,] 2 5 8
## [3,] 3 6 9
matrix(c(1, 2, 3, 4, 5, 6, 7, 8, 9), nrow = 3, byrow = TRUE)
## [,1] [,2] [,3]
## [1,] 1 2 3
## [2,] 4 5 6
## [3,] 7 8 9
```

対角行列を作成する時は，diag() を用いる．

```
diag(1, nrow = 5)
## [,1] [,2] [,3] [,4] [,5]
## [1,] 1 0 0 0 0
## [2,] 0 1 0 0 0
## [3,] 0 0 1 0 0
## [4,] 0 0 0 1 0
## [5,] 0 0 0 0 1
```

2.2.2 行と列に名前をつける

デフォルトでは，行列作成時に列名と行名は付与されていない．ただし行列においては，行と列の意味するところが異なる場合はそれぞれに名前をつけておいた方が便利なこともある．名前をつける際は，以下の例のように dimnames を指定する．

```
matrix(c(1, 2, 3, 4, 5, 6, 7, 8, 9), nrow = 3, byrow = TRUE, dimnames
 = list(c("r1", "r2", "r3"), c("c1", "c2", "c3")))
## c1 c2 c3
## r1 1 2 3
## r2 4 5 6
## r3 7 8 9
```

rownames(),colnames() を用いて名前をつけることもできる．

```
m1 <- matrix(c(1, 2, 3, 4, 5, 6, 7, 8, 9), ncol = 3)
rownames(m1) <- c("r1", "r2", "r3")
colnames(m1) <- c("c1", "c2", "c3")
```

なお，ここにリストおよび rownames(x) <-というまだ学んでいない 2 つの概念が出てきているが，これらについては本章の後半で学ぶ．

2.2.3 行列から部分集合を取得する

ベクトルと同様に，行列から部分的にデータを抽出したい時もあるだろう．このような操作を，行列からの部分集合の取得 (matrix subsetting) と呼ぶ．

ここで，行列は 2 次元のベクトルとして扱えることを思い出してほしい．ベクトルの場合は，

32   第 2 章　基本的なオブジェクト

要素にアクセスする際 [] を用いて指定していたが，行列の要素にアクセスする際は，[,] のように 2 次元で要素を指定する．

　[,] のカンマの両側に 2 つのベクトルをそれぞれ指定することで要素抽出が可能である．カンマの左側で行を指定し，右側で列を指定する．ベクトルにおける要素抽出と同様，行列の要素抽出には数値型ベクトル，論理値型ベクトル，文字列型ベクトルを用いることができる．

　以下の例では先のコードで準備した行列 m1 を用いる．

```
m1
## c1 c2 c3
## r1 1 4 7
## r2 2 5 8
## r3 3 6 9
```

　1 行 2 列目の要素を抽出する際は以下のように記述する．

```
m1[1, 2]
## [1] 4
```

　範囲をもたせた指定も可能である．

```
m1[1:2, 2:3]
## c2 c3
## r1 4 7
## r2 5 8
```

　片方の指定を空白とすると，空白にした側の要素がすべて抽出される．

```
m1[1,]
## c1 c2 c3
## 1 4 7
m1[,2]
## r1 r2 r3
## 4 5 6
m1[1:2,]
## c1 c2 c3
## r1 1 4 7
## r2 2 5 8
m1[, 2:3]
## c2 c3
## r1 4 7
## r2 5 8
## r3 6 9
```

　負の数値を指定すると，その数値の絶対値が示す要素を除いた残りの要素を抽出できる．

```
m1[-1,]
## c1 c2 c3
## r2 2 5 8
```

```
## r3 3 6 9
m1[,-2]
## c1 c3
## r1 1 7
## r2 2 8
## r3 3 9
```

行列が行名および列名をもっている場合は，その名前を文字列型ベクトルで指定することで抽出できる．

```
m1[c("r1", "r3"), c("c1", "c3")]
## c1 c3
## r1 1 7
## r3 3 9
```

行列が2次元のベクトルであることは，これまでも再三強調してきた．したがって，[] のように1次元のベクトルと同様の指定で要素を抽出することもできる．

```
m1[1]
## [1] 1
m1[9]
## [1] 9
m1[3:7]
## [1] 3 4 5 6 7
```

ベクトルは同じ型の要素しか格納できないが，行列においても同様である．以下の例では不等式を指定しているが，結果はベクトルの場合と同様であり，論理値型の結果が得られている．

```
m1 > 3
## c1 c2 c3
## r1 FALSE TRUE TRUE
## r2 FALSE TRUE TRUE
## r3 FALSE TRUE TRUE
```

この不等式を [] の中に指定することで TRUE となる要素のみを抽出できる点も，ベクトルの場合と同様である．

```
m1[m1 > 3]
## [1] 4 5 6 7 8 9
```

2.2.4 行列の演算子を使う

ベクトルに適用できる算術演算子は，行列においても同様に適用できる．行列積を示す %*% のような行列独自の演算子を除けば，算術演算子はベクトルと同様に要素単位の挙動を示す．

```
m1 + m1
```

34　第 2 章　基本的なオブジェクト

```
## c1 c2 c3
## r1 2 8 14
## r2 4 10 16
## r3 6 12 18
m1 - 2 * m1
## c1 c2 c3
## r1 -1 -4 -7
## r2 -2 -5 -8
## r3 -3 -6 -9
m1 * m1
## c1 c2 c3
## r1 1 16 49
## r2 4 25 64
## r3 9 36 81
m1 / m1
## c1 c2 c3
## r1 1 1 1
## r2 1 1 1
## r3 1 1 1
m1 ^ 2
## c1 c2 c3
## r1 1 16 49
## r2 4 25 64
## r3 9 36 81
m1 %*% m1
## c1 c2 c3
## r1 30 66 102
## r2 36 81 126
## r3 42 96 150
```

行列を転置させる時は，t() を用いる．

```
t(m1)
## r1 r2 r3
## c1 1 2 3
## c2 4 5 6
## c3 7 8 9
```

多くの算術操作は，ベクトルおよび行列で事足りる．しかし，より高次元なデータ構造が必要な場合もあるだろう．次の節ではより高次元なデータ構造として，配列を紹介する．

2.3　配列

配列は行列をより高次元なものとした拡張である．より具体的にいえば，配列とは任意の次元のもと，表現かつ操作可能としたベクトルであるといえる．ベクトルと行列の操作に習熟していれば，配列の操作に戸惑うことはない．

2.3.1 配列を作成する

配列を作成するには，array() にベクトルを指定する．この際，各次元の要素数，必要であれば各次元の名前も指定する．以下の例では，0～9 の 10 の整数を用意して，3 次元の配列を作成した．各次元の要素数はそれぞれ 1，5，2 と指定している．

```
a1 <- array(c(0, 1, 2, 3, 4, 5, 6, 7, 8, 9), dim = c(1, 5, 2))
a1
## , , 1
##
## [,1] [,2] [,3] [,4] [,5]
## [1,] 0 1 2 3 4
##
## , , 2
##
## [,1] [,2] [,3] [,4] [,5]
## [1,] 5 6 7 8 9
```

作成した配列 a1 の各要素へのアクセス方法については，上記の例で各要素の周囲に示されているインデックスを参照されたい．

dimnames に名前を指定することで，各次元の要素に名前を与えられる．

```
a1 <- array(c(0, 1, 2, 3, 4, 5, 6, 7, 8, 9), dim = c(1, 5, 2), dimnames
 = list(c("r1"), c("c1", "c2", "c3", "c4", "c5"), c("k1", "k2")))
a1
## , , k1
##
## c1 c2 c3 c4 c5
## r1 0 1 2 3 4
##
## , , k2
##
## c1 c2 c3 c4 c5
## r1 5 6 7 8 9
```

既存の配列に名前を与える場合は，dimnames(x) <-という形で，文字列型ベクトルをリストにして指定する．

```
a0 <- array(c(0, 1, 2, 3, 4, 5, 6, 7, 8, 9, 10), dim = c(1, 5, 2))
dimnames(a0) <- list(c("r1"), c("c1", "c2", "c3", "c4", "c5"), c("k1","k2"))
a0
## , , k1
##
## c1 c2 c3 c4 c5
## r1 0 1 2 3 4
##
## , , k2
##
```

36　第2章　基本的なオブジェクト

```
## c1 c2 c3 c4 c5
## r1 5 6 7 8 9
```

2.3.2　配列の部分集合をとる

　配列から部分集合をとる方法については，行列の場合と原則は同じである．以下の例では各次元にベクトルを指定することで，配列から部分集合をとっている．

```
a1[1,,]
## k1 k2
## c1 0 5
## c2 1 6
## c3 2 7
## c4 3 8
## c5 4 9
a1[, 2,]
## k1 k2
## 1 6
a1[,,1]
## c1 c2 c3 c4 c5
## 0 1 2 3 4
a1[1, 1, 1]
## [1] 0
a1[1, 2:4, 1:2]
## k1 k2
## c2 1 6
## c3 2 7
## c4 3 8
a1[c("r1"), c("c1", "c3"), "k1"]
## c1 c3
## 0 2
```

　これまで見てきたように，ベクトル，行列，配列は同様の挙動を示す．これらのデータ構造に共通するのは，同じ型の要素のみで構成されているということである．しかし，Rには異なる型の要素を格納できるデータ構造もある．これらのデータ構造は，メモリ効率性や操作時間を犠牲にしながらも柔軟なデータ表現を可能としている．

2.4　リスト

　リストは，ベクトルを基礎としながらも異なる型の要素を格納することができる汎用的なデータ構造である．リストは大変柔軟なデータ構造であり，その中にはリストを格納することすら可能である．たとえばRにおいて，線形モデルの構築結果はリストオブジェクトに格納される．このリストには，回帰係数や残差が数値型ベクトルとして，QR分解の結果が行列を格納したリストとして格納されている．これらの結果はすべて1つのリストに格納されているため，結

2.4 リスト   37

果ごとに異なる関数を用いて結果の抽出を行う必要がなく大変便利である．

2.4.1 リストを作成する

リストを作成する際には list() を用いる．list() を用いて，異なる型のオブジェクトを
1つのリストに格納することができる．以下の例では，1つの要素のみの数値型ベクトル，2つ
の要素の論理値型ベクトル，3つの要素の文字列型ベクトルをリスト l0 に格納している．

```
l0 <- list(1, c(TRUE, FALSE), c("a", "b", "c"))
l0
## [[1]]
## [1] 1
##
## [[2]]
## [1] TRUE FALSE
##
## [[3]]
## [1] "a" "b" "c"
```

以下の例のように，リストには名前をつけることができる．

```
l1 <- list(x = 1, y = c(TRUE, FALSE), z = c("a", "b", "c"))
l1
## $x
## [1] 1
##
## $y
## [1] TRUE FALSE
##
## $z
## [1] "a" "b" "c"
```

2.4.2 リストから要素を抽出する

リストから要素を抽出する方法はいくつかある．最もよく使われるのは，$ を用いた方法だ
ろう．

```
l1 <- list(x = 1, y = c(TRUE, FALSE), z = c("a", "b", "c"), m = NULL)
l1$x
## [1] 1
l1$y
## [1] TRUE FALSE
l1$z
## [1] "a" "b" "c"
l1$m
## NULL
```

38 第 2 章 基本的なオブジェクト

先の例では，存在しない m にアクセスしようとした．存在しない要素にアクセスすると NULL が返される．

[[]] に数値を指定すると，その番号の要素が返される．以下の例では l1[[2]] という形で 2 番目の要素を指定した結果，対応する l1$y の結果が返されている．

```
l1[[2]]
## [1] TRUE FALSE
```

[[]] 内に名前を指定することで，対応した名前付きの要素を $ と同じような形で抽出することが可能である．

```
l1[["y"]]
## [1] TRUE FALSE
```

リストから要素を抽出する際に，処理の前に指定した要素がわかっているとは限らない．このような時は [[]] を用いると便利である．

```
member <- "z" # こうすることで抽出するメンバーを動的に決定できる
l1[[member]]
## [1] "a" "b" "c"
```

上の例では，文字列をあらかじめ member オブジェクトに格納した上で，これを用いて要素抽出している．しかしなぜここで [] ではなく，[[]] を使う必要があるのだろうか？ その理由については次項で解説する．

2.4.3　リストから部分集合をとる

リストから複数の要素を取得したいケースは往々にしてある．このような場合，リストから取得した要素は元のリストの部分集合として，リストの形で得られる．リストの部分集合をリストとして取得する場合は，ベクトルや行列の場合と同様に [] を用いる．[] を用いると，抽出した要素は新しいリストとして取得できる．この際，ベクトルの場合と同様に文字列型ベクトルを用いて名前を指定したり，数値型ベクトルを用いて位置を指定したり，論理値型ベクトルを用いて一定の条件を指定したりと，様々な形で抽出が可能である．

```
l1["x"]
## $x
## [1] 1
l1[c("x", "y")]
## $x
## [1] 1
##
## $y
## [1] TRUE FALSE
```

```
l1[1]
## $x
## [1] 1
l1[c(1, 2)]
## $x
## [1] 1
##
## $y
## [1] TRUE FALSE
l1[c(TRUE, FALSE, TRUE)]
## $x
## [1] 1
##
## $z
## [1] "a" "b" "c"
```

まとめると，[[]] はベクトルやリストから 1 つの要素を抽出する際に利用する一方，[] は
部分集合を取得したい時に用いる．そしてベクトルの部分集合がベクトルであるのと同様に，
リストの部分集合もまたリストとして得られるのである．

2.4.4 名前付きリスト

リストには文字列型ベクトルを指定することで名前をつけられる．これは，対象とするベク
トルがすでに名前をもっていても可能である．

```
names(l1) <- c("A","B","C")
l1
## $A
## [1] 1
##
## $B
## [1] TRUE FALSE
##
## $C
## [1] "a" "b" "c"
```

名前を消去したい時は，以下の例のように NULL を代入する．

```
names(l1) <- NULL
l1
## [[1]]
## [1] 1
##
## [[2]]
## [1] TRUE FALSE
##
## [[3]]
## [1] "a" "b" "c"
```

40   第 2 章　基本的なオブジェクト

　リストから名前を消去すると，改めて名前をつけない限り，その名前でリストにアクセスすることはできない．もちろん，数値型ベクトルによる位置の指定や論理値型ベクトルによる条件指定は引き続き可能である．

2.4.5　値を代入する

　リストにおける値の代入は，ベクトルの時と同様である．

```
l1 <- list(x = 1, y = c(TRUE, FALSE), z = c("a", "b", "c"))
l1$x <- 0
```

　存在しない要素を指定して値を代入すると，その要素がリストに追加される．

```
l1$m <- 4
l1
## $x
## [1] 0
##
## $y
## [1] TRUE FALSE
##
## $z
## [1] "a" "b" "c"
##
## $m
## [1] 4
```

　以下の例のように，同時に複数の値を代入することもできる．

```
l1[c("y", "z")] <- list(y = "new value for y", z = c(1, 2))
l1
## $x
## [1] 0
##
## $y
## [1] "new value for y"
##
## $z
## [1] 1 2
##
## $m
## [1] 4
```

　要素を消去したい時は，NULL を代入する．

```
l1$x <- NULL
l1
## $y
```

2.4 リスト 41

```
## [1] "new value for y"
##
## $z
## [1] 1 2
##
## $m
## [1] 4
```

複数の要素を同時に消去することもできる.

```
l1[c("z", "m")] <- NULL
l1
## $y
## [1] "new value for y"
```

2.4.6 リストに関係する関数群

Rにはリストに関係する関数が多く準備されている. たとえば, is.list()は対象オブジェクトがリストであるかどうかをチェックする関数である.

```
l2 <- list(a = c(1, 2, 3), b = c("x", "y", "z", "w"))
is.list(l2)
## [1] TRUE
is.list(l2$a)
## [1] FALSE
```

以上の例ではl2はリストであるという結果が得られた一方, l2$aはリストではない (ベクトルである) という結果が得られている. as.list()を用いると, ベクトルをリストに変換できる.

```
l3 <- as.list(c(a = 1, b =2, c = 3))
l3
## $a
## [1] 1
##
## $b
## [1] 2
##
## $c
## [1] 3
```

リストをベクトルに変換する際はunlist()を用いる. 以下の例のように, リスト内の要素は1つのベクトルにまとめられ, 型が異なる場合は型変換の優先ルールに従って変換される.

```
l4 <- list(a = 1, b = 2, c = 3)
unlist(l4)
## a b c
```

42　第2章　基本的なオブジェクト

```
## 1 2 3
```

たとえば，数値型と文字列型が混ざったリストだった場合，文字列型のベクトルに変換される．

```
l4 <- list(a = 1, b = 2, c = "hello")
unlist(l4)
## a b c
## "1" "2" "hello"
```

ここで，l4\$a と l4\$b は数値であり，これらは文字列に変換可能である一方，l4\$c は hello という文字列で，数値型には変換できない．したがって，ここでは型の変換ルールに従って，すべての要素は文字列型に変換される．

2.5　データフレーム

データフレームは，複数の行と列から構成されたデータ構造である．その構造は行列に似ているものの，すべての列が同じ型をもつ必要がない点が異なる．これは行単位でデータを表現し，各列はそれぞれ様々な型をもつという世間一般の多くのデータセットの構造を反映している．以下の表にはデータフレームで表現できるデータセットの一例を示した．

Name	Gender	Age	Major
Ken	Male	24	Finance
Ashley	Female	25	Statistics
Jennifer	Female	23	Computer Science

2.5.1　データフレームを作成する

データフレームを作成するには，以下の例のように data.frame() に列単位でデータをベクトルの形で与える．

```
persons <- data.frame(Name = c("Ken", "Ashley", "Jennifer"),
 Gender = c("Male", "Female", "Female"),
 Age = c(24, 25, 23),
 Major = c("Finance", "Statistics", "Computer Science"))
persons
## Name Gender Age Major
## 1 Ken Male 24 Finance
## 2 Ashley Female 25 Statistics
## 3 Jennifer Female 23 Computer Science
```

データフレームの作成方法はリストと同様である．これはデータフレームが，各列が同じ要素数をもつというリストの特殊な形だからである．データフレームの作成方法については，ベ

2.5　データフレーム　　43

クトルからデータフレームを作成する方法の他にも，data.frame()やas.data.frame()を用いてリストからデータフレームに変換する方法もある．

```
l1 <- list(x = c(1, 2, 3), y = c("a", "b", "c"))
data.frame(l1)
## x y
## 1 1 a
## 2 2 b
## 3 3 c
as.data.frame(l1)
## x y
## 1 1 a
## 2 2 b
## 3 3 c
```

　同様に，data.frame()およびas.data.frame()を用いて，行列からデータフレームを作成できる．

```
m1 <- matrix(c(1, 2, 3, 4, 5, 6, 7, 8, 9), nrow = 3, byrow = FALSE)
data.frame(m1)
## X1 X2 X3
## 1 1 4 7
## 2 2 5 8
## 3 3 6 9
as.data.frame(m1)
## V1 V2 V3
## 1 1 4 7
## 2 2 5 8
## 3 3 6 9
```

　この場合，行列が列名をもたなければ，X1，X2という形でデータフレームの列名が自動的に設定される．一方，列名や行名をもつ場合は，データフレームにそれが引き継がれる．

2.5.2　データフレームの行と列に名前をつける

　データフレームはリストでありながら，その外見は行列のようである．したがって，データフレームの扱いはリストもしくは行列の両様が可能である．

```
df1 <- data.frame(id = 1:5, x = c(0, 2, 1, -1, -3), y = c(0.5, 0.2, 0.1,
 0.5, 0.9))
df1
## id x y
## 1 1 0 0.5
## 2 2 2 0.2
## 3 3 1 0.1
## 4 4 -1 0.5
## 5 5 -3 0.9
```

44 第2章 基本的なオブジェクト

以下の例のように，列名および行名については行列と同様に扱える．

```
colnames(df1) <- c("id", "level", "score")
rownames(df1) <- letters[1:5]
df1
## id level score
## a 1  0 0.5
## b 2  2 0.2
## c 3  1 0.1
## d 4 -1 0.5
## e 5 -3 0.9
```

2.5.3 データフレームの部分集合をとる

繰り返しになるが，データフレームは行列と同様の外見をしているものの，その本質は列方向に並べられたベクトルのリストである．データフレームの部分集合をとる場合も，行列とリストの両様の方法をとることができる．

(1) リストとしてデータフレームの部分集合をとる

ここではリストとしてデータフレームを扱い，部分集合をとってみよう．この場合，以下の例のように，$と列名を組み合わせる，もしくは [[]] に列の位置を指定するという方法がある．

```
df1$id
## [1] 1 2 3 4 5
df1[[1]]
## [1] 1 2 3 4 5
```

また [] を用いると，その結果はデータフレームとして得られる．この場合も以下の例のように，列の位置を数値型ベクトルで与える，列名を文字列型ベクトルで与える，列の位置を論理値型の TRUE で与えるという方法で部分集合を取得できる．

```
df1[1]
## id
## a 1
## b 2
## c 3
## d 4
## e 5
df1[1:2]
## id level
## a 1  0
## b 2  2
## c 3  1
## d 4 -1
## e 5 -3
```

```
df1["level"]
## level
## a 0
## b 2
## c 1
## d -1
## e -3
df1[c("id", "score")]
## id score
## a 1 0.5
## b 2 0.2
## c 3 0.1
## d 4 0.5
## e 5 0.9
df1[c(TRUE, FALSE, TRUE)]
## id score
## a 1 0.5
## b 2 0.2
## c 3 0.1
## d 4 0.5
## e 5 0.9
```

(2) 行列としてデータフレームの部分集合をとる

　リストの場合，行単位でのデータ抽出はできないが，行列であればそれが可能である．つまり，データフレームを行列として扱うことで，行単位，列単位の2次元方向でデータにアクセスが可能といえる．実際データフレームは，［行，列］という記述で行単位，列単位でデータを抽出することができる．この場合の抽出方法はベクトルの場合と同様であり，数値型ベクトル，文字列型ベクトル，論理値型ベクトルを用いることができる．以下の例では列単位でデータを抽出している．

```
df1[, "level"]
## [1] 0 2 1 -1 -3
df1[, c("id", "level")]
## id level
## a 1 0
## b 2 2
## c 3 1
## d 4 -1
## e 5 -3
df1[, 1:2]
## id level
## a 1 0
## b 2 2
## c 3 1
## d 4 -1
## e 5 -3
```

　行単位でデータを抽出することもできる．

46   第2章　基本的なオブジェクト

```
df1[1:4,]
## id level score
## a 1 0 0.5
## b 2 2 0.2
## c 3 1 0.1
## d 4 -1 0.5
df1[c("c", "e"),]
## id level score
## c 3 1 0.1
## e 5 -3 0.9
```

　列単位，行単位の抽出は同時に行うことも可能である．

```
df1[1:4, "id"]
## [1] 1 2 3 4
df1[1:3, c("id", "score")]
## id score
## a 1 0.5
## b 2 0.2
## c 3 0.1
```

　[行，列] という形のデータ抽出は，データを自動的に簡潔化 (simplify) してしまう．具体的にいうと，1つの列のみが抽出された場合，結果がデータフレームではなく，ベクトルの形で返ってくるということである．常にデータフレームの形で返すようにするためには2つの方法がある．まず1つ目は以下の例のように記述を分ける方法である．

```
df1[1:4,]["id"]
## id
## a 1
## b 2
## c 3
## d 4
```

　この例で，まず最初の [1:4,] は，データフレームにおいてすべての列の1〜4行目を抽出している．さらに次の ["id"] で，id列のみを選択している．こうすることで，データフレームの形で結果が得られる．
　2つ目としては，drop = FALSE と指定する方法がある．

```
df1[1:4, "id", drop = FALSE]
## id
## a 1
## b 2
## c 3
## d 4
```

　以上のような対策をとっておかないと，あなたの書いたコードを実行するユーザが1列のデータのみ抽出するような処理を行った時などに，データフレームではなくベクトルの形で結果が

2.5 データフレーム　　47

返り，コードが予想外の挙動をすることになるため，注意してほしい．

(3)　データをフィルタする

　ここではデータを行単位で抽出する（フィルタする）例を見てみよう．以下のコードでは score >= 0.5 という条件で df1 の行をフィルタし，id 列と level 列を抽出している．

```
df1$score >= 0.5
## [1] TRUE FALSE FALSE TRUE TRUE
df1[df1$score >= 0.5, c("id", "level")]
## id level
## a 1 0
## d 4 -1
## e 5 -3
```

　以下のコードでは，行名が a, d, e である行をフィルタし，id 列と score 列を抽出している．

```
rownames(df1) %in% c("a", "d", "e")
## [1] TRUE FALSE FALSE TRUE TRUE
df1[rownames(df1) %in% c("a", "d", "e"), c("id", "score")]
## id score
## a 1 0.5
## d 4 0.5
## e 5 0.9
```

　以上 2 つの例は，論理値型ベクトルによる行単位のデータ抽出と文字列型ベクトルによる列単位のデータ抽出を組み合わせている．これらは行列のデータ抽出と同様である．

2.5.4　値を代入する

　データフレームに対する値の代入は，リストもしくは行列として代入する 2 つの方法がある．

(1)　リストとして値を代入する

　リストとして代入する場合，以下の例のように $ と <- を組み合わせる．

```
df1$score <- c(0.6, 0.3, 0.2, 0.4, 0.8)
df1
## id level score
## a 1 0 0.6
## b 2 2 0.3
## c 3 1 0.2
## d 4 -1 0.4
## e 5 -3 0.8
```

　[] を用いる方法もある．この場合，複数の列に対して値を代入できる．[[]] を用いても値は代入できるが，この場合は一度に 1 つの列にしか値を代入できない．

48   第 2 章   基本的なオブジェクト

```
df1["score"] <- c(0.8, 0.5, 0.2, 0.4, 0.8)
df1
## id level score
## a 1 0 0.8
## b 2 2 0.5
## c 3 1 0.2
## d 4 -1 0.4
## e 5 -3 0.8
df1[["score"]] <- c(0.4, 0.5, 0.2, 0.8, 0.4)
df1
## id level score
## a 1 0 0.4
## b 2 2 0.5
## c 3 1 0.2
## d 4 -1 0.8
## e 5 -3 0.4
df1[c("level", "score")] <- list(level = c(1, 2, 1, 0, 0), score = c(0.1,
 0.2, 0.3, 0.4, 0.5))
df1
## id level score
## a 1 1 0.1
## b 2 2 0.2
## c 3 1 0.3
## d 4 0 0.4
## e 5 0 0.5
```

(2) 行列として値を代入する

　リストとして値を代入する方法は，列単位でしか実行できないという問題がある．もっと柔
軟に値を代入するために，行列と同じ表記で値を代入してみよう．

```
df1[1:3, "level"] <- c(-1, 0, 1)
df1
## id level score
## a 1 -1 0.1
## b 2 0 0.2
## c 3 1 0.3
## d 4 0 0.4
## e 5 0 0.5
df1[1:2, c("level", "score")] <- list(level = c(0, 0), score = c(0.9, 1.0))
df1
## id level score
## a 1 0 0.9
## b 2 0 1.0
## c 3 1 0.3
## d 4 0 0.4
## e 5 0 0.5
```

2.5.5 因子型

　データフレームのデフォルトの挙動はメモリを効率的に利用するように設定されているが，これが思わぬ問題を引き起こすことがある．たとえば，データフレームに文字列を格納した場合，デフォルトでは文字列は因子型 (factor) として格納される．これは複数回出現する文字列を同じ値として格納することで，メモリを節約しようという思想に基づく．因子型は内部的には整数値のベクトルとして表現され，その際，出現する文字列は重複のないレベル (level) として格納されている．

　以上の挙動を確認するために，データフレーム persons を作成して，str() を適用してみよう．

```
persons <- data.frame(Name = c("Ken", "Ashley", "Jennifer"),
 Gender = factor(c("Male", "Female", "Female")),
 Age = c(24, 25, 23),
 Major = c("Finance", "Statistics", "Computer Science"),
 stringsAsFactors = FALSE)
str(persons)
## 'data.frame': 3 obs. of 4 variables:
## $ Name : Factor w/ 3 levels "Ashley","Jennifer",..: 3 1 2
## $ Gender: Factor w/ 2 levels "Female","Male": 2 1 1
## $ Age : num 24 25 23
## $ Major : Factor w/ 3 levels "Computer Science",..: 2 3 1
```

　この例でわかるように，Name, Gender, Major は文字列型ではなく，因子型として格納されている．たとえば，Gender には Female と Male の2つの文字列が1と2の整数値として格納されており，Female と Male を文字列として繰り返し格納するよりも効率的である．Gender についてはとりうる値が Female と Male の2種類だが，他の Name や Major については，あくまで今回のデータの範囲内での値のみで構成されており，Name や Major が世間一般にとりうる値をすべて列挙できているとは言い難い．このような場合，以下の例のような問題が生じる．

```
persons[1, "Name"] <- "John"
## Warning in `[<-.factor`(`*tmp*`, iseq, value = "John"): invalid factor
## level, NA generated
persons
## Name Gender Age Major
## 1 <NA> Male 24 Finance
## 2 Ashley Female 25 Statistics
## 3 Jennifer Female 23 Computer Science
```

　この例では，Name の1つ目の要素を John に変更しようとして警告メッセージが出ている．これは Name のレベルに John がなかったため，1つ目の要素が存在しない値に設定されたと見なされた結果，NA が生成されたというものである．コードにはないが，同様の現象は Gender に Unknown を追加しようとした場合にも起きる．原因はいずれの場合も同じであり，データフ

50 第 2 章 基本的なオブジェクト

レームを作成した際に文字列型ベクトルが因子型に変換され，その際生成されたレベルの範囲内でしか値を扱えていないことによる．

この挙動は非常に扱いが面倒である一方，メモリが安価な現在においてメリットは小さい [1]．この挙動を避ける最もシンプルな方法は data.frame() を用いる際に，stringsAsFactors = FALSE を指定するというものである．

```
persons <- data.frame(Name = c("Ken", "Ashley", "Jennifer"),
 Gender = factor(c("Male", "Female", "Female")),
 Age = c(24, 25, 23),
 Major = c("Finance", "Statistics", "Computer Science"),
 stringsAsFactors = FALSE)
str(persons)
## 'data.frame': 3 obs. of 4 variables:
## $ Name : chr "Ken" "Ashley" "Jennifer"
## $ Gender: Factor w/ 2 levels "Female","Male": 2 1 1
## $ Age : num 24 25 23
## $ Major : chr "Finance" "Statistics" "Computer Science"
```

このようにデータフレームを作成する際は，stringsAsFactors = FALSE として文字列として格納した上で，必要に応じて factor() を利用するとよいだろう．

2.5.6　データフレームのための便利な関数

データフレームのためには多くの有用な関数がある．ここではよく使うものをいくつか紹介しよう．

まず summary() は，データフレームに対して列単位で要約統計量を算出する．

```
summary(persons)
## Name Gender Age Major
## Length:3 Female:2 Min. :23.0 Length:3
## Class :character Male :1 1st Qu.:23.5 Class :character
## Mode :character Median :24.0 Mode :character
## Mean :24.0
## 3rd Qu.:24.5
## Max. :25.0
```

ここで因子型である Gender については，各レベルの個数が表示されている．数値型である Age については四分位数および最小値，最大値，平均値が表示されている．他の列については，各列の長さ，クラス，モードが示されている．

他の有用な関数としては，データフレームを結合する関数が挙げられる．行方向に結合する関数としては rbind()，列方向に結合する関数としては cbind() が用意されている．具体例

---

[1] 訳注：現在はメモリが安価になるとともに，R 内部の実装も改良されており，ハッシュテーブルの導入によって character と factor のメモリ消費量に差がなくなっている．

2.5 データフレーム　51

を見てみよう．以下の例では persons に新しいレコードを追加するために，rbind() で結合
している．

```
rbind(persons, data.frame(Name = "John", Gender = "Male", Age = 25, Major
 = "Statistics"))
## Name Gender Age Major
## 1 Ken Male 24 Finance
## 2 Ashley Female 25 Statistics
## 3 Jennifer Female 23 Computer Science
## 4 John Male 25 Statistics
```

データフレームに列を追加する場合は，cbind() を用いる．この例では登録済みかどうかを
表す Registered と，現在抱えているプロジェクト数を示す Projects を追加している．

```
cbind(persons, Registered = c(TRUE, TRUE, FALSE), Projects = c(3, 2, 3))
## Name Gender Age Major Registered Projects
## 1 Ken Male 24 Finance TRUE 3
## 2 Ashley Female 25 Statistics TRUE 2
## 3 Jennifer Female 23 Computer Science FALSE 3
```

rbind() と cbind() は元のデータフレームには変更を加えずに，データを追加した新しい
データフレームを生成する．

さらに他に有用な関数として，expand.grid() を紹介しよう．この関数は列として与えら
れたベクトルの値のすべての組み合わせを含むデータフレームを生成する．以下の例を見てほ
しい．type と class にそれぞれ含まれる文字列のすべての組み合わせを含むデータフレーム
が生成されている．

```
expand.grid(type = c("A", "B"), class = c("M", "L", "XL"))
## type class
## 1 A M
## 2 B M
## 3 A L
## 4 B L
## 5 A XL
## 6 B XL
```

データフレームに関する関数は，他にも有用なものが多く用意されている．このような関数
については第 12 章で引き続き紹介する．

2.5.7　ディスクへのデータの読み込みと書き込み

通常，データはファイルの形で保存されていることが多い．R にはファイルからデータをデー
タフレームの形で読み込む，またはデータフレームを書き込む関数が用意されている．一般に
表形式のデータは構造化され，行と列を示す一定のルールに従ってファイルの中に格納されて

52 第 2 章 基本的なオブジェクト

いる．このような性質を利用して，R においてはバイト単位でデータを読み込む必要はなく，
代わりに read.table() や read.csv() といった関数を用いてデータを読み込む．

　ソフトウェアから見て自然なデータフォーマットの中で有名なものの 1 つに CSV(Comma-
Separated Values) がある．CSV では，異なる列に格納される値はカンマで区切られており，
通常第 1 行目はヘッダとして扱われる．先の例で用いたデータフレーム persons を CSV で表
現すると以下のような形になる．

```
Name,Gender,Age,Major
Ken,Male,24,Finance
Ashley,Female,25,Statistics
Jennifer,Female,23,Computer Science
```

　CSV ファイルを R の環境内に読み込む時は，read.csv（ファイルのパス）という形で読み
込める．この際，データが格納されているファイルを確かめられるように，ファイルを作業フォ
ルダ直下の data フォルダなどに格納しておくと便利である．現在の作業フォルダが不明な場
合は，getwd() を用いるとよい．なお，作業フォルダの扱いについては次章で説明する．

```
read.csv("data/persons.csv")
## Name Gender Age Major
## 1 Ken Male 24 Finance
## 2 Ashley Female 25 Statistics
## 3 Jennifer Female 23 Computer Science
```

　CSV の形でデータを保存する時は，以下の例のように write.csv() を用いる．

```
write.csv(persons, "data/persons.csv", row.names = FALSE, quote = FALSE)
```

　ここで row.names = FALSE は，保存時に行名を含まないという指定である．また
quote = FALSE は，各要素を引用符で囲まないという指定である．行名や引用符について
は多くの場合，保存時に必要ないものである．

　ファイルの読み込み・書き込みに関連する関数は組み込みや拡張パッケージのものも含めて
様々なものがある．本書の後半ではそのような関数についても説明する．

2.6 関数

　関数は呼び出し可能なオブジェクトであり，そこにはロジックが実装され，一定の入力（パ
ラメータおよび引数）のもと，値を出力する．

　これまでの章では，いくつかの組み込み関数について紹介してきた．たとえば，is.numeric()
は R のオブジェクトを引数にとり，そのオブジェクトが数値型か否かについて論理値型の結果
を返す．is.function() も同様に，与えられたオブジェクトが関数か否かについて判定する．

　R の環境においてすべてはオブジェクトであり，すべては関数である．そして驚くかもしれ

ないが，すべての関数もまたオブジェクトである．<- や + は，2 つの引数をとる関数である．
これらは二項演算子と呼ばれているが，R においては関数なのである．普段のデータ分析にお
いては，自身で改めて関数を書く必要はないだろう．なぜなら，組み込みや拡張パッケージに
おいて十分すぎるほどの有用な関数が提供されているからである．しかし，データ分析におい
て，一定のロジックやプロセスを繰り返す必要がある場合もある．既存の関数ではそのタスク
をこなせない，もしくはデータセットが特殊で既存の関数では扱えない等，十分に目的を果た
せないこともあるだろう．そのような時は，目的に沿った形で関数を実装する必要が出てくる．

2.6.1 関数を作成する

　関数の作成は簡単である．ここで，2 つの数値を足し合わせるというシンプルな関数を作成
してみよう．

```
add <- function(x, y) {
  x + y
}
```

　ここで，(x, y) は関数の引数を表す．つまり，この関数は x と y の 2 つの引数をとる．
{ x + y } は関数の本体であり，x，y，その他のシンボルも含む一連の表現式が含まれる．
return() が関数内部で呼び出されない限りは，最後の行の表現式で得られる結果が，この関
数の実行結果として返される．最後に，この関数は add というオブジェクトに代入され，以降
はこのオブジェクトを呼ぶことでこの関数を呼び出すことができる．このようなシンプルな関
数でも，もっと複雑な関数においても，ベクトルを扱うという点においては違いはない．また，
R の関数は他のオブジェクトと同じように振る舞う．add() の内容を確認したいならば，コン
ソールに add と打つだけでよい．

```
add
## function(x, y) {
## x + y
## }
```

2.6.2 関数を呼び出す

　作成した関数は，必要に応じて呼び出せる．関数の呼び出しは，name（arg1, arg2, ...）
のように関数名に続けて引数を指定すればよい．

```
add(2, 3)
## [1] 5
```

　add() が呼び出される際，R はまず呼び出された環境において，add() という関数が環境内
にあるかどうか検索する．add() が関数であることがわかれば，今度は add() の引数である x

54   第 2 章　基本的なオブジェクト

に 2，y に 3 という値を指定したローカル環境を作成する．この環境において関数内部の表現
式（ここでは x + y）が評価される．最後に関数は評価結果である 5 を返す．

2.6.3　動的型付け

　R の関数は，入力する値の型を指定する必要がない，つまり，動的型付けを採用している．た
とえば，add() は x と y にスカラ，つまりそれぞれ 1 つの数値のみをとることを想定していた
が，実際はベクトルを引数にとることができる．これは関数内部の + がその引数にベクトルを
とることができるためである．以下のコードで挙動を確認してみよう．

```
add(c(2, 3), 4)
## [1] 6 7
```

　このコードでは，まだ R の関数における動的型付けの柔軟性を示せているとは言い難い．な
ぜなら R においてはスカラはベクトルの一種であり，上記関数が問題なく実行できるのは当然
ともいえるからだ．他の例を見てみよう．

```
add(as.Date("2014-06-01"), 1)
## [1] "2014-06-02"
```

　この例では，x に日付型オブジェクトである as.Date("2014-06-01") を，y に数値型の 1
を指定している．この際，引数の型はチェックされず関数が実行され，2014 年 6 月 1 日の 1 日
後である，2014 年 6 月 2 日という結果が得られている．これは，+ が日付型オブジェクトに対
しても挙動するように定義されているからである．以下のコードのように，+ が定義されてい
ないようなオブジェクトが与えられた時，add() は実行に失敗する．

```
add(list(a = 1), list(a = 2))
## x + y でエラー:   二項演算子の引数が数値ではありません
```


2.6.4　関数を汎用化する

　関数は，問題に対する解としてのロジックやプロセスを抽象化したものといえる．関数を作
成する上では，特定の問題から，より一般的な問題に適用できるような関数が求められる．関
数をより一般的な問題に対応できるように拡張することを，関数の汎用化と呼ぶことにしよう．
R のような厳密な型付けが求められないプログラミング言語においては，関数を汎用化してお
くと便利である．一方で，実装が甘いとエラーの温床ともなってしまうので注意は必要である．
　add() を加算のみならず他の算術処理にも適用できるように汎用化してみよう．汎用化した
新しい関数を calc() とする．calc() は x と y の 2 つの引数に算術処理を実行するベクトル
をとり，3 つ目の引数 type に実行したい算術処理を文字列型ベクトルで指定する仕様とする．

以下に calc() の実装例を示した．この後の章で扱う if 等の制御構文が使われているが，一見して内容は把握できるものと思う．calc() においては type に指定した値によってそれぞれ異なる表現式が選択され，実行される．

```
calc <- function(x, y, type) {
  if (type == "add") {
    x + y
  } else if (type == "minus") {
    x - y
  } else if (type == "multiply") {
    x * y
  } else if (type == "divide") {
    x / y
  } else {
    stop("Unknown type of operation")
  }
}
```

実際に引数に値を指定して，関数を実行してみよう．

```
calc(2, 3, "minus")
## [1] -1
```

数値型ベクトルを引数に与えて問題なく実行できていることが確認できる．

```
calc(c(2, 5), c(3, 6), "divide")
## [1] 0.6666667 0.8333333
```

add() の場合と同様に，関数内で用いている演算子が数値型以外の型のベクトルも扱える場合，calc() も問題なく実行できる．

```
calc(as.Date("2014-06-01"), 3, "add")
## [1] "2014-06-04"
```

type に未定義の文字列を指定すると，実行に失敗する．

```
calc(1, 2, "what")
## (1, 2, "what") でエラー: Unknown type of operation
```

この実行例においてはどの条件にも当てはまらないと判定された結果，最後のブロックが評価されている．最後のブロックにおいては stop() が呼び出され，以降の処理を停止すると同時に，指定したエラーメッセージが表示される．add() および calc() については問題なく動作し，不適切な引数を指定した場合も考慮できているように見えるが，以下の例でわかるように万全ではない．

```
calc(1, 2, c("add", "minus"))
```

56　第 2 章　基本的なオブジェクト

```
## 警告メッセージ: if (type == "add") { で: 条件が長さが 2 以上なので，最初の 1 つだけ
が使われます
## [1] 3
```

　type に複数要素を含むベクトルが渡された場合を考慮できていなかった．この場合におい
て，まず if の条件部分において複数要素の論理値ベクトルが生成されており，結果として複
数条件を評価することになってしまっている．if(c(TRUE, FALSE)) のような条件をどのよ
うに評価したらよいだろうか？ この問題を解決するには，もっと明確かつ情報量の多いエラー
を返すよう関数を改良する必要がある．以下のコードでは，type の長さが 1 であるかどうかを
チェックする処理を加えた．

```
calc <- function(x, y, type) {
  if (length(type) > 1L) stop("Only a single type is accepted")
  if (type == "add") {
    x + y
  } else if (type == "minus") {
    x - y
  } else if (type == "multiply") {
    x * y
  } else if (type == "divide") {
    x / y
  } else {
    stop("Unknown type of operation")
  }
}
```

　実際に複数要素を含むベクトルを type に与えて，実装した処理が機能しているかチェック
してみよう．

```
calc(1, 2, c("add", "minue"))
## calc(1, 2, "what") でエラー: Only a single type is accepted
```

2.6.5　関数の引数のデフォルト値

　関数によっては多岐にわたる入力をとり，様々な要求に応えられるよう柔軟に設計されてい
る．そして多くの場合，柔軟性の向上は引数の増加を伴う．もしこのような「柔軟な」関数を
使うたびに大量の引数に値を設定しなければならないとしたらコードを見るのも嫌になるだろ
う．このような場合はあらかじめ引数にデフォルト値を設定しておくことでコードがシンプル
になる．デフォルト値を設定したい場合は，関数を定義する際に arg = value という形で引
数に値を設定しておく．デフォルト値を設定された引数は，オプションとして指定するような
引数となる．以下のコードにその例を示した．

```
increase <- function(x, y = 1) {
  x + y
```

```
}
```

increase() において指定が必要な引数は，x のみである．y にはデフォルト値が設定されているため，改めて指定しない限りは y は 1 として処理される．

```
increase(1)
## [1] 2
increase(c(1, 2, 3))
## [1] 2 3 4
```

R の関数は複数の引数をもち，デフォルト値が設定されていることが多い．デフォルト値をどのように設定するかは，これは開発者の思想によるところであり，なかなか思案を要する．

2.7　まとめ

本章では，数値型ベクトル，論理値型ベクトル，文字列型ベクトルの基本的な挙動について学んだ．これらのベクトルにおいて，その要素はすべて同じ型をもつ．一方，リストやデータフレームはもっと柔軟であり，すべての要素が同じ型である必要はないことも学んだ．さらにこれらのデータ構造において，その構成要素をどのように抽出するかについても学んだ．最後に関数の作成方法および呼び出しについて学習した．

さて，これでゲームのルールは把握できた．あとは実際に実戦で学んでいくだけだ．次の章では，作業スペースの管理について基本的だが非常に重要なポイントを扱う．具体的には，作業ディレクトリ，環境，そしてパッケージのライブラリを管理していく上で便利なプラクティスを説明する．

第3章
作業スペースの管理

Rのオブジェクトの振る舞いをゲームのルールと対比させるのなら，作業スペースはそのゲームの遊び場に相当するかもしれない．ゲームをうまくプレイするためには，ゲームのルールだけではなく，その遊び場についてもよく知っている必要がある．この章では，作業スペースを管理するための基本的ではあるが重要なスキルについて紹介する．具体的には以下のスキルである．

- 作業ディレクトリの使用法
- 作業環境の調査法
- グローバルオプションの変更
- パッケージの管理

3.1　Rの作業ディレクトリ

Rがターミナル，あるいは RStudio のどちらで起動されたによらず，R のセッションは常にあるディレクトリを起点として起動する．R が起動しているそのディレクトリは，R のセッションの作業ディレクトリと呼ばれる．自分のローカルディスク上のファイルにアクセスする際には，絶対パス[1]，あるいは正しい作業ディレクトリ[2] を指定した上で相対パス[3] を使用することができる．

作業ディレクトリに対する相対パスを使用することで，絶対パスと同じ内容をより短く指定することができる．また，相対パスを使用することで，R で書かれたスクリプトを他のディレクトリに移すことが容易になる．あるディレクトリに保存されているたくさんのデータに基づいて，画像を生成するスクリプトを書いている状況を想像してみよう．もし，絶対パスとしてそのディレクトリを指定してしまうと，このスクリプトを自分の端末で実行してみたいと考え

---

[1] 例：`D:/Workspaces/test-project/data/2015.csv`

[2] この場合 `D:/Workspaces/test-project`

[3] 例：`data/2015.csv`

る他の人が，自分の端末内にあるデータのパスへとコードを修正する必要がある．しかし，もし相対パスとして書かれており，データの場所が相対パスとして見ると同じ位置ならば，そのスクリプトは一切の改変なく動作するだろう．

　Rのターミナルにおいてgetwd()を使用することで，実行されているRのセッションの現在の作業ディレクトリを取得することができる．デフォルトでは，commandRはユーザディレクトリからRのセッションを開始し，RStudioはユーザのドキュメントディレクトリからRのセッションを開始する．

　デフォルトの設定とは別に，RStudioにおいては，ディレクトリを選択し，そのディレクトリにプロジェクトを作成することができる．こうすることで，そのプロジェクトを開いた時にはいつでも，そのプロジェクトの場所が作業ディレクトリになる．これにより，そのプロジェクト内にあるファイルへのアクセスは劇的に簡易になり，そのプロジェクトの移植性が高まる．

3.1.1　RStudioによるプロジェクトの作成

　新規にプロジェクトを作成するには，単に **File | New Project** と選択するか，メイン画面の右上隅にあるプロジェクトのドロップダウンメニューから **New Project** を選択する．別の画面が現れ，プロジェクトのディレクトリとして，新しいディレクトリを作成するか，あるいは，既存のディレクトリを使用するかを選択する．

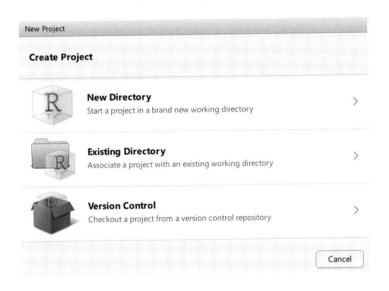

　ディレクトリを選択すると，そこにプロジェクトが生成される．Rのプロジェクトの実態は，いくつかの設定を保存する.Rprojファイル（プロジェクトファイル）である．もしこのプロジェクトファイルをRStudioで開いたならば，そこに書かれている設定が適用され，そのプロ

60 　第 3 章　作業スペースの管理

ジェクトファイルのパスが作業ディレクトリとなる.

　プロジェクトを用いてデータ分析作業するために RStudio を使用するまた別の良い点は，自動補完によってファイルパスの記述がより楽になる点である．絶対パスであれ相対パスであれ，その文字を打ち込んでいる時に Tab キーを押すと，RStudio はそのディレクトリにあるファイルのリストを表示してくれるのだ.

```
"d:/data/records/"
  collection1.csv .../data/records
  collection2.csv .../data/records
  data.rds        .../data/records
  report.pdf      .../data/records
```

3.1.2　絶対・相対パスの比較

　筆者はこの書籍を RStudio と RMarkdown を用いて執筆しているため，その作業ディレクトリはこの書籍プロジェクトのディレクトリとなる.

```
getwd()
## [1] "D:/Workspaces/learn-r-programming"
```

　上で述べた作業ディレクトリにおいて，\ の代わりに / が使用されていることに気がついた読者もいるだろう．Windows OS 環境下においては，\ はデフォルトのパスセパレータ（パスを分割する記号）になっているが，R において，この記号はすでに特殊な文字を作るために使われているのだ．たとえば，文字列のベクトルを生成する際，改行を表すために \n を使用することができる.

```
"Hello\nWorld"
## [1] "Hello\nWorld"
```

　特殊な文字は，文字列としてその文字ベクトルが直接表示される時には，そのままの形で表示される．しかし，表示する際に cat() を追加した場合，その文字が表している意味へと変換された後に，コンソールに表示される（この場合は改行に変換される）.

```
cat("Hello\nWorld")
## Hello
## World
```

　二語目 (World) が改行されて始まっていることがわかるだろう．しかし，\ が特殊な意味をもつ記号だとすれば，どのように \ 自身を表現すればよいのだろうか？答えはシンプルであり，単に \\ を使えばよいのである.

```
cat("The string with \\ is translated")
## The string with \ is translated
```

　したがって Windows OS 環境下においては，サポートされている \\ か / を使うべきなのである．macOS や Linux のような Unix 系 OS 環境下の場合，事情は異なり，常に / を使えばよい．もし Windows を使っており，ファイルを指定する際に誤って \ を使用してしまった場合には，エラーが起こるだろう．

```
filename <- "d:\data\test.csv"
## エラー:  ""d:\d" で始まる文字列の中で '\d' は文字列で認識されないエスケープです
```

　代わりに，このように書く必要がある．

```
filename <- "d:\\data\\test.csv"
```

　幸運なことに，Windows 環境においても大半の場合，/ を使うことができる．すなわち，ほとんどすべてのポピュラーな OS において，同じコードを実行させることができるのである．

```
absolute_filename <- "d:/data/test.csv"
relative_filename <- "data/test.csv"
```

　getwd() を使用して作業ディレクトリを取得できる一方，setwd() を用いて現在の R セッションの作業ディレクトリを設定することができる．しかし，これは推奨されたやり方とはいえない．なぜなら setwd() を使用すると，スクリプト内にある相対パスで記述されたパスがすべて当初想定していたところとは別のディレクトリを指すようになるからである．したがって，R での分析を行う際には，R のプロジェクトを生成することから始めるのがよい習慣である．

3.1.3　プロジェクトファイルの管理

　RStudio でプロジェクトを作成すると .Rproj ファイルがそのプロジェクトのディレクトリに生成される．この段階ではまだ他のファイルは存在しない．R は統計的な処理や可視化に秀でているプログラミング言語であり，典型的な R のプロジェクトは統計的な処理（あるいは他のプログラミングに関する処理）やデータファイル（csv ファイルなど），ドキュメント（Markdown など），そして時には出力となる図といったファイルから構成される．

　プロジェクトのディレクトリに異なる種類のファイルが置かれると，そのプロジェクトを管理するのがますます難しくなっていくだろう．入力データが増えてきたり，出力の図がそのディレクトリに乱雑に置かれるようになった場合には，特にこのようなことが起こる．この問題を解決するための推奨されたやり方は，ファイルの種類ごとにサブディレクトリを作成し，そこにファイルを保存することだ．たとえば次のディレクトリ構造は，すべてのファイルがプロジェクト直下にある作りになっている．

62   第3章 作業スペースの管理

```
project/
- household.csv
- population.csv
- national-income.png
- popluation-density.png
- utils.R
- import-data.R
- check-data.R
- plot.R
- README.md
- NOTES.md
```

　対照的に，次のディレクトリ構造はファイルの種類ごとにサブディレクトリに分かれており，より綺麗で，実際の作業をするのにも適している．

```
project/
- data/
  - household.csv
  - population.csv
- graphics/
  - national-income.png
  - popluation-density.png
- R/
  - utils.R
  - import-data.R
  - check-data.R
  - plot.R
- README.md
- NOTES.md
```

　前述の2つのディレクトリ構造では，ディレクトリは「ディレクトリ名/」，ファイルは「ファイル名.拡張子」という形式であった．大半の場合において，2つ目のようにファイルの種類ごとに分かれたディレクトリ構造を採用した方がよい．なぜなら，プロジェクトやそこに付随するタスクが複雑になるにつれて，2つ目のディレクトリ構造であればきちんと管理できるが，1つ目のディレクトリ構造では乱雑な状態になってしまうからである．

　ディレクトリの構造についての話とは別に，README.md にプロジェクトの概要を書き，NOTES.md に付加的な情報を記載するのが一般的である．これらのドキュメントは Markdown 形式 (.md) であり，この簡単な構文に慣れ親しむことは価値のあることである．詳細については，Daring Fireball: Markdown Syntax Documentation[4] や GitHub Help: Markdown Basics[5] を読んでほしい．R と Markdown をどのように混在させるかのトピックについては第15章にて述べる．

　これで作業ディレクトリの準備が整った．次の節では，R のセッションにおいて作業環境を調べるための様々な方法について学ぶ．

---

[4] https://daringfireball.net/projects/markdown/syntax
[5] https://help.github.com/articles/markdown-basics/

3.2 環境の調査

Rではすべての式がある特定の環境下で評価される．環境とは，シンボルとその束縛を集めたものである．我々がある値を記号に束縛した時，関数を呼び出した時，名前を参照した時には，Rは現在の環境において該当するシンボルを探す．RStudioのコンソールにコマンドを打ち込んだ時には，そのコマンドは**グローバル環境**において評価される．

たとえば，RStudioやターミナルで新規にRのセッションを開始した時には，空のグローバル環境から作業を開始することができる．言い換えるなら，この環境において何のシンボルも定義されていないということである．もしこの状況においてx <- c(1, 2, 3)というコードを実行したのならば，c(1, 2, 3)という数値型ベクトルが，グローバル環境下においてxというシンボルに束縛される．結果としてグローバル環境は，xというシンボルをc(1, 2, 3)に対応付ける1つの束縛をもつこととなる．言い換えるなら，この状況においてxを評価したのならば，対応付けられた数値（この場合c(1, 2, 3)）を得るということだ．

3.2.1 既存のシンボルの調査

前章で説明したようなベクトルやリストの操作に加えて，作業環境を調べたり操作したりするための基本的な関数についても知っておく必要があるだろう．複数あるオブジェクトを調べるための最も基本的で大変有用な関数は，objects()である．この関数は現在の環境に存在するオブジェクトの名前（文字）のベクトルを返却する．

新規のRセッションにおいて，現在の環境には何のシンボルも存在しない．

```
objects()
## [1] "absolute_filename" "filename"          "model1"
## [4] "relative_filename" "x"                 "y"
```

次のようなオブジェクトを作ると仮定しよう．

```
x <- c(1, 2, 3)
y <- c("a", "b", "c")
z <- list(m = 1:5, n = c("x", "y", "z"))
```

この状態において再度objects()を実行すると，存在するオブジェクトの名前のベクトルを取得できる．

```
objects()
## [1] "absolute_filename" "filename"          "model1"
## [4] "relative_filename" "x"                 "y"
## [7] "z"
```

開発者の多くはobjects()のエイリアスであるls()の方を好むだろう．

```
ls()
## [1] "absolute_filename" "filename"          "model1"
## [4] "relative_filename" "x"                 "y"
## [7] "z"
```

多くの場合，特に RStudio を用いて作業をしている時には，生成されたシンボルを見るために objects() や ls() を使用する必要はない．なぜなら **Environment** ペインが，グローバル環境に存在するすべてのシンボルを表示してくれるからである．

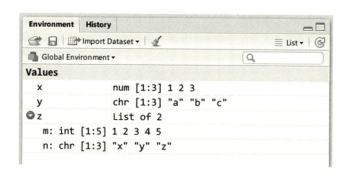

Environment ペインはシンボルとそこに束縛されている値を簡易に表示してくれる．このペインを使うことで，ベクトルやリスト，そしてデータフレームの内容を見ることができる．オブジェクトを一覧のリストとして見るに加えて，**Environment** ペインはグリッド表示の機能も提供している．このグリッド表示は，既存のオブジェクトの名前や型，そして保持している値の構造だけではなく，オブジェクトのサイズも表示してくれる．

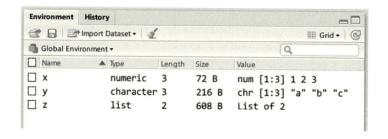

RStudio の **Environment** ペインは，存在するすべての変数を調べることを簡単にする．一方，RStudio が使えない時やオブジェクトの名前を扱うための関数を作成している時，あるいは動的にオブジェクトが与えられるような時においては，objects() や ls() も有用な方法である．

3.2.2 オブジェクトの構造を見る

Environment ペインにおいて，あるオブジェクトの簡易な表示は，与えられたオブジェクトの構造を表示する関数である str() によるものである．たとえば，str() が単純な数値型ベクトルに適用された場合，str() は型と添え字，そして値のプレビューを表示する．

```
x
## [1] 1 2 3
str(x)
##  num [1:3] 1 2 3
```

ベクトルが 10 以上の要素をもっている場合には，str() は最初の 10 要素のみ表示する．

```
str(1:30)
##  int [1:30] 1 2 3 4 5 6 7 8 9 10 ...
```

リストに対しては，コンソール上で直接評価するか print() を用いることで，その要素を表示できる．

```
z
## $m
## [1] 1 2 3 4 5
##
## $n
## [1] "x" "y" "z"
```

あるいは str() を用いると，各要素の型，長さ，実データプレビューを表示する．

```
str(z)
## List of 2
##  $ m: int [1:5] 1 2 3 4 5
##  $ n: chr [1:3] "x" "y" "z"
```

さて，次のような入れ子になったリストを作ったとしよう．

```
nested_list <- list(m = 1:15, n = list("a", c(1, 2, 3)),
 p = list(x = 1:10, y = c("a", "b")),
 q = list(x = 0:9, y = c("c", "d")))
```

変数名をコンソールに打ち込むと，すべての要素を表示し，各要素にどのようにすればアクセスできるのかを示してくれる．尤も大半の場合には表示が長くなりすぎ，そしてそれは不必要な情報なのだが．

```
nested_list
## $m
##  [1]  1  2  3  4  5  6  7  8  9 10 11 12 13 14 15
##
## $n
```

```
## $n[[1]]
## [1] "a"
##
## $n[[2]]
## [1] 1 2 3
##
##
## $p
## $p$x
##  [1]  1  2  3  4  5  6  7  8  9 10
##
## $p$y
## [1] "a" "b"
##
##
## $q
## $q$x
##  [1] 0 1 2 3 4 5 6 7 8 9
##
## $q$y
## [1] "c" "d"
```

より見やすく使いやすい簡易な表示を得るために，str() を用いよう．

```
str(nested_list)
## List of 4
##  $ m: int [1:15] 1 2 3 4 5 6 7 8 9 10 ...
##  $ n:List of 2
##   ..$ : chr "a"
##   ..$ : num [1:3] 1 2 3
##  $ p:List of 2
##   ..$ x: int [1:10] 1 2 3 4 5 6 7 8 9 10
##   ..$ y: chr [1:2] "a" "b"
##  $ q:List of 2
##   ..$ x: int [1:10] 0 1 2 3 4 5 6 7 8 9
##   ..$ y: chr [1:2] "c" "d"
```

str() はあるオブジェクトの構造を表示するものである一方，ls.str() は現在の環境の構造を表示する．

```
ls.str()
## absolute_filename :  chr "d:/data/test.csv"
## filename :  chr "d:\\data\\test.csv"
## model1 : List of 12
##  $ coefficients : Named num [1:2] 2.03 3.08
##  $ residuals    : Named num [1:100] -0.782 0.546 0.691 0.898 -0.508 ...
##  $ effects      : Named num [1:100] -24.952 29.263 0.648 0.963 -0.444 ...
##  $ rank         : int 2
##  $ fitted.values: Named num [1:100] 0.921 -0.526 -3.567 2.037 1.992 ...
##  $ assign       : int [1:2] 0 1
```

```
##  $ qr              :List of 5
##  $ df.residual  : int 98
##  $ xlevels       : Named list()
##  $ call          : language lm(formula = y ~ x)
##  $ terms         :Classes 'terms', 'formula'  language y ~ x
##  $ model         :'data.frame':   100 obs. of  2 variables:
## nested_list : List of 4
##  $ m: int [1:15] 1 2 3 4 5 6 7 8 9 10 ...
##  $ n:List of 2
##  $ p:List of 2
##  $ q:List of 2
## relative_filename :  chr "data/test.csv"
## x :  num [1:3] 1 2 3
## y :  chr [1:3] "a" "b" "c"
## z : List of 2
##  $ m: int [1:5] 1 2 3 4 5
##  $ n: chr [1:3] "x" "y" "z"
```

この機能は RStudio の **Environment** ペインの機能と似たものであり，独自にカスタマイズした環境を調べたり，ある特定の変数の構造だけを表示したい時に便利である．

`ls.str()` のフィルタリング機能の 1 つを担うのが，mode 引数である．リストオブジェクトであるすべての変数の構造を表示するためには，以下のように書く．

```
ls.str(mode = "list")
## model1 : List of 12
##  $ coefficients : Named num [1:2] 2.03 3.08
##  $ residuals    : Named num [1:100] -0.782 0.546 0.691 0.898 -0.508 ...
##  $ effects      : Named num [1:100] -24.952 29.263 0.648 0.963 -0.444 ...
##  $ rank         : int 2
##  $ fitted.values: Named num [1:100] 0.921 -0.526 -3.567 2.037 1.992 ...
##  $ assign       : int [1:2] 0 1
##  $ qr           :List of 5
##  $ df.residual  : int 98
##  $ xlevels      : Named list()
##  $ call         : language lm(formula = y ~ x)
##  $ terms        :Classes 'terms', 'formula'  language y ~ x
##  $ model        :'data.frame':   100 obs. of  2 variables:
## nested_list : List of 4
##  $ m: int [1:15] 1 2 3 4 5 6 7 8 9 10 ...
##  $ n:List of 2
##  $ p:List of 2
##  $ q:List of 2
## z : List of 2
##  $ m: int [1:5] 1 2 3 4 5
##  $ n: chr [1:3] "x" "y" "z"
```

また，別のフィルタリング機能を提供する引数が，一致する名前のパターンを指定する pattern 引数である．そのパターンは**正規表現**で書かれる．1 文字からなる名前をもったすべての変数の構造を表示したいなら，次のコマンドを実行するとよい．

68 第 3 章 作業スペースの管理

```
ls.str(pattern = "^\\w$")
## x :  num [1:3] 1 2 3
## y :  chr [1:3] "a" "b" "c"
## z : List of 2
##  $ m: int [1:5] 1 2 3 4 5
##  $ n: chr [1:3] "x" "y" "z"
```

さらに，もし 1 文字からなる名前をもったすべてのリスト変数の構造を表示したいなら，`pattern` 引数と `mode` 引数の両方を同時に使えばよい．

```
ls.str(pattern = "^\\w$", mode = "list")
## z : List of 2
##  $ m: int [1:5] 1 2 3 4 5
##  $ n: chr [1:3] "x" "y" "z"
```

ここで紹介した `^\\w$` のようなコマンドを書くことにためらいをもつかもしれないが，安心してほしい．このパターンは（文字列の始まり）（a, b, c のような 1 文字）（文字列の終わり）という形式のすべての文字列にマッチすることを意味しているのである．この正規表現という強力なツールについては第 6 章で取り扱う．

3.2.3 シンボルの削除

これまで，我々はシンボルの作成のみを行ってきた．時にはそれらを削除することも有用であろう．`remove()`，あるいはそれと等価な `rm()` を用いることで，環境から既存のシンボルを削除することができる．

`x` というシンボルを削除する前の環境では，次のようなシンボルが存在している．

```
ls()
## [1] "absolute_filename" "filename"          "model1"
## [4] "nested_list"       "relative_filename" "x"
## [7] "y"                 "z"
```

次に，`rm()` を用いて現在の環境から変数 x を削除しよう．

```
rm(x)
ls()
## [1] "absolute_filename" "filename"          "model1"
## [4] "nested_list"       "relative_filename" "y"
## [7] "z"
```

この関数は文字列として変数を指定しても動作することに注意しよう．すなわち，`rm("x")` は全く同じ動作となるのである．1 回の関数呼び出しで複数のシンボルを削除することもできる．

```
rm(y, z)
ls()
## [1] "absolute_filename" "filename"          "model1"
## [4] "nested_list"       "relative_filename"
```

現在の環境に削除しようとしているシンボルが存在しない場合には，警告が表示される．

```
rm(x)
## Warning in rm(x): オブジェクト 'x' がありません+
```

rm() はまた，シンボルの名前を文字列型ベクトルとして渡すことで，該当するシンボルをすべて削除することができる．

```
p <- 1:10
q <- seq(1, 20, 5)
v <- c("p", "q")
rm(list = v)
```

もし，現在の環境に束縛されているすべての変数をすべて削除したいのならば，rm() と ls() を組み合わせ，以下のように関数を呼び出すとよい．

```
rm(list = ls())
ls()
## character(0)
```

これで，現在の環境には何のシンボルも存在しなくなった．大半の場合においてシンボルの削除は必須ではないが，メモリ効率の観点から，メモリの大部分を占める巨大なオブジェクトを削除できる時には有用だろう．R はメモリの消費量増大を検知すると，束縛されていないオブジェクトを削除するのである．

3.3　グローバルオプションの変更

作業環境にオブジェクトを作ったり，それを調べたり，削除したりする代わりに，R のオプションは現在の R セッションの全域にわたって影響を及ぼす．現在与えられているオプションの値を見るためには getOption() を用い，オプションの値を変更したい場合には options() を用いる．

3.3.1　表示される桁数の変更

RStudio において getOption(<Tab>) とタイプした時，選択可能なオプションの一覧とその説明が表示される．よく使われるオプションの 1 つが表示する桁数の設定である．より高い精度が求められる数値を取り扱っている場合には，デフォルトの桁数では十分ではない．R の

70　第 3 章　作業スペースの管理

セッションにおいて，画面に表示される桁数は digits というオプションによって決められる．現在の digits の値を表示するために getOption() を用い，そして，その値をより大きなものへと変更するために options() を呼び出そう．

```
> getOption(digit)
```

◇ digits

digits

controls the number of digits to print when printing numeric values. It is a suggestion only. Valid values are 1...22 with default 7. See the note in `print.default` about values greater than 15.

Press F1 for additional help

　R のセッションが起動した時，digits のデフォルトの値は 7 となっている．その意味を確認するために，次のコードを実行してみよう．

```
123.12345678
## [1] 123.1235
```

　11 桁の数値の 7 桁のみが表示されていることは明らかであろう．最後の小数部分が消えてしまったことを意味し，画面には最初の 7 桁の数値だけが表示されるのである．digits = 7 という桁数を省略する設定でも実際の数値の精度は失われていないことを確かめるために，次のコードの出力を見てみよう．

```
0.10000002
## [1] 0.1
0.10000002 -0.1
## [1] 2e-08
```

　デフォルトの設定によって 7 桁の数値へと丸め込まれてしまっているならば，0.10000002 は 0.1 となって然るべきであり，2 つ目のコードは 0 となるべきである．しかし明らかに，そうはなっていない．これは digits = 7 という設定が数値の「丸め」ではなく，表示される桁数にのみ影響を与えるからである．

　整数部分の数値がとても大きく，小数部分の桁数が表示されない時もあるだろう．たとえば，桁数の変更をしない場合，次の数値は整数部分のみをすべて表示する．

```
1234567.12345678
## [1] 1234567
```

　もし，小数部分も表示されるように，より多くの桁数を表示させたいのならば，options() を用いて digits をデフォルトの 7 からより大きな数値へと変更する必要がある．

```
getOption("digits")
## [1] 7
1e10 + 0.5
```

```
## [1] 1e+10
options(digits = 15)
1e10 + 0.5
## [1] 10000000000.5
```

一度 options() が呼ばれると，その効果は呼び出し直後から続くすべてのコマンドにわたって効果を及ぼす．このオプションをリセットするには，以下のように記述する．

```
options(digits = 7)
1e10 + 0.5
## [1] 1e+10
```

3.3.2 警告レベルの改変

また，別のオプションの例として，warn オプションの値を調整することで警告レベルの管理を行えることを見てみよう．

```
getOption("warn")
## [1] 0
```

デフォルトでは，警告レベルは 0 である．この状態では，警告やエラーを省略せずにそのまま取り扱う．この状態においては，警告は表示されはするものの，コードの実行を停止するものではない．一方，エラーは即座にコードの実行を停止する．もし複数の警告が起こった場合，それらの警告は結合され一緒に表示される．たとえば，次の文字列から数値型ベクトルへの変換コードは警告を表示し，結果は欠損値 (NA) となる．

```
as.numeric("hello")
## Warning: 強制変換により NA が生成されました
## [1] NA
```

警告を全く表示させず，結果を同様の欠損値 (NA) にするには，次のように warn を-1 に指定する．

```
options(warn = -1)
as.numeric("hello")
## [1] NA
```

結果からわかるように，警告は表示されなくなった．しかし，警告メッセージを表示させないというのは，ほとんどの場合において悪手となる．潜在的にエラーとなりうるものすら表示させないからだ．もちろん，最終的な結果から，何かが間違ってると気付くことができるかもしれない（できない場合もある）．筆者は，コード中の警告はきちんと取り扱うことをお薦めする．これにより，デバッグにかける時間を大幅に節約できるからだ．

warn を 1 や 2 に設定すると，バグのあるコードがより早い段階でエラーを吐くようになる．

72　第3章　作業スペースの管理

`warn = 0` という設定の時，すなわち関数呼び出しを評価する場合のデフォルトの挙動は，まず関数の返り値を算出し，すべての警告メッセージを同時に表示するというものである．この振る舞いを確認するために，2つの文字列を引数にもつ次の関数を呼び出してみよう．

```
f <- function(x, y) {
  as.numeric(x) + as.numeric(y)
}
```

デフォルトの警告レベル (0) では，すべての警告メッセージが関数からの返り値の後ろに表示される．

```
options(warn = 0)
f("hello", "world")
## [1] NA
## Warning in f("hello", "world"): 強制変換により NA が生成されました
## Warning in f("hello", "world"): 強制変換により NA が生成されました
```

この関数は，2つの入力引数を数値へと強制的に変換する．2つとも入力引数が文字列であるので，2つの警告が生成される．しかしこの2つの警告は，関数からの返り値の後ろに表示される．もし先述の関数 f() が重たい処理をしており相当の計算時間がかかるなら，先ほどと同様に最終的な計算結果を得る前に警告が表示されることはないが，実際には計算途中で正しい答えとはおおよそかけ離れた処理となっているのだ．このような場合には `warn = 1` と設定する．これは警告メッセージを，それが生じた直後に表示するように設定する．

```
options(warn = 1)
f("hello", "world")
## Warning in f("hello", "world"): 強制変換により NA が生成されました
## Warning in f("hello", "world"): 強制変換により NA が生成されました
## [1] NA
```

結果は同じであるが，警告メッセージが結果の前に表示されている点に注意しよう．もし実行した関数が計算時間のかかるようなものなら，このように警告メッセージが先に表示されるようにしておくべきである．警告メッセージを先に表示することで，コードの実行を停止するかを考えることができるし，何かが間違っていないかをチェックすることもできるのである．

警告レベルをより上げることもできる．`warn = 2` とすることで，すべての警告をエラーと見なすことができるのだ．

```
options(warn = 2)
f("hello", "world")
##  Warning in f("hello", "world") でエラー: 強制変換により NA が生成されました (警告
から変換されました)
## [1] NA
```

これらオプションは，Rのセッション全体にわたって影響を及ぼす．したがって，Rセッショ

ン全体の共通設定を管理していると思えば便利である反面，うっかり変更と危険につながる場合もある．作業ディレクトリを変更することで実行しているスクリプトにおけるすべての相対パスが無効になってしまうように，グローバルオプションを変更することで実行するコードが基づいているグローバルオプションの設定を壊し，コードが実行できなくなってしまうかもしれないのだ．一般的には，必要でないならグローバルオプションを変更することは推奨されない．

3.4 パッケージの管理

　R において，データ分析や可視化をするためにパッケージは不可欠なものである．実際，R 自身は小さなコア部分といくつかの基本的なパッケージからなる．パッケージとはいうならば，ある種の問題を解くために十分なよう設計された，あらかじめ定義された関数の集まりである．よく設計されたパッケージを使うことで，車輪の再開発をすることなくデータ分析に没頭できるのである．

　R の強力さは，数多くのパッケージがあるからのみならず，よくメンテナンスされているパッケージのアーカイブシステム CRAN (Comprehensive R Archive Network[6]) にも起因する．R のソースコードと数千のパッケージがこのシステムにアーカイブされている．執筆時点において，CRAN には世界中の 4,500 人以上のパッケージメンテナの手による 7,750 個のアクティブなパッケージが存在する[7]．毎週 100 以上のパッケージがアップデートされ，200 万回程度パッケージのダウンロードが行われている．現在取得可能なすべてのパッケージが CRAN Contributed Packages[8] に記載されている．

　CRAN 上の莫大なパッケージ数を聞いてパニックになってはいけない！　その数は膨大で，カバーしている分野も大きいが，知る必要があるのはそのうちのわずかな部分である．ある特定の分野についてのタスクを解こうとしているのならば，その分野やタスクに強く関係のあるパッケージは 10 個もないだろう．したがって，すべてのパッケージについて知っている必要は絶対にない（誰にもできないし，必要にもならない）し，分野やタスクに関連した有用なパッケージのみを知っていればよい．

　パッケージをあまり情報があるとはいえない一覧表から探し出そうとするよりも，CRAN Task Views[9] や METACRAN[10] を見る方がよい．そこで，自分の関心ある分野に関連したパッケージでよく使われるものを知ることから始めるのだ．特定のパッケージの具体的な使い方を知る前に，異なるソースからパッケージをインストールする方法や，パッケージの基本的な動作について学ぶ必要があるだろう．

---

[6] http://cran.r-project.org/
[7] 翻訳時点（2017 年 8 月）では 11,220 個のパッケージが存在しており，まさに驚異的な増大である．
[8] https://cran.r-project.org/web/packages/index.html
[9] https://cran.rstudio.com/web/views/
[10] http://www.r-pkg.org

74   第 3 章　作業スペースの管理

3.4.1　パッケージに対する理解

パッケージとは，ある範囲の問題を解くための関数の集まりである．それは，統計的な推定量であったり，データマイニング手法，データベースインターフェース，最適化ツールなどを集めたものになるかもしれない．パッケージについて，たとえば強力なグラフィックスパッケージである **ggplot2** についてもっと詳しく知りたい場合にはいくつかの有用な情報ソースがある．

- **パッケージ記述ページ** [11]

　このページにはパッケージの名前，記述，バージョン，公表日，著者，関連サイトリファレンス，ビネット (vignette)，他のパッケージとの関連などの基本的な情報が載っている．パッケージ記述ページは，CRAN だけではなく第三者によるパッケージ情報サイトによっても公開されている．たとえば METACRAN は，脚注 12 のサイトに **ggplot2** パッケージの記述を表示している．

- **パッケージのウェブサイト** [13]

　パッケージのウェブサイトはそのパッケージの記述と，BLOG，チュートリアル，書籍のような関連情報を提供している．すべてのパッケージがウェブサイトをもっているわけではないが，もしあるならば，そのパッケージについて学ぶためのよい第一歩となるだろう．

- **パッケージのソースコード** [14]

　GitHub[15] 上にパッケージのソースコードをホスティングしている場合もある．もしパッケージにある関数の実装に興味があれば，そのソースコードをチェックしてその関数の中を見ることができる．もし **ggplot2** のある関数において，バグのように見える予期せぬ動作を見つけた場合には，それを Issues[16] から報告することができる．同じ場所で新たな機能追加を求めるために，新たな Issue を発行することもできる．

パッケージの記述を読んだ後，そのパッケージをインストールして試してみることができる．

3.4.2　CRAN からパッケージをインストールする

CRAN は R のパッケージをアーカイブし，それを世界中にある 120 カ所以上のミラーサイトへと配布する．CRAN Mirrors[17] を訪れ，そこで自分のいるところから近いミラーサイトを見つけることができる．どのミラーサイトにするかを決めた後，RStudio の **Tools | Global Options** と選択し，次のダイアログを開こう．

---

[11] https://cran.rstudio.com/web/packages/ggplot2/
[12] http://www.r-pkg.org/pkg/ggplot2
[13] http://ggplot2.org/
[14] https://github.com/hadley/ggplot2
[15] https://github.com
[16] https://github.com/hadley/ggplot2/issues
[17] https://cran.r-project.org/mirrors.html

3.4 パッケージの管理   75

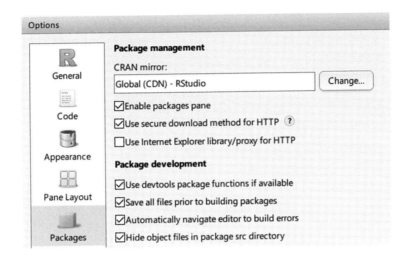

このダイアログで，CRAN のミラーサイトを自分の近くにあるミラーサイトにすることもできるし，単にデフォルトのミラーサイトのまま使用することもできる．一般に自分の近くにあるミラーサイトを使えば，パッケージのダウンロードがとても速くなる．最近，いくつかのミラーサイトがセキュアにデータ転送を行うために HTTPS を使用し始めた．もし **Use secure download method for HTTP** がチェックされているなら，HTTPS に対応したミラーサイトのみが表示される．

一旦ミラーサイトが選択されてしまえば，R においてパッケージをダウンロードし，インストールすることは極めて簡単である．ただ `install.packages("ggplot2")` とコマンドを実行すればよいのである．そうすると，R は自動的にそのパッケージをダウンロードし，そしてインストールしてくれる（必要な時にはコンパイルも実行される）．

RStudio は，パッケージをインストールするための簡単な方法も提供している．パッケージペインをクリックし，**Install** ボタンを押すのである．そうすると次のダイアログが現れる．

76   第3章 作業スペースの管理

パッケージは他のパッケージに依存しているかもしれない．これは，そのパッケージが提供
している関数を呼び出す際に，別途インストールが必要な他のパッケージの関数も呼び出して
いるということである．install.packages() はパッケージの依存関係を理解し，必要なパッ
ケージをまず先にインストールしてくれる．

METACRAN[18] のメインページには，GitHub で数多くのスターをつけられているパッケー
ジが表示されている．つまり，これらは多くの GitHub ユーザに注目されているのである．一
度 install.packages() を呼び出しただけで複数のパッケージをインストールすることができ
きると便利である．この機能はデフォルトで提供されており，文字列型ベクトルとしてパッケー
ジ名を書いているならば，

```
install.packages(c("ggplot2", "shiny", "knitr", "dplyr", "data.table"))
```

と書くことができる．

install.packages() は，自動的にパッケージ間の依存性をも解決し，必要となるパッケー
ジを自動的にインストールしてくれるのである．

3.4.3 CRAN からパッケージを更新する

デフォルトで，install.packages() は最新バージョンのパッケージをインストールする．
パッケージが一旦インストールされると，そのパッケージのバージョンはインストールされた
もののバージョンへと固定される．しかし，パッケージはバグの修正や機能追加に伴って更新
されるものである．時に，パッケージの更新に伴い，古いバージョンの関数が廃止されるかも
しれない．このような場合には，パッケージを最新のものに更新しないか，あるいはパッケー
ジの NEWS を読み（たとえば脚注 19 など．新しいバージョンの重大な変更などの詳細はこの
ようなファイルを読み込む）パッケージを更新するといった対応をとるべきだろう．

RStudio の Packages ペインには，**Install** ボタンの横に **Update** ボタンがあるので，GUI
で更新する場合にはこのボタンを使用する．あるいは，次の update.packages() を用い，ど
のパッケージを更新するかを選択することもできる．

```
update.packages()
```

RStudio も update.packages() も，新たなバージョンを取得し，もし必要であればその依
存性も解決した上でパッケージの更新を行う．

---

[18] http://www.r-pkg.org/

[19] https://cran.r-project.org/web/packages/ggplot2/news.html

3.4.4 オンラインレポジトリからパッケージをインストールする

近年，多くのパッケージ開発者が，開発したパッケージを GitHub 上にホスティングしている．これは，Git によるバージョン管理が提供されている点に加え，よくデザインされた Issue システムやプルリクエストドドリブンな開発推進の仕組みにより，コミュニティによる開発協力が容易だからである．ある開発者は開発したパッケージを CRAN にリリースしないし，あるいは開発中の最新版は GitHub 上にホスティングし，安定版だけを CRAN にリリースするという開発者もいる．

新しい機能が追加されたりバグが修正された最新の開発版パッケージを試してみたいと思ったならば，**devtools** パッケージを用いてオンラインレポジトリから直接パッケージをインストールすることができる．まだ **devtools** パッケージをインストールしていないのであれば，まずインストールしよう．

```
install.packages("devtools")
```

そして，**devtools** パッケージの `install_github()` を用いて，最新の開発版の **ggplot2** パッケージをインストールしよう．

```
library(devtools)
install_github("hadley/ggplot2")[20]
```

devtools パッケージは GitHub からソースコードをダウンロードし，それをパッケージとしてインストールする．すでにそのパッケージをインストールしていたのなら，既存のパッケージが特段の警告なしに上書きされる．もしインストールしてしまった開発版のパッケージを CRAN のものへと戻したい場合，単に，以下のように CRAN からインストールするためのコードを再実行するだけでよい．

```
install.packages("ggplot2")
```

これにより，ローカルのパッケージのバージョン（GitHub のもの）が CRAN のパッケージのバージョンへと置き換えられる．

3.4.5 パッケージの関数を使う

パッケージに含まれる関数を使う方法として 2 つのやり方がある．まず 1 つ目は，`library()` を用いてパッケージを読み込み，そのパッケージ内の関数を実行する方法だ．2 つ目のやり方は，`package::function()` として，関数名にセミコロンとパッケージ名を加えて呼び出す方法だ．2 つ目のやり方では，パッケージ全体を環境にアタッチさせることなしに関数を使用できる．

たとえば，base R ではなく，他のパッケージに実装されている統計的な推定量計算の関数が

---

[20] 訳注：現在では，レポジトリ移行により `install_github("tidyverse/ggplot2")` となっている．

78   第3章 作業スペースの管理

ある．歪度の計算がその例である．この統計的な推定量を計算するための関数は，**moments**
パッケージに存在している．

　ある数値型ベクトル x の歪度を計算するために，まずパッケージをグローバル環境にアタッ
チし，そして直接 skewness() を呼んでみよう．

```
library(moments)
skewness(x)
```

　代わりに，2 つのセミコロン (::) を用いることで，パッケージをアタッチさせることなく関
数を呼ぶこともできる．

```
moments::skewness(x)
```

　この 2 つの方法は同じ結果を返すが，動作としては異なっており，現在の環境に対して異なる
影響を与える．library() を用いた最初のやり方はシンボルの検索パスを変更する．一方, 2 つ
のセミコロン (::) を用いた 2 つ目のやり方はそのような変更を及ぼさない．library(moments)
という処理を実行した際，続くコードにおいてパッケージの関数が直に参照可能になるように，
パッケージがグローバル環境へとアタッチされ，検索パスへと加えられる．

　sessionInfo() を呼び出すことで何のパッケージを使用しているのかをチェックすること
も，時には有用だろう．

```
sessionInfo()
## R version 3.4.0 (2017-04-21)
## Platform: x86_64-apple-darwin15.6.0 (64-bit)
## Running under: macOS Sierra 10.12.4
##
## Matrix products: default
## BLAS: /Library/Frameworks/R.framework/Versions/3.4/Resources/lib/libRblas.0.
dylib
## LAPACK: /Library/Frameworks/R.framework/Versions/3.4/Resources/lib/libRlapack.
dylib
##
## locale:
## [1] ja_JP.UTF-8/ja_JP.UTF-8/ja_JP.UTF-8/C/ja_JP.UTF-8/ja_JP.UTF-8
##
## attached base packages:
## [1] stats     graphics  grDevices utils     datasets  methods   base
##
## other attached packages:
## [1] knitr_1.16
##
## loaded via a namespace (and not attached):
##  [1] compiler_3.4.0  backports_1.1.0 magrittr_1.5    rprojroot_1.2
##  [5] tools_3.4.0     htmltools_0.3.6 yaml_2.1.14     Rcpp_0.12.11
##  [9] stringi_1.1.5   rmarkdown_1.6   stringr_1.2.0   digest_0.6.12
## [13] evaluate_0.10.1
```

sessionInfo() は，R のバージョンとアタッチされている，あるいは読み込まれているパッケージの一覧を表示する．:: を使用してパッケージのある関数にアクセスした時，パッケージはアタッチされてはいないが，メモリに読み込みはされている．この場合，このパッケージに入っている他の関数を直接呼び出すことはできない．

```
moments::skewness(c(1, 2, 3, 2, 1))
## [1] 0.3436216
sessionInfo()
## R version 3.4.0 (2017-04-21)
## Platform: x86_64-apple-darwin15.6.0 (64-bit)
## Running under: macOS Sierra 10.12.4
##
## Matrix products: default
## BLAS: /Library/Frameworks/R.framework/Versions/3.4/Resources/lib/libRblas.0.
dylib
## LAPACK: /Library/Frameworks/R.framework/Versions/3.4/Resources/lib/libRlapack.
dylib
##
## locale:
## [1] ja_JP.UTF-8/ja_JP.UTF-8/ja_JP.UTF-8/C/ja_JP.UTF-8/ja_JP.UTF-8
##
## attached base packages:
## [1] stats     graphics  grDevices utils     datasets  methods   base
##
## other attached packages:
## [1] knitr_1.16
##
## loaded via a namespace (and not attached):
##  [1] compiler_3.4.0  backports_1.1.0 magrittr_1.5    rprojroot_1.2
##  [5] tools_3.4.0     htmltools_0.3.6 yaml_2.1.14     Rcpp_0.12.11
##  [9] stringi_1.1.5   rmarkdown_1.6   stringr_1.2.0   digest_0.6.12
## [13] moments_0.14    evaluate_0.10.1
```

この結果からも，**moments** パッケージは読み込まれてはいるが，アタッチされていないことがわかる．一方，library(moments) という処理を実行すると，パッケージはアタッチされる．

```
library(moments)
sessionInfo()
## R version 3.4.0 (2017-04-21)
## Platform: x86_64-apple-darwin15.6.0 (64-bit)
## Running under: macOS Sierra 10.12.4
##
## Matrix products: default
## BLAS: /Library/Frameworks/R.framework/Versions/3.4/Resources/lib/libRblas.0.
dylib
## LAPACK: /Library/Frameworks/R.framework/Versions/3.4/Resources/lib/libRlapack.
dylib
##
## locale:
```

80   第3章 作業スペースの管理

```
## [1] ja_JP.UTF-8/ja_JP.UTF-8/ja_JP.UTF-8/C/ja_JP.UTF-8/ja_JP.UTF-8
##
## attached base packages:
## [1] stats     graphics  grDevices utils     datasets  methods   base
##
## other attached packages:
## [1] moments_0.14 knitr_1.16
##
## loaded via a namespace (and not attached):
##  [1] compiler_3.4.0  backports_1.1.0 magrittr_1.5    rprojroot_1.2
##  [5] tools_3.4.0     htmltools_0.3.6 yaml_2.1.14     Rcpp_0.12.11
##  [9] stringi_1.1.5   rmarkdown_1.6   stringr_1.2.0   digest_0.6.12
## [13] evaluate_0.10.1
skewness(c(1, 2, 3, 2, 1))
## [1] 0.3436216
```

すなわち，**moments** パッケージの他の関数も同様であるが，`skewness()` を直接呼び出すことができているのだ．

アタッチされているパッケージをチェックするためのより簡単な方法は，`search()` を用いることである．

```
search()
##  [1] ".GlobalEnv"       "package:moments"  "package:knitr"
##  [4] "package:stats"    "package:graphics" "package:grDevices"
##  [7] "package:utils"    "package:datasets" "package:methods"
## [10] "Autoloads"        "package:base"
```

この関数は，現在のサーチパスを返す．`skewness` を内部で使用している関数を実行する時，R はまず，現在の環境において `skewness` というシンボルを探しにいく．その後，`package:moment` を探しにいき，そこで `skewness` というシンボルを見つける．パッケージがアタッチされていない場合，`skewness` というシンボルは見つからず，エラーが発生する．これは上と違い，`package:moment` がサーチパスに追加されていないからだ．後の章において，シンボルがどのように検索されているかを詳しく見る．

パッケージをアタッチするために，`library()` とよく似た `require()` を使おう．この関数は `library()` とは異なり，パッケージが正しくアタッチされたかどうかを論理値として返却してくれる．

```
loaded <- require(moments)
loaded
## [1] TRUE
```

この機能により，もしパッケージがインストールされているならそれをアタッチし，そうでなければインストールを実行するという次のコードを書くことができよう．

```
if (!require(moments)) {
```

```
  install.packages("moments")
  library(moments)
}
```

しかし，Rユーザが require() を使用して書いたコードの大半はこうはなっていない．次のコードが典型であろう．

```
require(moments)
```

これは library() を使用しているのと同等な処理に見えるが，欠点がある．

```
require(testPkg)
## Loading required package: testPkg
## Warning in library(package, lib.loc = lib.loc,
## character.only = TRUE, logical.return = TRUE, : there is no
## package called 'testPkg'
```

インストールされていない，あるいはタイポなどに起因してそもそも存在しえないパッケージをアタッチしようとしていた場合，require() は警告しか表示しないのである．一方，library() はエラーを生成する．

```
library(testPkg)
## Error in library(testPkg): 'testPkg' という名前のパッケージはありません
```

あなたが，いくつかのパッケージに依存した時間のかかる R スクリプトを実行しているとしよう．さらに，もし，ここであなたがスクリプト中に require() を使用しており，また不運なことに，スクリプトを実行しているコンピュータに，計算に使用されるパッケージがインストールされていなかったとしよう．そうすると，そのスクリプトはパッケージの関数が呼ばれ，その関数が見つからないと判明したタイミングで実行に失敗するだろう．しかし，代わりに library() を使用していれば，パッケージがコンピュータ上に存在しない段階でそのスクリプトは即座に実行に失敗するだろう．Yihui Xie はブログポスト [21] でこの問題を取り上げ，フェイルファーストの原則 (fail fast principle) を提唱した．これは「もしある処理が失敗するものであるなら，それは早い段階で失敗すべし」というものである．

3.4.6　マスキングと名前の衝突

R の新規セッションは，自動的に基本的なパッケージがアタッチされた状態で開始される．ここでいう基本的なパッケージとは，**base**，**stats**，**graphics** などである．これらのパッケージがアタッチされた状態においては，たとえば，ある数値型ベクトルの平均を base::mean() ではなく mean()，中央値を stats::median() ではなく median() を用いて計算することが

---

[21] http://yihui.name/en/2014/07/library-vs-require/

82 第 3 章 作業スペースの管理

できる.

　実際，起動時にアタッチされる基本的なパッケージのおかげで，数千の関数が自動的に使え
るようになっている．それぞれの基本的なパッケージは，ある特定の目的のために作られたい
くつもの関数をもっているのだ．また，2 つのパッケージの関数がお互いに衝突することもあ
りうる．たとえば，2 つのパッケージ A と B に，それぞれ X という名前がつけられた関数が
あったとしよう．もし，A パッケージをアタッチした後に B パッケージをアタッチしたのなら
ば，関数 A::X は関数 B::X によってマスクされてしまう．言い換えるなら，もし A パッケー
ジをアタッチし，X() という処理を実行したのなら，A パッケージの X 関数が呼び出される．
そして，次に B パッケージをアタッチし，X() という処理を実行すると，B パッケージの X 関
数が呼び出されるのだ．このメカニズムは**マスキング**と呼ばれている．次の例はマスキングが
起こった時何が起こるのかを示している．

　強力なデータ操作パッケージである **dplyr** パッケージは，データフレームに対する操作を簡
単に行うことができるたくさんの関数を提供している．このパッケージをアタッチした時，既存
の関数が **dplyr** パッケージの同じ名前をもった関数によってマスキングされるというメッセー
ジが表示される．

```
library(dplyr)
## Warning: package 'dplyr' was built under R version 3.4.1
##
## Attaching package: 'dplyr'
## The following objects are masked from 'package:stats':
##
##     filter, lag
## The following objects are masked from 'package:base':
##
##     intersect, setdiff, setequal, union
```

　幸いなことに，**dplyr** パッケージによるマスキングは元々の関数がもっていたその意味や使
用法を変えるものではなく，むしろそれらを一般化してくれる．マスキングされた関数は互換
性のあるものなのである．したがって，マスキングされてしまった関数がもはや期待した動作
をしないのではないかと心配する必要はない．

　パッケージが提供している基本的な関数をマスキングしてしまう関数群は，ほとんどの場合，
その処理をより一般化したものになっている．しかし，同じ名前の関数をもっている 2 つのパッ
ケージを同時に使わなければならないのならば，それらのパッケージをアタッチさせるべきで
はない．その代わりに，以下のコードのように，必要となる関数をそれぞれのパッケージから
もってくるべきだ．

```
fun1 <- package1::some_function
fun2 <- pacakge2::some_function
```

　たまたまあるパッケージをアタッチしてしまい，それをデタッチしたいのならば，

unloadNamespace() を用いるとよい．たとえば，すでにアタッチしている **moments** パッケージをデタッチしたい場合は下記のように書く．

```
unloadNamespace("moments")
```

　パッケージがデタッチされると，パッケージが提供していた関数はもはや直接呼び出すことができなくなる．

```
skewness(c(1, 2, 3, 2, 1))
## エラー: 関数 "skewness" を見つけることができませんでした
```

　しかし，:: を用いることによって，関数を呼び出すことはできる．

```
moments::skewness(c(1, 2, 3, 2, 1))
## [1] 0.3436216
```

3.4.7 パッケージがインストールされているかを確認する

　install.packages() がパッケージのインストールを行う一方，installed.packages() はインストールされている 16 列にも及ぶ幅広いパッケージの情報を表示することを知っておくことも有用だろう．

```
pkgs <- installed.packages()
colnames(pkgs)
##  [1] "Package"            "LibPath"
##  [3] "Version"            "Priority"
##  [5] "Depends"            "Imports"
##  [7] "LinkingTo"          "Suggests"
##  [9] "Enhances"           "License"
## [11] "License_is_FOSS"    "License_restricts_use"
## [13] "OS_type"            "MD5sum"
## [15] "NeedsCompilation"   "Built"
```

　パッケージがインストールされているかを調べる時に，この関数は有用である．

```
c("moments", "testPkg") %in% installed.packages()[, "Package"]
## [1]  TRUE FALSE
```

　時に，パッケージのバージョンを調べることも必要だろう．その場合は以下のように書く．

```
installed.packages()["moments", "Version"]
## [1] "0.14"
```

　パッケージのバージョンを取得するより簡単な方法は，packageVersion() を使うことである．

84   第 3 章 作業スペースの管理

```
packageVersion("moments")
## [1] '0.14'
```

　指定したバージョンよりもパッケージが新しいかどうかをチェックするために，2 つのパッケージのバージョンを比較することもできる．

```
packageVersion("moments") >= package_version("0.14")
## [1] TRUE
```

　実際，比較するためには文字列をそのまま使うこともできる．

```
packageVersion("moments") >= "0.14"
## [1] TRUE
```

　書いているスクリプトがある特定のバージョン以上のパッケージに依存しているならば，パッケージのバージョンを確認することは有用であろう．これはたとえば，あなたのスクリプトが，パッケージのあるバージョンで導入された新しい機能に依存しているような場合がそうだろう．さらに，パッケージがインストールされていない場合，`packageVersion()` はエラーを出す．これはパッケージがインストールされているかをチェックするためにも活用できよう．

3.5　まとめ

　この章では，作業ディレクトリの概念，およびそれを操作するための関数について学んだ．また，作業環境を調べるための関数，グローバルオプションを変更する関数，パッケージを管理するための関数についても学んだ．いまやあなたには作業スペースを管理するための基本的な知識を得たことになるのだ．

　次の章で，変数の割り当てや条件，ループなどの基本的な式について学ぶ．これらの式はプログラムを構成する部品となるものである．効率的でロバストな制御フローの書き方を次の章で示す．

第4章
基本的な表現式

　表現式は関数の構成要素である．関数の動作は，表現式を実行する順番に並べることで記述される．R はその表現式がシンボル（変数名）であるのか関数呼び出しであるのかが明快にわかるシンタックスをもっている．表現式が括弧で終われば関数呼び出しであり，そうでないならばシンボルである．

　R で行うことのすべては，本質的に関数呼び出しである．したがって，関数の動作を決定する表現式はすべて関数呼び出しの形をしているはずである．しかし、いくつかの特別な関数は，コードを読みやすくするための特別なシンタックスをもっており，例外的な記述ができる．

　本章では，特別なシンタックスをもつ基本的な表現式として以下について見ていく．

- 代入式
- 条件式
- ループ式

4.1　代入式

　代入は，すべてのプログラミング言語における最も基本的な式であるといっても過言ではない．何を行うかというと，シンボルに値を結び付けることで，後にシンボルから値を参照できるようにする．

　R は，代入を行う演算子として <- を採用している．これは，代入に = を用いる他の多くのプログラミング言語と少し異なっているが，R でも代入演算子として = を用いることができる．

```
x <- 1
y <- c(1, 2, 3)
z <- list(x, y)
```

　値の代入を行うために，シンボルとその型を宣言する必要はない．もしもそのシンボルが環境にない場合，代入はそのシンボルを生成する．そのシンボルがすでに存在する場合，コンフリクトは起こさずに新しい値を挿入し直す．

86   第 4 章　基本的な表現式

4.1.1　他の代入演算子

他にも同様な演算子がいくつかある．`x <- f(z)` がシンボル x に `f(z)` の値を結び付けるのに対し，`->` を用いることで，反対方向の代入を行うことができる．

```
2 -> x1
```

代入を連鎖させることで，いくつかのシンボルが同じ値をもつようにすることもできる．

```
x3 <- x2 <- x1 <- 0
```

0 という表現式はたった一度だけ評価され，3 つのシンボルに同じ値が代入される．0 を乱数生成に変更することで，どのように機能しているのか確かめることができる．

```
x3 <- x2 <- x1 <- rnorm(1)
c(x1, x2, x3)
## [1] 1.585697 1.585697 1.585697
```

`rnorm(1)` は，標準正規分布に従う乱数を生成する．もし，それぞれの代入が乱数生成を呼び出していたら，それぞれのシンボルは異なる値をもったはずである．しかし実際，それは起こっていない．後に，本当に何が起こっているかについて説明する．その時，さらなる理解が得られるだろう．

他のプログラミング言語のように，`=` でも代入を行うことができる．

```
x2 = c(1, 2, 3)
```

もし，Python, Java, C# のような他の一般的なプログラミング言語に精通しているのであれば，代入演算子として `=` を用いるのはもはや業界標準で，より多くのタイピングを要求する `<-` を用いることに対して違和感があるかもしれない．しかし，Google の **R スタイルガイド** [1] は，代入演算子としては両者が全く同じ機能をもっているにもかかわらず，`=` よりも `<-` を使用することを推奨している．

`<-` と `=` のわずかな違いを簡単に説明する．まず 2 つの引数をもつ関数 `f()` を作成する．

```
f <- function(input, data = NULL) {
  cat("input:\n")
  print(input)
  cat("data\n")
  print(data)
}
```

この関数は，2 つの引数をそのまま出力する．では，この関数を使って 2 つの代入演算子の違いを実証する．

---

[1] https://google.github.io/styleguide/Rguide.xml#assignment

```
x <- c(1, 2, 3)
y <- c("some", "text")
f(input = x)
## input:
## [1] 1 2 3
## data:
## NULL
```

　このコードは <- と = の両方の演算子を使用しているが，それぞれが異なる役割を果たしている．最初の 2 行における <- 演算子は代入演算子として使われている一方で，3 行目の = 演算子は f() メソッドの名前付き引数を特定する．すなわち，<- 演算子は右辺の c(1, 2, 3) を評価し，評価された値を左辺にあるシンボル（変数）x に代入する．= 演算子は代入演算子としては使われず，関数の引数の名前をマッチさせる．

　代入演算子として使用される際には <- と = は交換可能である．つまり，前述のコードは以下のものと同等である．

```
x = c(1, 2, 3)
y = c("some", "text")
f(input = x)
```

　ここでは，= 演算子のみを使用している．その目的は 2 つある．= は，最初の 2 行では代入を行い，3 行目では引数の名前を特定する．

```
x = c(1, 2, 3)
y = c("some", "text")
f(input = x)
```

　では，すべての = を <- に変えるとどうなるか見てみよう．

```
x <- c(1, 2, 3)
y <- c("some", "text")
f(input <- x)
## input:
## [1] 1 2 3
## data:
## NULL
```

　このコードを実行すると，結果は同じに見えることに気付くだろう．しかし環境を調べてみると，違いを見つけることができる．新しい変数 input が環境にできていて，c(1, 2, 3) という値を得ているのだ．

```
input
## [1] 1 2 3
```

　では，何が起きたのか？ 実際，3 行目では 2 つのことが起こっている．まず，代入 input <- x は新しいシンボル input を環境に作り出し，x という結果となる．そして，input の値は関数

88   第 4 章　基本的な表現式

f() の 1 つ目の引数に与えられる．言い換えると，1 つ目の関数の引数は名前ではなく位置で
マッチしている．詳しく説明するために，さらに実験を行う．この関数の基本的な使い方は以
下の通りである．

```
f(input = x, data = y)
## input:
## [1] 1 2 3
## data:
## [1] "some" "text"
```

　2 つの = を両方 <- に置き換えると，結果は同じように見える．

```
f(input <- x, data <- y)
## input:
## [1] 1 2 3
## data:
## [1] "some" "text"
```

　= を使用しているコードにおいては，結果を変えずに，名前のついた 2 つの引数の順番を変
更することができる．

```
f(data = y, input = x)
## input:
## [1] 1 2 3
## data:
## [1] "some" "text"
```

　しかし，<- の場合に引数の順序を変更すると，input と data の値も変わってしまう．

```
f(data <- y, input <- x)
## input:
## [1] "some" "text"
## data:
## [1] 1 2 3
```

　以下のコードは前述のものと同じ働きをする．

```
data <- y
input <- x
f(y, x)
```

　このコードは f(y，x) という結果になるだけではなく，現在の環境に不必要な変数 data と
input を追加してしまう．
　前述の例と実験から要点は明確になった．曖昧さを減らすために，代入演算子としては <- と = の
どちらを使ってもよいが，名前のついた引数を指定する際には = のみを使う．結論としては
Google のスタイルガイドが推奨するように，R のよりよい可読性のためには，代入には <- の
みを用い，名前付き引数を指定する際には = のみを使うのがよいだろう．

4.1.2 非標準的な名前とバッククオートの使用

代入演算子は変数（シンボルもしくは名前）に値を与える．しかし，変数に直接代入する際には，変数名に制限が生じる．名前に含むことができるのは，a〜z，A〜Zの文字列（Rは大文字と小文字を区別する），アンダースコア (_)，そしてドット (.) であり，スペースを含むことはできず，アンダースコアで始めることもできない．以下が有効な名前である．

```
students <- data.frame()
us_population <- data.frame()
sales.2015 <- data.frame()
```

以下は，名付けのルールに従っていないために有効でない名前である．

```
some data <- data.frame()
## エラー:    想定外のシンボルです   in "some data"
_data <- data.frame()
## エラー:    想定外の入力です   in "_"
Population(Millions) <- data.frame()
Population(Millions) <- data.frame() でエラー:
## オブジェクト 'Millions' がありません
```

前述の名前はそれぞれ違う方法でルールを破っている．変数名 some data は，スペースを含んでいる．_data は，_ から始まっている．実際によくあるのは，3つ目の変数名 Population (Millions) のような有効ではない名前が，データフレームの列名として含まれていることである．この問題を避けるためには，バッククオートで有効でない名前を囲むことによって，それらを有効にする必要がある．

```
`some data` <- c(1, 2, 3)
`_data` <- c(4, 5, 6)
`Population(Millions)` <- c(city1 = 50, city2 = 60)
```

これらの変数を参照するには，同じくバッククオートを使う．そうしないとまた有効でないと見なされる．

```
`some data`
`_data`
`Population(Millions)`
```

バッククオートはそれが関数であっても，シンボルを作成する際にはどこでも使うことができる．

```
`Toms secret function` <- function(a, d) {
  (a ^ 2 - d ^ 2) / (a ^ 2 + d ^ 2)
}
```

リストでも大丈夫である．

90 第 4 章 基本的な表現式

```
l1 <- list(`Group(A)` = rnorm(10), `Group(B)` = rnorm(10))
```

もし有効でない名前であるためにシンボルを直接参照することができない場合，そのシンボルを参照するにあたってはバッククオートをつける必要がある．

```
`Toms secret function` (1, 2)
## [1] -0.6
l1$`Group(A)`
## [1] -0.8255922 -1.1508127 -0.7093875 0.5977409 -0.5503219 -1.0826915
## [7] 2.8866138 0.6323885 -1.5265957 0.9926590
```

例外は data.frame() である．

```
results <- data.frame(`Group(A)` = rnorm(10), `Group(B)` = rnorm(10))
results
## Group.A. Group.B.
## 1 -1.14318956 1.66262403
## 2 -0.54348588 0.08932864
## 3 0.95958053 -0.45835235
## 4 0.05661183 -1.01670316
## 5 -0.03076004 0.11008584
## 6 -0.05672594 -2.16722176
## 7 -1.31293264 1.69768806
## 8 -0.98761119 -0.71073080
## 9 2.04856454 -1.41284611
## 10 0.09207977 -1.16899586
```

あいにく，ルールに従っていない名前にバッククオートをつけても，結果として得られる data.frame 変数はそれらのシンボルをドットに変換してしまう．colnames() を使うと，data.frame のカラム名を確認することができる．

```
colnames(results)
## [1] "Group.A." "Group.B."
```

これがよく起こるのは，以下のような CSV テーブルをインポートする時である．

```
ID,Category,Population(before),Population(after)
0,A,10,12
1,A,12,13
2,A,13,16
3,B,11,12
4,C,13,12
```

read.csv() を使って CSV データを読み込むと，Population(before) と Population (after) は元々の名前を保持せず，R の make.names() メソッドにより有効な名前に変えられてしまう．どのような名前になるのかを知るには，以下のようなコマンドを実行する．

```
make.names(c("Population(before)", "Population(after)"))
## [1] "Population.before." "Population.after."
```

時々，この挙動が望むものでないことがある．これを無効にするには，read.csv() もしくは data.frame() を呼び出す際に check.names = FALSE を指定する．

```
results <- data.frame(
  ID <- c(0, 1, 2, 3, 4),
  Category = c("A", "A", "A", "B", "C"),
  `Population(before)` = c(10, 12, 13, 11, 13),
  `Population(after)` = c(12, 13, 16, 12, 12),
  stringsAsFactors = FALSE,
  check.names = FALSE
  )
results
colnames(results)
```

この呼び出しにおいて，stringsAsFactors = FALSE は文字列型ベクトルを factor 形式に変換することを防ぎ，check.names = FALSE は make.names() を列名に適用することを防ぐ．この 2 つの引数を用いることで，data.frame 変数は入力データのほとんどの性質を保持して作成される．

特殊なシンボルをもった列にアクセスするには，バッククオートで列名を囲めばよい．

```
results$`Population(before)`
## [1] 10 12 13 11 13
```

バッククオートは，直接与えることのできない記号を名前にもった変数を作成し，アクセスを可能にする．しかし，これはそういった名前をつけることを推奨しているわけではない．むしろ，そういった名前をつけることでコードを読みにくくしたりエラーが起こりやすくなり，さらには厳しい名付けのルールをもった外部ツールと連携することを難しくしてしまう．結論としては，バッククオートを使って特別な変数名をつけるということは，どうしても必要な場合以外は避ける方がよい．

4.2 条件式

プログラムのロジックが逐次的でなく，ある条件に従って分岐するということはよくある．よって，プログラミング言語における最も基本的な構成要素の 1 つは条件式である．R においては論理的な条件に基づき，ロジックのフローを分岐させるために if が使われる．

4.2.1 if を文として使う

他の多くのプログラミング言語と同じように，if 式が論理条件とともに使われる．R に

92 第4章 基本的な表現式

おいて，論理条件は単一の論理値型ベクトルを生成する式によって表現される．たとえば，
check_positive という，正の数が与えられた場合に 1 を返す簡単な関数を作成する．

```
check_positive <- function(x) {
  if (x > 0) {
    return(1)
  }
}
```

　この関数において，x > 0 がチェックされる条件である．この条件が満たされれば，関数は
1 を返す．いくつかの入力でこの関数を検証しよう．

```
check_positive(1)
## [1] 1
check_positive(0)
```

　関数は期待通りに動いているように見える．else if と else 分岐を付け足すことで，この
関数は正の入力に対して 1 を返し，負の入力に対して −1 を返し，0 には 0 を返す，符号関数
として一般化することができる．

```
check_sign <- function(x) {
  if (x > 0) {
    return(1)
  } else if (x < 0) {
    return(-1)
  } else {
    return(0)
  }
}
```

　この関数は，組み込み関数 sign() と同じ機能をもっている．このロジックを検証するため
には，条件分岐をすべてカバーする異なる入力に対して呼び出せばよい．

```
check_sign(15)
## [1] 1
check_sign(-3.5)
## [1] -1
check_sign(0)
## [1] 0
```

　この関数は，返り値をもつ必要はない．条件に基づいた動作をするが，何も返さない（正確に
は，NULL を返す）こともできる．次の関数は，明示的に値を返さないがコンソールにメッセー
ジを送る．メッセージの種類は，入力された数字の符号によって決まる．

```
say_sign <- function(x) {
  if (x > 0) {
    cat("The number is greater than 0")
```

```
  } else if (x < 0) {
    cat("The number is less than 0")
  } else {
    cat("The number is 0")
  }
}
```

check_sign() をテストした場合と同様にして，say_sign() のロジックをテストしよう．

```
say_sign(0)
## The number is 0
say_sign(3)
## The number is greater than 0
say_sign(-9)
## The number is less than 0
```

条件分岐を評価するための流れはとても単純である．

1. 初めに，1つ目の if (cond1) { expr1 }にある cond1 を評価する．
2. もしも cond1 が TRUE であれば，対応する式{ expr1 }を評価する．そうでなければ，次の else if (cond2) 分岐にある cond2 の条件を評価し，それ以降もこれを続ける．
3. もしすべての if と else if の分岐のどれにも当てはまらなかった場合には，else 分岐にある式を評価する．

この一連の流れを見ると，if 構文は思ったよりもずっと柔軟なものであることがわかるだろう．たとえば，if 構文は以下に示す形のいずれか1つをとる．最も単純なものは，シンプルな if 条件分岐である．

```
if (cond1) {
  # ここに何らかの操作が入る
}
```

より複雑な形は else 分岐が入るものであり，これは cond1 が TRUE でない場合を扱う．

```
if (cond1) {
  # ここに何らかの操作が入る
} else {
  # ここに何らかの操作が入る
}
```

さらに複雑な形は，1つ以上の分岐をもつものである．

```
if (cond1) {
  expr1
} else if (cond2) {
  expr2
} else if (cond3) {
  expr3
```

94   第4章 基本的な表現式

```
} else {
  expr4
}
```

　上述の条件分岐では，分岐の条件 (cond1, cond2, cond3) は関連性があるかもしれないし，ないかもしれない．たとえば，テストの点数から評価グレードをつける方法は，この分岐ロジックにしっかりと当てはまる．この時，上述した if-else テンプレートの分岐条件となるものは，テストの点数の範囲である．

```
grade <- function(score) {
  if (score >= 90) {
    return("A")
  } else if (score >= 80) {
    return("B")
  } else if (score >= 70) {
    return("C")
  } else if (score >= 60) {
    return("D")
  } else {
    return("F")
  }
}
c(grade(65), grade(59), grade(87), grade(96))
## [1] "D" "F" "B" "A"
```

　この場合，else if における分岐条件は，暗黙のもとに1つ前の条件が満たされていないということを仮定している．すなわち，score >= 80 は，実際は score < 90 かつ score >= 80 を意味し，前の条件に依存している．明示的に仮定を示し，それぞれの分岐を独立なものとすることなしに，これら分岐の順番を入れ替えることはできない．
　いくつかの分岐を入れ替えたとしよう．

```
grade2 <- function(score) {
  if (score >= 60) {
    return("D")
  } else if (score >= 70) {
    return("C")
  } else if (score >= 80) {
    return("B")
  } else if (score >= 90) {
    return("A")
  } else {
    return("F")
  }
}
c(grade2(65), grade2(59), grade2(87), grade2(96))
## [1] "D" "F" "D" "D"
```

　grade(59) だけが正しい等級を示し，他はすべて間違っていることがわかるだろう．この関

数を，条件の順番を入れ替えるという方法以外で修正するとするならば，条件を書き直し，評価の順番に依存しないようにする．

```r
grade2 <- function(score) {
  if (score >= 60 && score < 70) {
    return("D")
  } else if (score >= 70 && score < 80) {
    return("C")
  } else if (score >= 80 && score < 90) {
    return("B")
  } else if (score >= 90) {
    return("A")
  } else {
    return("F")
  }
}
c(grade2(65), grade2(59), grade2(87), grade2(96))
## [1] "D" "F" "B" "A"
```

　これは，最初の正しいものと比較して，関数をかなり冗長にしてしまう．それゆえ，条件分岐の正しい順番を把握し，それぞれの分岐の依存関係に気をつけることは重要である．

　幸いなことに，R は cut() という同じことをしてくれる便利な関数を提供している．?cut と打ち込むことで，詳細なドキュメントを読んでほしい．

4.2.2　if を式として使う

　if は本質的には関数であり，その返り値は条件が満たされた分岐の式の値である．すなわち，if はインライン式として使うこともできる．check_positive() メソッドを例にしよう．return() を条件分岐の中に書くのではなく，if 式を return() の中に書くことで，同じ目的が達成できる．

```r
check_positive <- function(x) {
  return(if (x > 0) {
    1
  })
}
```

　実際，この式はたった 1 行に単純化できる．

```r
check_positive <- function(x) {
  return(if (x > 0) 1)
}
```

　この関数の返り値は，関数本体の中にある最後の式の値であるので，この場合，return() は省くことができる．

96　　第 4 章　基本的な表現式

```r
check_positive <- function(x) {
  if (x > 0) 1
}
```

同じ原理が check_sign() メソッドにも当てはまる．check_sign() の簡単な形は以下のようになる．

```r
check_sign <- function(x) {
  if (x > 0) 1 else if (x < 0) -1 else 0
}
```

if 式の値を明示的に得るために，生徒の名前と点数が与えられた時に生徒の成績を返す成績レポート関数を適用する．

```r
say_grade <- function(name, score) {
  grade <- if (score >= 90) "A"
    else if (score >= 80) "B"
    else if (score >= 70) "C"
    else if (score >= 60) "D"
    else "F"
  cat("The grade of", name, "is", grade)
}
say_grade("Betty", 86)
## The grade of Betty is B
```

if 文を式として使うことは，コンパクトでより冗長性を排したように見えるかもしれない．しかし実際には，すべての条件が単純な数値の比較で，単一の値を返すということはかなり稀である．より複雑な条件分岐を行う場合，不必要なミスを防ぐため if 文を使って正確に異なる分岐を示し，{} を省かないことを薦める．以下の関数は悪い例である．

```r
say_grade <- function(name, score) {
  if (score >= 90) grade <- "A"
  cat("Congratulations!\n")
  else if (score >= 80) grade <- "B"
  else if (score >= 70) grade <- "C"
  else if (score >= 60) grade <- "D"
  else grade <- "F"
  cat("What a pity!\n")
  cat("The grade of", name, "is", grade)
}
```

この関数の作り主は，いくつかの分岐で関数に何かいわせたかったらしい．分岐の式の周りに {} を使わない時に，条件分岐に挙動を追加すると，シンタックスエラーを含むコードを書いてしまうことが多い．前述のコードをコンソールで評価すると，しばらくの間混乱するようなエラーに行き当たるだろう．

```r
>say_grade <- function(name, score) {
```

```
+ if (score >= 90) grade <- "A"
+ cat("Congratulations!\n")
+ else if (score >= 80) grade <- "B"
Error: unexpected 'else' in:
" cat("Congratulations!\n")
 else"
> else if (score >= 70) grade <- "C"
Error: unexpected 'else' in " else"
> else if (score >= 60) grade <- "D"
Error: unexpected 'else' in " else"
> else grade <- "F"
Error: unexpected 'else' in " else"
> cat("What a pity!\n")
What a pity!
> cat("The grade of", name, "is", grade)
Error in cat("The grade of", name, "is", grade) : object 'name' not found
> }
Error: unexpected '}' in "}"
```

こういった潜在的な落とし穴を回避する，よりよい関数の書き方は以下の通りである．

```
say_grade <- function(name, score) {
  if (score >= 90) {
    grade <- "A"
    cat("Congratulations!\n")
  } else if (score >= 80) {
    grade <- "B"
  } else if (score >= 70) {
    grade <- "C"
  } else if (score >= 60) {
    grade <- "D"
  } else {
    grade <- "F"
    cat("What a pity!\n")
  }
  cat("The grade of", name, "is", grade)
  }
say_grade("James", 93)
## Congratulations!
## The grade of James is A
```

この書き方は若干冗長であるように見えるかもしれないが，変化に対してロバストであり，ロジックが明確である．正しいことは，短いことよりもよいということを覚えておこう．

4.2.3 if をベクトルと一緒に使う

前の関数の例は，単一の入力に対してのみ機能するものであった．したがって，多数の要素をもつベクトルに対しては機能しないので，もしベクトルを与えれば関数は警告を発する．

98 第 4 章 基本的な表現式

```
check_positive(c(1, -1, 0))
## Warning in if (x > 0) 1: the condition has length > 1 and only the first
## element will be used
## [1] 1
```

　この出力から，多数の要素をもつ論理値型ベクトルが与えられた場合，if 式は最初の 1 つの要素以外はすべて無視することがわかる．

```
num <- c(1, 2, 3)
if (num > 2) {
  cat("num > 2!")
}
## Warning in if (num > 2) {: the condition has length > 1 and only the
first
## element will be used
```

　この式は最初の 1 つの要素のみ (1 > 2) が使われる，という旨の警告を発する．実際，論理値型ベクトルが用いられている条件式の場合，その論理値型ベクトルの要素に TRUE と FALSE の値が混ざっているため，その分岐判定ロジックは不明瞭である．

　いくつかの論理関数は，こういった曖昧さを回避するのに役立つ．例として any() メソッドは，与えられたベクトルにおいて少なくとも 1 つの要素が TRUE である場合に TRUE を返す．

```
any(c(TRUE, FALSE, FALSE))
## [1] TRUE
any(c(FALSE, FALSE))
## [1] FALSE
```

　したがって，どれか 1 つでも 2 より大きな値があった場合にメッセージを出力したいということが目的であるならば，条件内で any() を呼び出せばよい．

```
if (any(num > 2)) {
  cat("num > 2!")
}
## num > 2!
```

　すべての値が 2 より大きい場合に 1 つ目のメッセージを出力したい場合には，代わりに all() メソッドを与えればよい．

```
if (all(num > 2)) {
  cat("num > 2!")
} else {
  cat("Not all values are greater than 2!")
}
## Not all values are greater than 2!
```

　したがって，if 式を使う時はいつも，条件が単一の値の論理値型ベクトルであることを保証する必要がある．そうでなければ，予想もしないことが起こる．

他にも，NA には注意する必要がある．NA も単一の値の論理値型ベクトルとして扱うことができるが，if 式にそのまま適用するとエラーを発することがある．

```
check <- function(x) {
  if (all(x > 0)) {
    cat("All input values are positive!")
  } else {
    cat("Some values are not positive!")
  }
}
```

この関数は，欠損をもたない通常の数値型ベクトルに対しては完璧に動作する．しかし，if の引数 x がもし欠損をもっている場合，この関数はエラーを発して終わってしまう．

```
check(c(1, 2, 3))
## All input values are positive!
check(c(1, 2, NA, -1))
## Some values are not positive!
check(c(1, 2, NA))
## Error in if (all(x > 0)) {: missing value where TRUE/FALSE needed
```

この例から，if 条件を書く際に欠損値に気をつける必要があることがわかるだろう．もし論理が複雑で，入力データが多様であるならば，正しい方法で欠損値を扱うことは容易ではないだろう．any() と all() の両メソッドにおいて，欠損値を扱うため na.rm を使うことができるということに注意してほしい．条件を書く際には，このことも留意しておくとよい．

条件の確認を簡単に行うための 1 つの方法は isTRUE(x) を使うことであり，これは内部で identical(TRUE, x) を呼び出す．この場合，単一の TRUE の値のみが条件を満たし，他のすべての値は満たさない．

4.2.4　ベクトル化された if を使う： ifelse

計算を分岐させるための他の手段として，ifelse() がある．この関数は論理値型ベクトルを判定するための条件として使用し，ベクトルを返す．論理判定条件のそれぞれの要素について，もし TRUE であるならば，対応する要素である 2 つ目の引数にある yes が選ばれる．もし FALSE であるならば，対応する要素である 3 つ目の引数にある no が選ばれる．言い換えると，以下に示すように，ifelse() は if のベクトル化されたものである．

```
ifelse(c(TRUE, FALSE, FALSE), c(1, 2, 3), c(4, 5, 6))
## [1] 1 5 6
```

yes や no の引数は繰り返し使われるので，ifelse() を使って check_positive() を書き直すことができる．

100　第 4 章　基本的な表現式

```
check_positive2 <- function(x) {
  ifelse(x, 1, 0)
}
```

　check_positive()（if 式を使ったもの）と check_positive2()（ifelse を使っ
たもの）の違いはわずかである．check_positive(-1) は明示的な値を返さないが，
chek_positive2(-1) は 0 を返す．if を 1 つだけを使い else は使わない if 式は必ずし
も明示的に値を返さない．一方で ifelse() はいつもベクトルを返す．なぜなら yes と no の
両方に値を指定しないといけないためである．

```
ifelse(TRUE, c(1,2), c(2,3))
## [1] 1
```

　yes の引数の最初の要素だけが返ってきている．もし yes 引数を返したいのであれば，少々
不自然に感じるかもしれないが，条件を c(TRUE, TRUE) に修正する必要がある．if を使う
と，式はずっと自然なものになる．

```
if (TRUE) c(1,2) else c(2,3)
## [1] 1 2
```

　ベクトル化された入力と出力が求められる時，別の問題としては，もし yes 引数が数値型ベ
クトルで，no 引数が文字列型ベクトルである場合，条件に TRUE と FALSE が混ざっていると，
出力ベクトルのすべての要素は強制的に変換されてしまい，文字列型ベクトルが生成される．

```
ifelse(c(TRUE, FALSE), c(1, 2), c("a", "b"))
## [1] "1" "b"
```

4.2.5　値を分岐させるために switch を使う

　TRUE と FALSE の条件を扱う if とは対照的に，switch() は，以下のように 1 つ目の引数の
値に応じた n 番目の引数の値を返す機能をもっている．入力が整数 n であるとしよう．switch
のキーワードは，以下のように 1 つ目の引数に従う n 番目の引数の値を返す機能をもっている．

```
switch(1, "x", "y")
## [1] "x"
switch(2, "x", "y")
## [1] "y"
```

　もしも入力した整数が範囲外であり，与えられた引数のどれともマッチしない場合，目に見
える値は明示的には返ってこない（実際には，目に見えない NULL が返ってきている）．

```
switch(3, "x", "y")
```

4.2 条件式　101

switch() メソッドは文字列の入力に対しては異なる挙動をする．この場合には，入力の名前とマッチした最初の引数の値を返す．

```
switch("a", a = 1, b = 2)
## [1] 1
switch("b", a = 1, b = 2)
## [1] 2
```

1つ目の switch においては，a = 1 は変数 a にマッチする．2つ目については，b = 2 が変数 b にマッチする．どの引数も入力にマッチしなければ，目に見えない NULL 値が返ってくる．

```
switch("c", a = 1, b = 2)
```

すべての可能性を網羅するためには，すべての例外を捉える最後の引数（引数名を除いた）を付け足せばよい．

```
switch("c", a = 1, b = 2, 3)
## [1] 3
```

ifelse() メソッドと比較すると，switch() はより if() メソッドと近い振る舞いをする．単一の値（数値もしくは文字列）だけを受け取るが，何でも返すことができる．

```
switch_test <- function(x) {
  switch(x,
    a = c(1, 2, 3),
    b = list(x = 0, y = 1),
    c = {
    cat("You choose c!\n")
    list(name = "c", value = "something")
    })
}
switch_test("a")
## [1] 1 2 3
switch_test("b")
## $x
## [1] 0
##
## $y
## [1] 1
switch_test("c")
## You choose c!
## $name
## [1] "c"
##
## $value
## [1] "something"
```

結論としては，ifelse() と switch() はわずかに異なる振る舞いをする．状況に応じて適

102   第 4 章　基本的な表現式

用すべきである.

4.3　ループ式

ループ（あるいは反復）は，ベクトル上の式を繰り返し評価する (for)，あるいは条件が破られるかどうかを確認するもの (while) である．こういった言語構成は，入力を少しずつ変えながら，とあるタスクを何度も何度も実行する場合に，コードの冗長性を大きく軽減することができる.

4.3.1　for ループを使う

for ループはベクトルあるいはリスト上で式の評価を反復する．for ループのシンタックスは以下の通りである.

```
for (var in vector) {
  expr
}
```

こうすることで，var が vector のそれぞれの要素を順番にとりながら，expr が繰り返し評価される．もし vector が n 個の要素をもっているのであれば，前述のループは以下を評価しているのと同等である.

```
var <- vector[[1]]
expr
var <- vector[[2]]
expr
...
var <- vector[[n]]
expr
```

たとえば，繰り返し変数 i を用いて 1:3 の繰り返しのループを作成することができる．それぞれの反復において，i の値を表すテキストを画面上に表示することができる.

```
for (i in 1:3) {
  cat("The value of i is", i, "\n")
}
## The value of i is 1
## The value of i is 2
## The value of i is 3
```

この繰り返しは数値型ベクトルのみならず，すべてのベクトルで機能する．たとえば，整数ベクトル 1:3 を文字列型ベクトルに置き換えることができる.

```
for (word in c("hello","new", "world")) {
```

```
  cat("The current word is", word, "\n")
}
## The current word is hello
## The current word is new
## The current word is world
```

これをリストに置き換えることもできる.

```
loop_list <- list(
 a = c(1, 2, 3),
 b = c("a", "b", "c", "d"))
for (item in loop_list) {
  cat("item:\n length:", length(item),
    "\n class: ", class(item), "\n")
}
## item:
## length: 3
## class: numeric
## item:
## length: 4
## class: character
```

また，データフレームに置き換えることもできる.

```
df <- data.frame(
 x = c(1, 2, 3),
 y = c("A", "B", "C"),
stringsAsFactors = FALSE)
for (col in df) {
  str(col)
}
## num [1:3] 1 2 3
## chr [1:3] "A" "B" "C"
```

　データフレームはそれぞれの要素（列）が同じ長さをもっていなければならないリストであるということを先に述べた．したがって，前述のループの反復は列についてのもので，行についてのものではない．通常のリストの反復の挙動と整合的なのである．しかし，データフレームの行ごとに反復したい場面は多くある．これは for を使うことで実現できるが，1 からデータフレームの行数についての整数のシーケンスについてということになる.

　i が行の番号をとる限り，特定の行をデータフレームから抜き出し，何らかの操作を行うことができる．以下のコードはデータフレームを行ごとに反復して，str() を使い，それぞれの行の構造を出力する.

```
for (i in 1:nrow(df)) {
  row <- df[i,]
  cat("row", i, "\n")
  str(row)
  cat("\n")
```

104   第 4 章 基本的な表現式

```
}
## row 1
## 'data.frame': 1 obs. of 2 variables:
## $ x: num 1
## $ y: chr "A"
##
## row 2
## 'data.frame': 1 obs. of 2 variables:
## $ x: num 2
## $ y: chr "B"
##
## row 3
## 'data.frame': 1 obs. of 2 variables:
## $ x: num 3
## $ y: chr "C"
```

　ここで小さな警告であるが，データフレームを行ごとに反復することは，概してよいアイデアとはいえない．なぜなら遅く，冗長であるからである．よりよい方法としては，第 5 章「基本的なオブジェクトを扱う」で紹介する apply 族の関数を用いること，あるいは第 12 章「データ操作」で扱う，より高次のパッケージ関数を用いることである．前述の例では，ループ内のそれぞれの反復は独立である．しかし，場合によっては計算の状態や累積値を記録するために，ループの外側にある変数を反復ごとに変えていく場合もある．最も簡単な例は 1〜100 の合計を計算するものである．

```
s <- 0
for (i in 1:100) {
  s <- s + i
}
s
## [1] 5050
```

　前述の例は，for ループを用いた累積の計算方法である．以下の例はランダムウォークの実現を，正規分布から乱数を生成する関数 rnorm() を用いて行ったものである．

```
set.seed(123)
x <- numeric(1000)
for (t in 1:(length(x) - 1)) {
  x[[t + 1]] <- x[[t]] + rnorm(1, 0, 0.1)
}
plot(x, type = "s", main = "Random walk", xlab = "t")
```

　生成されるグラフは以下のようになる．

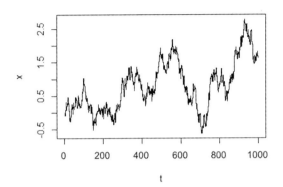

前述の2つの例におけるforループは，1つ前の計算結果に依存するという性質をもっている．実はこの操作は既存の関数sum()やcumsum()で簡単に行うことができる．

```
sum100 <- sum(1:100)
random_walk <- cumsum(rnorm(1000, 0, 0.1))
```

こういった関数を適用することと前述のforループを適用することは基本的には同じであるが，前者はベクトル化されている上にC言語によって実装されているので，Rのforループよりもかなり高速である．したがって，可能な限り組み込みの関数を使うことをまず考えるべきである．

(1) forループのフローを管理する

時に，forループへの介入が便利なことがある．それぞれの反復において，ループを中断するか，その回を飛ばすか，何もせずにループを終了するかを選択できる．

```
for (i in 1:5) {
  if (i == 3) break
  cat("message ", i, "\n")
}
## message 1
## message 2
```

たとえばこれを，問題の答えを見つけるのに使うことができる．以下のコードは1,000と1,100の間の数字で，(i ^ 2) %% 11 == (i ^ 3) %% 17を満たす数を見つけようとするものである．^はべき乗の演算子であり，%%は剰余演算子で，割り算の余りを返す．

```
m <- integer()
for (i in 1000:1100) {
  if ((i ^ 2) %% 11 == (i ^ 3) %% 17) {
  m <- c(m, i)
}
```

106   第 4 章　基本的な表現式

```
}
m
## [1] 1055 1061 1082 1086 1095
```

　この条件を満たすただ 1 つの数字が必要であるならば，レコードを追跡する式を単純に break
で置き換えればよい．

```
for (i in 1000:1100) {
  if ((i ^ 2) %% 11 == (i ^ 3) %% 17) break
}
i
## [1] 1055
```

　一旦結果が見つかれば，for ループから抜け出し，いまの環境に保管された i の最後の値を
返す．したがって，条件を満たす解を得ることができる．他の場合では，for ループの反復を
スキップすることも便利である．next というキーワードを用い，現在の反復における残りの式
を飛ばし，ループ内の次の反復に直接ジャンプできる．

```
for (i in 1:5) {
  if (i == 3) next
  cat("message ", i, "\n")
}
## message 1
## message 2
## message 4
## message 5
```

(2)　ネストされた for ループを作成する

　for ループ内の式は何にもなりえて，それにはもう 1 つの for ループも含まれる．たとえば，
もしベクトルにおける順列をすべて列挙したい場合，2 段階のネストされたループを書くこと
で，問題を解決できる．

```
x <- c("a", "b", "c")
combx <- character()
for (c1 in x) {
  for (c2 in x) {
    combx <- c(combx, paste(c1, c2, sep = ",", collapse = ""))
  }
}
combx
## [1] "a,a" "a,b" "a,c" "b,a" "b,b" "b,c" "c,a" "c,b" "c,c"
```

　もし，別々の要素だけを含む順列だけが必要であるなら，test 条件を内部のループに付け足
せばよい．

```
combx2 <- character()
```

```
for (c1 in x) {
  for (c2 in x) {
    if (c1 == c2) next
    combx2 <- c(combx2, paste(c1, c2, sep = ",", collapse = ""))
  }
}
combx2
## [1] "a,b" "a,c" "b,a" "b,c" "c,a" "c,b"
```

代わりにただ条件を否定し，内部のループの式を以下のようなコードで置き換え，全く同じ結果を得ることができる．

```
if (c1 != c2) {
  combx2 <- c(combx2, paste(c1, c2, sep = ",", collapse = ""))
}
```

前述のコードはネストされたループがどう働くかを示しているが，この問題を解決するための最適な手段ではない．ベクトルの要素について，組み合わせと順列を生成する組み込み関数はいくつか存在する．combn() は，アトミックベクトルとそれぞれの組み合わせに用いる要素の数を与えることで，ベクトルの要素の組み合わせの行列を生成する．

```
combn(c("a", "b", "c"), 2)
##      [,1] [,2] [,3]
## [1,] "a"  "a"  "b"
## [2,] "b"  "c"  "c"
```

前述の for ループで用いた例と同じように，expand.grid() は複数のベクトルの要素のすべての順列を含むデータフレームを生成する．

```
expand.grid(n = c(1, 2, 3), x = c("a", "b"))
## n x
## 1 1 a
## 2 2 a
## 3 3 a
## 4 1 b
## 5 2 b
## 6 3 b
```

for ループも強力なものであるが，こういったタスクを行うのに適した関数がある．すべてを直接ループに放り込むのではなく，組み込み関数を使うことを考えた方がいい．以降の章において，lapply() とそれに関連した関数を紹介し，多くの for ループを置き換える．こうすることで，コードを簡単に書けるようにし，理解しやすくもする．

4.3.2　while ループを使う

for ループとは対照的に，while ループは与えられた条件が破られるまで実行が止まらない．

108　第 4 章　基本的な表現式

たとえば，以下のループは x = 0 から始まる．ループは x <= 5 が満たされるか毎回確かめる．もし満たされるのであれば，内部の式が評価される．そうでなければ，while ループは止まる．

```
x <- 0
while (x <= 5) {
  cat(x, " ", sep = "")
  x <- x + 1
}
## 0 1 2 3 4 5
```

もし x <- x + 1 を取り除いてしまえば，x はもはや増加せず，コードは永遠に回り続ける（R が強制的に終了しない限り）．したがって，while ループは適切に用いられなければ時々危険なものになりうる．

```
x <- 0
while (TRUE) {
  x <- x + 1
  if (x == 4) break
  else if (x == 2) next
  else cat(x, '\n')
}
## 1
## 3
```

実務上，while ループはしばしば反復の回数がわかっていない時に用いられる．これは，データベースクエリの結果の組からチャンクごとに行を取得する際に起こる．コードは以下のようになる．

```
res <- dbSendQuery(con, "SELECT * FROM table1 WHERE type = 1")
while (!dbHasCompleted(res)) {
  chunk <- dbFetch(res, 10000)
  process(chunk)
}
```

最初に，con 接続を通じ，type が 1 のレコードをすべて抽出する．一旦データベースが結果の組 res を返したら，結果の組からチャンクごとにデータを取得し，処理することができる．レコード数はクエリを実行する前はわからないので，while ループを使い，すべてのデータを完全に捉えることができたらループを切るという方法を使う．これは dbHasCompleted() で表現されている．この方法を用いると，（もしかすると巨大な）データフレームをメモリに載せることを避けられる．代替手段として，小さなチャンクを用いることもできる．こうすることで，大きなデータを小さなメモリで扱えるが，前提として process() アルゴリズムは処理するデータをチャンクごとに処理するのである．

前述のコードの例や専門用語にはあまり馴染みがないかもしれないが，心配しなくてよい．データベース関連のトピックについては後半の章で扱う．

for ループと while ループに加え，R は repeat ループも提供する．while(TRUE) のよう

に，repeat キーワードも実際にループである．なぜなら，明確な終了条件もしくは境界がなく，break がヒットするまで回り続けるためである．

```
x <- 0
repeat {
  x <- x + 1
  if (x == 4) break
  else if (x == 2) next
  else cat(x, '\n')
}
## 1
## 3
```

　しかし，repeat キーワードはとても危険なことになりうるので，実際に利用することは薦めない．

4.4　まとめ

　この章では，代入のシンタックス，条件の表現，ループについて学んだ．代入の節では，変数の名付けルールや，どのように立ち回るかについて知ることができたはずだ．条件の節では，if 構文における文と式の両方の使い方について学んだ．そして，ifelse() がベクトルを扱う際に if とどう異なるのかについて学んだ．ループの節においては，for ループと while ループの類似点と相違点について学んだ．これで，R 言語プログラミングにおいて論理フローを扱うための基本的な表現が備わっただろう．

　次の章では，これまでの章で学んできた，データを表現するための基本的なオブジェクトと，論理を表現するための基本的な表現を用いる．データ変換や統計解析の要素となる様々なカテゴリの基本的な関数について学んでいく．

第5章
基本的なオブジェクトを扱う

これまでの章では，アトミックベクトル，リスト，データフレームなど基本的な型のオブジェクトを作成してデータを格納する方法を学んだ．関数を作成してロジックを格納する方法や，これらのパーツを組み合わせて，基本的なオブジェクトを扱うロジックの流れを様々な式で制御することも学んだ．いまや基本的な文法と構文には馴染みつつあり，そろそろ R の語彙力を高める時がきたようだ．基本的なオブジェクトを扱うための組み込み関数を使ってみよう．

R の真の力は，提供されている関数の膨大さにある．様々な種類の基本的な関数を知ることはとても有用だ．時間を節約し，生産性を向上させることができる．R は主として統計解析用の環境だが，統計学とは無関係の基礎的な処理にかかわる関数も数多く存在する．基礎的な処理とは，環境の調査，文字列から数値への変換，論理演算などである．

この章では，基本的だがとても有用な R の関数を幅広く知ることになる．具体的には以下のような関数だ．

- オブジェクト関数
- 論理関数
- 数学関数
- 数値解析法
- 統計関数
- apply 族の関数

5.1 オブジェクト関数を使う

前章では，環境とパッケージを扱う関数について学んだ．この節では，オブジェクト全般を扱ういくつかの関数について知ることになる．具体的には，データオブジェクトの型や次元にアクセスするための関数を紹介する．それらの概念がどのように組み合わさり，どのように相互作用するかという感覚を身につけることができるだろう．

5.1.1 オブジェクトの型を調べる

R にあるすべてのものはオブジェクトだが，オブジェクトの型は様々だ．扱おうとしているオブジェクトがユーザ定義のものである場合を考えてみよう．その場合，入力されるオブジェクトの種類によって異なる振る舞いをする関数を作成することになるだろう．入力オブジェクトがアトミックベクトル（例：数値型ベクトル，文字列型ベクトル，論理値型ベクトル）ならその1番目の要素を返すが，入力オブジェクトがデータとインデックスのリストの場合はユーザが定義した要素を返す take_it という名前の関数を作る場合を例として考えてみよう．

たとえば，入力が c(1, 2, 3) といった数値型ベクトルなら，この関数は1番目の要素である1を返す．入力が c("a", "b", "c") といった文字列型ベクトルなら，この関数はaを返す．しかし，入力が list(data = c("a", "b", "c"), index = 3) というリストなら，この関数は3番目の要素（index = 3 なので），つまり，c を返す．

こうした関数を作るために，そこに登場するであろう関数とロジックの流れを想像してみよう．まず，この関数の出力は入力の型によって決まるので，ある型かどうかを判別するために is.*()[1] を使う必要がある．次に，この関数は入力の型によって異なる振る舞いをするので，if else といった条件式を使ってロジックを分岐させる必要がある．最後に，この関数は基本的には入力から要素を1つ抜き出すという処理をするものだから，要素を展開する演算子[2]を使う必要がある．こう考えていくと，この関数の実装は極めて明確になった．

```r
take_it <- function(x) {
  if (is.atomic(x)) {
    x[[1]]
  } else if (is.list(x)) {
    x$data[[x$index]]
  } else {
    stop("Not supported input type")
  }
}
```

上の関数は，x の型によって異なる挙動を示す．x がアトミックベクトル（たとえば，数値型ベクトル）をとる時は，この関数は1番目の要素を取り出す．x が data と index のリストの時は，この関数は x$data から index 番目の要素を取り出す．

```r
take_it(c(1, 2, 3))
## [1] 1
take_it(list(data = c("a", "b", "c"), index = 3))
## [1] "c"
```

サポートしていない型については，この関数は何か値を返すのではなく，エラーメッセージとともに停止するようになっている．たとえば，take_it() は入力として関数が渡されると処

---

[1] 訳注：is.atomic() や is.list() を指す．

[2] 訳注：[[

112 第5章 基本的なオブジェクトを扱う

理することができない．任意の関数を他のオブジェクトと全く同じように関数の引数として渡
すことができるということを思い出してほしい．ただし今回は，mean() がこの関数に渡され
ても，else の条件に合致して停止することになる．

```
take_it(mean)
## Error in take_it(mean): Not supported input type
```

確かにリストだが期待される要素である data と index はもっていない，という入力の場合
はどうだろうか．data の代わりに input をもち，index をもたないリストで実験してみよう．

```
take_it(list(input = c("a", "b", "c")))
## NULL
```

エラーが出なかったことに驚いたかもしれない．この結果が NULL になったのは，x$data が
NULL で，NULL から取り出すあらゆる値もまた NULL になるからである．

```
NULL[[1]]
## NULL
NULL[[NULL]]
## NULL
```

しかしながら，リストが data のみを含み，index をもたない場合はエラーになる．

```
take_it(list(data = c("a", "b", "c")))
## Error in x$data[[x$index]]: attempt to select less than one element in get1index
```

このエラーが起こったのは，x$index が NULL だからだ．NULL でベクトルから値を取り出
そうとするとエラーになる．

```
c("a", "b", "c")[[NULL]]
## Error in c("a", "b", "c")[[NULL]]: attempt to select less than one element in
get1index
```

3つ目のケースは，NULL[[2]] が NULL を返していた初めのケースと少し似ている．

```
take_it(list(index = 2))
## NULL
```

ここまでに見たエラーから明らかなように，NULL が処理にかかわってくるエッジケース[3]
に精通しているのでない限り，このエラーメッセージはあまり有用なものではない．さらに複
雑なケースに対しては，これらのエラーが起こっても短い時間で具体的な原因を特定すること
は困難だろう．よい解決策の1つとしては，入力をチェックするように関数を実装して，引数
に仮定を置くということが挙げられる．

---

[3] 訳注：値が特殊であったり，条件が極端であったりする場合のことを指す．

先に挙げた関数の誤用に対処するため，以下の実装は各引数の型が期待された型かどうかを考慮している．

```
take_it2 <- function(x) {
  if (is.atomic(x)) {
    x[[1]]
  } else if (is.list(x)) {
    if (!is.null(x$data) && is.atomic(x$data)) {
      if (is.numeric(x$index) && length(x) == 1) {
        x$data[[x$index]]
      } else {
        stop("Invalid index")
      }
    } else {
      stop("Invalid data")
    }
  } else {
    stop("Not supported input type")
  }
}
```

xがリストの場合，x$dataがNULLではなくアトミックベクトルかチェックする．もしそうなら，x$indexが要素数が1つの数値型ベクトル，つまりスカラであるかどうかをチェックする．どちらかの条件が満たされない場合，この関数は，入力の何が悪かったかをユーザに伝える有用なエラーメッセージを出して停止する．

組み込みのチェック用関数にも奇妙な挙動がある．たとえば，is.atomic(NULL)はTRUEを返す．このため，リストxがdataという要素をもたない場合，if (is.atomic(x$data))は真となってしまい，結果はNULLになる．引数チェックを追加することで，このコードはよりロバストになり，引数についての仮定が外れた時により有用なエラーメッセージを出力できるようになった．

```
take_it2(list(data = c("a", "b", "c")))
## Error in take_it2(list(data = c("a", "b", "c"))): Invalid index
take_it2(list(index = 2))
## Error in take_it2(list(index = 2)): Invalid data
```

別の実装としては，S3のディスパッチを用いる方法が考えられるが，これはオブジェクト指向プログラミングについての章で取り上げる．

(1) オブジェクトのクラスと型にアクセスする

is.*()を使う以外に，class()やtypeof()を使ってこの関数を実装することもできる．オブジェクトの型に直接アクセスする前に，この2つの関数がどう違うのか把握しておくことは有用だ．次の例は，class()とtypeof()を様々な型のオブジェクトに対して実行した時の結果の違いについて示している．それぞれのxに対してclass()とtypeof()を実行し，そ

114   第 5 章　基本的なオブジェクトを扱う

の構造を示すために str() を使っている.

　数値型ベクトルに対しては以下のようになる.

```
x <- c(1, 2, 3)
class(x)
## [1] "numeric"
typeof(x)
## [1] "double"
str(x)
##  num [1:3] 1 2 3
```

　整数値型ベクトルに対しては以下のようになる.

```
x <- 1:3
class(x)
## [1] "integer"
typeof(x)
## [1] "integer"
str(x)
##  int [1:3] 1 2 3
```

　文字列型ベクトルに対しては以下のようになる.

```
x <- c("a", "b", "c")
class(x)
## [1] "character"
typeof(x)
## [1] "character"
str(x)
##  chr [1:3] "a" "b" "c"
```

　リストに対しては以下のようになる.

```
x <- list(a = c(1, 2), b = c(TRUE, FALSE))
class(x)
## [1] "list"
typeof(x)
## [1] "list"
str(x)
## List of 2
##  $ a: num [1:2] 1 2
##  $ b: logi [1:2] TRUE FALSE
```

　データフレームに対しては以下のようになる.

```
x <- data.frame(a = c(1, 2), b = c(TRUE, FALSE))
class(x)
## [1] "data.frame"
typeof(x)
## [1] "list"
```

```
str(x)
## 'data.frame':    2 obs. of  2 variables:
##  $ a: num  1 2
##  $ b: logi  TRUE FALSE
```

typeof() は，オブジェクトの低レベルの内部的な型を返す一方で，class() は高レベルの
オブジェクトのクラスを返すことがわかる．先に言及したように，データフレームが本質的に
は揃った長さの要素をもつリストであるというのもこの違いの1つである．このためデータフ
レームは，データフレーム関連の関数に識別されるように data.frame というクラスをもつ
が，typeof() の結果はやはり内部的にはリストであることを示している．S3 のオブジェクト
指向プログラミングのメカニズムに関連するトピックは，後の章で取り上げる．しかし，ここ
で class() と typeof() の違いについて言及しておくことはやはり意味がある．

上の実行結果からもう1つ明らかになったのは，前章で紹介した str() がオブジェクトの構
造を示すということだ．オブジェクトに含まれるベクトルについては，通常，その内部的な型
（typeof() の結果と同じ）を示す．

5.1.2　データの次元にアクセスする

行列，配列，そしてデータフレームは，クラスと型に加えて，次元という属性をもっている．

(1)　データの次元を取得する

R では，ベクトルはその定義から1次元のデータ構造になっている．

```
vec <- c(1, 2, 3, 2, 3, 4, 3, 4, 5, 4, 5, 6)
class(vec)
## [1] "numeric"
typeof(vec)
## [1] "double"
```

元は同じデータでも，様々な次元によって表されることがある．その次元にアクセスするに
は，dim() や nrow()，ncol() を使う．

```
sample_matrix <- matrix(vec, ncol = 4)
sample_matrix
##      [,1] [,2] [,3] [,4]
## [1,]    1    2    3    4
## [2,]    2    3    4    5
## [3,]    3    4    5    6
class(sample_matrix)
## [1] "matrix"
typeof(sample_matrix)
## [1] "double"
dim(sample_matrix)
```

116   第 5 章　基本的なオブジェクトを扱う

```
## [1] 3 4
nrow(sample_matrix)
## [1] 3
ncol(sample_matrix)
## [1] 4
```

　初めの式は，4 列の行列を数値型ベクトル vec から作成している．この行列は matrix とい
うクラスをもち，typeof() は vec と同じ double という型を保持している．行列は次元をも
つデータ構造なので，dim() はその次元をベクトル形式で示す．nrow() と ncol() は行数と
列数にアクセスするためのショートカットだ．この 2 つのショートカットのソースコードを読
めば，特別なことは何もしておらず，それぞれ dim() の 1 番目と 2 番目の要素を返しているだ
けだということに気付くだろう．

　高次元のデータは通常，配列の形式をとる．たとえば，上と同じデータ vec は 3 次元でも表
現することができる．3 次元というのはつまり，ある要素にアクセスするには，3 次元の 3 つ
の位置情報を順番に指定する必要があるということだ．

```
sample_array <- array(vec, dim = c(2, 3, 2))
sample_array
## , , 1
##
##      [,1] [,2] [,3]
## [1,]    1    3    3
## [2,]    2    2    4
##
## , , 2
##
##      [,1] [,2] [,3]
## [1,]    3    5    5
## [2,]    4    4    6
class(sample_array)
## [1] "array"
typeof(sample_array)
## [1] "double"
dim(sample_array)
## [1] 2 3 2
nrow(sample_array)
## [1] 2
ncol(sample_array)
## [1] 3
```

　matrix と同じく，配列も array というクラスをもちつつ内部的な型は保持している．dim()
の結果の長さは，そのデータを表現するのに必要な次元の数だ．

　この他に次元の概念をもつデータ構造が，データフレームだ．しかしながら，データフレー
ムは行列とは根本的に異なる．行列は，元はベクトルで，それに次元の属性を追加したものだ．
一方データフレームは，元はリストで，それに各リスト要素が同じ長さをもつという制約を追
加したものだ．

5.1 オブジェクト関数を使う　117

```
sample_data_frame <- data.frame(a = c(1, 2, 3), b = c(2, 3, 4))
class(sample_data_frame)
## [1] "data.frame"
typeof(sample_data_frame)
## [1] "list"
dim(sample_data_frame)
## [1] 3 2
nrow(sample_data_frame)
## [1] 3
ncol(sample_data_frame)
## [1] 2
```

　とはいえ，dim() と nrow()，ncol() は，データフレームを扱う時にもやはり役に立つ．

(2)　データ構造を変形する

　dim(x) <- y という文法は，x の次元を y に変えることを意味する．素のベクトルに対してであれば，この表現式はベクトルを指定した次元の行列に変換する．

```
sample_data <- vec
dim(sample_data) <- c(3, 4)
sample_data
##      [,1] [,2] [,3] [,4]
## [1,]    1    2    3    4
## [2,]    2    3    4    5
## [3,]    3    4    5    6
class(sample_data)
## [1] "matrix"
typeof(sample_data)
## [1] "double"
```

　オブジェクトのクラスが numeric から matrix に変化し，オブジェクトの型は変化していないということがわかる．オブジェクトが行列であれば，この表現式は行列を変形する．

```
dim(sample_data) <- c(4, 3)
sample_data
##      [,1] [,2] [,3]
## [1,]    1    3    5
## [2,]    2    4    4
## [3,]    3    3    5
## [4,]    2    4    6
```

　ベクトルや行列，配列の次元を変化させることは，そのオブジェクトの表現形式とアクセス方法が変わるだけで背後でメモリに格納されているデータは変化しない，ということを理解しておくのは有用だ．これを踏まえれば，以下のように行列が配列へと変形することも驚きではないだろう．

```
dim(sample_data) <- c(3, 2, 2)
```

118   第 5 章　基本的なオブジェクトを扱う

```
sample_data
## , , 1
##
##      [,1] [,2]
## [1,]   1    2
## [2,]   2    3
## [3,]   3    4
##
## , , 2
##
##      [,1] [,2]
## [1,]   3    4
## [2,]   4    5
## [3,]   5    6
class(sample_data)
## [1] "array"
```

　`dim(x) <- y` がうまく動くのは，`prod(y)` が `length(x)` と同じ場合だけだというのは明白だろう．つまり，すべての次元の積がデータの要素数に等しくなければならない．そうでない場合はエラーになる．

```
dim(sample_data) <- c(2, 3, 4)
## Error in dim(sample_data) <- c(2, 3, 4):  dims [product 24] はオブジェクト [12]
の長さに整合しません
```

(3)　1 つの次元に対して処理を繰り返す

　多くの場合，データフレームはレコードの集合であり，各列が 1 つのレコードを表している．データフレームに含まれるすべてのレコードに対して同じ処理を行うのはよくあることだ．次のデータフレームを見てみよう．

```
sample_data_frame
##   a b
## 1 1 2
## 2 2 3
## 3 3 4
```

　このデータフレームに対して，`1:nrow(x)` の for ループを用いて変数の値を表示するという処理を各行に実行することができる．

```
for (i in 1:nrow(sample_data_frame)) {
  # 結果の例:
  # row #1, a: 1, b: 2
  cat("row #", i, ", ",
    "a: ", sample_data_frame[i, "a"],
    ", b: ", sample_data_frame[i, "b"],
    "\n", sep = "")
```

```
}
## row #1, a: 1, b: 2
## row #2, a: 2, b: 3
## row #3, a: 3, b: 4
```

5.2 論理関数を使う

論理値型ベクトルは TRUE か FALSE しかとらず，もっぱらデータの絞り込みに使われる．実際には，複数の論理値型ベクトルで複合条件を作ることが一般的で，ここには論理演算子や論理関数がかかわってくる．

5.2.1 論理演算子

他の多くのプログラミング言語と同じように，R ではいくつかの演算子で基本的な論理演算を行うことができる．次の表に各演算子が行う処理を示す．

記号	説明	例	結果
&	ベクトルの AND 演算	c(T, T) & c(T, F)	c(TRUE, FALSE)
|	ベクトルの OR 演算	c(T, T) | c(T, F)	c(TRUE, TRUE)
&&	一変量の AND 演算	c(T, T) && c(F, T)	FALSE
||	一変量の OR 演算	c(T, T) || c(F, T)	TRUE
!	ベクトルの NOT 演算	!c(T, F)	c(FALSE, TRUE)
%in%	ベクトルの IN 演算	c(1, 2) %in% c(1, 3, 4, 5)	c(TRUE, FALSE)

特筆すべきは，if 文の条件式では，&&と||は要素数1の論理値型ベクトルを得るためだけに必要となる論理演算によく使われるということだ．しかしながら，&& を使うことには潜在的なリスクがある．複数の要素をもつベクトルに対して使った時，各ベクトルの先頭の要素以外はすべてエラーも警告もなく無視されてしまうのだ．これから示す例は，条件式に && がある場合と & がある場合の挙動の違いを示している．

次のコードは，与えられた引数の値が単調性をもつかを示す test_direction() を作成している．これから次の節を通じてこの関数の改良をしていこう．この関数は，x と y と z が単調増加していれば1を返す．単調減少していれば-1を返す．いずれでもなければ0を返す．注目すべきは，ベクトル化された AND 演算をするために & を使っているという点だ．

```
test_direction <- function(x, y, z) {
  if (x < y & y < z) 1
  else if (x > y & y > z) -1
  else 0
}
```

120   第 5 章   基本的なオブジェクトを扱う

もし引数がスカラの数値であれば，関数の動作は完璧だ.

```
test_direction(1, 2, 3)
## [1] 1
```

&はベクトル演算をするので，いずれかの引数が 1 つ以上の要素をもつ場合は，複数要素の
ベクトルを返すということに留意されたい. しかしながら，これは長さ 1 の論理値型ベクトル
にしか機能しない. それ以外の場合には警告を出す.

```
test_direction(c(1, 2), c(2, 3), c(3, 4))
## Warning in if (x < y & y < z) 1 else if (x > y & y > z) -1 else 0: 条件が長
さが 2 以上なので，最初の 1 つだけが使われます
## [1] 1
```

test_direction() の中の & を && で置き換えて新しく test_direction2() を作るなら
ば，次のようになるだろう.

```
test_direction2 <- function(x, y, z) {
  if (x < y && y < z) 1
  else if (x > y && y > z) -1
  else 0
}
```

すると，2 つのテストケースは先ほどと異なる挙動を示す. スカラの入力に対しては，2 つの
バージョンの関数の挙動は全く同じだ.

```
test_direction2(1, 2, 3)
## [1] 1
```

しかし，複数要素の入力に対しては，test_direction2() はそれぞれの入力ベクトルの第
二要素を無視し，何の警告も出さない.

```
test_direction2(c(1, 2), c(2, 3), c(3, 4))
## [1] 1
```

最終的に，私たちは & と && のどちらを使うべきなのだろうか. それは要求による. あらゆる
状況を考えた時に，どのような挙動を期待するだろう. もし，入力がスカラか複数要素のベク
トルなら，どのようなものを期待するだろうか. この関数に期待することが，入力ベクトルそ
れぞれの同じ位置にある要素がすべて単調性をもつかどうかを判定することであれば，いずれ
の演算子を使うのにも少し不適切な部分があり，論理集約関数が必要となる. このことについ
ては次節で紹介する.

5.2.2   論理関数

本節では，論理値型ベクトルの集約と，真になる要素の探索について見ていく.

5.2 論理関数を使う 121

(1) 論理値型ベクトルの集約

二値の論理演算子に加えて，先に言及した論理集約関数にも非常に有用なものがいくつかある．最もよく使われる論理集約関数は，any()とall()だ．any()は，与えられた論理値型ベクトルのいずれかの要素がTRUEならばTRUEを返し，それ以外の場合はFALSEを返す．all()は，与えられた論理値型ベクトルのすべての要素がTRUEならばTRUEを返し，それ以外の場合はFALSEを返す．

```
x <- c(-2, -3, 2, 3, 1, 0, 0, 1, 2)
any(x > 1)
## [1] TRUE
all(x <= 1)
## [1] FALSE
```

2つの関数に共通するのは，単一のTRUEまたはFALSEだけを返し，複数要素の論理値型ベクトルを返すことはないということだ．これを踏まえて，前節の要求を満たす関数を実装するために，if文の条件式にall()と&を一緒に使う．

```
test_all_direction <- function(x, y, z) {
  if (all(x < y & y < z)) 1
  else if (all(x > y & y > z)) -1
  else 0
}
```

スカラの入力に対しては，test_all_direction()はtest_direction()やtest_direction2()と全く同じ挙動を示す．

```
test_all_direction(1, 2, 3)
## [1] 1
```

次のようなベクトルの入力に対しては，この関数はc(1, 2, 3)とc(2, 3, 4)が（同じ向きの）単調性をもつかどうかを調べる．

```
test_all_direction(c(1, 2), c(2, 3), c(3, 4))
## [1] 1
```

次のコードは，各ベクトルの2番目の要素，つまりc(2, 4, 4)が単調性をもたないという反例だ．

```
test_all_direction(c(1, 2), c(2, 4), c(3, 4))
## [1] 0
```

この関数が返す値には価値がある．なぜならこの関数は，3つの入力ベクトルの各位置にあるすべての要素が単調性をもつかどうかをテストするという要求を忠実に実装したものだからだ．この関数には，any()や&&を代わりに使う変種がいくつか存在しうる．これから示すそ

122   第 5 章　基本的なオブジェクトを扱う

れぞれのバージョンの関数の背後に，どのような要求があるのか（これらの関数が何をしよう
としているのか）を把握することに挑戦してみよう．

```
test_any_direction <- function(x, y, z) {
  if (any(x < y & y < z)) 1
  else if (any(x > y & y > z)) -1
  else 0
}
test_all_direction2 <- function(x, y, z) {
  if (all(x < y) && all(y < z)) 1
  else if (all(x > y) && all(y > z)) -1
  else 0
}
test_any_direction2 <- function(x, y, z) {
  if (any(x < y) && any(y < z)) 1
  else if (any(x > y) && any(y > z)) -1
  else 0
}
```

(2)　どの要素が TRUE か調べる

　これまでに紹介した論理演算子では，論理値型ベクトルを返すことで，ある条件が TRUE に
なるか FALSE になるかを示していた．一方，どの要素がそれらの条件を満たしているのかを知
ることもまた有用だ．which() は，論理値型ベクトル中の TRUE 要素の位置を返す．

```
x
## [1] -2 -3  2  3  1  0  0  1  2
abs(x) >= 1.5
## [1]  TRUE  TRUE  TRUE  TRUE FALSE FALSE FALSE FALSE  TRUE
which(abs(x) >= 1.5)
## [1] 1 2 3 4 9
```

　何が起こるかをつぶさに見ていくと，まず abs(x) >= 1.5 が評価されて論理値型ベクトル
になって，その後 which() がその論理値型ベクトルの中の TRUE 要素の位置を返しているとい
うことがはっきりわかるだろう．このメカニズムは，ベクトルやリストから要素を絞り込むの
に論理値の条件を使う時によく似ている．

```
x[x >= 1.5]
## [1] 2 3 2
```

　上の例では，x >= 1.5 は評価されると論理値型ベクトルになる．そしてこれを使って，TRUE
値に対応する位置の要素を x から選択している．
　特殊なケースとして，すべての値が FALSE の論理値型ベクトルを使う場合が挙げられる．論
理値型ベクトルは FALSE 値しかもたないので x の要素は 1 つも選び出されず，長さ 0 の数値
型ベクトルが返される．

```
x[x >= 100]
## numeric(0)
```

5.2.3 欠損値に対処する

実際のデータにはしばしば NA で表される欠損値が含まれる．次の数値型ベクトルは単純な例だ．

```
x <- c(-2, -3, NA, 2, 3, 1, NA, 0, 1, NA, 2)
```

欠損値に対して算術計算をしても，結果は欠損値になる．

```
x + 2
## [1]  0 -1 NA  4  5  3 NA  2  3 NA  4
```

これを考慮に入れると，論理値型ベクトルは TRUE や FALSE だけではなく真偽不明を表す NA を受け入れなければならない．

```
x > 2
## [1] FALSE FALSE    NA FALSE  TRUE FALSE    NA FALSE FALSE    NA FALSE
```

これに伴って，any() や all() といった論理集約関数も欠損値を扱わなくてはいけない．

```
x
## [1] -2 -3 NA  2  3  1 NA  0  1 NA  2
any(x > 2)
## [1] TRUE
any(x < -2)
## [1] TRUE
any(x < -3)
## [1] NA
```

上の結果は，欠損値を含む論理値型ベクトルを扱う時の any() のデフォルトの挙動を示している．具体的にいえば，入力ベクトルのいずれかの要素が TRUE であれば，この関数は TRUE を返す．欠損値がある入力ベクトルのどの要素も TRUE でなければ，この関数は NA を返す．それ以外の場合，つまり入力ベクトルが FALSE のみをもつなら，この関数は FALSE を返す．いま述べたロジックが正しいかは，次のコードを実行すればすぐ確かめられる．

```
any(c(TRUE, FALSE, NA))
## [1] TRUE
any(c(FALSE, FALSE, NA))
## [1] NA
any(c(FALSE, FALSE))
## [1] FALSE
```

すべての欠損値をそのまま無視するには，na.rm = TRUE を呼び出しの中で指定するだけだ．

124   第 5 章   基本的なオブジェクトを扱う

```
any(x < -3, na.rm = TRUE)
## [1] FALSE
```

　any() と似ているが，ある意味で逆のロジックが all() に当てはまる．

```
x
## [1] -2 -3 NA  2  3  1 NA  0  1 NA  2
all(x > -3)
## [1] FALSE
all(x >= -3)
## [1] NA
all(x < 4)
## [1] NA
```

　入力ベクトルのいずれかの要素が FALSE であれば，この関数は FALSE を返す．欠損値がある入力ベクトルのどの要素も FALSE でなければ，この関数は NA を返す．それ以外の場合，つまり入力ベクトルが TRUE のみをもつなら，これは TRUE を返す．このロジックが正しいか調べるために，次のコードを走らせてみよう．

```
all(c(TRUE, FALSE, NA))
## [1] FALSE
all(c(TRUE, TRUE, NA))
## [1] NA
all(c(TRUE, TRUE))
## [1] TRUE
```

　同様に，na.rm = TRUE で，関数にすべての欠損値をそのまま無視させることができる．

```
all(x >= -3, na.rm = TRUE)
## [1] TRUE
```

　論理集約関数とはまた別に，データの絞り込みも欠損値がある場合は異なる挙動になる．たとえば次のコードは，x >= 0 から生成された論理値型ベクトルに対応する位置に欠損値をそのまま残す．

```
x
## [1] -2 -3 NA  2  3  1 NA  0  1 NA  2
x[x >= 0]
## [1] NA  2  3  1 NA  0  1 NA  2
```

　対照的に，which() は入力される論理値型ベクトルにある欠損値を残さない．

```
which (x >= 0)
## [1] 4  5  6  8  9  11
```

　このため，このインデックスを使って要素を抽出すれば欠損値を含まない結果が得られる．

```
x[which (x >= 0)]
## [1] 2  3  1  0  1  2
```

5.2.4 論理値への型変換

論理値を入力にとるように設計された関数には，数値型ベクトルなど論理値型以外のベクトルを渡せることもある．しかし，その関数の挙動は論理値型ベクトルに対する時と違いはないかもしれない．これは，その論理値型以外のベクトルが論理値型ベクトルに変換されるからだ．たとえば，次のように数値型ベクトルを if の条件に指定すると変換が起こる．

```
if (2) 3
## [1] 3
if (0) 0 else 1
## [1] 1
```

R では，数値型ベクトル，あるいは整数値型ベクトルに含まれるすべての非ゼロ値は TRUE に変換され，ゼロ値だけが FALSE に変換される．また，文字列は論理値に変換することはできない．

```
if ("a") 1 else 2
## Error in if ("a") 1 else 2:  引数が論理変数として解釈することができません
```

5.3 数学関数を使う

数学関数は，すべての計算処理環境の基礎をなしている．R には，いくつかのグループに分けられる基本的な数学関数が用意されている．

5.3.1 基本的な関数

基本的な関数には，次の表に示すように平方根や指数，対数の関数がある．

記号	例	結果
$\sqrt{x}$	sqrt(2)	1.4142136
e^x	exp(1)	2.7182818
$\ln(x)$	log(1)	0
$\log 10(x)$	log10(10)	1
$\log 2(x)$	log2(8)	3

sqrt() は正の数しか扱えないということに注意してほしい．負の数を与えると，NaN が生成される．

126　第 5 章　基本的なオブジェクトを扱う

```
sqrt(-1)
## Warning in sqrt(-1): 計算結果が NaN になりました
## [1] NaN
```

　R では，数値がとりうるのは有限，無限（Inf と-Inf）と NaN のいずれかである．次のコードは無限の値を生成している．まず，正の無限の値を作ってみる．

```
1 / 0
## [1] Inf
```

　次に，負の無限の値を作ってみる．

```
log(0)
## [1] -Inf
```

　ある数値が有限か無限か NaN かを調べる関数はいくつかある．

```
is.finite(1 / 0)
## [1] FALSE
is.infinite(log(0))
## [1] TRUE
```

　is.infinite() を使って，ある数値が-Inf かどうか調べるにはどうすればよいだろうか．R では無限値に対しても不等号が使える．

```
1 / 0 < 0
## [1] FALSE
1 / 0 > 0
## [1] TRUE
log(0) < 0
## [1] TRUE
log(0) > 0
## [1] FALSE
```

　したがって，その数値を is.infinite() でテストしつつ，0 と比較することができる．

```
is.pos.infinite <- function(x) {
  is.infinite(x) & x > 0
}
is.neg.infinite <- function(x) {
  is.infinite(x) & x < 0
}
is.pos.infinite(1/0)
## [1] TRUE
is.neg.infinite(log(0))
## [1] TRUE
```

　sqrt() と同じく log() も，入力値がこの関数がとりうる値の範囲，つまり，0 > x を超えてしまった時は，警告とともに NaN を返す．

```
log(-1)
## Warning in log(-1): 計算結果が NaN になりました
## [1] NaN
```

5.3.2 数値を丸める関数

次の関数は，様々な方法で数値を丸めるために使われる関数である.

記号	例	結果
$\lceil x \rceil$	ceiling(10.6)	11
$\lfloor x \rfloor$	floor(9.5)	9
truncate	trunc(1.5)	1
round	round(pi,3)	3.142
significant numbers	signif(pi, 3)	3.14

options(digits =)を使って表示する小数点以下の数字を変更できることを前に説明したが，これは実際に記憶される小数点以下の桁数を変えてしまうわけではなかった．一方，ここに示した関数は，数値を丸めて情報損失を引き起こす可能性があるものだ．たとえば，もし入力値が 1.50021 という十分な精度をもつ数値でも，それを小数第 1 位に丸めると結果は 1.5 になり，他の小数値（情報）は失われてしまう．こうしたことから丸め処理を行う前には，捨ててしまう小数値がばらつきやノイズによるもので本当に無視していい，ということを確認すべきだ.

5.3.3 三角関数

次の表は最もよく使われる三角関数を列挙している.

記号	例	結果
$\sin(x)$	sin(0)	0
$\cos(x)$	cos(0)	1
$\tan(x)$	tan(0)	0
$\arcsin(x)$	asin(1)	1.5707963
$\arccos(x)$	acos(1)	0
$\arctan(x)$	atan(1)	0.7853982

R は数値としての π も提供している.

```
pi
## [1] 3.141593
```

128   第 5 章　基本的なオブジェクトを扱う

数学においては，$\sin(\pi) = 0$ という等式は厳密に成り立っている．しかしながら，R や他の計算処理ソフトウェアでは，浮動小数点の精度の問題でこれと同じ式が 0 にならない．

```
sin(pi)
## [1] 1.224647e-16
```

値がほぼ等しいかどうかを調べるには，all.equal() を代わりに使う．sin(pi) == 0 は FALSE を返すが，all.equal(sin(pi), 0) は誤差がデフォルトの許容値 1.5e-8 以内であれば TRUE を返す．またこれ以外に，π の倍数だった場合に正確な値を返すための関数も 3 つ用意されている．

記号	例	結果
$\sin(\pi x)$	sinpi(1)	0
$\cos(\pi x)$	cospi(0)	1
$\tan(\pi x)$	tanpi(1)	0

5.3.4　ハイパボリック関数

他の計算処理ソフトウェアと同様に，以下の表に示すハイパボリック関数が用意されている．

記号	例	結果
$\sinh(x)$	sinh(1)	1.1752012
$\cosh(x)$	cosh(1)	1.5430806
$\tanh(x)$	tanh(1)	0.7615942
$\text{arcsinh}(x)$	asinh(1)	0.8813736
$\text{arccosh}(x)$	acosh(1)	0
$\text{arctanh}(x)$	atanh(0)	0

5.3.5　極限関数

ある複数の値の最大値や最小値を計算することはよくある．以下は，max() と min() の簡単な使い方を表にしたものだ．

記号	例	結果
$\min(\ldots)$	max(1, 2, 3)	3
$\max(\ldots)$	min(1, 2, 3)	1

この 2 つの関数は複数のスカラの引数だけでなく，ベクトルの入力も扱うことができる．

```
max(c(1, 2, 3))
## [1] 3
```

また，複数のベクトルの入力も扱うことができる．

```
max(c(1, 2, 3),
    c(2, 1, 2),
    c(1, 3, 4))
## [1] 4
min(c(1, 2, 3),
    c(2, 1, 2),
    c(1, 3, 4))
## [1] 1
```

この結果は，max() がすべての入力ベクトルのすべての値の中から最大値を，min() はその逆をそれぞれ返すということを示している．もしも，すべてのベクトルの同じ位置の要素から最大値や最小値をそれぞれ得たいとすればどうだろう．次の数行のコードを見てみよう．

```
pmax(c(1, 2, 3),
     c(2, 1, 2),
     c(1, 3, 4))
## [1] 2 3 4
```

これがやっていることは基本的に，すべての数値型ベクトルの 1 番目の位置にある数値の最大値を探し，次に 2 番目の位置にある数値の最大値を探し，という具合である．次のコードでも同じ結果になる．

```
x <- list(c(1, 2, 3),
          c(2, 1, 2),
          c(1, 3, 4))
c(max(x[[1]][[1]], x[[2]][[1]], x[[3]][[1]]),
  max(x[[1]][[2]], x[[2]][[2]], x[[3]][[2]]),
  max(x[[1]][[3]], x[[2]][[3]], x[[3]][[3]]))
## [1] 2 3 4
```

これは**並列最大値 (parallel maxima)** と呼ばれる．pmin() は**並列最小値 (parallel mimima)** を探すという動きをする．

```
pmin(c(1, 2, 3),
     c(2, 1, 2),
     c(1, 3, 4))
## [1] 1 1 2
```

この 2 つの関数は，floor() や ceiling() といった類いの関数と組み合わせてベクトル対応の関数を作るのにとても役立つ．たとえば，spread() という区分関数を作る場合を考える．入力が –5 より小さければ値は –5 になる．入力が –5〜5 の間であれば，値は入力の通りになる．入力が 5 より大きければ値は 5 になる．この素朴な実装は，区分を分けるのに if 文を使うこ

とだ.

```
spread <- function(x) {
  if (x < -5) -5
  else if (x > 5) 5
  else x
}
```

　この関数はスカラの入力に対しては機能するが，自動的にベクトル化されるわけではない．

```
spread(1)
## [1] 1
spread(seq(-8, 8))
## Warning in if (x < -5) -5 else if (x > 5) 5 else x: 条件が長さが 2 以上なの
で，最初の 1 つだけが使われます
## [1] -5
```

　1 つの方法は pmin() と pmax() を使うことだ．そうすればこの関数は自動的にベクトル化される．

```
spread2 <- function(x) {
  pmin(5, pmax(-5, x))
}
spread2(seq(-8, 8))
##  [1] -5 -5 -5 -5 -4 -3 -2 -1  0  1  2  3  4  5  5  5  5
```

　もう 1 つの方法は ifelse() を使うことだ．

```
spread3 <- function(x) {
  ifelse(x < -5, -5, ifelse(x > 5, 5, x))
}
spread3(seq(-8, 8))
##  [1] -5 -5 -5 -5 -4 -3 -2 -1  0  1  2  3  4  5  5  5  5
```

　これまでの 2 つの関数，spread2() と spread3() はどちらも同じグラフになる．

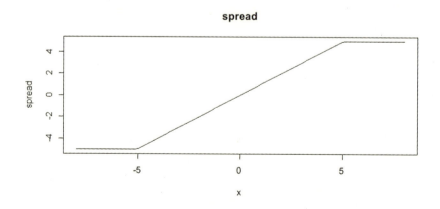

5.4 数値解析法を使う

前節では，データ構造を調べるものから数学や論理演算まで，幅広い関数を数多く学んだ．これらの関数は，求根や微積分といった問題を解くための基礎となるものだ．計算処理環境であるRにはパフォーマンスに優れた様々なツールがすでに実装されているので，ユーザは車輪の再発明をする必要はない．本節では，求根や微積分のために設計された組み込み関数について学ぶことになる．

5.4.1 求根

求根は一般によく遭遇する問題だ．次の公式の根を求めたいとしよう．

$$x^2 + x - 2 = 0$$

手計算で根を求めるには，上の式を掛け算形式に変形できる．

$$(x + 2)(x - 1) = 0$$

ここから，この式の根は $x = -1$ と $x = 1$ である．Rには polyroot() という関数があり，以下の形式の多項式であれば根を求めることができる．

$$p(x) = z_1 + z_2 x + \cdots + z_n x^{n-1}$$

先ほどの問題に対しては，多項式の係数を0次から始めてその式に含まれる最大の次数まで並べたベクトルを指定する必要がある．このケースでは，係数のベクトルは c(-2, 1, 2) になる．次数が低い順に係数を表している．

```
polyroot(c(-2, 1, 1))
## [1]  1-0i -2+0i
```

この関数は常に複素数型ベクトルを返す．複素数型ベクトルの要素は，$a + bi$ という形式の複素数になっている．この関数が実数の根しかもたないことが確実である場合には，Re() を使って実数部だけを取り出すことができる．

```
Re(polyroot(c(-2, 1, 1)))
## [1]  1 -2
```

また，この結果の型が示唆するように，polyroot() は多項式の複素数根を求めることができる．最も単純な式は以下のようなものだ．

$$x^2 + 1 = 0$$

この複素数根を求めるには，多項式の係数ベクトルを指定するだけだ．

132 第 5 章 基本的なオブジェクトを扱う

```
polyroot(c(1, 0, 1))
## [1] 0+1i 0-1i
```

少しだけ複雑な例として，次の式の根を求めてみよう．

$$x^3 - x^2 - 2x - 1$$

```
r <- polyroot(c(-1, -2, -1, 1))
r
## [1] -0.5739495+0.3689894i -0.5739495-0.3689894i  2.1478990-0.0000000i
```

注意すべき点は，すべての根を求められるわけではないということだ．確認のため，x を r に置き換えてみよう

```
r ^ 3 - r ^ 2 - 2 * r - 1
## [1] 8.881784e-16+1.110223e-16i 8.881784e-16+2.220446e-16i
## [3] 8.881784e-16-4.188101e-16i
```

いくつかの数値計算上の問題によって上の式は厳密にはゼロにならないが，限りなく近くはなる．小数第 8 位までの誤差だけを気にすればいいなら，次のように round() を使おう．そうすれば，これらの根が正しいことがわかるだろう．

```
round(r ^ 3 - r ^ 2 - 2 * r - 1, 8)
## [1] 0+0i 0+0i 0+0i
```

$f(x) = 0$ という式の根を一般的に求めることについては，uniroot() がある．名前からわかるように，この関数は 1 つの根を求めるのに有用である．単純な例として，次の式の根を求めてみよう．

$$x^2 - e^x = 0$$

以下の区間を考える．

$$x \in [-2, 1]$$

このグラフは以下に示すようになる．

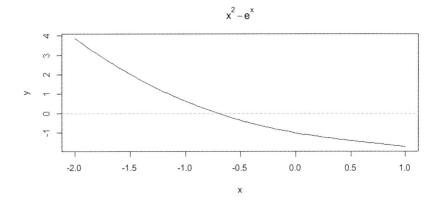

この関数のカーブは，根が $[-1.0, 0.5]$ の区間にあることを示している．uniroot() をこの関数と区間に対して使えば，根の近似値とその点での関数の値，値を得るまでに計算を繰り返した回数，それに根の推定精度を含んだリストを返してくれる．

```
uniroot(function(x) x ^ 2 - exp(x), c(-2, 1))
## $root
## [1] -0.7034583
##
## $f.root
## [1] -1.738305e-05
##
## $iter
## [1] 6
##
## $init.it
## [1] NA
##
## $estim.prec
## [1] 6.103516e-05
```

より複雑な例として，以下の式の根を求めてみよう．

$$e^x - 3e^{-x^2+x} + 1$$

以下の区間を考える．

$$x \in [-2, 2]$$

このグラフは以下に示すようになる．

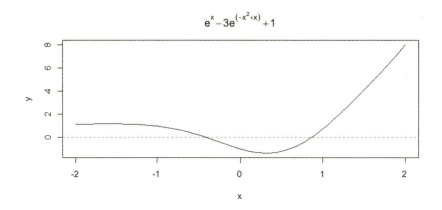

　この式が −2〜2 の間に 2 つの根をもつことは明白である．とはいえ，uniroot() では一度に 1 つの根を求めることしかできないし，探索する区間でこの関数が単調性をもつのが望ましい．もしこのまま [−2,2] の区間から根を探させようとすると，この関数はエラーになる．

```
f <- function(x) exp(x) - 3 * exp(-x ^ 2 + x) + 1
uniroot(f, c(-2, 2))
## Error in uniroot(f, c(-2, 2)): f() の端点での値が異なった符号を持ちません
```

　関数の値が，区間の始めと終わりで必ず反対の符号になっているようにしておかなければならない．区間を 2 つの小さな区間に分割し，それぞれ個別に根を求めるという方法がある．

```
uniroot(f, c(-2, 0))$root
## [1] -0.4180424
uniroot(f, c(0, 2))$root
## [1] 0.8643009
```

　さらに複雑な式として，以下を考えてみよう．

$$x^2 - 2x + 3\cos(x^2) - 4$$

以下の区間を考える．

$$x \in [-5, 5]$$

このグラフは以下に示すようになる．

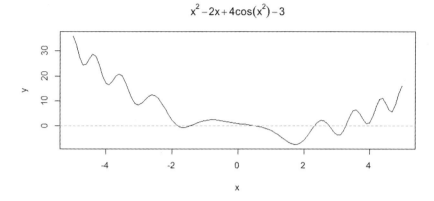

この曲線は，この式がさらに多くの根をもつことを示している．次のコードは [0,1] の区間から根を 1 つだけ求める．

```
uniroot(function(x) x ^ 2 - 2 * x + 4 * cos(x ^ 2) - 3, c(0, 1))$root
## [1] 0.5593558
```

これまでの求根関数のうちいくつかの呼び出し時には，`uniroot()` には関数の名前を指定するのではなく関数を直接渡していた．これらは匿名関数と呼ばれる．この概念については後の章で取り上げる．

5.4.2 微積分

R には組み込みの数値解析法として，求根に加えて基礎的な微積分も用意されている．

(1) 微分

D() は，指定した変数についての関数の微分を解析的に解く．たとえば，dx^2/dx を微分すると次のようになる．

```
D(quote(x ^ 2), "x")
## 2 * x
```

$d\sin(x)\cos(xy)/dx$ を微分すると次のようになる．

```
D(quote(sin(x) * cos(x * y)), "x")
## cos(x) * cos(x * y) - sin(x) * (sin(x * y) * y)
```

quote() のおかげで表現式は未評価のまま保持されるので，シンボルには書かれている通りにアクセスすることができる．微分も未評価の表現式なので，eval() ですべての必要なシンボルを与えてやれば評価することができる．

136   第 5 章   基本的なオブジェクトを扱う

```
z <- D(quote(sin(x) * cos(x * y)), "x")
z
## cos(x) * cos(x * y) - sin(x) * (sin(x * y) * y)
eval(z, list(x = 1, y = 2))
## [1] -1.75514
```

　上の例では，quote() が表現式オブジェクトを作り，eval() が渡された式を指定したシン
ボルを使って評価する．表現式オブジェクトは R にメタプログラミングという力を与えてくれ
る．このトピックについては第 9 章「メタプログラミング」で取り上げる．

(2) 積分

　R は数値積分もサポートしている．ここで必要なのは R 上で定義された関数を与えることだ
けで，数式を書く必要はない．解析的な計算ではないからだ．たとえば，次の式は定積分の問
題だ．基本的には，0〜pi/2 でのサイン曲線下部の面積を計算するというものだ．R には，こ
うした問題を解くために integrate() という組み込み関数が用意されている．これは，対象
の数学関数が R の関数で表現できるものでありさえすれば解くことができるという柔軟なもの
である．

$$\int_0^{\frac{\pi}{2}} \sin(x)dx$$

```
result <- integrate(function(x) sin(x), 0, pi / 2)
result
## 1 with absolute error < 1.1e-14
```

　この結果は数値に見えるが，いくつかの情報が付加されているようだ．実際には，これはリ
ストになっている．

```
str(result)
## List of 5
##  $ value       : num 1
##  $ abs.error   : num 1.11e-14
##  $ subdivisions: int 1
##  $ message     : chr "OK"
##  $ call        : language integrate(f = function(x) sin(x), lower = 0, upper =
pi/2)
##  - attr(*, "class")= chr "integrate"
```

　これは数値的な解析なので，こうした数値計算的に付きものの利点と欠点を引き継いでいる．

5.5   統計関数を使う

　R には無作為抽出から統計検定まで幅広い関数群が用意されており，統計解析とモデリング

5.5 統計関数を使う　　137

に対しては生産性がとても高い．関数は，同じ分類のものであれば共通のインターフェースをもっている．この節では多数の例を見ていくことで，類似の関数の使い方について推測できるようになるだろう．

5.5.1　ベクトルからの抽出

　統計学では，人口調査は無作為抽出を行うことから始まることがよくある．sample() は，指定したベクトルやリストから無作為標本を抽出するために作られた関数だ．デフォルトでは sample() は非復元抽出を行う．たとえば以下のコードは，数値型ベクトルから復元なしに 5 つのサンプルを抽出している．

```
sample(1:6, size = 5)
## [1] 2 6 3 1 4
```

　replacement = TRUE を指定すると，復元ありの抽出が行われる．

```
sample(1:6, size = 5, replace = TRUE)
## [1] 3 5 3 4 2
```

　sample() は数値型ベクトルからの抽出に用いられることが多いが，他の型のベクトルも扱うことができる．

```
sample(letters, size = 3)
## [1] "q" "w" "g"
```

　リストも扱える．

```
sample(list(a = 1, b = c(2, 3), c = c(3, 4, 5)), size = 2)
## $b
## [1] 2 3
##
## $c
## [1] 3 4 5
```

　実際 sample() は，角括弧([])によるサブセットをサポートしているオブジェクトであれば何でも抽出することができる．さらに，重み付きの抽出もサポートしている．つまり，それぞれの要素に確率を指定できるということだ．

```
grades <- sample(c("A", "B", "C"), size = 20, replace = TRUE,
prob = c(0.25, 0.5, 0.25))
grades
## [1] "C" "B" "B" "B" "C" "C" "C" "C" "C" "B" "B" "A" "A" "C"
## [15] "B" "B" "A" "B" "A" "C"
```

　table() を使うと，それぞれの値の出現回数を知ることができる．

```
table(grades)
## grades
## A B C
## 4 8 8
```

5.5.2 確率分布を扱う

　数値的シミュレーションでは，特定のベクトルからよりも確率分布から抽出を行う必要がある場合の方が多い．Rには主要な確率分布を扱うための組み込み関数が数多く用意されている．本項では，Rが用意した基本的な統計的ツールを使って，標本データを表すRのオブジェクトを扱う方法を見ていく．これらのツールは主に数値型ベクトルを扱う場面に使うことができる．

　Rでは，ある統計分布に従う乱数を生成するのはとても簡単だ．最もよく使われる分布は連続一様分布と正規分布の2つだ．

　連続一様分布は，統計学的な意味では，同じ長さの区間が等しく確からしい場合に相当する．`runif(n)`を使うと区間 [0,1] の連続一様分布から n 個の乱数を生成することができる．

```
runif(5)
## [1] 0.8894535 0.1804072 0.6293909 0.9895641 0.1302889
```

デフォルトの区間とは異なる区間から乱数を生成するには，`min`引数と`max`引数を指定する．

```
runif(5, min = -1, max = 1)
## [1] -0.3386789 0.7302411 0.5551689 0.6546069 0.2066487
```

　1,000個の乱数を生成してその点を描くと，以下のような散布図（X方向とY方向のデータをもつ点を可視化するためのグラフ）が得られる．

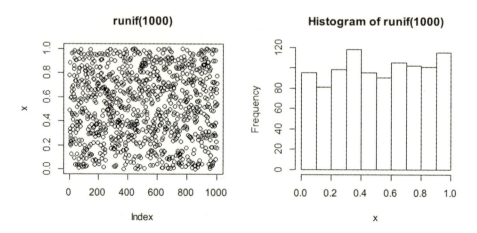

　このヒストグラムが示すように，生成した乱数は 0〜1 の区間でほぼ一様に分布している．つ

まり，連続一様分布と一致している．

　もう1つ実世界でよく見られる分布は，正規分布だ．runif() と同様に，rnorm() を使えば標準正規分布に従う乱数を生成することができる．

```
rnorm(5)
## [1]  0.7857579  1.1820321 -0.9558760 -1.0316165  0.4336838
```

これらの乱数生成関数が，同じインターフェースをもっていることに気付いたかもしれない．runif() と rnorm() はどちらも，初めの引数は生成する乱数の個数 n で，残りの引数は確率分布自体のパラメータになっている．標準正規分布についていえば，パラメータは平均 (mean) と標準偏差 (sd) だ．

```
rnorm(5, mean = 2, sd = 0.5)
## [1] 1.597106 1.971534 2.374846 3.023233 2.033357
```

これをグラフにすると，以下のようになる．

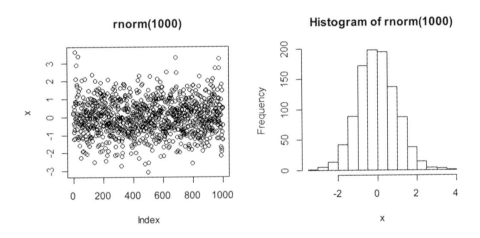

　このグラフを見ると，明らかに点は一様分布ではなく平均付近に集中している．周知のように，統計分布は特定の式によって記述される．こうした理論上の式にアクセスするために，R は類似の関数を用意していて，それぞれの関数に特定の確率分布が組み込まれている．より具体的にいえば，連続一様分布に対して R では，その確率密度関数の dunif()，累積密度関数の punif()，分位関数の qunif()，そして乱数生成器の runif() が用意されている．正規分布に対しては，それぞれに対応する関数名は dnorm()，pnorm()，qnorm()，rnorm() である．この確率密度関数，累積密度関数，分位関数，それに乱数生成器と同じ命名規則は，R がサポートする他の分布に対しても適用される．

　この最もよく使われる2つの統計分布に加えて，二項分布といった離散分布，指数分布といった連続分布のための関数も R には用意されている．?Distributions を実行すると，サポー

140　第 5 章　基本的なオブジェクトを扱う

トされている分布の完全なリストを見ることができる．これらの分布の特徴については本書の
範囲を超えている．これらに馴染みがないが興味があるという場合は，確率についての何らか
の教科書か Wikipedia[4] で知識を深めるといいだろう．

　R は多くの分布をサポートしていて，それぞれに対応する関数がある．幸運なことに，これ
らの関数は同じ命名規則に従っているので，関数名を山のように覚える必要はないのだ．

5.5.3　統計量を計算する

　あるデータセットが存在する時，第一印象を得るために統計量が必要になることがよくある．
R では，平均や中央値，標準偏差，分散，最大値，最小値，範囲，四分位点といった統計量を
単一の数値型ベクトルについて計算するための一連の関数が用意されている．複数の数値型ベ
クトルに対しては，共分散行列や相関行列を計算することができる．次の例は，組み込み関数
を使ってこれらの統計量を計算する方法を示している．まず，標準正規分布から長さ 50 のラン
ダムな数値型ベクトルを生成する．

```
x <- rnorm(50)
```

　x の標本算術平均値を計算するには，mean() を呼び出す．

```
mean(x)
## [1] 0.08071033
```

　これは以下と同等だ．

```
sum(x) / length(x)
## [1] 0.08071033
```

　mean() を使えば，入力データの両端からある割合で観測を刈り込むということもできる．

```
mean(x, trim = 0.05)
## [1] 0.1174147
```

　x が他の値とかなり離れた外れ値をいくつか含んでいる場合は，上の方法で得られる平均の
値は，入力から外れ値が取り除かれるのでよりロバストな結果になるはずだ．

　標本の特徴を表す別の指標は，標本中央値だ．ある標本について，観測の半分は中央値より
高い値で，残りの半分は中央値より低い値となる．中央値は，データに極端な値が少し含まれ
る場合にはロバストな指標になる．x についての標本中央値は以下のように求められる．

```
median(x)
## [1] 0.1085203
```

---

[4] https://en.wikipedia.org/wiki/Probability_distribution

平均や中央値といった指標に加えて，分散も重要な指標だ．ある数値型ベクトルの標準偏差を求めるには sd() を使う．

```
sd(x)
## [1] 1.009434
```

分散を計算するには var() を使う．

```
var(x)
## [1] 1.018957
```

単純にデータの極値を得るには，min() と max() を使う．

```
c(min = min(x), max = max(x))
##       min       max
## -2.941385  2.107323
```

別のやり方として，range() を使って最大値と最小値を同時に得ることもできる．

```
range(x)
## [1] -2.941385  2.107323
```

時にはデータが不規則な分布をしていることもある．こうした場合，代表値やばらつきについての指標はこの不規則性に苦しめられて，紛らわしい結果になってしまう．ここで目を向けるべきはおそらく，四分位点の値だろう．

```
quantile(x)
##         0%        25%        50%        75%       100%
## -2.9413851 -0.5448795  0.1085203  0.8303152  2.1073227
```

さらに多くの分位点を見るには，probs 引数に追加で値を指定する．

```
quantile(x, probs = seq(0, 1, 0.1))
##         0%        10%        20%        30%        40%        50%
## -2.9413851 -0.9559353 -0.5825598 -0.2953313 -0.1353304  0.1085203
##        60%        70%        80%        90%       100%
##  0.1638357  0.6050368  0.9353149  1.3053038  2.1073227
```

もしデータが不規則に分布しているとすれば，2つの四分位値の間の幅が，他と比べて極端に大きくなるか小さくなるかするはずだ．これを知るための近道は，summary() を使うことだ．この関数は，四分位値，中央値，平均値といった最もよく使われる統計量を一度に返してくれる．

```
summary(x)
##     Min.  1st Qu.   Median     Mean  3rd Qu.     Max.
## -2.94139 -0.54488  0.10852  0.08071  0.83032  2.10732
```

142   第5章 基本的なオブジェクトを扱う

最小値と最大値は，それぞれ 0%の分位値と 100%の分位値にあたることに注意しよう．これ
だけでなく summary() は，数多くの型のオブジェクトを扱うことができて，それぞれに対して
異なる挙動を示す総称関数だ．たとえば，summary() はデータフレームも扱うことができる．

```
df <- data.frame(score = round(rnorm(100, 80, 10)),
grade = sample(letters[1:3], 100, replace = TRUE))
summary(df)
##       score        grade
##  Min.   : 46.00   a:35
##  1st Qu.: 72.75   b:38
##  Median : 80.00   c:27
##  Mean   : 79.12
##  3rd Qu.: 85.25
##  Max.   :104.00
```

数値の列に対しては summary() が統計量を表示していることがわかるだろう．それ以外の
型の列に対しては，単純に値の頻度表を表示している．

(1) 共分散行列と相関行列

これまでの例では，単一のベクトルに対して最もよく使われる統計量について紹介してきた．
2つ以上のベクトルに対しては，共分散行列と相関行列を計算することができる．以下のコー
ドは，x と相関をもつ別のベクトル y を生成する．

```
y <- 2 * x + 0.5 * rnorm(length(x))
```

x と y の共分散は次のように計算できる．

```
cov(x, y)
## [1] 2.141557
```

相関係数も次のように計算できる．

```
cor(x, y)
## [1] 0.980968
```

これらの2つの関数は，2つ以上のベクトルも扱うことができる．2つ以上のベクトルの共
分散行列と相関行列を計算する必要がある場合，行列やデータフレームを入力に指定する．

```
z <- runif(length(x))
m1 <- cbind(x, y, z)
cov(m1)
##            x          y          z
## x 1.01895731 2.14155662 0.03923166
## y 2.14155662 4.67728044 0.08285532
## z 0.03923166 0.08285532 0.07821396
```

同様に，cor() を行列に対してそのまま実行すれば相関行列を計算することができる．

```
cor(m1)
##           x         y         z
## x 1.0000000 0.9809680 0.1389686
## y 0.9809680 1.0000000 0.1369877
## z 0.1389686 0.1369877 1.0000000
```

y は x の線形相関にノイズを加えることで生成されたものなので，x と y は高い相関を示すと予測するだろう．しかし，z についてはそうは思わないだろう．相関行列はこの予測と一致するように見える．統計的な意味でこう結論付けるには，厳密な統計的検定を実施しなくてはならないが，それは本書で扱う範囲を超えている．

5.6 apply 族の関数を使う

ベクトルやリストのイテレータとともに for ループを使って式を繰り返し評価する方法について先に述べた．しかし実際には，for ループは最後の選択肢とでもいうべきものである．なぜなら，ある別の方法を使えば，よりきれいにかつ簡単に，各繰り返しを独立させたまま読み書きを行うことができるからだ．たとえば次のコードは，それぞれ len ベクトルによって指定された長さをもつ 3 つの独立した正規乱数ベクトルのリストを作るために，for を使っている．

```
len <- c(3, 4, 5)
x <- list()
for (i in 1:3) {
  x[[i]] <- rnorm(len[i])
}
x
## [[1]]
## [1]  0.6680548 -0.4527559  0.6944041
##
## [[2]]
## [1] -0.5142463  0.2532857 -0.7827181 -1.0821733
##
## [[3]]
## [1] -2.4686779  0.4076610  1.4617387  1.2007076 -0.4192026
```

上の例はシンプルだが，次の lapply() を使った実装と比べるとかなり冗長なコードだ．

```
lapply(len, rnorm)
## [[1]]
## [1] 0.6668116 0.6446987 1.1286198
##
## [[2]]
## [1] 0.34269023 0.14907046 0.02826192 0.50946473
##
## [[3]]
```

144 第 5 章 基本的なオブジェクトを扱う

```
## [1] 1.6228016 1.3837192 1.2730370 0.9518269 0.5232745
```

lapply() を使ったバージョンはよりシンプルだ．rnorm() を len ベクトルの各要素に適用し，それぞれの結果をリストに入れ込んでいる．

上の例で，このコードは R が関数を通常のオブジェクトとして渡すことを許している場合にのみ可能だと気付いただろうか．数値解析についての 5.4 節で示したように，R の関数はオブジェクトと同じように扱われ，引数として渡すことができる．この特徴はコーディングの柔軟性を大きく高めてくれる．apply 族の各関数は高階関数と呼ばれるもので，関数を引数にとることができる．この概念の詳細は後ほど紹介する．

5.6.1 lapply()

これまでに紹介したように，lapply() はベクトルと関数を引数にとる．単純に，関数を指定したベクトルのそれぞれの要素に適用していき，最終的にそのすべての結果を保持するリストを返す．この関数は各繰り返し処理が互いに独立な時役に立つ．この場合，イテレータを明示的に作る必要はない．lapply() ベクトルだけではなくリストも扱うことができる．たとえば以下のような生徒のリストを考えてみよう．

```
students <- list(
 a1 = list(name = "James", age = 25,
   gender = "M", interest = c("reading", "writing")),
 a2 = list(name = "Jenny", age = 23,
   gender = "F", interest = c("cooking")),
 a3 = list(name = "David", age = 24,
   gender = "M", interest = c("running", "basketball")))
```

いま，各要素が以下のフォーマットになっている文字列型ベクトルを作る必要があるとする．

```
James, 25 year-old man, loves reading, writing.
```

ここで紹介しておくと，sprintf() を使うとプレースホルダ（たとえば，%s は文字列，%d は整数）を対応する引数に置換することでテキストをフォーマットできて便利だ．以下はその例である．

```
sprintf("Hello, %s! Your number is %d.", "Tom", 3)
## [1] "Hello, Tom! Your number is 3."
```

ここでまず確認しておかなくてはならないのは，繰り返し処理は生徒に対して行われるもので，それぞれ独立しているということだ．言い換えれば，James についての処理は Jenny についての処理とは関係がなく，他も同様だということだ．そうであるなら，これには lapply() を使うことができる．

```
lapply(students, function(s) {
  type <- switch(s$gender, "M" = "man", "F" = "woman")
  interest <- paste(s$interest, collapse = ", ")
  sprintf("%s, %d year-old %s, loves %s.", s$name, s$age, type, interest)
})
## $a1
## [1] "James, 25 year-old man, loves reading, writing."
##
## $a2
## [1] "Jenny, 23 year-old woman, loves cooking."
##
## $a3
## [1] "David, 24 year-old man, loves running, basketball."
```

　上のコードは匿名関数を使っている．これは，シンボルに代入されていない関数のことを指す．別の言葉でいえば，この関数は一時的なものにすぎず，名前をもたない．もちろん，明示的にこの関数をシンボルに束縛する，つまり名前を与えて，その名前を lapply() で使うこともできる．しかし，このコードは極めて素朴な実装になっている．関数は，students のそれぞれの要素 s について，生徒の性別を判定して趣味とカンマ区切りで結合する．そしてその情報を望ましいフォーマットに当てはめている．幸運なことに，lapply() の使い方の主要な部分はこの他の apply 族の関数に対しても通用するが，繰り返しの仕組みや結果の型は異なっている．

5.6.2　sapply()

　リストは必ずしも結果の望ましい入れ物であるとは限らない．時にはただのベクトルや行列に入れたいこともある．sapply() は結果をその構造に応じて単純化してくれる．たとえば，平方関数を 1:10 の各要素に適用するとしよう．lapply() を使ってやるならば，平方数のリストを得ることになる．この結果は，やや重厚で冗長に思われる．なぜならこの結果のリストは，実際には単一要素の数値型ベクトルのリストになっているからだ．しかし，この結果をベクトルにとどめたいと思うこともあるだろう．この場合に sapply() を用いるのだ．

```
sapply(1:10, function(i) i ^ 2)
## [1]   1   4   9  16  25  36  49  64  81 100
```

　もし関数を適用するたびに複数の要素のベクトルが返ってくるなら，sapply() は返ってきたベクトルがそれぞれ列となる行列に結果を入れる．

```
sapply(1:10, function(i) c(i, i ^ 2))
##      [,1] [,2] [,3] [,4] [,5] [,6] [,7] [,8] [,9] [,10]
## [1,]    1    2    3    4    5    6    7    8    9    10
## [2,]    1    4    9   16   25   36   49   64   81   100
```

146   第 5 章　基本的なオブジェクトを扱う

5.6.3　vapply()

sapply() はとても手軽で気が利いているが，この気の回しようは時としてリスクになる．た
とえば，次のような数字のリストを入力として受け取る場合を考えよう．

```
x <- list(c(1, 2), c(2, 3), c(1, 3))
```

もし x に含まれる数値それぞれの平方数の数値型ベクトルがほしいとすると，sapply() は
使い勝手がよいだろう．なぜなら，sapply() は自動的にこの結果のデータ構造を簡略化しよ
うとしてくれるからだ．

```
sapply(x, function(x) x ^ 2)
##      [,1] [,2] [,3]
## [1,]    1    4    1
## [2,]    4    9    9
```

しかし，もし入力データに間違いや欠損があったとすると，sapply() は黙ってその入力を
受け入れ，想定外のデータを返してしまう．たとえば，x の 3 番目の要素が何らかの間違いで
1 つ余分な要素をもってしまったとしよう．

```
x1 <- list(c(1, 2), c(2, 3), c(1, 3, 3))
```

すると sapply() は，その結果がもはや行列には変換できないのでリストを返す．

```
sapply(x1, function(x) x ^ 2)
## [[1]]
## [1] 1 4
##
## [[2]]
## [1] 4 9
##
## [[3]]
## [1] 1 9 9
```

vapply() を使っておけば，この間違いにすぐ気付くことができる．vapply() には，各繰
り返しが返す値のテンプレートを指定する追加の引数がある．次のコードでは，テンプレート
は numeric(2) だ．これはつまり，各繰り返しが要素数 2 の数値型ベクトルを返すはずだとい
うことを意味している．もし結果がこのテンプレートと異なっていれば，この関数はエラーに
終わる．

```
vapply(x1, function(x) x ^ 2, numeric(2))
## Error in vapply(x1, function(x) x^2, numeric(2)):  値の長さは 2 でなければなりませ
ん,
##  しかし，FUN(X[[3]]) の結果の長さが 3 です
```

初めのバージョンの正しい入力に対しては，vapply() は sapply() と全く同じ行列を返す．

　　　　　　　　　　　　　　　　　　　　　　　5.6　apply 族の関数を使う　　**147**

```
vapply(x, function(x) x ^ 2, numeric(2))
##      [,1] [,2] [,3]
## [1,]    1    4    1
## [2,]    4    9    9
```

　結論としては，vapply() は sapply() の安全なバージョンで，テンプレートとの一致の確
認という追加の処理を行ってくれる．実際の使用においては，テンプレートが決められる場合
には sapply() よりも vapply() を使う方が望ましいだろう．

5.6.4　mapply()

　lapply() と sapply() がいずれも 1 つのベクトルに対して作用する一方で，mapply() は
複数のベクトルに対して繰り返し処理を実行する．言い換えれば，mapply() は sapply() の
多変量バージョンである．

```
mapply(function(a, b, c) a * b + b * c + a * c,
a = c(1, 2, 3), b = c(5, 6, 7), c = c(-1, -2, -3))
## [1] -1 -4 -9
```

　繰り返される関数は，スカラ値だけでなく複数要素のベクトルを返すことが許されている．
このため，mapply() は sapply() のように結果を簡略化する．

```
df <- data.frame(x = c(1, 2, 3), y = c(3, 4, 5))
df
##   x y
## 1 1 3
## 2 2 4
## 3 3 5
mapply(function(xi, yi) c(xi, yi, xi + yi), df$x, df$y)
##      [,1] [,2] [,3]
## [1,]    1    2    3
## [2,]    3    4    5
## [3,]    4    6    8
```

　Map() は lapply() の多変量バージョンなので，常にリストを返す．

```
Map(function(xi, yi) c(xi, yi, xi + yi), df$x, df$y)
## [[1]]
## [1] 1 3 4
##
## [[2]]
## [1] 2 4 6
##
## [[3]]
## [1] 3 5 8
```

148　第 5 章　基本的なオブジェクトを扱う

5.6.5　apply()

apply() は，指定した幅や方向で指定した行列や配列に関数を適用する．たとえば，それぞれの行，つまり第一の次元方向の合計を計算するには，MARGIN = 1 を指定して sum() が行列をスライスした行（数値型ベクトル）ごとに適用されるようにする．

```
mat <- matrix(c(1, 2, 3, 4), nrow = 2)
mat
##      [,1] [,2]
## [1,]    1    3
## [2,]    2    4
apply(mat, 1, sum)
## [1] 4 6
```

それぞれの列，つまり第 2 の次元方向の合計を計算するには，MARGIN = 2 を指定して sum() が行列をスライスした列ごとに適用されるようにする．

```
apply(mat, 2, sum)
## [1] 3 7
```

apply() は配列を入力にとり，行列を出力するということもできる．

```
mat2 <- matrix(1:16, nrow = 4)
mat2
##      [,1] [,2] [,3] [,4]
## [1,]    1    5    9   13
## [2,]    2    6   10   14
## [3,]    3    7   11   15
## [4,]    4    8   12   16
```

それぞれの列についての最大値と最小値を示す行列を作るには，次のコードを実行する．

```
apply(mat2, 2, function(col) c(min = min(col), max = max(col)))
##     [,1] [,2] [,3] [,4]
## min    1    5    9   13
## max    4    8   12   16
```

それぞれの行についての最大値と最小値を示す行列を作るには，次のコードを実行する．

```
apply(mat2, 1, function(row) c(min = min(row), max = max(row)))
##     [,1] [,2] [,3] [,4]
## min    1    2    3    4
## max   13   14   15   16
```

5.7　まとめ

この章では，組み込み関数の使い方を見ていくことで，基本的なオブジェクトの扱い方を学ん

だ．これらは，Rを実際に使っていくための基礎的な語彙だ．基本的な関数を使い，オブジェクトの型をテストしたり取得したりすることや，データの次元にアクセスして変形することを学んだ．数値演算子や論理演算子について，データの絞り込みに使う関数についても学んだ．数値データ構造を扱うために，基本的な数学関数，求根や微積分を行う組み込みの数値解析法，無作為抽出やデータを要約する統計関数のいくつかを学んだ．繰り返し処理やその結果をまとめやすくする apply 族の関数についても理解した．

　ここで扱わなかった重要なデータの種類は，文字列だ．文字列は文字列型ベクトルによって表される．次の章では，テキスト分析の助けとなる文字列操作の技術について学んでいく．

第6章
文字列を扱う

　前章では，基本的なオブジェクトを扱うための様々なカテゴリにおける多くの組み込み関数について学んだ．オブジェクトのクラス，型，次元にアクセスする方法，論理演算，数学関数，基本的な統計計算を行う方法，方程式の解を求めるといった簡単な数値解析を行う方法についても学んだ．これらの関数は，具体的な問題を解決するための基本的な要素である．

　文字列に関連する関数は，関数の中でも非常に重要であり，それを本章で紹介する．R では，テキストは文字列型ベクトルに格納されており，テキストの操作と分析を行うのに便利な関数や技術がいくつもある．本章では以下のトピックを含む，文字列を扱うための基礎と便利な技術について学ぶ．

- 文字列型ベクトルの基本的な操作
- 日時オブジェクトとその文字列表現の変換
- 文書から情報を抜き出すための正規表現の使い方

6.1　文字列を始める

　R の文字列型ベクトルはテキストデータを格納するのに用いられる．他の多くのプログラミング言語とは異なり，character クラスのベクトルは a, b, c といった 1 つの文字やアルファベットからなるベクトルではなく，文字列のベクトルであるということはすでに学んだ．R はまた，文字列型ベクトルを扱う多くの組み込み関数を提供している．その多くはベクトル演算が可能なので，複数の文字列の処理を一度に行うことができる．本節では，文字列型ベクトルに格納されたテキストの表示，結合，変換についてより詳しく学ぶ．

6.1.1　テキストを表示する

　テキストに対する最も基本的な操作は，それを表示することだろう．R はコンソール上にテキストを表示する方法を複数提供している．最もシンプルな方法は，直接文字列をクォーテー

6.1 文字列を始める　　151

ションマークで囲むことである.

```
"Hello"
## [1] "Hello"
```

　数値型ベクトルが小数点をもつ数値からなるベクトルであるように, 文字列型ベクトルは文字もしくは文字列によって構成されるベクトルである. いま作成した Hello は, ただ 1 つの要素からなる文字列型ベクトルである.
　変数に格納された文字列についても, それを単純に評価することで表示できる.

```
str1 <- "Hello"
str1
## [1] "Hello"
```

　しかし, 単純に文字列をループの中に書いてしまうと, その文字列を繰り返し表示することはない. 何も表示しないのである.

```
for (i in 1:3) {
  "Hello"
}
```

　なぜかというと, R はコンソールに式が打たれた際, 自動的にその値を表示するだけだからである. for ループは明示的に値を返さない. この挙動はまた, 次の 2 つの関数の表示に関する挙動の違いについても説明する.

```
test1 <- function(x) {
  "Hello"
  x
}
test1("World")
## [1] "World"
```

　test1 関数は出力として Hello は表示せず, World を表示する. なぜなら test1("World") は, 引数 x に World が与えられ, 関数内の最後の式 x の値を返すので, R が自動的にその値を評価して表示するためである. 以下のように, 上の関数から x を除くとどうなるか見てみよう.

```
test2 <- function(x) {
  "Hello"
}
test2("World")
## [1] "Hello"
```

　x がどんな値をもとうと, 関数 test2() は Hello を返す. R は自動的に test2("World") の結果, すなわち Hello を表示する.
　明示的にオブジェクトを表示したい場合は, print を用いるべきである.

152   第6章　文字列を扱う

```
print(str1)
## [1] "Hello"
```

　すると，文字列型ベクトルは位置 [1] に表示される．これはループ内でも機能する．

```
for (i in 1:3) {
  print(str1)
}
## [1] "Hello"
## [1] "Hello"
## [1] "Hello"
```

　関数においても機能する．

```
test3 <- function(x) {
  print("Hello")
  x
}
test3("World")
## [1] "Hello"
## [1] "World"
```

　場合によっては，テキストを [1] "Hello"のようなインデックス付きの文字列型ベクトルではなく，メッセージのように表示させたい場合もあるだろう．その際は，cat，あるいは message を呼び出す．

```
cat("Hello")
## Hello
```

　メッセージをより柔軟に構築することもできる．

```
name <- "Ken"
language <- "R"
cat("Hello", name, "- a user of", language)
## Hello Ken - a user of R
```

　入力を変更して，もう少しちゃんとした文章にしてみよう．

```
cat("Hello", name, ", a user of ", language, ".")
## Hello Ken , a user of  R .
```

　連結された文字列には，それぞれの引数の間に余計な空白が入っているようだ．その理由は，入力された文字列同士の区切り文字として，デフォルトでは空白文字が使われるためである．引数 sep = を明記することで，これを変更することができる．以下の例では，正しい文章を作るためにデフォルトの空白文字を除き，入力する文字列に手動で空白を書いている．

```
cat("Hello, ", name, ", a user of ", language, ".", sep = "")
## Hello, Ken, a user of R.
```

6.1 文字列を始める　　153

メッセージを表示させる他の関数として，message() がある．これは重要な事象などの深刻な状況で使われることが多い．出力されるテキストも，より目を引く見た目をしている．入力された文字列に空白区切り文字を自動的に使わないという点で，cat() とは異なる．

```
message("Hello, ", name, ", a user of ", language, ".")
## Hello, Ken, a user of R.
```

message() を使う際，先に見せたテキストと同じものを表示するためには，区切り文字は手動で書く必要がある．cat() と message() の挙動で他に異なる点としては，message() は自動でテキストの終わりに改行を入れ，cat() は入れないということがある．以下の 2 つの例は，その違いを表す．同じ内容が関数の引数となるが，異なる結果を出力する．

```
for (i in 1:3) {
  cat(letters[[i]])
}
## abc
for (i in 1:3) {
  message(letters[[i]])
}
## a
## b
## c
```

毎回 cat() が呼び出されるたびに，入力された文字列が改行なしで出力されることは明らかである．その結果，3 文字が同じ行に表示される．一方，message() が呼び出されるたびに，入力された文字列に改行が付加される．結果，3 文字は 3 行にわたって表示される．cat() を用いて改行付きでそれぞれの文字を表示させるには，明示的に改行を入力に加える必要がある．以下のコードは上の message() の例と全く同じ内容を出力する．

```
for (i in 1:3) {
  cat(letters[[i]], "\n", sep = "")
}
## a
## b
## c
```

6.1.2　文字列を連結する

実務においては，いくつかの文字列を連結して新しい文字列を作らなければならないことがしばしばある．paste() は，いくつかの文字を連結させてベクトルを作成するのに使われる．この関数もデフォルトの区切り文字としてスペースを使用する．

```
paste("Hello", "world")
## [1] "Hello world"
```

154　第6章　文字列を扱う

```
paste("Hello", "world", sep = "-")
## [1] "Hello-world"
```

　区切り文字が必要ない場合は，sep = を明示的に定めるか，代わりに paste0() を使う．

```
paste0("Hello", "world")
## [1] "Helloworld"
```

　paste() と cat() はどちらも文字列を連結することができるので，混乱するかもしれない．両者の違いは何だろうか？ どちらの関数も文字列を連結することができるが，cat() ができるのは，コンソール上に文字列を表示することだけである．paste() は文字列を返すため，他の用途にも適用できる．以下のコードは cat() は連結された文字列を表示するが，返す値はNULL であることを示している．

```
value1 <- cat("Hello", "world")
## Hello world
value1
## NULL
```

　言い換えると，cat() は文字列を出力するのみで，paste() は新しい文字列型ベクトルを作成するということである．
　前述の例では，1 つのみの要素からなる文字列型ベクトルを入力した時の paste() の振る舞いを見た．複数の要素をもった文字列型ベクトルの場合について見てみよう．

```
paste(c("A", "B"), c("C", "D"))
## [1] "A C" "B D"
```

　paste() が要素ごとに実行されるのがわかる．つまり，最初に paste("A", "C")，次にpaste("B", "D")，最後にこの 2 つの結果が集められ，2 つの要素をもつ文字列型ベクトルができる．この結果を 1 つの文字列にまとめたい時は，collapse 引数を設定する．この引数に指定した文字列によって，paste() の結果として得られた文字列型ベクトルの要素が連結される．

```
paste(c("A", "B"), c("C", "D"), collapse = ", ")
## [1] "A C, B D"
```

　これらを 2 行に分けたい場合は，collapse を \n（改行）にすればよい．

```
result <- paste(c("A", "B"), c("C", "D"), collapse = "\n")
result
## [1] "A C\nB D"
```

　新しい文字列型ベクトル result は 2 行の文字列であるが，テキストの表示形式は 1 行のままである．改行は指定した通り \n で表されている．作成したテキストを見るには，cat() を

呼び出す必要がある.

```
cat(result)
## A C
## B D
```

2 行の文字列が,意図した通りにコンソールに出力されたはずだ.同じことが paste0() でもできる.

6.1.3 テキストを変換する

テキストを別の形に変換できると便利である.R では基本的なテキスト変換を簡単に行うことができる.

(1) 大文字・小文字を変換する

テキストが含まれるデータを扱う際,入力が想定される基準に従っているとは限らない.たとえば,すべての製品が A〜F の大文字で等級がつけられているはずが,実際は大文字と小文字の両方を含んでいるといった場合がある.このような時,大文字・小文字の変換を行うことで,入力文字列が一貫性をもつことが保証できる.

tolower() は,テキストを小文字に変換する.一方,toupper() はその逆で,テキストを大文字に変換する.

```
tolower("Hello")
## [1] "hello"
toupper("Hello")
## [1] "HELLO"
```

これが特に役に立つのは,関数が文字列の入力を受け取る場合である.たとえば,type が add の場合 x + y を返し,type が times の場合 x * y を返す関数を定義したいとする.ただし,type 引数に渡す文字列は,すべての大文字・小文字のパターンにおいて正しく動作するようにしたい.これを実現する最善の方法は,入力される値が何であれ,type を毎回小文字か大文字に変換することである.

```
calc <- function(type, x, y) {
  type <- tolower(type)
  if (type == "add") {
    x + y
  } else if (type == "times") {
    x * y
  } else {
    stop("Not supported type of command")
  }
}
```

156　第 6 章　文字列を扱う

```
c(calc("add", 2, 3), calc("Add", 2, 3), calc("TIMES", 2, 3))
## [1] 5 5 6
```

　これにより，関数は単に大文字と小文字が異なるだけの入力に対して寛容になる．すなわち
type 引数に渡す文字列の大文字と小文字を区別しない．

　toupper() と tolower() はどちらもベクトルを入力でき，与えられた文字列型ベクトルの
それぞれの要素を大文字・小文字に変換する．

```
toupper(c("Hello", "world"))
## [1] "HELLO" "WORLD"
```

(2)　文字を数える

　他の便利な関数に nchar() がある．これは文字列型ベクトルの各要素に対して単に文字数
を数える関数である．

```
nchar("Hello")
## [1] 5
```

　toupper() や tolower() と同じように，nchar() もベクトル演算できる．

```
nchar(c("Hello", "R", "User"))
## [1] 5 1 4
```

　nchar() は，引数が有効な文字列であるかどうかを判断するために用いられることが多い．
たとえば，以下の関数は，生徒の個人情報をいくつか受け取り，データベースに格納する．

```
store_student <- function(name, age) {
 stopifnot(length(name) == 1, nchar(name) >= 2, is.numeric(age), age > 0)
 # データベースに情報を格納する
}
```

　情報をデータベースに格納する前に，stopifnot() は name や age が有効な値であるかど
うか確かめる．意味のある名前を入力しなかった場合（たとえば 2 文字未満であるなど），この
関数はエラーを出して止まる．

```
store_student("James", 20)
store_student("P", 23)
## エラー: nchar(name) >= 2 is not TRUE
```

　nchar(x) == 0 は x == "" と等価であることに注意されたい．空の文字列かどうかを判定
したい場合，このどちらの方法も利用できる．

(3)　先頭と末尾の空白を取り除く

　前述の例では nchar() を用い，name が有効であるかどうか確かめた．しかし，入力データ

6.1 文字列を始める　157

が無用な空白文字を含んでいることがある．これはデータにノイズを与えるので，文字列引数のチェックは注意深く行う必要がある．たとえば，前節の `store_student()` は，`" P"` を通してしまう．これは，`"P"` と同様に無効にしたいが，`nchar(" P")` は 2 を返してしまうためである．

```
store_student(" P", 23)
```

この可能性を考慮し，`store_student()` を改善する必要がある．R 3.2.0 において，`trimws()` が，与えられた文字列の先頭と末尾（先頭もしくは末尾）の空白を取り除く関数として導入された．

```
store_student2 <- function(name, age) {
 stopifnot(length(name) == 1, nchar(trimws(name)) >= 2, is.numeric(age), age > 0)
 # データベースに情報を格納する
}
```

これで，`store_student2()` はノイズのあるデータに対してロバストになった．

```
store_student2(" P", 23)
## エラー: nchar(trimws(name)) >= 2 is not TRUE
```

`trimws()` は，デフォルトで先頭と末尾の空白（スペースまたはタブ）を除去する．`"left"` か `"right"` を明記することで，片側の空白だけを除去することができる．

```
trimws(c(" Hello", "World "), which = "left")
## [1] "Hello" "World "
```

(4) Substring

これまでの章において，ベクトルやリストの一部を抽出する方法について学んだ．`substr()` を用いることで，文字列型ベクトルのテキストの部分抽出が行える．以下の形式で日付があるとする．

```
dates <- c("Jan 3", "Feb 10", "Nov 15")
```

すべての月は，3 文字の略称で表現されている．`substr()` を用い，月を抽出する．

```
substr(dates, 1, 3)
## [1] "Jan" "Feb" "Nov"
```

日付を抽出するには，`substr()` と `nchar()` を一緒に使う必要がある．

```
substr(dates, 5, nchar(dates))
## [1] "3" "10" "15"
```

158 第6章 文字列を扱う

これで入力された文字列の月と日のどちらも抽出できるようになったので，このような形式の文字列を数値に変換し，同じ日付を表現する関数を用意すると便利である．以下の関数は，いままで学んできた多くの関数と知識を用いている．

```
get_month_day <- function(x) {
 months <- vapply(substr(tolower(x), 1, 3),  function(md) {
    switch(md, jan = 1, feb = 2, mar = 3, apr = 4, may = 5, jun = 6, jul = 7,
    aug = 8, sep = 9, oct = 10, nov = 11, dec = 12)
}, numeric(1), USE.NAMES = FALSE)
 days <- as.numeric(substr(x, 5, nchar(x)))
 data.frame(month = months, day = days)
}
get_month_day(dates)
## month day
## 1  1  3
## 2  2 10
## 3 11 15
```

substr()は，文字列型ベクトルの一部を置換する機能ももっている．

```
substr(dates, 1, 3) <- c("Feb", "Dec", "Mar")
dates
## [1] "Feb 3" "Dec 10" "Mar 15"
```

(5) テキストを分割する

多くの場合，抽出すべき文字列の長さは決まっていない．たとえば，"Mary Johnson" や "Jack Smiths" といった人の名前は，名字と名前に決まった長さがない．前節で学んだ substr() を用いて分割し，抽出することは難しい．このような形式のテキストは，スペースやカンマといった決まった区切り文字をもっている．ほしい部分を抽出するために，テキストを分割し，それぞれの部分へアクセス可能にする必要がある．strsplit() は，文字列型ベクトル中のテキストを与えられた特定の区切り文字で分割するのに使われる．

```
strsplit("a,bb,ccc", split = ",")
## [[1]]
## [1] "a" "bb" "ccc"
```

strsplit() はリストを返す．リストのそれぞれの要素は，元の文字列型ベクトルの要素を分割して生成された文字列型ベクトルである．いままでに紹介してきた文字列に関する関数と同じように，strsplit() もベクトル化されている．すなわち，文字列型ベクトルのリストを分割の結果として返す．

```
students <- strsplit(c("Tony, 26, Physics", "James, 25, Economics"),  split =
", ")
students
## [[1]]
```

```
## [1] "Tony" "26" "Physics"
##
## [[2]]
## [1] "James" "25" "Economics"
```

strsplit() は，要素ごとに分割されたパーツを含んだリストを返す．実務上，分割をするということはデータ抽出・加工の最初の段階にすぎない．作業を進めるには，rbind を使ってデータを行列にし，適切な列名を与える．

```
students_matrix <- do.call(rbind, students)
colnames(students_matrix) <- c("name", "age", "major")
students_matrix
## name age major
## [1,] "Tony" "26" "Physics"
## [2,] "James" "25" "Economics"
```

その上で，行列をデータフレームにする．こうすることで，それぞれの列にふさわしいデータ型に変換することができる．

```
students_df <- data.frame(students_matrix, stringsAsFactors = FALSE)
students_df$age <- as.numeric(students_df$age)
students_df
## name age major
## 1 Tony 26 Physics
## 2 James 25 Economics
```

文字列として入力された生徒の情報は，使いやすいデータフレーム students_df へと変換された．文字列を 1 文字ずつに分解するためのちょっとしたテクニックとして，空の split 引数を使うことがある．

```
strsplit(c("hello", "world"), split = "")
## [[1]]
## [1] "h" "e" "l" "l" "o"
##
## [[2]]
## [1] "w" "o" "r" "l" "d"
```

strsplit() はここで紹介したよりもさらに強力な機能をもち，テキストデータを処理するための非常に強力なフレームワークである正規表現をサポートしている．このトピックは本章の最後で扱う．

6.1.4 テキストの書式設定をする

paste() でテキストを結合することは，時に得策ではない．テキストが細かく分解されているので，書式が長くなるにつれて可読性が下がるためである．たとえば，以下の書式で students_df

160   第6章 文字列を扱う

の各レコードを出力しなければならないとする.

```
#1, name: Tony, age: 26, major: Physics
```

この場合，paste() を使うと面倒である.

```
cat(paste("#", 1:nrow(students_df), ", name: ", students_df$name, ", age:",
  students_df$age, ", major: ", students_df$major, sep = ""), sep = "\n")
## #1, name: Tony, age: 26, major: Physics
## #2, name: James, age: 25, major: Economics
```

　コードは煩雑に見え，一目見ただけでは一般的なテンプレートとしての構造を捉えることが難しい．一方，sprintf() は書式設定のテンプレートをサポートしており，この問題を賢い方法で解決してくれる.

```
cat(sprintf("#%d, name: %s, age: %d, major: %s", 1:nrow(students_df),
  students_df$name, students_df$age, students_df$major), sep = "\n")
#1, name: Tony, age: 26, major: Physics
## #2, name: James, age: 25, major: Economics
```

　上記のコードにおいて，#%d, name: %s, age: %d, major: %s は書式設定のテンプレートであり，%d と %s は入力された引数が文字列としてどのように見えるかを表現するプレースホルダである．sprintf() は特に使い勝手がよい．なぜならテンプレートとなる文字列が離れ離れになることを防ぎ，さらに，置き換わる各部は関数の引数として特定されるためである．実際，sprintf() は Wikipedia の「printf format string」[1] で詳細が説明されているような C の書式設定のスタイルを利用している.

　上記の例において，%s は文字列を，%d は数字（整数）を表す．さらに，sprintf() は %f を用いることで，非常に柔軟に数値の書式設定を行うことができる．たとえば，%.1f は数字を小数点1桁に丸めるという意味である.

```
sprintf("The length of the line is approximately %.1fmm", 12.295)
## [1] "The length of the line is approximately 12.3mm"
```

　実際，それぞれの値の種類ごとに異なる書式設定のシンタックスがある．以下の表が，最もよく使われるシンタックスである.

---

[1] https://en.wikipedia.org/wiki/Printf_format_string

記述	出力結果
sprintf("%s", A)	A
sprintf("%d", 10)	10
sprintf("%04d", 10)	0010
sprintf("%f", pi)	3.141593
sprintf("%.2f", pi)	3.14
sprintf("%1.0f", pi)	3
sprintf("%8.2f", pi)	3.14
sprintf("%08.2f", pi)	00003.14
sprintf("%+f", pi)	+3.141593
sprintf("%e", pi)	3.141593e+00
sprintf("%E", pi)	3.141593E+00

公式のドキュメント[2]に，サポートしているすべての書式設定についての説明がある．注意すべきは，書式設定を行うテキストに含まれる%は特殊文字として，プレースホルダの先頭の文字として解釈されるということである．%をそのままの意味で文字列として用いたい場合はどうすればよいだろうか？書式設定として解釈されることを防ぎ，文字通りの%を表現するためには，%%を用いる必要がある．以下のコードがその例である．

```
sprintf("The ratio is %d%%", 10)
## [1] "The ratio is 10%"
```

(1) Python の文字列関数を R で使う

sprintf() は強力なものであるが，いかなる場合にも完璧に通用するというものではない．たとえば，テンプレート内に繰り返し現れる部分については，同じ記述を何度も書かねばならない．これによりコードが冗長になり，変更も面倒になる場合がある．

```
sprintf("%s, %d years old, majors in %s and loves %s.", "James", 25, "Physics",
"Physics")
## [1] "James, 25 years old, majors in Physics and loves Physics."
```

プレースホルダを表現する方法は他にもある．**pystr** パッケージは，Python 形式で文字列の書式設定を行うことができる pystr_format() を提供する[3]．この関数はプレースホルダとして数字を使うものと名前を使うものの両方を利用することができる．上記の例は pystr_format() を用いて 2 通りの方法で書き直すことができる．

1 つ目の方法は，数値のプレースホルダを用いることである．

```
library(pystr)
pystr_format("{1}, {2} years old, majors in {3} and loves {3}.", "James", 25,
"Physics")
## [1] "James, 25 years old, majors in Physics and loves Physics."
```

---

[2] https://stat.ethz.ch/R-manual/R-devel/library/base/html/sprintf.html
[3] 訳注：現在 CRAN からインストールできない．

162　第 6 章　文字列を扱う

もう 1 つの方法は，名付けられたプレースホルダを用いることである．

```
pystr_format("{name}, {age} years old, majors in {major} and loves {major}.",
 name = "James", age = 25, major = "Physics")
## [1] "James, 25 years old, majors in Physics and loves Physics."
```

いずれの場合も繰り返し書くべき記述はなく，現れる入力の位置はテンプレートの文字列内で簡単に動かすことができる．

6.2　日時の書式設定をする

データ分析において，日付や時間型に出くわすことはよくある．日付に最も関係のある関数は Sys.Date() だろう．これは現在の日付を返す．そして Sys.time() は現在の時間を返す．この本が書かれた時点では，日付は以下のように出力される．

```
Sys.Date()
## [1] "2016-02-26"
```

そして時間は

```
Sys.time()
## [1] "2016-02-26 22:12:25 CST"
```

この出力から，日付と時間は文字列型ベクトルのように見えるが，実際はそうではない．

```
current_date <- Sys.Date()
as.numeric(current_date)
## [1] 16857
current_time <- Sys.time()
as.numeric(current_time)
## [1] 1456495945
```

これらは，本質的にはある起点からの相対的な数値であり，日付や時間を計算するための特別な方法がある．日付については，この数値は 1970-01-01 から何日経過したかを表し，時間については，この数値は 1970-01-01 00:00.00 UTC から何秒経過したかを表す．

6.2.1　テキストを日時にパースする

カスタマイズされた起点からの相対的な日付を生成することができる．

```
as.Date(1000, "1970-01-01")
## [1] "1972-09-27"
```

しかしながら，標準的なテキスト表現から日時を生成する場合の方が多い．

```r
my_date <- as.Date("2016-02-10")
my_date
## [1] "2016-02-10"
```

しかし，2016-02-10 といった文字列で時間を表現することができるのであれば，なぜ先に示したように，数値から Date オブジェクトを生成する必要があるのだろうか？ その理由は，日付は単なる文字列とは異なり，数値演算を行うことができるという特徴をもっていることを紹介したかったからである．いま，日付オブジェクトがあるとする．これに日数を足し引きすることで，新しい日付を得ることができる．

```r
my_date + 3
## [1] "2016-02-13"
my_date + 80
## [1] "2016-04-30"
my_date - 65
## [1] "2015-12-07"
```

直接日付を引き算することで，2 つの日付の間が何日間であるかを計算することができる．

```r
date1 <- as.Date("2014-09-28")
date2 <- as.Date("2015-10-20")
date2 - date1
## Time difference of 387 days
```

date2 - date1 の出力はメッセージのように見えるが，実際はこれは数値である．これは as.numeric() を用いるとわかる．

```r
as.numeric(date2 - date1)
## [1] 387
```

時間についても同様のことがいえるが，as.Time() という関数は存在しない．テキスト表現で日時を作成するために，as.POSIXct() あるいは as.POSIXlt() のいずれかを用いることができる．これら 2 つの関数は，POSIX 標準に従う日付・時間オブジェクトの異なる実装である．以下の例では，as.POSIXlt() を用いて日付・時間オブジェクトを作成している．

```r
my_time <- as.POSIXlt("2016-02-10 10:25:31")
my_time
## [1] "2016-02-10 10:25:31 CST"
```

このタイプのオブジェクトにおいてもまた，+ と - を用いて簡単な時間の計算を行うことができる．日付オブジェクトとは異なり，日数単位ではなく秒単位での計算となる．

```r
my_time + 10
## [1] "2016-02-10 10:25:41 CST"
my_time + 12345
## [1] "2016-02-10 13:51:16 CST"
```

164 第6章 文字列を扱う

```
my_time - 1234567
## [1] "2016-01-27 03:29:24 CST"
```

データに日付もしくは時間の文字列表記が含まれている場合，数値演算を行うためには，それを日付オブジェクトもしくは日時オブジェクトに変換する必要がある．しかし，生データにおける日付や時間の文字列が，常に as.Date() や as.POSIXlt() でそのまま変換できるフォーマットであるとは限らない．こういった場合は sprintf() の場合と同様に，特別な文字の組み合わせを使って，日付や時間の文字列のどこに何があるかを指定する必要がある．たとえば，2015.07.25 という入力に対し，フォーマット文字列が与えられない場合，as.Date() はエラーを返す．

```
as.Date("2015.07.25")
## charToDate(x) でエラー: 文字列は標準的な曖昧さのない書式にはなっていません
```

どのようにして文字列を日付にパースするのかを as.Date() に伝えるために，フォーマット文字列をテンプレートとして使うことができる．

```
as.Date("2015.07.25", format = "%Y.%m.%d")
## [1] "2015-07-25"
```

同様に as.POSIXlt() の場合も，日時文字列が標準のフォーマットでない場合にはテンプレート文字列を指定する必要がある．

```
as.POSIXlt("7/25/2015 09:30:25", format = "%m/%d/%Y %H:%M:%S")
## [1] "2015-07-25 09:30:25 CST"
```

これとは別に，文字列をフォーマットを指定して日時オブジェクトに変換する専用の関数として strptime() がある．

```
strptime("7/25/2015 09:30:25", "%m/%d/%Y %H:%M:%S")
## [1] "2015-07-25 09:30:25 CST"
```

実際，as.POSIXlt() は文字列入力に対しては strptime() のラッパーにすぎない．しかし，strptime() は常にフォーマット文字列を要求するのに対し，as.POSIXlt() は与えられたテンプレートがなくても，標準的なフォーマットに対しては動作する．

文字列型ベクトルと同様に，日付と日時もまたベクトルである．as.Date() に文字列型ベクトルを与えると，日付のベクトルを得ることができる．

```
as.Date(c("2015-05-01", "2016-02-12"))
## [1] "2015-05-01" "2016-02-12"
```

計算もまたベクトル化されている．以下のコードは，連続した整数を日付に加えている．これにより期待した通り連続した日付を得ることができる．

6.2　日時の書式設定をする　　165

```
as.Date("2015-01-01") + 0:2
## [1] "2015-01-01" "2015-01-02" "2015-01-03"
```

日時オブジェクトも同様の特性をもっている．

```
strptime("7/25/2015 09:30:25", "%m/%d/%Y %H:%M:%S") + 1:3
## [1] "2015-07-25 09:30:26 CST" "2015-07-25 09:30:27 CST"
## [3]
"2015-07-25 09:30:28 CST"
```

時々，日付と時間を整数で表現しているデータがある．これは，日付と時間の変換をやりにくくする．たとえば20150610を変換するには，以下のコードを実行する．

```
as.Date("20150610", format = "%Y%m%d")
## [1] "2015-06-10"
```

20150610093215を変換するには，このフォーマットを表現するテンプレートを指定する．

```
strptime("20150610093215", "%Y%m%d%H%M%S")
## [1] "2015-06-10 09:32:15 CST"
```

しかし，以下のようなデータフレームの中にある日時を変換する場合に問題が起こる．

```
datetimes <- data.frame(
 date = c(20150601,   20150603),
 time = c(92325, 150621))
```

paste0()をdatetimesの各列に使用し，以前の例で使用したテンプレートを用いて直接strptime()を呼び出した場合，1つ目の要素についてはそのフォーマットに合致しないという理由で欠損値が返ってきてしまう．

```
dt_text <- paste0(datetimes$date, datetimes$time)
dt_text
## [1] "2015060192325" "20150603150621"
strptime(dt_text, "%Y%m%d%H%M%S")
## [1] NA "2015-06-03 15:06:21 CST"
```

問題は92325にある．これは092325でなければならないのだ．ゼロが必要な時だけ先頭にゼロを加えるために，sprintf()を用いる必要がある．

```
dt_text2 <- paste0(datetimes$date, sprintf("%06d", datetimes$time))
dt_text2
## [1] "20150601092325" "20150603150621"
strptime(dt_text2, "%Y%m%d%H%M%S")
## [1] "2015-06-01 09:23:25 CST" "2015-06-03 15:06:21 CST"
```

これでようやく，意図した通りの変換作業を行うことができる．

166 第 6 章 文字列を扱う

6.2.2 日時を文字列に変換する

前節では，文字列を日付あるいは日時オブジェクトに変換する方法について学んだ．本節では，日付・日時オブジェクトを特定のテンプレートに従って文字列に戻す，という逆のことについて学習する．

日付オブジェクトを生成して出力すると，常に標準的なフォーマットで表示される．

```
my_date
## [1] "2016-02-10"
```

as.character() を用いると，日付を標準的な表現の文字列に変換することができる．

```
date_text <- as.character(my_date)
date_text
## [1] "2016-02-10"
```

出力だけを見ると，my_date は同じに見える．しかし，文字列はもはやただのプレーンテキストであり，日付計算をサポートしなくなる．

```
date_text + 1
## Error in date_text + 1: non-numeric argument to binary operator
```

時々，日付を非標準的な方法でフォーマットしなければならないことがある．

```
as.character(my_date, format = "%Y.%m.%d")
## [1] "2016.02.10"
```

実際は，as.character() は format() を裏で直接呼び出している．なので，format() を使用しても全く同じ結果が得られる．ほとんどの場合，format() の利用が推奨される．

```
format(my_date, "%Y.%m.%d")
## [1] "2016.02.10"
```

同じことが日時オブジェクトにも当てはまる．テンプレートをカスタマイズして，プレースホルダにないテキストを加えることもできる．

```
my_time
## [1] "2016-02-10 10:25:31 CST"
format(my_time, "date: %Y-%m-%d, time: %H:%M:%S")
## [1] "date: 2016-02-10, time: 10:25:31"
```

このフォーマットのプレースホルダは，前に示したものよりも遥かに多くの情報をもっている．詳細については ?strptime と打ち，出てくるドキュメントを読んでほしい．

より簡単に日付と時間を扱うパッケージは数多くある．中でも **lubridate** パッケージ[4] を薦

---

[4] https://cran.r-project.org/web/packages/lubridate

6.3 正規表現を使用する　167

める．なぜなら，このパッケージは日付オブジェクトと時間オブジェクトを扱うために必要な
ほとんどすべての関数を提供しているためである．

　これまでの節で，文字列と日時オブジェクトを扱う数多くの標準的な関数について学んでき
た．こういった関数は便利であるが，正規表現に比べると柔軟性に欠ける．次節ではこのとて
も強力な技術，正規表現について学ぶ．

6.3　正規表現を使用する

　研究を行うために，オープンアクセスなウェブサイトや認証が必要なデータベースから，デー
タをダウンロードする場合がある．こういったデータソースでは，データが様々な形で提供さ
れており，ほとんどのデータは非常によく整理された形で与えられている．たとえば，多くの
経済・金融データベースはデータを CSV フォーマットで提供している．CSV は表形式のデー
タを表現するのによく使われるテキストのフォーマットである．典型的な CSV フォーマット
はこのように見える．

```
id,name,score
1,A,20
2,B,30
3,C,25
```

　R において，正しいヘッダーとデータ型をもったデータフレームとして CSV をインポート
するためには，read.csv() を呼び出すと便利である．CSV フォーマットはデータフレームと
して自然に表現できるからである．しかし，すべてのデータファイルが整っているわけではな
く，整っていないデータを扱うのは骨が折れる．read.table() や read.csv() といった組み
込みの関数は多くの状況で機能するが，整っていないデータに対しては全く役に立たない．た
とえば，以下のような CSV フォーマットに見える生データ (messages.txt) を分析する必要
がある時に，read.csv() を呼び出す場合は注意した方がよい．

```
2014-02-01,09:20:25,James,Ken,Hey, Ken!
2014-02-01,09:20:29,Ken,James,Hey, how are you?
2014-02-01,09:20:41,James,Ken, I'm ok, what about you?
2014-02-01,09:21:03,Ken,James,I'm feeling excited!
2014-02-01,09:21:26,James,Ken,What happens?
```

　次のような整ったデータフレームとして，このファイルをインポートしたいとする．

```
    Date       Time    Sender   Receiver   Message
1   2014-02-01 09:20:25 James    Ken        Hey, Ken!
2   2014-02-01 09:20:29 Ken      James      Hey, how are you?
3   2014-02-01 09:20:41 James    Ken        I'm ok, what about you?
4   2014-02-01 09:21:03 Ken      James      I'm feeling excited!
5   2014-02-01 09:21:26 James    Ken        What happens?
```

168　第6章　文字列を扱う

　しかし何も考えずに read.csv() を呼び出した場合，正しく機能しないことがわかるだろう．このデータセットは message 列がどうも特殊である．この列には余計なカンマが含まれており，これが CSV ファイルの区切り文字と間違って解釈されてしまうのである．以下が生データのテキストファイルを読み込んでできるデータフレームである．

read.csv("data/messages.txt", header = FALSE)
```
## V1V2V3V4V5V6
## 1 2014-02-01 09:20:25 James Ken Hey Ken!
## 2 2014-02-01 09:20:29 Ken James Hey how are you?
## 3 2014-02-01 09:20:41 James Ken I'm ok what about you?
## 4 2014-02-01 09:21:03 Ken James I'm feeling excited!
## 5 2014-02-01 09:21:26 James Ken What happens?
```

　この問題に対処する方法は様々である．strsplit() を各行に適用し，手動で最初のいくつかの要素を取り出し，残りの部分を paste で結合する方法がまず思いつく．しかし，もっと簡単でロバストな方法として，いわゆる正規表現[5] を使うことができる．奇妙な専門用語が出てきたが，心配しなくてよい．正規表現の使い方は非常にシンプルである．テキストに合致したパターンを表現し，その目的の部分をテキストから抽出するのである．

　この技術を適用する前に，基本的な知識が必要だ．やる気を起こすための最もよい方法としては，簡単な問題を用いて，その問題を解くには何が必要かについて考えることである．次のような，果物とその数あるいは状態を表すテキスト (fruits.txt) を扱うとする．

```
apple: 20
orange: missing
banana: 30
pear: sent to Jerry
watermelon: 2
blueberry: 12
strawberry: sent to James
```

　いま，すべての果物の数字だけを取り出し，状態についての情報は取り出さないとする．我々は目視でこの作業を簡単に行うことができるが，これはコンピュータにとっては簡単なことではない．しかし，行数が 2,000 を超える場合を考えると，人間にとっては難しく，時間がかかり，間違いを起こしやすくなる．適切な方法を用いれば，この作業はコンピュータで簡単に処理できる．最初に思いつくこととしては，まず数字をもった果物と数字をもっていない果物に区別する必要があるということだ．より一般的にいうと，特定のパターンにマッチするテキストとマッチしないものに区別する必要がある．この状況こそ，まさに正規表現を適用するにふさわしい場面である．

　正規表現は問題を 2 つのステップで解く．まず，テキストにマッチするパターンを見つける．次に，必要な情報を抽出するために，パターンをグループに分ける．

---
[5] https://en.wikipedia.org/wiki/Regular_expression

6.3.1 文字列のパターンを見つける

　問題解決のために，コンピュータに果物が実際何であるかを理解させる必要はない．抽出したい対象を記述する文字列のパターンさえ見つければよい．すなわち，単語で始まり，セミコロンとスペースが続き，単語やその他の記号ではなく整数で終わる行をすべて抽出したいのである．

　正規表現はパターンを表現するための記号の組み合わせを提供する．正規表現では，上記のパターンは ^\w+:\s\d+$ で表現することができる．次に示すように，それぞれのメタ記号は文字の集合を表現している．

- ^：このシンボルは，行の先頭で使われる．
- \w：このシンボルは，単語の文字を表現する．
- \s：このシンボルは，スペース文字を表現する．
- \d：このシンボルは，数字を表現する．
- $：このシンボルは，行の最後を表現する．

　さらに，\w+ は 1 つ以上の文字を意味し，: は単語の後に現れるコロン (:) のシンボルそのものであり，\d+ は 1 つ以上の数字を意味する．上記の正規表現は，含めたい条件と含めたくない条件を表現しているだけで，それほど魔法のようなものではないということがわかっただろう．具体的には，このパターンは abc: 123 のような行にマッチするが，それ以外の行にはマッチしない．R で正規表現を用いた抽出を行うには，grep() を使ってどの文字列がパターンに合致するかを調べる．

```
fruits <- readLines("datafruits.txt")
fruits
## [1] "apple: 20"       "orange: missing"
## [3] "banana: 30"      "pear: sent to Jerry"
## [5] "watermelon: 2"   "blueberry: 12"
## [7] "strawberry: sent to James"
matches <- grep("^\\w+:\\s\\d+$", fruits)
matches
## [1] 1 3 5 6
```

　R の文字列に \ を含めたい場合，エスケープのための \ と区別するために，\\ と書く必要があることに注意されたい．fruits から matches に含まれる添え字のみを抽出する．

```
fruits[matches]
## [1] "apple: 20"  "banana: 30"  "watermelon: 2"  "blueberry: 12"
```

　これで，無事望み通りの列を望まないものと区別することができた．パターンに合致する行が選ばれ，パターンに合致しないものは無視されている．

　^ で始まり，$ で終わるパターンを指定しているのは，部分一致を避けるためであることに注意してほしい．実際，正規表現はデフォルトでは部分一致を行う．つまり，文字列内のどこか

170 第 6 章 文字列を扱う

の部分がパターンに合致したら，その文字列全体がパターンに合致したと見なされてしまう．
たとえば，以下のコードは，2 つのパターンがそれぞれどの文字列に合致したかを見つけ出し
ている．

```
grep("\\d", c("abc", "a12", "123", "1"))
## [1] 2 3 4
grep("^\\d$", c("abc", "a12", "123", "1"))
## [1] 4
```

1 つ目のパターンは 1 つでも数字を含む文字列にマッチし（部分一致），^ と $ を含む 2 つ目
のパターンは，1 つの数字だけを含む文字にマッチする．

一旦パターンが正しく機能すれば，次のステップに進むことができる．それはグループを用
いてデータを抽出することである．

6.3.2 グループを用いてデータを抽出する

パターン文字列内において，括弧を使うことで抽出したいテキスト部分を識別するための印
をつけることができる．今回の問題においては，パターンを (\w+):\s(\d+) と変更できる．
このパターンは 2 つのグループに分けられている．1 つは \w+ でマッチする果物の名前で，も
う 1 つは \d+ でマッチする果物の数である．これで，この修正されたバージョンのパターンを
使用して得たい情報を抽出することができる．R の組み込みの関数でもこのタスクは完璧にこ
なすことができるが，**stringr** パッケージにある関数を使用することを強く薦める．このパッ
ケージは正規表現の利用を大幅に簡単にしてくれる．グループを用いて修正した正規表現のパ
ターンと str_match() を呼び出す．

```
library(stringr)
matches <- str_match(fruits, "^(\\w+):\\s(\\d+)$")
matches
## [,1] [,2] [,3]
## [1,] "apple: 20" "apple" "20"
## [2,] NA NA NA
## [3,] "banana: 30" "banana" "30"
## [4,] NA NA NA
## [5,] "watermelon: 2" "watermelon" "2"
## [6,] "blueberry: 12" "blueberry" "12"
## [7,] NA NA NA
```

この場合，マッチの結果は複数の列をもつ行列として返される．括弧で括られたグループは
テキストから抽出され，2 列目と 3 列目に格納される．この文字行列を，適切なヘッダーとデー
タ型をもったデータフレームに簡単に変換することができる．

```
# データフレームに変換する
fruits_df <- data.frame(na.omit(matches[, -1]), stringsAsFactors =FALSE)
```

6.3 正規表現を使用する　　171

```r
# ヘッダーを追加する
colnames(fruits_df) <- c("fruit","quantity")
# 量のデータ型を文字列から整数に変換する
fruits_df$quantity <- as.integer(fruits_df$quantity)
```

fruits_df は，正しいヘッダーとデータ型をもったデータフレームである．

```r
fruits_df
## fruit quantity
## 1 apple 20
## 2 banana 30
## 3 watermelon 2
## 4 blueberry 12
```

前述のコードにおける中間結果に対して自信がなければ，コードを 1 行ずつ実行し，それぞれの段階で何が起こっているのか確かめてみるといい．最終的に，この問題は正規表現を用いて完璧に解決することができた．

ここまでの例で，正規表現という魔法は，様々な種類の文字とシンボルを表現する識別子の組にすぎないということがわかっただろう．これまでに示したメタ記号に加え，以下が役立つ．

- [0-9]：0〜9 の 1 つの整数を表現する．
- [a-z]：a〜z の小文字の 1 つを表現する．
- [A-Z]：A〜Z の大文字の 1 つを表現する．
- .：あらゆる 1 つの文字を表現する．
- *：0 回，1 回かそれ以上の回数現れるパターンである．
- +：1 回かそれ以上の回数現れるパターンである．
- {n}：直前の文字が n 回現れるパターンである．
- {m, n}：直前の文字が最低 m 回現れ，最高で n 回現れるパターンである．

これらのメタ記号を用いると，簡単に文字列データを確認し，抽出できる．たとえば，2 つの国の電話番号が混ざっているものがあるとする．もしも 1 つの国の電話番号のパターンがもう 1 つの国のものと異なる場合，正規表現を使ってどちらかを判別できる．

```r
telephone <- readLines("data/telephone.txt")
telephone
## [1] "123-23451" "1225-3123" "121-45672" "1332-1231" "1212-3212" "123456789"
```

このデータには，真ん中に - がない例外が 1 つ含まれていることに注意してほしい．例外を除けば，電話番号の 2 種類のパターンを見つけ出すことは簡単だろう．

```r
telephone[grep("^\\d{3}-\\d{5}$", telephone)]
## [1] "123-23451" "121-45672"
telephone[grep("^\\d{4}-\\d{4}$", telephone)]
## [1] "1225-3123" "1332-1231" "1212-3212"
```

172　第 6 章　文字列を扱う

　例外を見つけ出すためには，`grepl()` を使うと便利だろう．この関数は，どの要素がパターンにマッチするかを示す論理値型ベクトルを返す．したがってこの関数を用いれば，与えたパターンのどれにもマッチしないすべてのレコードを抽出することができる．

```
telephone[!grepl("^\\d{3}-\\d{5}$", telephone) & !grepl("^\\d{4}-\\d{4}$",
 telephone)]
## [1] "123456789"
```

　前述のコードが大筋でいっていることは，2 つのパターンのどちらにも当てはまらないレコードはすべて例外として見なすということである．何百万ものレコードをチェックしないといけないとしよう．例外となるケースはあらゆるフォーマットが考えられる．したがって，妥当なレコードをすべて排除して妥当でないレコードを見つけるという，この方法を用いることがよりロバストである．

6.3.3　カスタマイズ可能な方法でデータを読む

　この節の最初の問題に戻ろう．解決のための手順は果物の問題と全く同じである．パターンを見つけ，グループを作成する．生データの典型的な行を 1 つ見てみよう．

```
2014-02-01,09:20:29,Ken,James,Hey, how are you?
```

　すべての行は，日付，時間，送信者，受信者，そしてメッセージがカンマで区切られているという，同じフォーマットに基づいていることは明らかであろう．唯一特別なことは，メッセージにカンマが現れるということであり，コードにはこのカンマを区切り文字として解釈しないようにしてもらいたい．前の例で行ったのと同様に，正規表現はこの目的に対して完璧に機能する．同じパターンに従う 1 つかそれ以上のシンボルを表現するには，記号識別子の後にプラス記号 (+) を置くだけでよい．例として，`\d+` は 1 文字以上の "0"〜"9" の数字からなる文字列を表現する．たとえば，"1"，"23"，や "456" はすべてこのパターンに合致するが，"word" は合致しない．パターンが現れる場合と，全く現れない場合もある，という状況もありうる．その場合は記号識別子の後に * を置き，この特定のパターンが 1 回以上現れるか，全く現れないのだということを表現する必要がある．こうすることで，幅広いテキストにマッチさせることができる．

　ここで当初の問題に立ち返って，各行の情報を識別できるパターンを作ってみよう．以下が見つけ出すべきグループをもったパターンである．

```
(\d+-\d+-\d+),(\d+:\d+:\d+),(\w+),(\w+),\s*(.+)
```

　果物の例で行ったのと同様に，`readLines()` を用いて生データを読み込む．

```
messages <- readLines("data/messages.txt")
```

次に，テキストを表現するパターンと，テキストから抽出したい情報を羅列する．

```
pattern <- "^(\\d+-\\d+-\\d+),(\\d+:\\d+:\\d+),(\\w+),(\\w+),\\s*(.+)$"
matches <- str_match(messages, pattern)
messages_df <- data.frame(matches[, -1])
colnames(messages_df) <- c("Date", "Time", "Sender", "Receiver", "Message")
```

ここに示したパターンは秘密の暗号のように見えるかもしれないが，心配しなくてよい．これがまさしく正規表現が活かされているということで，以前の例を復習するとその意味が確認できるだろう．この正規表現は完璧に機能する．messages_df ファイルは以下の構造をもつようになる．

```
messages_df
## Date Time Sender Receiver Message
## 1 2014-02-01 09:20:25 James Ken Hey, Ken!
## 2 2014-02-01 09:20:29 Ken James Hey, how are you?
## 3 2014-02-01 09:20:41 James Ken I'm ok, what about you?
## 4 2014-02-01 09:21:03 Ken James I'm feeling excited!
## 5 2014-02-01 09:21:26 James Ken What happens?
```

パターンとは鍵のようなものである．正規表現の利用において最も難しいのは，この鍵を見つけることである．一旦その鍵が得られれば，ドアを開け，煩雑なテキストから得たいと思う多くの情報をいくらでも抽出できる．一般的に，鍵を見つけることがどれくらい難しいかは，判定したい文字列の差に大きく依存する．もしその差が非常に明確である場合，正規表現には少しの記号を用いるだけで済む．現実の問題の大半では，その差は些細であり，たくさんの例外がある．この場合，経験，熟考，多くの試行錯誤が必要となる．

最初に示した例を通じて，正規表現の思想を捉えることができただろう．正規表現が内部でどう機能しているかについて理解する必要はないが，組み込み関数や特定のパッケージで提供される正規表現に関連する関数に詳しくなっておくととても便利である．

さらに学びたいのであれば，RegexOne[6] は対話的な方法で基本を学ぶのによいところである．識別子全体としての具体的な例について学びたいのであれば，脚注 7 のウェブサイトがよい参考文献になるだろう．問題解決のためのよいパターンを見つけ出すためには，RegExr[8] を訪れて，ウェブ上でパターンを対話的に試すのがよいだろう．

6.4　まとめ

この章では，文字ベクトルの操作と日時オブジェクトの変換，およびその文字列表現を行うための多くの組み込みの関数について学んできた．さらに，文字列データを確認・フィルタリ

---

[6] http://regexone.com/

[7] http://www.regular-expressions.info/

[8] http://www.regxr.com/

174 第 6 章 文字列を扱う

ングし，生データから情報を抽出する強力なツールである正規表現の基本的な考え方について
も学んだ．

この章までに学んだ R 言語の語彙により，基本的なデータ構造を操作することが可能になっ
た．次の章で，データを扱うための他のツールと技術について学ぶ．簡単なデータファイルの
読み書き，様々なタイプの図の生成，簡単なデータセットに対する基本的な統計解析とデータ
マイニングモデルの適用，そして求根と最適化問題を解くための数値計算を行う．

第7章
データを扱う

前章までに，R で最もよく使われるオブジェクトの種類と関数について学んできた．ベクトル，リスト，データフレームの作成と変更を行う方法，自作の関数を定義する方法，適切な表現を使用して頭の中にあるロジックを R コードに起こす方法について理解しているだろう．これらのオブジェクト，関数，表現を使うことで，データを扱うことができる．本章では以下のトピックを扱いながら，データの取り扱いについて学ぶ旅に出よう．

- ファイルに格納されたデータの読み書き
- プロット関数を使用したデータの可視化
- 簡単な統計モデルとデータマイニングツールを用いたデータ分析

7.1　データを読み書きする

いかなる種類のデータであっても，データ分析を R で行うための最初のステップはデータを読み込むこと，すなわち，データセットを環境にインポートすることである．その前に，データファイルの種類を理解し，データを読み込むためにふさわしいツールを選択する必要がある．

7.1.1　テキスト形式のデータファイルの読み書きを行う

データを保管するために使われるファイルの種類の中で，おそらく最もよく使われるものが CSV である．典型的な CSV ファイルにおいては，1 行目は列のヘッダーであり，それに続く行は，カンマで区切られた列に収められたデータのレコードを表している．以下が，この形式で書かれた生徒のレコードである．

```
Name,Gender,Age,Major
Ken,Male,24,Finance
Ashley,Female,25,Statistics
Jennifer,Female,23,Computer Science
```

(1) RStudio IDE でデータをインポートする

RStudio は，対話的にデータを読み込む方法を提供する．その方法は次の通りである．**Tools | Import Dataset | From Local File** の順に進み，ローカルに置かれた .csv や .txt といった，テキスト形式のファイルを選択する．そしてパラメータを調整することで，結果となるデータフレームをプレビューできる．

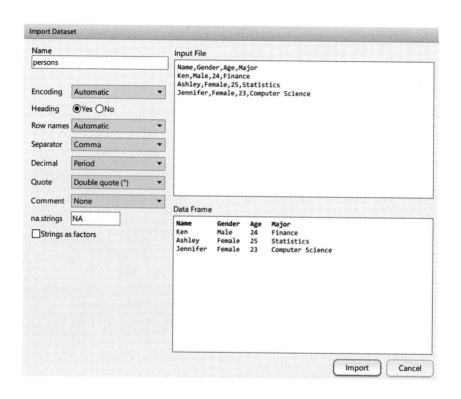

Strings as factors にチェックを入れるべきなのは，意図的に文字列の列を因子型に変換したい時のみであるということに注意されたい．

ファイルインポーターは魔法のように機能するわけではなく，単にファイルパスとオプションを R のコードに変換してくれるものだ．一旦データインポートのためのパラメータを決め，**Import** をクリックすると，read.csv() の呼び出しを実行する．この対話的なツールを用いてデータをインポートすることはとても便利であり，初めてデータファイルをインポートする際に犯す多くの失敗を避けるための手助けになってくれるだろう．

(2) 組み込み関数を用いてデータをインポートする

スクリプトを書いてそれをユーザに渡した際，ユーザがファイルインポータを使ってくれるとは限らないだろう．スクリプトを実行する際に自動的に読み込みが行われるように，ファイ

ルインポータによって生成されたコードを，自分のスクリプトにコピーができることを思い出そう．つまり，データをインポートするための組み込み関数について知っておくことは，とても便利なことである．最もシンプルなデータをインポートするのための組み込み関数は，以前の章でも触れた，readLines() である．この関数はテキストファイルを読み込み，行数分の長さをもった文字列型ベクトルとして値を返す．

```
readLines("data/persons.csv")
## [1] "Name,Gender,Age,Major"
## [2] "Ken,Male,24,Finance"
## [3] "Ashley,Female,25,Statistics"
## [4] "Jennifer,Female,23,Computer Science"
```

デフォルトでは，この関数はファイルのすべての行を返す．最初の 2 行を見たい場合は，以下のコードを実行する．

```
readLines("data/persons.csv", n = 2)
## [1] "Name,Gender,Age,Major" "Ken,Male,24,Finance"
```

実際のデータ読み込みにおいて，readLines() は単純すぎる場合が多い．データフレームとしてパースするのではなく，行を文字列として読み込むためである．上記のコードのように CSV ファイルを読み込みたい場合，直接 read.csv() を呼び出せばよい．

```
persons1 <- read.csv("data/persons.csv", stringsAsFactors = FALSE)
str(persons1)
## 'data.frame': 3 obs. of 4 variables:
## $ Name : chr "Ken" "Ashley" "Jennifer"
## $ Gender: chr "Male" "Female" "Female"
## $ Age : int 24 25 23
## $ Major : chr "Finance" "Statistics" "Computer Science"
```

文字列をそのまま文字列として保つため，read.csv() 呼び出しの際に stringsAs Factors = FALSE を指定し，文字列が因子型に変換されるのを避けているということに注意する．この関数は，データ読み込みをカスタマイズするためのたくさんの便利な引数を提供している．たとえば，colClasses を使うと明示的に列のデータ型を指定でき，さらに col.names を使うことで，元のデータファイルの列名を変更することができる．

```
persons2 <- read.csv("data/persons.csv", colClasses = c("character",
 "factor", "integer", "character"),
col.names = c("name", "sex", "age", "major"))
str(persons2)
## 'data.frame': 3 obs. of 4 variables:
## $ name : chr "Ken" "Ashley" "Jennifer"
## $ sex : Factor w/ 2 levels "Female","Male": 2 1 1
## $ age : int 24 25 23
## $ major: chr "Finance" "Statistics" "Computer Science"
```

178 第7章 データを扱う

　ここで注意したいのは，CSV形式のファイルは特殊なデータのフォーマットであるということだ．技術的にいうと，CSV形式はカンマ (,) を使用して列を区切り，改行を使用して行を区切る，区切りデータ型である．より一般的にいうと，どの文字も列・行の区切り文字になりうる．多くのデータセットはタブ区切り形式，すなわち，タブ文字を列区切りとして使用した形式で保管されている．この場合，read.csv() のより汎用的な関数である read.table() の使用を検討するとよいだろう．

(3) readr パッケージを使ってデータを読み込む

　歴史的経緯から，read.*関数群は矛盾があり，状況によっては使い勝手のよいものではない．readr パッケージは表形式のデータを高速に，そして一貫性をもって読み込むためのよい選択肢である．パッケージをインストールするには，install.packages("readr") を実行する．すると，read_*関数群を使用して表形式のデータ読み込みができるようになる．

```
persons3 <- readr::read_csv("data/persons.csv")
str(persons3)
## Classes 'tbl_df', 'tbl' and 'data.frame': 3 obs. of 4 variables:
## $ Name  : chr "Ken" "Ashley" "Jennifer"
## $ Gender: chr "Male" "Female" "Female"
## $ Age   : int 24 25 23
## $ Major : chr "Finance" "Statistics" "Computer Science"
```

　ここで，library(readr) を初めに使用する代わりに readr::read_csv としている理由としては，read_csv は組み込み関数である read.csv とわずかに異なる挙動をするだけなので，混同しやすいためである．また read_csv のデフォルトの挙動は，多くの状況を扱うに十分に賢い．組み込み関数と比較するために，イレギュラーな形式のデータファイル (data/persons.txt) を読み込んでみよう．

```
Name     Gender Age Major
Ken      Male   24  Finance
Ashley   Female 25  Statistics
Jennifer Female 23 Computer Science
```

　このファイルは極めて普通の表形式に見えるが，それぞれの列の間にある空白の数は行によって異なるため，read.table() で sep = " " を使って読み込もうとすると失敗する．

```
read.table("data/persons.txt", sep = " ")
## Error in scan(file, what, nmax, sep, dec, quote, skip, nlines, na.strings, :
line 1 did not have 20 elements
```

　read.table() を使ってデータを読み込もうとすると，正しい挙動を導くための引数を見つけ出すのに多大な時間を無駄にしてしまうだろう．しかし，同じ入力で readr の read_csv のデフォルトの挙動はとても賢く，時間を短縮する役に立ってくれる．

```
readr::read_table("data/persons.txt")
## Name Gender Age Major
## 1 Ken Male 24 Finance
## 2 Ashley Female 25 Statistics
## 3 Jennifer Female 23 Computer Science
```

　これが，R において表形式のデータを読み込むために **readr** の関数群を使うことを強く薦める理由である．**readr** の関数は高速で，賢く，一貫性があり，組み込み関数の特徴を支えている，とても簡単に使えるものである．**readr** についての詳しい情報は **readr** の開発レポジトリ[1] を参照してほしい．

(4)　データフレームをファイルに書き出す

　典型的なデータ分析の手順は，データソースからデータを読み込み，データを変換し，適切なツールやモデルに当てはめ，そしてようやく意思決定のための新しいデータを作成する，という流れである．データ書き込みのインターフェースはデータ読み込みのそれと非常に似通っている．write.*関数群を使い，データフレームをファイルに出力するのである．例として，適当なデータフレームを作成し，それを CSV ファイルに格納してみる．

```
some_data <- data.frame(
 id = 1:4,
 grade = c("A", "A", "B", NA),
 width = c(1.51, 1.52, 1.46, NA),
 check_date = as.Date(c("2016-03-05", "2016-03-06", "2016-03-10", "2016-03-11")))
some_data
## id grade width check_date
## 1 1 A 1.51 2016-03-05
## 2 2 A 1.52 2016-03-06
## 3 3 B 1.46 2016-03-10
## 4 4 <NA> NA 2016-03-11
write.csv(some_data, "data/some_data.csv")
```

　CSV ファイルが欠損値や日付を正しく保っているのかを確認するため，出力したファイルを生のテキストファイルとして読み込んでみる．

```
cat(readLines("data/some_data.csv"), sep = "\n")
## "","id","grade","width","check_date"
## "1",1,"A",1.51,2016-03-05
## "2",2,"A",1.52,2016-03-06
## "3",3,"B",1.46,2016-03-10
## "4",4,NA,NA,2016-03-11
```

　データは正しいかもしれないが，こういったデータを格納するための別の基準が存在する場合もある．write.csv()は，書き込みの挙動を変えることを可能にしてくれる．前述の出力に

---

[1] https://github.com/hadley/readr

180　第 7 章　データを扱う

おいて，いくつか必要のない部分があることに気がつくだろう．たとえば，通常は冗長になってしまうため，行名は出力されてほしくない．id がすでにその役割を果たしている．文字列のに引用符は必要ない．欠損値は NA ではなく，- で表現したい．これらを実現するためには，以下のコードを実行し，先ほどと同じデータフレームを我々が求める挙動と規格で出力する．

```
write.csv(some_data, "data/some_data.csv", quote =FALSE, na = "-", row.names =
 FALSE)
```

その結果，得られる出力データは簡略化されたデータフレームとなる．

```
cat(readLines("data/some_data.csv"), sep = "\n")
## id,grade,width,check_date
## 1,A,1.51,2016-03-05
## 2,A,1.52,2016-03-06
## 3,B,1.46,2016-03-10
## 4,-,-,2016-03-11
```

readr::read_csv() を用いて，欠損値を変更し，日付列は日付型として，この CSV ファイルを読み込むことができる．

```
readr::read_csv("data/some_data.csv", na = "-")
## id grade width check_date
## 1 1 A 1.51 2016-03-05
## 2 2 A 1.52 2016-03-06
## 3 3 B 1.46 2016-03-10
## 4 4 <NA> NA 2016-03-11
```

ここで注意したいのは，- は欠損値に正しく変換されており，日付列もまた，正しく日付オブジェクトとして読み込まれているということだ．

```
## [1] TRUE
```

7.1.2　Excel ワークシートの読み書きを行う

CSV のようなテキスト形式における入力という観点での利点は，ソフトウェア中立性である．つまり，データの読み込みに特定のソフトウェアを必要とせず，ファイルは直接人間が読むことができるのである．しかし，欠点もまた明らかである．テキストエディタに表示されたデータの計算を直接行えないということだ．なぜなら，テキストエディタに表示されたデータの中身はただのテキストであるためである．

表形式のデータを保管するための他によく使われる形式は，Excel ワークブックである．Excel ワークブックは 1 つかそれ以上のワークシートを含んでいる．それぞれのワークシートは格子状になっており，そこに文字や値を埋めることで表を作成できる．このテーブルを用い，テーブル内，テーブル同士，ワークシート間でさえ，計算を行うことができる．Microsoft Excel は強力

なソフトウェアであるが，そのデータ形式（Excel 97-2003 については.xls, Excel 2007 以降は
.xlsx）は Microsoft Excel 以外では直接読むことができない．例として，data/prices.xlsx
は，以下のスクリーンショットに示すような簡単な Excel ワークブックである．

	A	B	C	D
1	Date	Price	Growth	
2	3/1/2016	85	#N/A	
3	3/2/2016	88	3.5%	
4	3/3/2016	84	-4.5%	
5	3/4/2016	81	-3.6%	
6	3/5/2016	83	2.5%	
7	3/6/2016	87	4.8%	
8				

Excel ワークブックを読み込むための組み込み関数は用意されていないものの，そのために
作られたいくつかの R パッケージがある．最もシンプルなものとしては **readxl** パッケージ[2]
がある．これは，Excel ワークブックの 1 枚のシートに格納されたテーブルからデータを抽出
することを非常に簡単にしてくれる．このパッケージを CRAN からインストールしてくるに
は，install.package("readxl") を実行する．

```
readxl::read_excel("data/prices.xlsx")
## Date Price Growth
## 1 2016-03-01 85 NA
## 2 2016-03-02 88 0.03529412
## 3 2016-03-03 84 -0.04545455
## 4 2016-03-04 81 -0.03571429
## 5 2016-03-05 83 0.02469136
## 6 2016-03-06 87 0.04819277
```

read_excel() が，自動的に Excel の日付形式を R の日付型に変換し，Growth 列にある欠
損値をそのまま正しく保っていることは明白だ．

Excel ワークブックを扱うパッケージは他にも **openxlsx** パッケージがある．このパッケー
ジを用いて，XLSX ファイルの読み込み，書き込み，編集を行うことができ，これらの機能は，
読み込みに特化された **readr** の設計よりもさらに包括的である．このパッケージをインストー
ルするには，install.package("openxlsx") を実行する．openxlsx を用い read.xlsx 関
数を呼び出すことで，readr::read_excel() と同じように，指定したワークブックをデータ
フレームに読み込むことができる．

```
openxlsx::read.xlsx("data/prices.xlsx", detectDates = TRUE)
## Date Price Growth
```

---

[2] https://github.com/hadley/readxl

```
## 1 2016-03-01 85 NA
## 2 2016-03-02 88 0.03529412
## 3 2016-03-03 84 -0.04545455
## 4 2016-03-04 81 -0.03571429
## 5 2016-03-05 83 0.02469136
## 6 2016-03-06 87 0.04819277
```

日付の値が正しく読み込まれたことを保証するために，detectDates = TRUE を指定する必要がある．そうしないと，日付は数字になってしまう．データ読み込みに加え，openxlsx を用いると，既存のデータフレームからワークブックを作成することができる．

```
openxlsx::write.xlsx(mtcars, "data/mtcars.xlsx")
```

このパッケージはさらに進んだ機能をもっている．たとえば，既存のワークブックのスタイルの作成，グラフの挿入などといったものである．しかし，こういった機能はこの本の解説の範疇を超える．詳細はこのパッケージのドキュメントを参照してほしい．

Excel ワークブックを扱うためのパッケージは他にもまだ存在する．**XLConnect** パッケージ[3] はまた別の Excel コネクタで，クロスプラットフォームであり，すでに Microsoft Excel がインストールされているかどうかに依存しないものである．しかし，Java Runtime Environment (JRE) がインストール済みであるということには依存する．**RODBC** パッケージ[4] はより一般的なデータベースコネクタであり，Windows に正しい ODBC ドライバがインストールされていれば，Access データベースと Excel ワークブックを接続することを可能にする．これら 2 つのパッケージには重い依存関係があるのでここでは紹介しない．

7.1.3 ネイティブ形式のデータファイルの読み書きを行う

ここまでで，CSV ファイルと Excel ワークブックの読み込み・書き込み関数について紹介した．これらは R のネイティブ形式のデータ形式ではない．すなわち，元のデータオブジェクトと出力ファイルの間にズレがある．

たとえば，異なる形式の列を多くもったデータフレームを CSV ファイルとして出力すると，列の型の情報は失われる．その列が数値であっても，文字列であっても，日付であっても，いかなる時もテキスト形式で表現される．これは確かに人間が出力ファイルからデータを直接読むことを簡単にしてくれるが，コンピュータがそれぞれの列を何の型であるか予想した結果を頼りにしないといけない．言い換えると，読み込み関数が CSV 形式のデータを元のデータフレームと全く同じものとして読み込めないということがある．書き込みのプロセスにおいて，移植性と引き換えに列の型を捨て去ってしまうからである（たとえば，他のソフトウェアでもデータを読み込めるようにするためである）．

---

[3] http://cran.r-project.org/web/packages/XLConnect

[4] http://cran.r-project.org/web/packages/RODBC

もし移植性を気にせず，Rだけを使ってデータを扱うというのであれば，ネイティブ形式の
データを使ってデータの読み書きをすればよい．任意のテキストエディタを使用してデータを
読むことはできなくなり，他のソフトウェアでデータを読むこともできなくなるが，単一のオ
ブジェクトもしくは環境全体を，効率よく，データを失わずに書き込み，読み込むことができる
ようになる．言い換えると，ネイティブ形式ではオブジェクトをファイルにセーブし，全く同
じデータを欠損値の記号や列のデータ型，クラス，属性について気にすることなく復元できる．

(1) 単一オブジェクトのネイティブ形式のデータの読み書きを行う

ネイティブ形式のデータ型の扱いに関連した関数のグループが2つある．1つのグループは，
単一のオブジェクトをRDSファイルに書き込む，もしくは単一のオブジェクトをRDSから読
み込むものである．もう1つのグループは複数のRオブジェクトと一緒に機能するもので，こ
ちらについては次のセクションで扱う．以下の例では，some_dataをRDSファイルに書き込
み，同じファイルを読み込み，2つのデータフレームが全く同一のものになるのかについて確
かめる．

初めに，saveRDS()を使って，some_dataをdata/some_data.rdsに保存する．

```
saveRDS(some_data, "data/some_data.rds")
```

次に，同じファイルからデータを読み込み，データフレームsome_data2に格納する．

```
some_data2 <- readRDS("data/some_data.rds")
```

最後に，identical()を使い，2つのデータフレームが全くの同一であるかどうかを確か
める．

```
identical(some_data, some_data2)
## [1] TRUE
```

想定通り，2つのデータフレームは同一のものであった．

ネイティブ形式には2つの注目すべき利点がある．スペース効率的であることと，時間効率
的であることだ．以下の例では，ランダムな値からなる200,000行の大きなデータフレームを
作成し，CSVファイルとRDSファイルにそれぞれ保存するまでにかかる時間を計算する．

```
rows <- 200000
large_data <- data.frame(id = 1:rows, x = rnorm(rows), y = rnorm(rows))
system.time(write.csv(large_data, "data/large_data.csv"))
## user system elapsed
## 1.33 0.06 1.41
system.time(saveRDS(large_data, "data/large_data.rds"))
## user system elapsed
## 0.23 0.03 0.26
```

184   第 7 章　データを扱う

saveRDS の方が，`write.csv` に比べ非常に書き込み効率がよいということは明らかである．
次に，`file.info()` を使い，2 つの出力ファイルのサイズを見る．

```
fileinfo <- file.info("data/large_data.csv", "data/large_data.rds")
fileinfo[, "size", drop = FALSE]
## size
## data/large_data.csv 10442030
## data/large_data.rds 3498284
```

　2 つのファイルのサイズの違いはかなり大きい．CSV ファイルのサイズは，RDS ファイル
の約 3 倍であり，ネイティブ形式の方が大きなストレージ容量をもっているか，スペース効率
がよいということがわかる．

　最後に，CSV ファイルと RDS ファイルの読み込みにどれくらいの時間を費やすのかについ
て調べる．CSV ファイルを読み込むには，組み込み関数である read.csv() と，高速な実装
である **readr** パッケージの read_csv() の両方を用いる．

```
system.time(read.csv("data/large_data.csv"))
## user system elapsed
## 1.46 0.07 1.53
system.time(readr::read_csv("data/large_data.csv"))
## user system elapsed
## 0.17 0.01 0.19
```

　この場合だと，read_csv() が組み込み関数の read.csv() の 4 倍近くの速さであることに
驚くかもしれない．しかしネイティブ形式だと，両方の CSV 読み込み関数とは比べ物にならな
ない．

```
system.time(readRDS("data/large_data.rds"))
## user system elapsed
## 0.03 0.00 0.03
```

　ネイティブ形式は明らかに書き込み効率もよい．さらに，saveRDS と readRDS はデータフ
レームだけではなく，どの R オブジェクトにも用いることができる．たとえば，欠損値をもっ
た数値型ベクトルと，ネストされた構造をもったリストを作成する．そして，それぞれを別の
RDS ファイルに保存する．

```
nums <- c(1.5, 2.5, NA, 3)
list1 <- list(x = c(1, 2, 3),
 y = list(a =c("a", "b"),
 b = c(NA, 1, 2.5)))
saveRDS(nums, "data/nums.rds")
saveRDS(list1, "data/list1.rds")
```

　これらの RDS ファイルを読み込むと，2 つのオブジェクトはそれぞれ完全に復元される．

```
readRDS("data/nums.rds")
## [1] 1.5 2.5 NA 3.0
readRDS("data/list1.rds")
## $x
## [1] 1 2 3
##
## $y
## $y$a
## [1] "a" "b"
##
## $y$b
## [1] NA 1.0 2.5
```

(2) 作業環境の保存と復元を行う

RDS 形式は単一の R オブジェクトの保存に用いられるのに対し，RData 形式は複数の R オブジェクトを保存するのに用いられる．save() を呼び出して，some_data, nums と list1 を 1 つの RData ファイルに一緒に保存する．

```
save(some_data, nums, list1, file = "data/bundle1.RData")
```

この 3 つのオブジェクトが保存され，復元できるかどうかについて確かめるために，一旦これらをすべて消去してから load() を呼び出し，ファイルからオブジェクトを復元させる．

```
rm(some_data, nums, list1)
load("data/bundle1.RData")
```

3 つのオブジェクトは完全に復元された．

```
some_data
## id grade width check_date
## 1 1 A 1.51 2016-03-05
## 2 2 A 1.52 2016-03-06
## 3 3 B 1.46 2016-03-10
## 4 4 <NA> NA 2016-03-11
nums
## [1] 1.5 2.5 NA 3.0
list1
## $x
## [1] 1 2 3
##
## $y
## $y$a
## [1] "a" "b"
##
## $y$b
## [1] NA 1.0 2.5
## [1] TRUE TRUE TRUE TRUE TRUE TRUE
```

186　第7章　データを扱う

7.1.4　組み込みのデータセットを読み込む

　Rには，すでに多くの組み込みのデータセットがある．それらは簡単に読み込み，利用することができる．最も多い用途はデモンストレーションとテストである．組み込みのデータセットはほとんどがデータフレームであり，詳細な仕様とともに用意されている．たとえば，iris と mtcars はおそらく R で最も有名なデータセットだろう．データセットの説明はそれぞれ，?iris と?mtcars とすることで読むことができる．概して説明は非常に詳しく書かれている．データが何であるのかの説明や，どうやって集められたかや整えられたか，それぞれの列が何を意味しているかだけではなく，ソースと参照元も教えてくれる．説明を読むことは，データセットに対する理解を深める手助けになるだろう．

　組み込みのデータセットを用いたデータ分析ツールの実験はとても簡単である．なぜなら，データセットは R が準備できていれば，一瞬で使うことができるためである．たとえば，iris と mtcars を他のどこかからわざわざ読み込まなくても使用することができる．

　以下は，iris の先頭 6 行の見た目である．

```
head(iris)
## Sepal.Length Sepal.Width Petal.Length Petal.Width Species
## 1 5.1 3.5 1.4 0.2 setosa
## 2 4.9 3.0 1.4 0.2 setosa
## 3 4.7 3.2 1.3 0.2 setosa
## 4 4.6 3.1 1.5 0.2 setosa
## 5 5.0 3.6 1.4 0.2 setosa
## 6 5.4 3.9 1.7 0.4 setosa
```

　以下のコードは，そのデータ構成を示す．

```
str(iris)
## 'data.frame': 150 obs. of 5 variables:
## $ Sepal.Length: num 5.1 4.9 4.7 4.6 5 5.4 4.6 5 4.4 4.9 ...
## $ Sepal.Width : num 3.5 3 3.2 3.1 3.6 3.9 3.4 3.4 2.9 3.1 ...
## $ Petal.Length: num 1.4 1.4 1.3 1.5 1.4 1.7 1.4 1.5 1.4 1.5 ...
## $ Petal.Width : num 0.2 0.2 0.2 0.2 0.2 0.4 0.3 0.2 0.2 0.1 ...
## $ Species : Factor w/ 3 levels "setosa","versicolor",..: 1 1 1 1 1 1 1 1 1 1
...
```

　iris の構造は単純である．iris のデータ全部を表示して，データフレーム全体をコンソールで見ることもできるし，View(iris) とすることで，格子状のペインかウィンドウで見ることもできる．

　mtcars の先頭 6 行と，その構造を見るには以下のようにする．

```
head(mtcars)
## mpg cyl disp hp drat wt qsec vs am
## Mazda RX4 21.0 6 160 110 3.90 2.620 16.46 0 1
## Mazda RX4 Wag 21.0 6 160 110 3.90 2.875 17.02 0 1
```

```
## Datsun 710 22.8 4 108 93 3.85 2.320 18.61 1 1
## Hornet 4 Drive 21.4 6 258 110 3.08 3.215 19.44 1 0
## Hornet Sportabout 18.7 8 360 175 3.15 3.440 17.02 0 0
## Valiant 18.1 6 225 105 2.76 3.460 20.22 1 0
## gear carb
## Mazda RX4 4 4
## Mazda RX4 Wag 4 4
## Datsun 710 4 1
## Hornet 4 Drive 3 1
## Hornet Sportabout 3 2
## Valiant 3 1
str(mtcars)
## 'data.frame': 32 obs. of 11 variables:
## $ mpg : num 21 21 22.8 21.4 18.7 18.1 14.3 24.4 22.8 19.2 ...
## $ cyl : num 6 6 4 6 8 6 8 4 4 6 ...
## $ disp: num 160 160 108 258 360 ...
## $ hp : num 110 110 93 110 175 105 245 62 95 123 ...
## $ drat: num 3.9 3.9 3.85 3.08 3.15 2.76 3.21 3.69 3.92 3.92 ...
## $ wt : num 2.62 2.88 2.32 3.21 3.44 ...
## $ qsec: num 16.5 17 18.6 19.4 17 ...
## $ vs : num 0 0 1 1 0 1 0 1 1 1 ...
## $ am : num 1 1 1 0 0 0 0 0 0 0 ...
## $ gear: num 4 4 4 3 3 3 3 4 4 4 ...
## $ carb: num 4 4 1 1 2 1 4 2 2 4 ...
```

見てわかるように，iris と mtcars は小さく，シンプルである．実際，多くの組み込みのデータセットは，数十〜数百の行といくつかの列しかもっていないものが多い．これらはたいてい特定のデータ分析ツールの仕様のためのデモンストレーションとして用いられる．

より大きなデータを用いて実験を行いたい場合は，データセットをもったいくつかの R パッケージの使用を検討するとよい．たとえば，最も有名なデータ可視化パッケージである **ggplot2** は，diamonds と呼ばれるデータセットを提供する．?ggplot2::diamonds とすることで，データの仕様についてより詳しい情報を得ることができる．もしまだ **ggplot2** パッケージをインストールしていなければ，install.package("ggplot2") を実行する．

パッケージのデータを読み込むためには，data() を用いる．

```
data("diamonds", package = "ggplot2")
dim(diamonds)
## [1] 53940 10
```

diamond は，53940 行 10 列からなるデータであることがわかる．こちらがプレビューである．

```
head(diamonds)
## carat cut color clarity depth table price x y
## 1 0.23 Ideal E SI2 61.5 55 326 3.95 3.98
## 2 0.21 Premium E SI1 59.8 61 326 3.89 3.84
## 3 0.23 Good E VS1 56.9 65 327 4.05 4.07
```

188　第 7 章　データを扱う

```
## 4 0.29 Premium I VS2 62.4 58 334 4.20 4.23
## 5 0.31 Good J SI2 63.3 58 335 4.34 4.35
## 6 0.24 Very Good J VVS2 62.8 57 336 3.94 3.96
## z
## 1 2.43
## 2 2.31
## 3 2.31
## 4 2.63
## 5 2.75
## 6 2.48
```

　便利な関数を提供するパッケージの他に，データセットを提供するだけのパッケージも存在する．たとえば，**nycflights13** と **babynames** は，それぞれいくつかのデータセットを含んでいる．それらのデータを読み込む方法は，以前の例と全く同じである．この 2 つのパッケージをインストールするには，install.package(c("nycflights13", "babynames")) を実行する．

　次からは，これらのデータセットを用い，基本的な描画ツールとデータ分析ツールについて解説する．

7.2　データを可視化する

　前節では，データ分析の最初のステップである，データの読み込みに関するいくつかの関数について紹介した．モデルに入れる前にデータを見ておくことはよい慣習であり，これが次のステップである．その理由は簡単である．異なるモデルには異なる強みがあり，どのモデルもそれぞれ異なる前提があるため，普遍的にいかなる場合にとっても最適な選択となるモデルは存在しないためである．データを確認せず，前提を無視して恣意的にモデルを当てはめることは，誤った結論を導くことになってしまう．

　モデルを選択し，こういった確認を行うための最初の方法は，視覚的にデータの境界やパターンを吟味することである．言い換えると，まずデータを可視化する必要があるということだ．この節では，基本的な描画関数について学び，データセット可視化のための簡単な図を作成する．

　nycflights13 パッケージと babynames のデータセットを用いる．もしこれらをインストールしていなければ，以下のコードを実行してほしい．

```
install.package(c("nycflights13", "babynames"))
```

7.2.1　散布図を作成する

　R において，基本的なデータ可視化関数は plot() である．plot() に単純に数値あるいは整数ベクトルを与えると，データのインデックスごとに散布図を作成する．たとえば，以下のコードは 10 個の点が増加する方向の散布図を生成する．

```
plot(1:10)
```

生成されるグラフは以下のようになる.

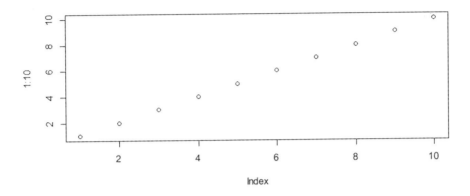

2つの線形に相関をもったランダムな数値型ベクトルを生成することで，より現実的な散布図を作成することができる.

```
x <- rnorm(100)
y <- 2 * x + rnorm(100)
plot(x, y)
```

生成されるグラフは以下のようになる.

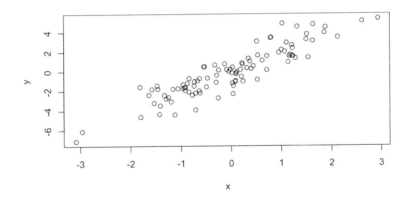

(1) グラフの要素をカスタマイズする

グラフには，多くのカスタマイズ可能な要素がある．最もよく使われる要素としては，題名 (main もしくは title())，x軸のラベル (xlab)，y軸のラベル (ylab)，x軸の範囲 (xlim)，y軸の範囲 (ylim) がある.

```
plot(x, y,
 main = "Linearly correlated random numbers",
 xlab = "x", ylab = "2x + noise",
 xlim = c(-4, 4), ylim = c(-4, 4))
```

生成されるグラフは，以下のようになる．

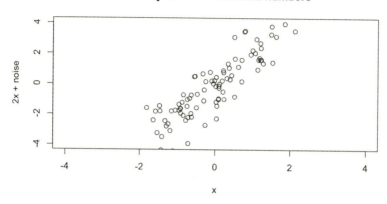

グラフのタイトルについては，引数 main，もしくは別途 title() のどちらでも指定できる．すなわち，以下のコードは前述のものと同等である．

```
plot(x, y,
 xlim = c(-4, 4), ylim = c(-4, 4),
 xlab = "x", ylab = "2x + noise")
title("Linearly correlated random numbers")
```

(2) 点のスタイルをカスタマイズする

散布図のデフォルトの点のスタイルは丸である．引数 pch (plotting character) を指定することで，点のスタイルを変更することができる．26種類のスタイルから選択できる．

```
plot(0:25, 0:25, pch = 0:25,
 xlim = c(-1, 26), ylim = c(-1, 26),
 main = "Point styles (pch)")
text(0:25+1, 0:25, 0:25)
```

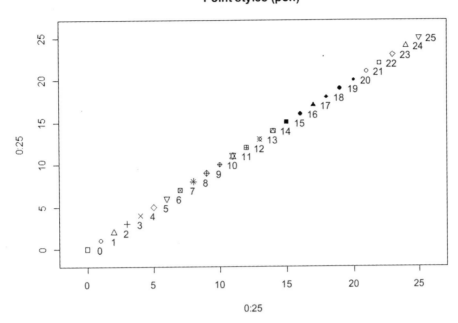

このコードは，使用可能なすべての点のスタイルと，各々の対応する pch で指定する番号を生成するものである．第一に，plot() は単純な散布図を生成し，text() がそれぞれの点の右に pch の番号を出力する．

他の多数の組み込み関数と同じように，plot() も pch やその他の引数に関してベクトル化されている．これにより，散布図内のそれぞれの点のスタイルをカスタマイズできる．最もシンプルな例としては，pch = 16 とすることで，デフォルトでない点のスタイルのみをすべての点に適用するというものがある．

```
x <- rnorm(100)
y <- 2 * x + rnorm(100)
plot(x, y, pch = 16,
 main = "Scatter plot with customized point style")
```

生成されるグラフは以下のようになる．

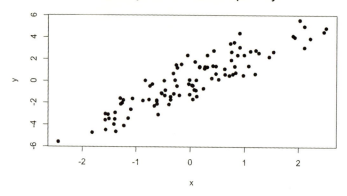

論理的な条件によって 2 つのグループを区別しなければならない時もあるだろう．pch がベクトル化できるということを知っていれば，ifelse() を使い，その点が条件を満たしているのかを確かめながら，それぞれの観測値の点のスタイルを指定することができる．以下の例では，x * y > 1 を満たす点には pch = 16 を，そうでなければ pch = 1 を適用する．

```
plot(x, y,
 pch = ifelse(x * y > 1, 16, 1),
 main = "Scatter plot with conditional point styles")
```

生成されるグラフは以下のようになる．

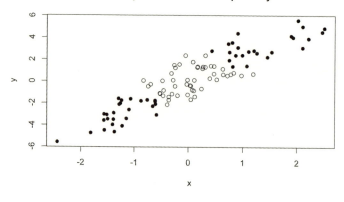

さらに，plot() と points() を使用することで，2 つの別々のデータセットのデータを，同じ x 軸上にプロットさせることができる．先の例で，一様分布からのランダムなベクトル x と線形に相関するランダムなベクトル y を生成した．ここで，x と非線形の相関をもつ新しいランダムなベクトル z を生成し，x に対して y と z を，異なる点のスタイルを適用して作図する．

```
z <- sqrt(1 + x ^ 2) + rnorm(100)
plot(x, y, pch = 1,
 xlim = range(x), ylim = range(y, z),
 xlab = "x", ylab = "value")
points(x, z, pch = 17)
title("Scatter plot with two series")
```

生成されるグラフは以下のようになる.

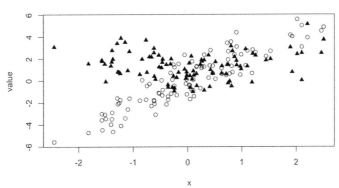

　zを生成した後,まずxとyのグラフを作成し,異なるpchを適用してzの新しいグループを付け足した.ylim = range(y, z)を指定しなければ,yの範囲のみを考慮して,y軸はzの範囲より狭くなってしまうということに注意してほしい.残念ながら,points()は自動的にplot()によって生成される軸を延ばしてくれない.それゆえ,軸の範囲を超えた点はすべて消えてしまう.前述のコードはy軸に適切な範囲を指定しているので,yとzのすべての点が作図エリアに現れている.

(3) 点の色をカスタマイズする

　画像がグレースケール印刷に限られていなければ,plot()の列を設定することで異なる点の色を指定することができる.

```
plot(x, y, pch = 16, col = "blue",
 main = "Scatter plot with blue points")
```

生成されるグラフは以下のようになる.

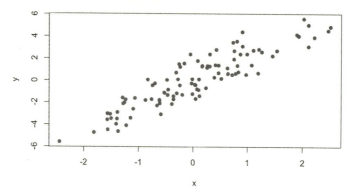

pchと同じように，colもまたベクトル化された引数である．同様にして，ある条件を満たすか否かによって，2つの異なるカテゴリに点を分け，色を変えることができる．

```
plot(x, y, pch = 16,
 col = ifelse(y >= mean(y), "red", "green"),
 main = "Scatter plot with conditional colors")
```

生成されるグラフは以下のようになる（口絵1にカラー）．

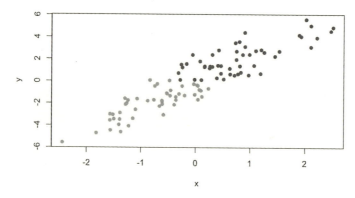

グレースケールで印刷されてしまった場合には，グレーの濃さでしか色を区別することができないということに注意してほしい．

plot()とpoints()を使い，異なるcolを指定することで，異なる2グループの点を色により区別することもできる．

```
plot(x, y, col = "blue", pch = 0,
 xlim = range(x), ylim = range(y, z),
 xlab = "x", ylab = "value")
```

```
points(x, z, col = "red", pch = 1)
title("Scatter plot with two series")
```

生成されるグラフは以下のようになる（口絵 2 にカラー）．

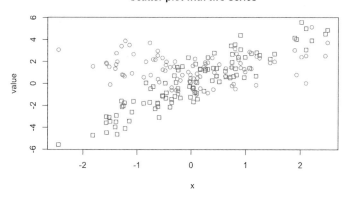

R は，よく使われる色の名前をサポートしている（合計 657 ある）．colors() を実行すると，R がサポートする色のリストの全体を見ることができる．

7.2.2 折れ線グラフを作成する

時系列データについては，時間における傾向と変動を表現するのに折れ線グラフが最も便利である．折れ線グラフを作成するには，plot() を実行する際に type = "l" を指定するだけでよい．

```
t <- 1:50
y <- 3 * sin(t * pi / 60) + rnorm(t)
plot(t, y, type = "l",
 main = "Simple line plot")
```

生成されるグラフは以下のようになる．

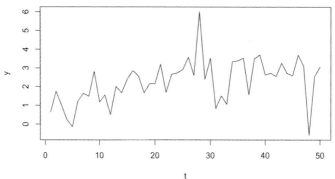

(1) 線の種類と幅をカスタマイズする

散布図における pch のように，lty は折れ線グラフの線の種類を指定するのに使われる．以下は，R がサポートする 6 つの線の種類の例である．

```
lty_values <- 1:6
plot(lty_values, type = "n", axes = FALSE, ann = FALSE)
abline(h =lty_values, lty = lty_values, lwd = 2)
mtext(lty_values, side = 2, at = lty_values)
title("Line types (lty)")
```

生成されるグラフは以下のようになる．

前述のコードは，まず適切な軸の範囲をもった空のキャンバスを作成し，type = "n"を指定することで軸を非表示にする．そして elements.abline() で，同じ幅 (lwd = 2) の異なる線の種類の直線を描くものである．mtext() は，余白にテキストを書くのに使われる．abline() と mtext() は引数に関してベクトル化されているので，それぞれの直線を描くのと，余白に文字を入れるのに for ループを行う必要はないということに注意する．

以下の例は，abline() が，図中に補助線を書くのに便利であるということを示す．まず，時

間 t に対する y のグラフを作成する．t と y は，先ほど 1 つ目のグラフ作成の際に生成したものである．y の最大値と最小値が現れる時間に加え，y の平均値と上下限（範囲）を表示したいとする．abline() を使うことで，色の混乱を招かずに，簡単に異なる線の種類の補助線を描くことができる．

```
plot(t, y, type = "l", lwd = 2)
abline(h = mean(y), lty = 2, col = "blue")
abline(h = range(y), lty = 3, col = "red")
abline(v = t[c(which.min(y), which.max(y))], lty = 3, col = "darkgray")
title("Line plot with auxiliary lines")
```

生成されるグラフは以下のようになる．

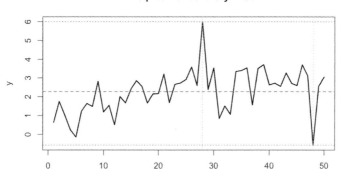

(2) 多期間にわたる折れ線グラフを作成する

他の種類の折れ線グラフとして，多期間プロットという，異なる線のタイプが混ざっているものがある．典型的な例としては，最初の期間は過去データで，続く期間が予測のもの，というものである．y の最初期間に 40 個の観測値があり，残りの点が過去データに基づく予測データであるとする．過去データは実線で，予測値は点線で表現したいとする．ここでは，前半部分をプロットし，後半部分を点線で lines() を使って与える．lines() にすると直線が，points() にすると散布図が生成されるということに注意する．

```
p <- 40
plot(t[t <= p], y[t <= p], type = "l",
 xlim = range(t), xlab = "t")
lines(t[t >= p], y[t >= p], lty = 2)
title("Simple line plot with two periods")
```

生成されるグラフは以下のようになる．

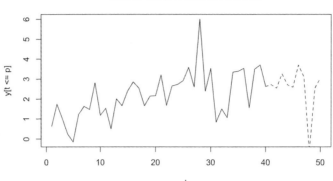

(3) 点のついた折れ線グラフを作成する

観測値が離散であることを強調する，もしくはグラフをすっきり見せるため，線と点を同じグラフに描画すると便利なこともある．方法は簡単である．ただ折れ線グラフを描画し，points() を同じグラフに追加するだけである．

```
plot(y, type = "l")
points(y, pch = 16)
title("Lines with points")
```

生成されるグラフは以下のようになる．

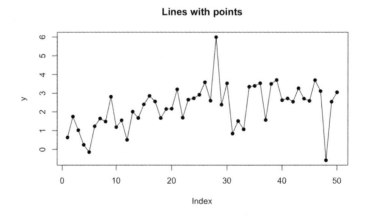

散布図においてこれと同等のことを行うには，まず plot() を使い，そして lines() を使って同じデータをプロットすればよい．つまり，以下のコードは前のものと全く同じ図を生成す

るはずである.

```
plot(y, pch = 16)
lines(y)
title("Lines with points")
```

(4) 複数系列の折れ線グラフを判例付きで作成する

複数系列グラフの完全版には，複数系列の点と線と，判例が図に表現されていて然るべきである．以下のコードは，時間 x に従ったランダムな 2 つの系列 y と z を生成し，その 2 つのデータを 1 つにしたグラフを作成するものである．

```
x <- 1:30
y <- 2 * x + 6 * rnorm(30)
z <- 3 * sqrt(x) + 8 * rnorm(30)
plot(x, y, type = "l",
 ylim = range(y, z), col = "black")
points(y, pch = 15)
lines(z, lty = 2, col = "blue")
points(z, pch = 16, col = "blue")
title ("Plot of two series")
legend("topleft",
 legend = c("y", "z"),
 col = c("black", "blue"),
 lty = c(1, 2), pch = c(15, 16),
 cex = 0.8, x.intersp = 0.5, y.intersp = 0.8)
```

生成されるグラフは以下のようになる．

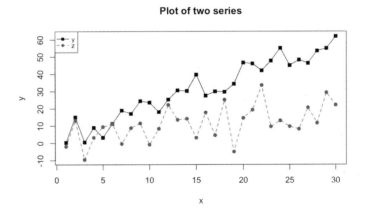

前述のコードは plot() を使い，y の線と点のグラフを作成し，lines() と points() を使い，z を追加した．最後に，legend() を左上に足し，y と z の点のスタイルをそれぞれ示す．cex は判例のフォントの大きさを調整し，x.intersp と y.intersp は判例の微調整に用いら

れる．

　また，別の便利な折れ線グラフはステップ折れ線グラフである．plot() と line() において type = "s"を指定することで，ステップ折れ線グラフを作成できる．

```
plot(x, y, type = "s",
 main = "A simple step plot")
```

　生成されるグラフは以下のようになる．

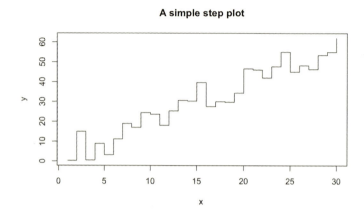

7.2.3 棒グラフを作成する

　前の節では，散布図と折れ線グラフの作成方法について学んだ．紹介したい便利な図の種類は他にもいくつかある．棒グラフはその中でも最もよく使われるものである．棒グラフの棒の高さは，異なるカテゴリ間の定量的な比較を可能にする．最も作成が簡単な棒グラフは以下の通りである．ここでは plot() の代わりに barplot() を用いる．

```
barplot(1:10, names.arg = LETTERS[1:10])
```

　生成されるグラフは以下のようになる．

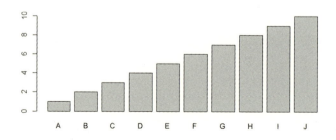

　もし数値型ベクトルが名前をもっているのであれば，その名前は x 軸に自動的に付与される．

7.2 データを可視化する　201

すなわち，以下のコードは前のものと全く同じものを生成する．

```
ints <- 1:10
names(ints) <- LETTERS[1:10]
barplot(ints)
```

　棒グラフの作成は非常に簡単に見えるので，**nycflights13** にあるデータセットを用い，その
データの中での，航空キャリアのフライト数の上位 8 位を棒グラフにしてみよう．

```
data("flights", package = "nycflights13")
carriers <- table(flights$carrier)
carriers
##
## 9E AA AS B6 DL EV F9 FL HA MQ
## 18460 32729 714 54635 48110 54173 685 3260 342 26397
## OO UA US VX WN YV
## 32 58665 20536 5162 12275 601
```

　前述のコードにおいて，`table()` はそれぞれのキャリアのフライト数を数えるために用いて
いる．

```
sorted_carriers <- sort(carriers, decreasing = TRUE)
sorted_carriers
##
## UA B6 EV DL AA MQ US 9E WN VX
## 58665 54635 54173 48110 32729 26397 20536 18460 12275 5162
## FL AS F9 YV HA OO
## 3260 714 685 601 342 32
```

　前述のコードに示したように，キャリアは降順に並べられている．したがって，初めの 8 つ
の要素を取り出し，棒グラフを作成する．

```
barplot(head(sorted_carriers, 8),
 ylim = c(0, max(sorted_carriers) * 1.1),
 xlab = "Carrier", ylab = "Flights",
 main ="Top 8 carriers with the most flights in record")
```

　生成されるグラフは以下のようになる．

7.2.4 円グラフを作成する

次の便利なグラフは円グラフである．円グラフを作成する関数である pie() は，barplot() と似たように機能し，ラベルのついた数値型ベクトルを指定することで機能する．また，直接名付けられた数値型ベクトルでも機能する．以下は簡単な例である．

```
grades <- c(A = 2, B = 10, C = 12, D = 8)
pie(grades, main = "Grades", radius = 1)
```

生成されるグラフは以下のようになる．

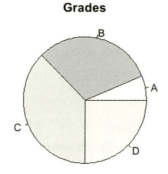

7.2.5 ヒストグラムと密度プロットを作成する

これまでに様々な種類のグラフ作成方法について学んできた．散布図と折れ線グラフは，データセットの観測値の直接的な表現である．棒グラフと円グラフは，異なるカテゴリ感のざっくりとした概要を示すために使われることが多い．プロットには2つの限界がある．散布図と折れ線グラフは情報過多であり，示唆を得ることが難しく，棒グラフと円グラフは情報を削ぎ落としすぎであるため，確信をもって包括的な判断を下すことが難しい．

ヒストグラムは数値型ベクトルの分布を示す．情報を落としすぎずにデータの情報を要約してくれるので，使い勝手がよい．以下の例では，hist()を使用し，一様正規分布から得られたランダムな数値型ベクトルのヒストグラムを作成する方法と，正規分布の密度関数の作図方法について示す．

```
random_normal <- rnorm(10000)
hist(random_normal)
```

生成されるグラフは以下のようになる．

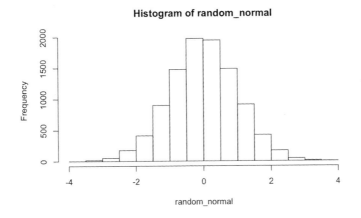

デフォルトでは，ヒストグラムのy軸はデータ頻度を表す値である．このヒストグラムが標準正規分布に極めて近いものであるということを検証できる．標準正規分布の密度関数の曲線dnorm()を重ねるには，まずヒストグラムのy軸は確率であることが保証されている必要がある．その上で，曲線をヒストグラムに付け足す．

```
hist(random_normal, probability = TRUE, col = "lightgray")
curve(dnorm, add = TRUE, lwd = 2, col ="blue")
```

生成されるグラフは以下のようになる．

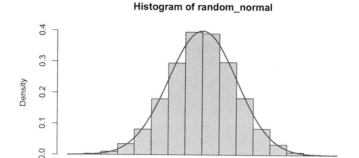

航空機のフライト速度についてのヒストグラムを作成してみよう．基本的に，航空機の平均速度は旅程距離 (distance) をフライト時間 (air_time) で割ったものになる．

```
flight_speed <- flights$distance / flights$air_time
hist(flight_speed, main = "Histogram of flight speed")
```

生成されるグラフは以下のようになる．

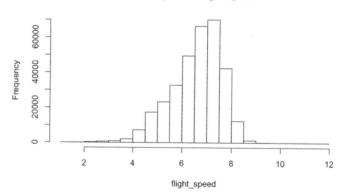

このヒストグラムは正規分布とは少し異なるようだ．そこで，速度の経験分布を推定するために density() を使い，なめらかな確率密度関数を作図しよう．そしてそこに，すべての観測値の平均値を示す縦線を引こう．

```
plot(density(flight_speed, from = 2, na.rm = TRUE),
 main ="Empirical distribution of flight speed")
abline(v = mean(flight_speed, na.rm = TRUE),
 col = "blue", lty = 2)
```

生成されるグラフは以下のようになる.

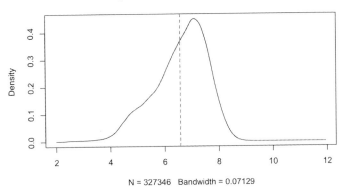

初めのヒストグラムと曲線の例と同じように，2つの図を合体させ，データの見た目をよくする．

```
hist(flight_speed,
 probability = TRUE, ylim = c(0, 0.5),
 main ="Histogram and empirical distribution of flight speed",
 border ="gray", col = "lightgray")
lines(density(flight_speed, from = 2, na.rm = TRUE),
 col ="darkgray", lwd = 2)
abline(v = mean(flight_speed, na.rm = TRUE),
 col ="blue", lty =2)
```

生成されるグラフは以下のようになる.

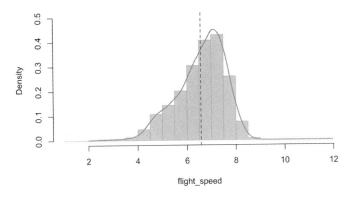

7.2.6　箱ひげ図を作成する

　ヒストグラムと密度関数は，データの分布を示すための2つの方法である．しかし，全体の分布を把握するために，いくつかの重要な四分位点の情報だけあれば十分な場合が多い．箱ひげ図（box-and-whiskerプロット）はこれを簡単に行うことができる．ランダムに生成された数値型ベクトルについてboxplot()を呼び出すと，箱ひげ図が描ける．

```
x <- rnorm(1000)
boxplot(x)
```

　生成されるグラフは以下のようになる．

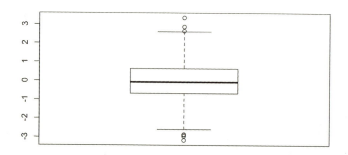

　箱ひげ図は，いくつかの重要な四分位点を示す要素と，外れ値についての情報をもっている．以下の図は，箱ひげ図の意味を明確に説明してくれる．

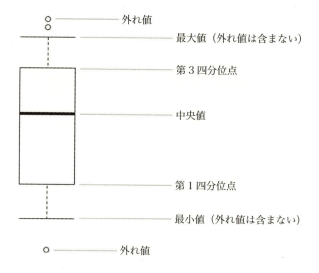

　次に示すコードは，それぞれの航空キャリアにおけるフライト速度の箱ひげ図である．1つの図に16個の箱が並び，航空キャリア間の分布を容易にざっと比較できる．さらに深掘りする

ために y 軸に distance/air_time で算出される飛行速度，x 軸に航空キャリアを描くために，distance/air_time ~carrier という式を用いよう．x 軸が航空キャリアを表すとする．この表現方法のもとでは，以下の箱ひげ図が得られる．

```
boxplot(distance / air_time ~ carrier, data =flights,
 main = "Box plot of flight speed by carrier")
```

生成されるグラフは以下のようになる．

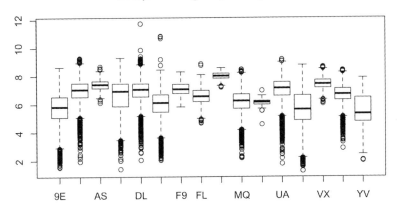

boxplot() の作図を行うために，式のインターフェースを使用していることに注意してほしい．ここで，distance / air_time ~ carrier が基本的に意味することは，y 軸が distance / air_time の値，すなわち飛行速度を表し，x 軸が異なる航空キャリアを表している．data = flights は，boxplot() に式内の指定したシンボルがどこにあるのかを伝える．結果，飛行速度の箱ひげ図は，航空キャリアごとに作成されるのである．

データ可視化と分析のための式のインターフェースは非常に表現に富んでおり，強力である．次の節では，データ分析のための基本的なツールとモデルを紹介する．こういったツールやモデルの関数の裏にあるものは，アルゴリズムだけでない．モデルを当てはめるために必要な，データ間の関連性を容易に特定するための使いやすいインターフェース（式）もそうである．

データ可視化のためのパッケージは他にもある．最も素晴らしいものは **ggplot2** である．これは，図の作成，構成，種類の違う様々な図表のカスタマイズなどを行うための強力な文法を提供するものである．このパッケージの詳細はこの本では説明しない．より詳しく知るには，Hadley Wickham 氏の著書，*ggplot2: Elegant Graphics for Data Analysis*(Use R!, Springer, 2016) を読むことを薦める．

208   第7章　データを扱う

7.3　データを分析する

　実際のデータ分析において，最も時間がかかるのはデータクレンジング，すなわち，分析を容易にするために元のデータ（生データ）を絞り，変形するという作業である．データを絞り，変形させるプロセスのことを，データ操作とも呼ぶ．この話題には別の章で専念する．

　本節では，データは分析するための準備ができていると仮定する．モデルについて深入りはしないが，データにモデルを当てはめるにはどうするか，当てはまったモデルをどう扱うのか，そして予測を行うために，当てはまったモデルをどう適用するのかについて，いくつかの簡単なモデルを当てはめることで説明する．

7.3.1　線形モデルを当てはめる

　R における最も簡単なモデルは線形モデルである．これは，ある一定の仮定の組のもとで，2 つのランダムな変数の関連を表現するために線形の関数を使うものである．次の例において，x を 3 + 2 * x に写す線形関数を作成する．そして，正規分布からランダムな数値型ベクトル x を生成し，y を f(x) に独立なノイズを加えたものとして生成する．

```
f <- function(x) 3 + 2 * x
x <- rnorm(100)
y <- f(x) + 0.5 * rnorm(100)
```

　もし，どのように y が x に基づいて生成されたのかを知らなかったとして，線形モデルを使い，x と y の関連を回復，すなわち線形関数の係数を回復できるであろうか？以下のコードは lm() を使い，x と y を線形モデルに当てはめる．y ~ x は，lm() に従属変数 y と単一の独立変数 x の間の線形回帰であるということを伝えるための利用しやすい表現であるということに注意する．

```
model1 <- lm(y ~ x)
model1
##
## Call:
## lm(formula = y ~ x)
##
## Coefficients:
## (Intercept) x
## 2.969 1.972
```

　真の係数は 3（切片）と 2（傾き）であり，この x と y のサンプルデータにおいては，2.9692146（切片）と 1.9716588（傾き）であり，真の係数に極めて近い．このモデルを model1 に格納する．モデルの係数にアクセスするには，以下のコードを使う．

```
coef(model1)
## (Intercept) x
## 2.969215 1.971659
```

　他の手段としては，`model1` は本質的にはリストであるので，`model1$coefficients` を使うこともできる．そして `summary()` を呼び出すことで，線形モデルの統計的な性質について詳しく知ることができる．

```
summary(model1)
##
## Call:
## lm(formula = y ~ x)
##
## Residuals:
## Min 1Q Median 3Q Max
## -0.96258 -0.31646 -0.04893 0.34962 1.08491
##
## Coefficients:
## Estimate Std. Error t value Pr(>|t|)
## (Intercept) 2.96921 0.04782 62.1 <2e-16 ***
## x 1.97166 0.05216 37.8 <2e-16 ***
## ---
## Signif. codes:
## 0 '***' 0.001 '**' 0.01 '*' 0.05 '.' 0.1 ' ' 1
##
## Residual standard error: 0.476 on 98 degrees of freedom
## Multiple R-squared: 0.9358, Adjusted R-squared: 0.9352
## F-statistic: 1429 on 1 and 98 DF, p-value: < 2.2e-16
```

　要約を解釈するためには，1冊か2冊の統計学の教科書の線形回帰の章を復習するとよい．以下のグラフはデータと当てはまったモデルを一緒に描画したものである．

```
plot(x, y, main = "A simple linear regression")
abline(coef(model1), col = "blue")
```

　生成されるグラフは以下のようになる．

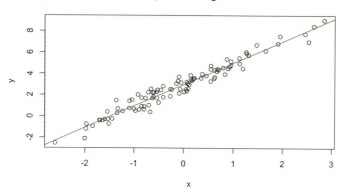

上記のコードでは，abline() に推定された回帰係数である2つの要素からなる数値型ベクトルを直接与えることで，思った通りの回帰直線をきれいに描くことができる．そしてpredict() を呼び出し，当てはまったモデルを使って予測を行える．x = -1 と x = 0.5 の時に y とその標準偏差を予測するには，以下のコードを実行する．

```
predict(model1, list(x = c(-1, 0.5)), se.fit = TRUE)
## $fit
##         1         2
## 0.9975559 3.9550440
##
## $se.fit
##          1          2
## 0.06730363 0.05661319
##
## $df
## [1] 98
##
## $residual.scale
## [1] 0.4759621
```

予測の結果は，yの予測値 (fit)，標準偏差 (se.fit)，自由度 (df)，そして residual.scale からなるリストである．

データを与えた時に線形モデルを当てはめる方法の基礎について学んだので，実際のデータに適用してみよう．以下の例では，フライトの飛行時間を，異なる複雑さをもったいくつかの線形モデルによって予測するということを試みる．飛行時間の予測に最も明白な影響を与えるは変数は，距離である．初めにデータを読み込み，飛行距離と飛行時間についての散布図を作成する．データセットのレコード数が大きいので，pch = "." を使ってそれぞれの点を非常に小さくする．

```
data("flights", package = "nycflights13")
plot(air_time ~ distance, data = flights,
```

```
pch = ".",
main = "flight speed plot")
```

生成されるグラフは以下のようになる．

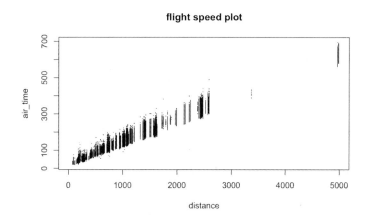

グラフは，飛行距離と飛行時間は正の相関があるということを明らかに示している．したがって，この2つの変数間に線形モデルを当てはめることは，妥当である．

線形モデルにデータセットの全体をモデルに入れる前に，データセットを訓練データとテストデータの2つに分ける．データセットを分ける目的は，モデルのサンプルの評価だけでなく，サンプル外の評価を行うためである．より詳しくいうと，75%のデータを訓練データとし，残りの25%のデータをテストデータとする．以下のコードにおいて，sample()を使って75%のレコードを元のデータから抜き出し，setdiff()を使って残りのレコードを得ている．

```
rows <- nrow(flights)
rows_id <- 1:rows
sample_id <- sample(rows_id, rows * 0.75, replace = FALSE)
flights_train <- flights[sample_id,]
flights_test <- flights[setdiff (rows_id, sample_id), ]
```

setdiff(rows_id, sample_id)は，sample_idを返さず，rows_idを返す，ということに注意してほしい．flights_trainが訓練データで，flights_testがテストデータである．これら分割されたデータセットを用いたモデル当てはめとモデル評価の手順は簡単である．まず，訓練データを使ってモデルを当てはめ，サンプル内予測を行い，サンプル内エラーの度合いを確かめる．

```
model2 <- lm(air_time ~ distance, data = flights_train)
predict2_train <- predict(model2, flights_train)
error2_train <- flights_train$air_time - predict2_train
```

エラーの度合いを評価するために，evaluate_error()と名付けた関数を定義し，平均絶対

212 第 7 章 データを扱う

誤差とエラーの標準偏差を計算する.

```
evaluate_error <- function(x) {
 c(abs_err = mean(abs(x), na.rm = TRUE),
   std_dev = sd(x, na.rm = TRUE))
}
```

この関数を使うと,サンプル内予測の誤差を評価できる.

```
evaluate_error(error2_train)
## abs_err std_dev
## 9.413836 12.763126
```

平均絶対誤差は,正しい値と予測値が平均的に絶対値で約 9.45 分ずれており,約 12.8 分の標準偏差をもっているということを示している.そして,このモデルを用い,テストデータの予測についてサンプル外評価を行うことができる.

```
predict2_test <- predict (model2, flights_test)
error2_test <- flights_test$air_time - predict2_test
evaluate_error(error2_test)
## abs_err std_dev
## 9.482135 12.838225
```

予測は,数値型ベクトルと予測値という形で結果が得られる.平均絶対誤差と標準偏差の両方がわずかに大きくなった.これは,サンプル外予測がそれほど大幅に悪くはなっておらず,model2 は過剰適合されていないということを示している.

model2 は,飛行距離といった単一の独立変数しかないモデルであり,予測を改善するためにより多くの独立変数を与えるべきだと考えるのは自然である.以下のコードは,いくつかの新しい線形モデルを,飛行距離だけではなく,航空キャリア,月,そして離陸時刻 (dep_time) を独立変数として用いている.

```
model3 <- lm(air_time ~ carrier + distance + month + dep_time,
 data = flights_train)
predict3_train <- predict(model3, flights_train)
error3_train <- flights_train$air_time - predict3_train
evaluate_error(error3_train)
## abs_err std_dev
## 9.312961 12.626790
```

サンプル内誤差は,大きさと分散がわずかに小さくなっている.

```
predict3_test <- predict(model3, flights_test)
error3_test <- flights_test$air_time - predict3_test
evaluate_error(error3_test)
## abs_err std_dev
## 9.38309 12.70168
```

また，サンプル外誤差についても model2 よりもわずかに改善されているように見受けられる．新しい独立変数を加える前後のサンプル外誤差の分布を比較するために，2 つの密度曲線を被せる．

```
plot(density(error2_test, na.rm = TRUE),
 main = "Empirical distributions of out-of-sample errors")
lines(density(error3_test, na.rm = TRUE), lty = 2)
legend("topright", legend = c("model2", "model3"),
 lty = c(1, 2), cex = 0.8,
 x.intersp = 0.6, y.intersp = 0.6)
```

生成されるグラフは以下のようになる．

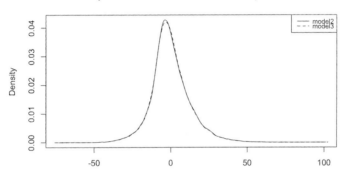

前述の密度関数から，model2 から model3 への改善度合いはとても小さい．すなわち，大幅な改善はなされなかったということになる．

7.3.2 決定木を当てはめる

この節では，データを当てはめるための他のモデルを試してみる．そのモデルは，回帰木[5] と呼ばれる機械学習モデルの 1 つである．これは単純な線形回帰ではなく，決定木を用いてデータを当てはめる．組み込みデータセット air quality における空気の大気質 (Ozone) を日別の日射 (Solar.R)，平均風速 (Wind)，最高気温 (Temp) から予測するとする．以下のグラフが，当てはまった回帰木がどのように見えるかについてのものである．

---

[5] https://en.wikipedia.org/wiki/Decision_tree_learning

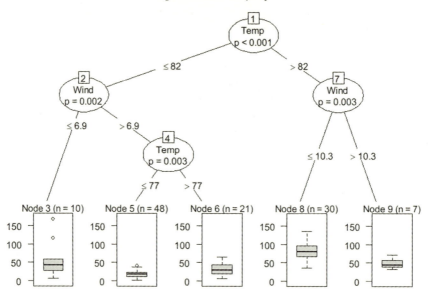

木の中で，それぞれの円は 2 つの起こりうる答えをもった質問を表している．Ozone を予測するために，木に沿って上から下に質問をしていく必要があり，それぞれの観測値は一番下のどれか 1 つの場所に収まっている．それぞれの一番下のノードは別々の分布をもち，それが箱ひげ図で描かれている．それぞれの箱の中央値と平均値は，それぞれの場合の妥当な予測値であるはずである．

決定木の学習アルゴリズムを実行するパッケージは数多くある．この節では，**party** パッケージ [6] を用いる．もしこのパッケージをインストールしていないのであれば，`install.package("party")` を実行してほしい．

同じ式とデータを用いて回帰木モデルを学習させる．ここで，air_time に欠損値が含まれないようにデータの部分集合を使用しているということに注意してほしい．なぜなら，ctree は目的変数に欠損値を許容しないためである．

```
model4 <- party::ctree(air_time ~ distance + month + dep_time,
 data = subset(flights_train, !is.na(air_time)))
predict4_train <- predict(model4, flights_train)
error4_train <- flights_train$air_time - predict4_train[, 1]
evaluate_error(error4_train)
## abs_err std_dev
## 7.418982 10.296528
```

model4 は model3 よりもパフォーマンスがよい様子である．サンプル外パフォーマンスを見てみる．

---

[6] https://cran.r-project.org/web/packages/party

```
predict4_test <- predict(model4, flights_test)
error4_test <- flights_test$air_time - predict4_test[, 1]
evaluate_error(error4_test)
## abs_err std_dev
## 7.499769 10.391071
```

　この結果は，回帰木は平均的にこの問題にとってよい予測を行うということである．次の密度曲線は，model3 と model4 のサンプル外予測誤差の分布を比較するものである．

```
plot(density(error3_test, na.rm = TRUE),
 ylim = range(0, 0.06),
 main = "Empirical distributions of out-of-sample errors")
lines(density(error4_test, na.rm = TRUE), lty = 2)
legend("topright", legend = c("model3", "model4"),
 lty = c(1, 2), cex = 0.8,
 x.intersp = 0.6, y.intersp = 0.6)
```

　生成されるグラフは以下のようになる．

Empirical distributions of out-of-sample errors

　このグラフから，model4 の予測誤差は model3 のそれよりも小さくなっているということがわかる．

　前述の例は多くの問題を抱えているかもしれない．なぜなら，線形モデルと機械学習モデルを，詳細にデータを確認しないまま当てはめてしまったためである．本節の重要な点は，モデルそのものではなく，よくある手順と R でモデルを当てはめる際のインターフェースを紹介することである．実際の問題には，直接データを恣意的なモデルに当てはめて結論を出すよりも，データを注意深く分析することの方が，むしろ大切である．

7.4　まとめ

　本章では，様々な形式のデータの読み書きの方法，plot 関数を用いたデータ可視化方法，そ

216 第 7 章 データを扱う

してデータに基本的なモデルを当てはめる方法について学んだ．これで，データを扱う際の基本的なツールとインターフェースを理解したことになる．しかし，他の情報源からもデータ分析ツールについて学ぶことができる．

統計モデルと計量経済モデルについては，統計学と計量経済学の本だけでなく，統計解析に焦点を当てた R の本を読むことを推奨する．また，ニューラルネットワーク，サポートベクターマシン，ランダムフォレストなどの機械学習モデルについては，機械学習関連の書籍や，CRAN Task View: Machine Learning & Statistical Learning[7) を参照してほしい．

この本は，特定のモデルではなく，プログラミング言語としての R に焦点を当てているので，次章でも R の深部に足を踏み入れるための旅を続けよう．もし R のコードがどう機能するのかについて親しんでいないのであれば，何が起こるかについての予想ができず，コードを書く速さは落ち，小さな問題が時間を無駄にしてしまうだろう．

次からの章において，R の評価モデル，メタプログラミング機能，オブジェクト指向システム，そして R でデータ分析を行うための他のいくつかのメカニズムについて，具体的な理解を深める．これらによってデータ処理のためのより高度なパッケージを使えるようになり，さらに複雑なタスクに取り組むことができるようになるだろう．

[7) https://cran.r-project.org/web/views/MachineLearning.html

第8章
Rの内部を覗く

前章では，プログラミング言語としてのRの基本を学び，ベクトル・行列・リスト・データフレームを使ってデータを様々な形式で表す方法について理解した．また，組み込み関数を使って単純な問題も解けるようになった．しかし，これらの機能をただ知るだけで，あらゆる問題を解くことができるわけではない．実際のデータ分析にあたっては，データの変形や集計を注意深く，詳細に行う必要が出てくるだろう．こうした作業は，組み込み関数なのか拡張パッケージの関数なのかにかかわらず，様々な関数を使い分けることで初めて可能になる．

これらの関数は，時に予想外の結果を返す．混乱せず関数を使いこなすには，Rの関数の動作についてしっかり理解しておく必要がある．本章では，以下のトピックを取り上げる．

- 遅延評価
- コピー修正 (Copy-on-modify) のメカニズム
- レキシカルスコープ
- 環境

上記の概念とコード内での役割について理解すれば，大部分のRのコードは見るだけで何が起こるか予測できるようになるだろう．そうすればバグを探すにも，関数のコードを的確に書くにも，高い生産性を発揮することができるはずだ．

8.1 遅延評価を理解する

Rの挙動を理解しようとすると，その努力の大部分はRの関数の挙動を調べることに費やされるだろう．前章を読んで，よく使われる基本的な関数についてはもう知っているはずだ．しかしまだ，その具体的な挙動を目の当たりすると混乱することがあるかもしれない．たとえば，次の関数を作成した場合を考えてみよう．

```
test0 <- function(x, y) {
  if (x > 0) x else y
}
```

218 第 8 章 R の内部を覗く

この関数は少し特殊で，x がゼロ以上の時にのみ y が必要となる．もし仮に，x に正の数を指定するだけで y に何も指定しなければ何が起こるだろう．定義にあるすべての引数を与えなかったせいでエラーになるだろうか．この関数を次のように実行して何が起こるか見てみよう．

```
test0(1)
## [1] 1
```

この関数は y が与えられなくても動く．どうやら，関数を呼び出す時にはすべての引数に値を渡さないといけないのではなく，必要になった引数だけに値を渡せばよいようだ．もし test0() を負の数に対して実行すると，y が必要になる．

```
test0(-1)
## Error in test0(-1): 引数 "y" がありませんし，省略時既定値もありません
```

y の値を指定していないので，この関数は y の値がないというエラーになってしまった．これらの例からわかるのは，関数の引数のすべてが必須というわけではなく，値を返すのに必要ない引数については指定しなくてもよいということだ．では，もし関数で使われていない引数をあえて指定するとどうだろう．この引数は関数が呼び出される前に評価されるだろうか．あるいは全く評価されないのだろうか．引数 y の位置に stop() を置いて，どうなるか確かめてみよう．もしこの表現式がどこかで評価されていれば，x が返される前に停止するはずだ．

```
test0(1, stop("Stop now"))
## [1] 1
```

この結果が示しているのは，stop() が実行されなかったということだ．つまり，stop() は全く評価されなかった．もし x の値を負の数に変えれば関数はエラーになる．

```
test0(-1, stop("Stop now"))
## Error in test0(-1, stop("Stop now")): Stop now
```

今度は明らかに stop() は評価されている．だんだんとメカニズムが浮き彫りになってきた．この関数呼び出しでは，引数の表現式はその引数が必要になった時のみ評価される．このメカニズムは**遅延評価**と呼ばれている．関数呼び出しの引数は遅延評価される，つまり，必要になった時にのみ評価されるのである．

別の例を挙げよう．test0(1, rnorm(10000000)) という関数呼び出しを見た時，もし遅延評価のメカニズムを知らなければ非常に時間がかかるし，実行マシンのメモリを使い果たしてしまうと考えるかもしれない．しかし，遅延評価はそれを防いでくれる．すなわち，rnorm(1000000) は決して評価されない．なぜなら，この関数呼び出しは x が 0 より大きいので，if (x > 0) x else y を評価するのに y は必要ないからだ．確認のため，関数呼び出しにかかる時間を順を追って system.time() で計測してみよう．

```
system.time(rnorm(10000000))
```

```
## user system elapsed
## 0.91   0.01   0.92
```

1,000万個の乱数を生成するのは簡単な処理ではない．1秒近くの時間がかかる．対照的に，数値の評価はRができることの中で最も簡単な部類に属し，タイマーでは計測できないほど速い．

```
system.time(1)
## user system elapsed
##  0    0     0
```

test0()のロジックを知っており，遅延評価についても理解しているいま，次の結果がゼロ秒になることは容易に予想できるだろう．

```
system.time(test0(1, rnorm(10000000)))
## user system elapsed
##  0    0     0
```

遅延評価がかかわっているものとして他に思いつくのは，引数のデフォルト値だ．関数の引数のデフォルト値は，本当に必要となるまで呼び出されない表現式のはずだ．次の関数を考えてみよう．

```
test1 <- function(x, y = stop("Stop now")) {
  if (x > 0) x else y
}
```

yにstop()を呼び出すデフォルト値を設定している．ここで遅延評価が有効でなければ，つまり，必要かどうかにかかわらずyが評価されるなら，test1()をyなしで呼び出すと必ずエラーになるはずだ．しかし，遅延評価が有効であれば，xに正の値を指定してtest1()を呼び出した時，エラーにはならない．yに指定されたstop()の表現式が評価されることはないからだ．

何が真実か確かめるために1つ実験をしてみよう．まず，引数xに正の数を指定してtest1()を呼び出す．

```
test1(1)
## [1] 1
```

この結果は，遅延評価がここでも有効であるということを示唆している．関数がxしか使わなければ，yのデフォルトに指定されている表現式は全く評価されないのだ．もし逆に引数xに負の数を指定すると，当たり前だが関数は停止する．

```
test1(-1)
## Error in test1(-1): Stop now
```

220　第 8 章　R の内部を覗く

　この例は，遅延評価の利点を示している．遅延評価をうまく使えば，時間を節約し，不必要な表現式を評価せずに済む．加えて，関数のデフォルト値を柔軟に指定することが可能になる．たとえば，引数の表現式にその関数の他の引数を使うこともできる．

```
test2 <- function(x, n = floor(length(x) / 2)) {
  x[1:n]
}
```

　これによって，関数のデフォルトの挙動をより合理的で望ましいものに設定することが可能になる．一方で，そういったデフォルト値などないかのごとく，関数の引数を自由にカスタマイズすることもできる．

　test2() を n を指定せずに呼び出すと，デフォルトの挙動は x の前半分の要素を取り出す．

```
test2(1:10)
## [1] 1 2 3 4 5
```

　この関数は柔軟さを残している．もう 1 つの引数 n を指定すれば，いつでもこのデフォルトの挙動を上書きすることができるのだ．

```
test2(1:10, 3)
## [1] 1 2 3
```

　他の機能と同じく，遅延評価にも長所と短所がある．関数の引数は関数が呼び出される時に評価されないので，引数に与えた表現式をチェックしようとしても確かめられるのは文法的な正しさくらいしかない．呼び出された時に引数がちゃんと動くということを前もって保証するのは困難である．たとえば，もし引数のデフォルト値の中に未定義の変数が含まれていても，関数を作った時点では何の警告もエラーも出ない．次の例は，test2() とほとんど同じである test3() を作っている．違いは，引数 n の x を間違えて未定義の変数 m と書いてしまった点だけだ．

```
test3 <- function(x, n = floor(length(m) / 2)) {
  x[1:n]
}
```

　test3() を作成した時には何の警告もエラーも出ない．なぜなら，floor(length(m) / 2) は test3() が呼ばれて n の値が 1:n によって必要となるまで評価されることがないからだ．関数は実際に呼び出された時にしかエラーにならない．

```
test3(1:10)
## Error in test3(1:10):  オブジェクト 'm' がありません
```

　test3() が呼び出されるより前に m を定義すればこの関数は動くが，意図した動作にはならない．

```
m <- c(1, 2, 3)
test3(1:10)
## [1] 1
```

次のコードを見ると遅延評価の働きがより明確になるだろう.

```
test4 <- function(x, y = p) {
  p <- x + 1
  c(x, y)
}
```

yのデフォルト値であるpは, 関数が呼び出されるより前には定義されていない. ここまでは先ほどの例と同じだが, 特筆すべき違いは, 2つ目の引数のデフォルト値にある未定義のシンボルがいつ定義されるかという点だ. 先ほどの例では, pは関数が呼び出されるより前に定義されていた. しかし, こちらの例では, pは関数の中でyが使われるより前に定義されている. この関数を呼び出すと何が起きるか見てみよう.

```
test4(1)
## [1] 1 2
```

関数はエラーにならずきちんと動作しているようだ. test4(1)における関数実行の流れは, 詳しく書くと次のようになる.

1. test4 という名前の関数を探す.
2. 指定した引数をマッチさせる. ただし, xとyはまだ評価されない.
3. p <- x + 1の部分では, x + 1が評価され, その値を新しい変数pに代入する.
4. c(x, y)の部分ではxとyが評価され, xは1となり, yはpとなる. pはちょうど先ほど1 + x, つまり2になったところである.
5. 関数は数値型ベクトルc(1, 2)を返す.

結局, test4(1)の評価の全プロセスを通して一度もルールが破られることはなかったため, 警告もエラーも出なかった. ここで最も重要なトリックは, yを使う直前にpが定義されているということだ.

先ほどの例は遅延評価がどのように働くのかを説明するのに役立ったものの, 実際にはあまり褒められたコードではない. 関数の挙動が不透明になるので, このような書き方はお薦めしない. 引数を単純にし, 未定義のシンボルを関数外で使わないようにするのがよい書き方だといえる. そうでなければ, 外部の環境への依存のために, その挙動を予想したり関数をデバッグしたりするのが困難になる可能性がある.

こうした危険性もあるが, 遅延評価には賢い使い方もある. たとえば, switch()の最後の引数にstop()を指定すると, どの条件にもマッチしなかった場合はエラーで停止させることができる. 次の関数check_input()は, switch()を使って入力xをyかnだけに制限し,

222　第8章　Rの内部を覗く

それ以外の文字列が渡された時はエラーで停止する．

```
check_input <- function(x) {
  switch(x,
    y = message("yes"),
    n = message("no"),
    stop("Invalid input"))
}
```

　xがyの時は，yesというメッセージが表示される．

```
check_input("y")
## yes
```

　xがnの時は，noというメッセージが表示される．

```
check_input("n")
## no
```

　それ以外の場合は，関数はエラーになる．

```
check_input("what")
## Error in check_input("what"): Invalid input
```

　この例は，stop()がswitch()の引数として遅延評価されるためにうまく動いている．ここで1つ助言をしておくと，コードをチェックするのにパーサに頼りすぎてはいけない．パーサはコードが正しい文法かどうかだけをチェックしていて，よいコードの書き方かどうかは教えてくれない．遅延評価が引き起こす潜在的な落とし穴を避けるため，必要なチェックを関数の中に入れて，正しい入力か確認するようにしよう．

8.2　コピー修正を理解する

　前節では，遅延評価がどのように機能するか，遅延評価で関数の引数の不必要な評価を避けることがどのように時間やメモリの節約に役立つか，ということを示した．本節では，データをより安全に扱えるRの重要な機能を見ていこう．まず，次のような単純な数値型ベクトルx1を作ってみる．

```
x1 <- c(1, 2, 3)
```

　そして，x1の値をx2に代入する．

```
x2 <- x1
```

　いま，x1とx2は全く同じ値をもっている．この2つのベクトルのうち，一方を変更してみ

るとどうなるだろうか．いずれのベクトルも変更されるだろうか．

```
x1[1] <- 0
x1
## [1] 0 2 3
x2
## [1] 1 2 3
```

この結果は，x1 が変更されても x2 は変更されないままだということを示している．これは，代入操作の時点で自動で値がコピーされて，新しい変数が元のデータではなくそのコピーされたデータを指すようになったからだ，と考えてしまうかもしれない．tracemem() を使ってメモリ上のデータを追跡してみよう．

2 つのベクトルをリセットし，x1 と x2 のメモリ上のアドレスを追って実験してみる．

```
x1 <- c(1, 2, 3)
x2 <- x1
```

tracemem() をこの 2 つのベクトルに対して使うと，データの現在のメモリアドレスを表示してくれる．もし追跡しているメモリアドレスが変わったら，元のアドレスと新しいアドレスを示すテキストが現れて，データコピーが発生したことを示してくれる．

```
tracemem(x1)
## [1] "<0000000013597028>"
tracemem(x2)
## [1] "<0000000013597028>"
```

いま，いずれのベクトルも同じ値をもっていて，x1 と x2 は同じアドレスを共有している．つまり，x1 と x2 はメモリ上の全く同じデータを指しており，代入操作によって自動でデータがコピーされたわけではなかったということだ．では，いつデータがコピーされるのだろうか．

ここで，x1 の初めの要素を 0 に変更してみる．

```
x1[1] <- 0
## tracemem[0x0000000013597028 -> 0x00000000170c7968]
```

メモリのトレースによると，x1 は新しいアドレスに変わっている．より具体的にいえば，元のベクトル x1 と x2 がともに指していたメモリ領域が，新しい場所にコピーされている．この時点では，同じデータの 2 つのコピーが 2 つの異なる場所に存在している．次に，コピーの 1 番目の要素に変更が加えられ，最後に，x1 が変更されたコピーを指すようになる．ここで，x1 と x2 は異なる値をもっている．x1 は変更されたベクトルを指していて，x2 はまだ元のベクトルを指したままだ．言い換えると，複数の変数が同じオブジェクトを指している時，1 つの変数を変更するとオブジェクトのコピーが発生する．このメカニズムは**コピー修正**と呼ばれている．コピー修正が発生する別のシナリオは，関数の引数を変更する時だ．たとえば次の関数を作成したとする．

224　第 8 章　R の内部を覗く

```
modify_first <- function(x) {
  x[1] <- 0
  x
}
```

この関数は，引数 x の初めの要素に変更を加えようとしている．引数 x にそれぞれベクトル
とリストを指定した場合，modify_first() がこれらを実際に変更できるか見てみよう．次
の数値型ベクトル v1 に対して実行してみる．

```
v1 <- c(1, 2, 3)
modify_first(v1)
## [1] 0 2 3
v1
## [1] 1 2 3
```

次の数値型ベクトル v2 に対して実行してみる．

```
v2 <- list(x = 1, y = 2)
modify_first(v2)
## $x
## [1] 0
##
## $y
## [1] 2
v2
## $x
## [1] 1
##
## $y
## [1] 2
```

いずれの実験でも，関数は変更されたバージョンのオブジェクトを返すが，元のオブジェク
トは変更していない．しかし，関数の外でベクトルに直接変更を加えるとうまくいく．

```
v1[1] <- 0
v1
## [1] 0 2 3
v2[1] <- 0
v2
## $x
## [1] 0
##
## $y
## [1] 2
```

変更されたバージョンを使うには，元の変数に代入する必要がある．

```
v3 <- 1:5
v3 <- modify_first(v3)
```

```
v3
## [1] 0 2 3 4 5
```

先の例が示しているのは，関数の引数に変更を加えた時も，その変更が関数の外に影響しないことを保証するためにコピーが発生するということだ．コピー修正のメカニズムは属性が変更された時にも発生する．次の関数は，データフレームの行名を取り除き，列名を大文字で置き換えている．

```
change_names <- function(x) {
  if (is.data.frame(x)) {
    rownames(x) <- NULL
    if (ncol(x) <= length(LETTERS)) {
      colnames(x) <- LETTERS[1:ncol(x)]
    } else {
      stop("Too many columns to rename")
    }
  } else {
    stop("x must be a data frame")
  }
  x
}
```

この関数をテストするために，ランダムに生成されたデータからシンプルなデータフレームを作る．

```
small_df <- data.frame(
 id = 1:3,
 width = runif(3, 5, 10),
 height = runif(3, 5, 10))
small_df
##   id    width   height
## 1  1 8.683814 6.930830
## 2  2 6.653134 9.805768
## 3  3 6.230698 9.941850
```

このデータフレームに対して関数を呼び出し，変更された結果を見てみよう．

```
change_names(small_df)
##   A        B        C
## 1 1 8.683814 6.930830
## 2 2 6.653134 9.805768
## 3 3 6.230698 9.941850
```

コピー修正のメカニズムによって，small_df は行名が取り除かれた時にまずコピーされ，そしてそれに続くすべての変更は，元のバージョンではなくコピーされたバージョンに加えられる．small_df を見ればこれを確かめることができる．

226   第 8 章 R の内部を覗く

```
small_df
##   id    width    height
## 1  1 8.683814 6.930830
## 2  2 6.653134 9.805768
## 3  3 6.230698 9.941850
```

元のバージョンは全く変化していない．

8.2.1 関数外のオブジェクトに変更を加える

コピー修正のメカニズムがあるにもかかわらず，関数外のベクトルを変更することは依然として可能である．<<- はこのために用意された演算子だ．変数 x と，この変数に値を代入する関数 modify_x() を作る場合を考えてみよう．

```
x <- 0
modify_x <- function(value) {
  x <<- value
}
```

この関数を呼び出すと，x の値は新しいものに置き換わる．

```
modify_x(3)
x
## [1] 3
```

これは，ベクトルを新しいリストに割り当てつつ要素数を数える場合に役に立つ．次のコードは，要素数が徐々に増えるベクトルのリストを作成する．count は，lapply() の各試行で生成されたベクトルの総数を足し上げていくのに使われる．

```
count <- 0
lapply(1:3, function(x) {
  result <- 1:x
  count <<- count + length(result)
  result
})
## [[1]]
## [1] 1
##
## [[2]]
## [1] 1 2
##
## [[3]]
## [1] 1 2 3
count
## [1] 6
```

<<- が役に立つ別の例として，ネストされたリストを平らにするという処理がある．次に示

すようなネストされたリストがある場合を考えてみよう.

```r
nested_list <- list(
  a = c(1, 2, 3),
  b = list(
    x = c("a", "b", "c"),
    y = list(
      z = c(TRUE, FALSE),
      w = c(2, 3, 4))
  )
)
str(nested_list)
## List of 2
##  $ a: num [1:3] 1 2 3
##  $ b:List of 2
##   ..$ x: chr [1:3] "a" "b" "c"
##   ..$ y:List of 2
##   .. ..$ z: logi [1:2] TRUE FALSE
##   .. ..$ w: num [1:3] 2 3 4
```

このリストを平らにして[1]入れ子の階層が1階層だけになるようにしたい. 次のコードは rapply() と <<- でこの問題を解決している.

rapply() は, lapply() の再帰バージョンの関数である. 各試行で, リスト中のある階層のベクトルに対して指定した関数が呼び出され, それがすべての階層のすべてのアトミックなベクトルに対して実行されるまで繰り返される.

rapply(nested_list, f) を実行した時の基本的な動作は次のようになる.

```r
f(c(1, 2, 3))
f(c("a", "b", "c"))
f(c(TRUE, FALSE))
f(c(2, 3, 4))
```

ここで明らかにしたいのは, nested_list を平らにする方法だということを思い出してほしい. これから取り上げる解法は, rapply() をスマートに使っている StackOverflow の回答[2] に触発されたものだ. まず, ネストされたリストに含まれる個別のベクトルを受け取るための空のリストとカウンタを用意する.

```r
flat_list <- list()
i <- 1
```

次に, rapply() を使って, nested_list に再帰的にある関数を適用する. 各繰り返しで, 関数は nested_list からアトミックなベクトルを x として受け取る. 関数は flat_list の

---

[1] 訳注:入れ子になっていて複数の階層をもつデータ構造を, 単一の階層の形に変換することを「flatten (平らにする)」という.

[2] http://stackoverflow.com/a/8139959/2906900

228　第 8 章　R の内部を覗く

i 番目の要素に x をセットし，カウンタ i の値に 1 を加える．

```
res <- rapply(nested_list, function(x) {
  flat_list[[i]] <<- x
  i <<- i + 1
})
```

　繰り返しが終わったら，すべてのアトミックなベクトルが flat_list の第一階層に格納される．rapply() から返ってきた値は次のようになっている．

```
res
##    a   b.x b.y.z b.y.w
##    2    3    4     5
```

　res の値は，単に i <<- i + 1 の結果なので，あまり重要ではない．しかし res の名前属性は，flat_list に格納されている各要素の元の階層および名前属性を示す有益な情報だ．flat_list にも res の名前属性をもたせて，各要素が nested_list のどの要素に由来するかわかるようにしておこう．

```
names(flat_list) <- names(res)
str(flat_list)
## List of 4
##  $ a    : num [1:3] 1 2 3
##  $ b.x  : chr [1:3] "a" "b" "c"
##  $ b.y.z: logi [1:2] TRUE FALSE
##  $ b.y.w: num [1:3] 2 3 4
```

　ついに，nested_list のすべての要素が flat_list に平らな状態で格納された．

8.3　レキシカルスコープについて理解する

　前節では，2 つの事例を通じてコピー修正のメカニズムを紹介した．オブジェクトが複数の名前をもっていたり関数に引数として渡される場合は，オブジェクトがコピーされ，実際にはコピーされたバージョンの方が変更される．

　関数外のオブジェクトに変更を加えるために，<<- の使い方を紹介した．この演算子はまず関数の外から変数を探し，関数の中にそれをコピーするのではなく実際のオブジェクトを変更する．これは，関数の内側と外側という重要な概念につながる．関数の内側からでも，外側の変数や関数を参照する方法はあるのだ．たとえば，次の関数は 2 つの外部変数を使っている．

```
start_num <- 1
end_num <- 10
fun1 <- function(x) {
  c(start_num, x, end_num)
}
```

まず 2 つの変数を作成し，fun1 という関数を定義した．この関数は単純に，start_num と x と end_num を一緒に新しいベクトルに入れる．start_num と end_num は関数の内側ではなく外側で定義されている一方で，x は関数の引数だ．どのようなことが起こるか見てみよう．

```
fun1(c(4, 5, 6))
## [1]  1  4  5  6 10
```

この関数は，関数外の 2 つの変数の値を無事に取得して正しく機能している．これは，関数定義時に値を見にいくので，fun1 内の start_num と end_num が外から値をとることができるからだ，と想像するかもしれない．実際には，次の 2 つの実験でその想像が間違いであることを証明できる．

1 つ目の実験は単純だ．2 つの変数 start_num と end_num を削除してみよう．

```
rm(start_num, end_num)
fun1(c(4, 5, 6))
## Error in fun1(c(4, 5, 6)):  オブジェクト 'start_num' がありません
```

関数はエラーを出すようになってしまった．もし，関数定義時に 2 つの変数の値が取得されているのだとすれば，これらを削除しても関数が動かなくなったりはしないはずだ．

2 つ目の実験では，1 つ目とは逆のことをやってみる．2 つの変数とともに関数も削除してみよう．そしてすぐに関数を定義する．

```
rm(fun1, start_num, end_num)
## Warning in rm(fun1, start_num, end_num):  オブジェクト 'start_num' がありません
## Warning in rm(fun1, start_num, end_num):  オブジェクト 'end_num' がありません
fun1 <- function(x) {
  c(start_num, x, end_num)
}
```

もし関数の作成時に，関数内に存在しないこの 2 つの変数の値を取得しなければいけないのだとすると，上のコードは start_num と end_num がないというエラーに終わるはずだ．明らかにエラーは出ておらず，関数は無事に作成できた．これを呼び出してみよう．

```
fun1(c(4, 5, 6))
## Error in fun1(c(4, 5, 6)):  オブジェクト 'start_num' がありません
```

この関数は動かない．2 つの変数が見つからないからだ．ではこの 2 つの変数を定義し，もう一度同じ引数で関数を呼び出してみよう．

```
start_num <- 1
end_num <- 10
fun1(c(4, 5, 6))
## [1]  1  4  5  6 10
```

今度はエラーにならなかった．このことから，関数が実際に変数を見つけようとするのは関

230 第 8 章 R の内部を覗く

数が呼び出された時だと結論付けることができる．実際には，関数の実行中にシンボルに遭遇
した場合にはまず関数内を探索する．つまり，シンボルが引数として渡されたり関数の内部で
作成されたりする場合には，シンボルは解決されてその値が使われる．

　たとえば，変数 p を作成した後に，別の p を内部で作成して返す値として使う関数 fun2 を
定義するとする．

```
p <- 0
fun2 <- function(x) {
  p <- 1
  x + p
}
```

　この関数を呼び出す時，fun2 はどちらの p を x + p に使うのだろう．やってみよう．

```
fun2(1)
## [1] 2
```

　この結果から，x + p は関数の内側で定義された p を使うということが明らかになった．処
理の流れは単純だ．まず，p <- 1 は，関数の外側の p を変更するのではなく，新しい変数 p を
値 1 で作成する．そして，x は渡された引数として解決され，p はちょうど定義されたばかりの
ローカルな変数として解決され，その値を使って x + p が評価される．関数の内側に変数が存
在しない場合にのみ関数の外側で変数を探すという規則になっている．しかしながら，「外側」
というのは正確にはどういう意味なのだろうか．これは見かけほど簡単な問題ではない．次の
2 つの関数を作成する場合を考えてみよう．

```
rm(p)
f1 <- function(x) {
  x + p
}
g1 <- function(x) {
  p <- 1
  f1(x)
}
```

　1 つ目の関数 f1 は，単純に 2 つの変数を足し合わせている．x は引数で，p はこれから関数
の外側で発見されるであろう変数だ．2 つ目の関数 g1 は変数 p を内部で定義し，f1 を呼び出
している．ここで疑問が生じる．g1 が呼び出された時，f1 は g1 の内部から p を探すのだろ
うか．

```
g1(0)
## Error in f1(x):  オブジェクト 'p' がありません
```

　残念ながら，f1 を g1 から呼び出しても，f1 は g1 内部から p を探しはしなかった．p を定
義してから g1 を再度呼び出すと，この関数は動く．

```
p <- 1
g1(0)
## [1] 1
```

　g1が動くのは，f1が呼び出されてpがf1内部に見つからなかった時，f1が呼び出された場所ではなく定義された場所がその次に探索されるからだ．このメカニズムは**レキシカルスコープ**と呼ばれている．上のコードでは，f1が定義されているのと同じスコープでpを定義していた．このため，f1はg1から呼ばれた時でもpを探すことができるのだ．

　同じスコーピングのルールは<<-が値を探す時にも適用される．たとえば，次のコードは変数mと2つの関数f2とg2を同じスコープで定義している．f2では，mは2にセットされる．しかしg2では，ローカルな変数mが定義されてf2が呼び出される．

```
m <- 1
f2 <- function(x) {
  m <<- 2
  x
}
g2 <- function(x) {
  m <- 1
  f2(x)
  cat(sprintf("[g2] m: %d\n", m))
}
```

　f2が呼ばれるとすぐ，g2内のmの値が表示される．g2を呼び出して何が起こるか見てみよう．

```
g2(1)
## [g2] m: 1
```

　表示された文字列から，g2内のmの値は変化しないままだということがわかる．しかし，f2とg2の外側のmは変化している．これはmの中身を見れば確かめられる．

```
m
## [1] 2
```

　この実験で，m <<- 2がレキシカルスコープのルールに従っていることが確かめられた．次の2つの例はずっと複雑に見える．関数がネストされている．fでは，pやqといったローカル変数だけでなく，ローカル関数f2も作成している．f2の中では別のローカル変数pが定義されている．

```
f <- function(x) {
  p <- 1
  q <- 2
  cat(sprintf("1. [f1] p: %d, q: %d\n", p, q))
  f2 <- function(x) {
```

232   第 8 章 R の内部を覗く

```
  p <- 3
  cat(sprintf("2. [f2] p: %d, q: %d\n", p, q))
  c(x = x, p = p, q = q)
 }
 cat(sprintf("3. [f1] p: %d, q: %d\n", p, q))
 f2(x)
}
```

もしレキシカルスコーピングについて理解していれば，任意の入力 x を与えた時の結果が予
測できるだろう．それぞれのスコープでの変数の値を追いやすくするために，cat() を追加し
ている．cat() のメッセージには，順序，関数のスコープ，p と q の値の情報が含まれている．
f(0) を走らせてみよう．結果を予測できるだろうか．

```
f(0)
## 1. [f1] p: 1, q: 2
## 3. [f1] p: 1, q: 2
## 2. [f2] p: 3, q: 2
## x p q
## 0 3 2
```

3 つの cat() の実行順序は 1，3，2 という並びになった．p と q のそれぞれのスコープに
おける値は，レキシカルスコープのルールと整合性がとれている．次の例では，<<- も使って
みる．

```
g <- function(x) {
  p <- 1
  q <- 2
  cat(sprintf("1. [f1] p: %d, q: %d\n", p, q))
  g2 <- function(x) {
    p <<- 3
    p <- 2
    cat(sprintf("2. [f2] p: %d, q: %d\n", p, q))
    c(x = x, p = p, q = q)
  }
  cat(sprintf("3. [f1] p: %d, q: %d\n", p, q))
  result <- g2(x)
  cat(sprintf("4. [f1] p: %d, q: %d\n", p, q))
  result
}
```

この関数を実行した時の実行順序と表示される変数の値を予測して，関数の処理の流れを分
析してみるとよい．

```
g(0)
## 1. [f1] p: 1, q: 2
## 3. [f1] p: 1, q: 2
## 2. [f2] p: 2, q: 2
## 4. [f1] p: 3, q: 2
```

```
## x p q
## 0 2 2
```

もしこの関数の挙動について予測が外れたなら，この節に登場した例をもっと注意深く読み返してみるとよいだろう．

8.4 環境の動作を理解する

これまでの節で，遅延評価とコピー修正，レキシカルスコープについて学んだ．これらのメカニズムは，**環境**と呼ばれる型のオブジェクトと深く関係がある．実際，レキシカルスコーピングが可能になっているのは，この環境のおかげに他ならない．環境はリストととてもよく似たもののように見えるが，様々な面で根本的に異なっている．この節では，環境オブジェクトを作成し，操作することでその挙動について知り，Rの関数の挙動がどのように環境の構造によって定められるかを見ていく．

8.4.1 環境オブジェクトについて知る

環境は，名前の集合によって構成されているオブジェクトで，親の環境をもっている．それぞれの名前（「シンボル」や「変数」と同じもの）はオブジェクトを指している．環境内からあるシンボルを探す時は，その環境のシンボルの集合を探索し，存在するならそのシンボルが指しているオブジェクトが返される．存在しなければ，その親の環境へと探索は続く．次のダイヤグラムは環境の構造と環境同士の関係を図示したものだ．

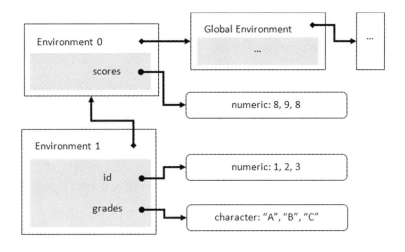

このダイヤグラムには，2つの名前（**id** と **grades**）で構成されている環境 **Environment 1** と，その親の環境として，1つの名前 (**scores**) で構成されている環境 **Environment 0** があ

234   第 8 章 R の内部を覗く

る．これらの環境の名前はそれぞれメモリ上のどこかに格納されたオブジェクトを指している．
Environment 1 の **id** を探すと，それが直接指している数値型ベクトルを得ることができる．
id ではなく **score** を探すと，**Environment 1** は **score** を構成に含まないので，その親の環境
Environment 0 を次に探索し，そこで無事に値を得ることができる．他の名前を探す時も，そ
れが見つかるか，もしくはシンボルが見つからずエラーとなるまで親環境を辿ることを繰り返
す．本節では，これらの概念について詳細に見ていく．

8.4.2　環境を作成してつなげる

　`new.env()` を使って新しい環境を作ることができる．

```
e1 <- new.env()
```

　この環境は通常，16 進数の数値で表される．これはメモリ上のアドレスだ．

```
e1
## <environment: 0x7fdf81fa5ca8>
```

　要素を操作する演算子（`$` や `[[`）は，環境内に変数を作るのにも使うことができる．ちょう
どリストに変更を加える時と同じやり方だ．

```
e1$x <- 1
e1[["x"]]
## [1] 1
```

　しかしながら，環境とリストには 3 つの大きな違いがある．

- 環境はインデックスをもたない．
- 環境は親環境をもつ．
- 環境は参照のセマンティクスをもつ．

　次の節で詳しく説明しよう．

(1)　環境にアクセスする

　環境はインデックスをもたない．これは，環境のサブセットを取り出したり，インデックス
によって要素を取り出したりすることができないということを意味する．もし添え字の範囲を
指定して環境からサブセットを取り出そうとしても，エラーになる．

```
e1[1:3]
## Error in e1[1:3]: 'environment' 型のオブジェクトは部分代入可能ではありません
```

　インデックスを使って環境から変数を取り出そうとした場合は，別のエラーになる．

```
e1[[1]]
## Error in e1[[1]]: 環境の subsetting に対する誤った引数です
```

環境を扱う正しい方法は，名前や，環境にアクセスするために用意されている関数を使うことだ．たとえば，ある変数が環境に存在するかは exists() を使って判定することができる．

```
exists("x", e1)
## [1] TRUE
```

存在する変数に対しては，get() を使って値を取得することができる．

```
get("x", e1)
## [1] 1
```

ls() を使って，ある環境に存在するすべての変数名を見ることもできる．これは第3章「作業スペースの管理」で言及した通りだ．

```
ls(e1)
## [1] "x"
```

もし $ や [[を使って環境内に存在しない変数にアクセスすると，NULL が返ってくる．この挙動は，リストから存在しない名前を指定して要素を取り出した時と同じだ．

```
e1$y
## NULL
e1[["y"]]
## NULL
```

しかし，環境に存在しない変数名を get() しようとすると，確実にエラーになる．これは，うっかり存在しない変数を参照してしまった時にエラーになるのと全く同じ話だ．

```
get("y", e1)
## Error in get("y", e1): オブジェクト 'y' がありません
```

エラーが起こる前にこの状況をうまく処理するには，get() の前に exists() を使って変数の存在を調べるといいだろう．

```
exists("y", e1)
## [1] FALSE
```

8.4.3 環境をつなげる

環境は親環境をもつ．親環境は，あるシンボルが元の環境に存在しない場合に，次に探しにいく場所だ．ある環境の変数に対して get() を使う場合を考えてみよう．もし変数がその環境で直接見つかれば，その値が得られる．そうでなければ，get() はその親環境に変数を探しに

236   第 8 章　R の内部を覗く

いく.

　次の例では, ちょうどこれまでの節と同じように, e1 を親環境（あるいはエンクロージング
環境）にもつ新しい環境 e2 を作成する.

```
e2 <- new.env(parent = e1)
```

　異なる環境は, それぞれ別のメモリアドレスをもっている.

```
e2
## <environment: 0x000000001772ef70>
e1
## <environment: 0x0000000014a45748>
```

　しかし定義から, e2 の親環境は e1 が指しているものと全く同じになる. このことは,
parent.env() で確かめられる.

```
parent.env(e2)
## <environment: 0x0000000014a45748>
```

　ここで, e2 に y という変数を作ってみよう.

```
e2$y <- 2
```

　ls() を使うと, e2 に含まれるすべての変数名を調べることができる.

```
ls(e2)
## [1] "y"
```

　$ や [[, exists(), get() を使って値にアクセスすることもできる.

```
e2$y
## [1] 2
e2[["y"]]
## [1] 2
exists("y", e2)
## [1] TRUE
get("y", e2)
## [1] 2
```

　要素にアクセスする演算子（$ と [[）と環境にアクセスするための関数には, 特筆すべき違
いがある. 前者は単一の環境に対してしか動作しないが, 後者は環境の連鎖に対して動作する.
　e2 に x という変数を定義してはいないことに注意して, 次の例を見てほしい. 特に驚きはな
いが, どちらの演算子を用いても x を取り出そうとすると NULL になる.

```
e2$x
## NULL
```

```
e2[["x"]]
## NULL
```

　exists() や get() を使う時には親環境がかかわってくる．x は e2 には見つからないので，関数はこの親環境である e1 へと探索を続ける．

```
exists("x", e2)
## [1] TRUE
get("x", e2)
## [1] 1
```

　これが，上の関数呼び出しがどちらも成功した理由だ．関数が親環境を探索するのを止めたければ，inherits = FALSE を指定すればよい．この場合，指定された環境内に変数が見つからなければ，探索はそこで打ち切られ，exists() は FALSE を返す．

```
exists("x", e2, inherits = FALSE)
## [1] FALSE
```

　また，get() の結果もエラーとなる．

```
get("x", e2, inherits = FALSE)
## Error in get("x", e2, inherits = FALSE): オブジェクト 'x' がありません
```

　連なる環境の数がもっと増えてもきちんと動作する．たとえば，e2 を親環境にもつ e3 という環境を作るとする．そして get() を使って e3 から変数を得ようとすれば，探索は環境の連鎖を駆け上がっていく．

(1)　環境を参照のセマンティクスに使う

　環境は，参照のセマンティクスをもっている．これは，アトミックベクトルやリストと違って，環境は変更が加えられてもコピーが発生しないという意味だ．複数の名前をもっている場合も，関数の引数として渡される場合も変わらない．たとえば，e1 の値を別の変数 e3 に代入する．

```
ls(e1)
## [1] "x"
e3 <- e1
```

　もし，この 2 つの変数が共通に指しているものがリストであれば，片方を変更しようとするとまずコピーを作って，そのコピーされたバージョンに変更が加えられる．もう片方には影響は及ばない．参照のセマンティクスでは逆の挙動になる．いずれの変数を変更する時もコピーは発生しない．つまり，e1 と e3 両方に変化が生じることになる．この 2 つの変数は全く同じ環境を指しているからだ．次のコードは，参照のセマンティクスがどのように機能するかを示している．

238　第 8 章　R の内部を覗く

```
e3$y
## NULL
e1$y <- 2
e3$y
## [1] 2
```

　　まず, e3 には y は定義されていない. 次に, 新しい変数 y を e1 に作成する. e1 と e3 は全
く同じ環境を指しているので, e3 からでも y にアクセスすることができる. 同じことが環境
を引数として関数に渡す時にも起こる. たとえば, e の z を 10 にセットする次の関数を定義し
てみよう.

```
modify <- function(e) {
  e$z <- 10
}
```

　　この関数にリストを渡しても, 変更は起こらない. ローカルな変数が作られて変更されるが,
それは関数呼び出しが終わると消えてしまう.

```
list1 <- list(x = 1, y = 2)
list1$z
## NULL
modify(list1)
list1$z
## NULL
```

　　しかし, 関数に環境を渡すと, 環境への変更はローカルなコピーを生成するのではなく, そ
のままその環境の中に新しい変数 z を作る.

```
e1$z
## NULL
modify(e1)
e1$z
## [1] 10
```

(2)　組み込みの環境を知る

　　環境は R においてとても特殊なタイプのオブジェクトだが, 関数呼び出しの実装からレキシ
カルスコープまで, あらゆる場所に環境が使われている. 実際, ある R のコードを実行する時,
その実行は何らかの環境の上で行われている. どの環境においてコードを実行しているのかは,
environment() を使えば知ることができる.

```
environment()
## <environment: R_GlobalEnv>
```

　　この結果によれば, 現在の環境はグローバル環境だ. 新しい R のセッションがユーザの入力
を受け付ける準備ができた時, 実行環境は常にグローバル環境である. データ分析において変

8.4 環境の動作を理解する　　239

数や関数を作るのは通常この環境で行われる．

　これまで例で示してきたように，環境はユーザが作成して操作できるオブジェクトでもある．
たとえば，現在の環境を変数に割り当てて，この環境中に新しいシンボルを作ることもできる．

```
global <- environment()
global$some_obj <- 1
```

　この代入は，直接 some_obj <- 1 を呼ぶのと等価な操作だ．なぜなら，これはすでにグロー
バル環境だからだ．上のコードを実行する限り，グローバル環境が変更されて some_obj が値
を得る．

```
some_obj
## [1] 1
```

　グローバル環境にアクセスする方法は他にもある．たとえば，globalenv() も .GlobalEnv
もグローバル環境を指している．

```
globalenv()
## <environment: R_GlobalEnv>
.GlobalEnv
## <environment: R_GlobalEnv>
```

　globalenv() で得られるグローバル環境はユーザのワークスペースであるのに対して，
baseenv() で得られる基本環境には基本的な関数と演算子が用意されている．

```
baseenv()
## <environment: base>
```

　RStudio のエディタに base:: と打ち込むと，長い関数リストが現れるはずだ．これまでの
章で紹介してきた関数の大部分は基本環境に定義されている．たとえば，基本的なデータ構造
を作る関数（例：list() や data.frame()）やそれを扱う演算子（例：[や :, +）もここに
含まれている．

　グローバル環境と基本環境は，最も重要な組み込みの環境だ．ここで，「グローバル環境の親
環境は？ 基本環境の親環境は？ その親環境の親環境は？」という疑問が飛び出すかもしれな
い．次の関数を使うと，指定した環境の連鎖を探し出すことができる．

```
parents <- function(env) {
  while (TRUE) {
    name <- environmentName(env)
    txt <- if (nzchar(name)) name else format(env)
    cat(txt, "\n")
    env <- parent.env(env)
  }
}
```

240   第 8 章 R の内部を覗く

この関数は，環境の名前を再帰的に表示する．つまり，親環境を順に辿っていく．ここで，グローバル環境のすべての親環境を見つけ出してみよう．

```
parents(globalenv())
## R_GlobalEnv
## package:stats
## package:graphics
## package:grDevices
## package:utils
## package:datasets
## package:methods
## Autoloads
## base
## R_EmptyEnv
## Error in parent.env(env): 空の環境は親を持ちません
```

環境の連鎖が R_EmptyEnv という環境で終わっていることに注目してほしい．これは「空環境」と呼ばれるもので，内部に何ももたず，親環境ももたない唯一の環境だ．この空環境を参照する emptyenv() という関数もあるが，parent.env(emptyenv()) を実行するとエラーになる．parents() が常にエラーで終わる理由はこれだ．

環境の連鎖は，組み込み環境とパッケージ環境の組み合わせだ．search() を呼び出すと，グローバル環境から見たシンボルのサーチパスを得ることができる．

```
search()
##  [1] ".GlobalEnv"        "package:dplyr"     "package:knitr"
##  [4] "package:stats"     "package:graphics"  "package:grDevices"
##  [7] "package:utils"     "package:datasets"  "package:methods"
## [10] "Autoloads"         "package:base"
```

たとえば，次のコードはグローバル環境でどのように評価されるだろうか．シンボルは環境の連鎖に沿って探索されるということを知っていれば，このプロセスを想像することができるだろう．

```
median(c(1, 2, 1 + 3))
## [1] 2
```

この表現式は単純に見えるが，評価のプロセスは見た目よりも複雑だ．まず，環境の連鎖に沿って median を探す．これは **stats** パッケージの環境で見つかる．次に c を探す．これは基本環境に見つかる．最後に + を探す．驚くかもしれないが，+ も関数であり，これも基本環境に見つかる．

実際，パッケージをアタッチするたび，グローバル環境の手前の位置でそのパッケージの環境がサーチパスに挿入される．もし 2 つのパッケージが衝突する名前の関数をエクスポートしているなら，後でアタッチしたパッケージに定義されている関数が先に定義された関数をマスクしてしまう．これは，後でアタッチした方がグローバル環境に近い親環境になるからだ．

8.4.4 関数にかかわる環境を理解する

　環境がシンボル探索を司っているのは，グローバルなレベルだけの話ではない．関数内も同様である．関数にかかわる環境で 3 つ重要なものがある．実行環境，エンクロージング環境，そして呼び出し環境だ．関数が呼ばれるたびに，実行プロセスを引き受けるために新しい環境が作成される．これが関数呼び出しの実行環境だ．関数の引数と関数の中に作った変数は，実際には実行環境の変数となる．他の環境と同じく，関数の実行環境は親環境をもつ．この親環境は，関数のエンクロージング環境とも呼ばれ，関数が定義されている環境だ．つまり，関数の実行中は，実行環境に定義されていないあらゆる変数はエンクロージング環境から探索される．これがまさしくレキシカルスコープを可能にしている仕組みだ．

　呼び出し環境についても知っておくと役立つことがある．呼び出し環境とは，関数が呼び出されている環境のことだ．parent.frame() を使うと，実行中の関数の呼び出し環境が得られる．

　以上 3 つの概念について説明するために，次のような関数を定義するとしよう．

```
simple_fun <- function() {
  cat("Executing environment: ")
  print(environment())
  cat("Enclosing environment: ")
  print(parent.env(environment()))
}
```

　この関数は，呼び出し時の実行環境とエンクロージング環境を表示する以外は何もしない．

```
simple_fun()
## Executing environment: <environment: 0x0000000014955db0>
## Enclosing environment: <environment: R_GlobalEnv>
simple_fun()
## Executing environment: <environment: 0x000000001488f430>
## Enclosing environment: <environment: R_GlobalEnv>
simple_fun()
## Executing environment: <environment: 0x00000000146a23c8>
## Enclosing environment: <environment: R_GlobalEnv>
```

　関数が呼ばれるたびに実行環境が異なっているが，エンクロージング環境はずっと同じだという点に注目しよう．これは，エンクロージング環境が，関数が定義される時に決定されるからだ．environment() を関数に対して呼び出すと，そのエンクロージング環境を得ることができる．

```
environment(simple_fun)
## <environment: R_GlobalEnv>
```

　次の例では，3 つのネストされた関数それぞれにつき，3 つの環境がかかわってくる．それぞれの関数について，実行環境とエンクロージング環境，呼び出し環境が表示される．もしこれらの概念についてしっかりと理解しているなら，実行する前にどれが同じでどれが異なるか予

242 第 8 章 R の内部を覗く

想してみるとよいだろう.

```
f1 <- function() {
  cat("[f1] Executing in ")
  print(environment())
  cat("[f1] Enclosed by ")
  print(parent.env(environment()))
  cat("[f1] Calling from ")
  print(parent.frame())
  f2 <- function() {
    cat("[f2] Executing in ")
    print(environment())
    cat("[f2] Enclosed by ")
    print(parent.env(environment()))
    cat("[f2] Calling from ")
    print(parent.frame())
  }
  f3 <- function() {
    cat("[f3] Executing in ")
    print(environment())
    cat("[f3] Enclosed by ")
    print(parent.env(environment()))
    cat("[f3] Calling from ")
    print(parent.frame())
    f2()
  }
  f3()
}
```

　f1 を呼び出して,それぞれのメッセージがいつ表示されるか見てみよう.ただし,この結果をこのまま読むのには少し骨が折れる.以下では読みやすくするために,元の順番は保ちつつ結果を 3 つに分割して示す.

　一時的に作られた環境にはメモリアドレス(例:0x0000000016a39fe8)しかなく,グローバル環境 (R_GlobalEnv) のような共通の名前はもっていない.同じ環境を判別しやすくするために,同じメモリアドレスには行の最後に同じタグ(例:*A)をつけてみる.

```
f1()
## [f1] Executing in <environment: 0x0000000016a39fe8> *A
## [f1] Enclosed by <environment: R_GlobalEnv>
## [f1] Calling from <environment: R_GlobalEnv>
```

　f1 を呼び出した時,それに関連する環境が出力されるようになっている.そして f2 と f3 が定義され,最後に f3 が呼び出されて次のテキストを出力する.

```
## [f3] Executing in <environment: 0x0000000016a3def8> *B
## [f3] Enclosed by <environment: 0x0000000016a39fe8> *A
## [f3] Calling from <environment: 0x0000000016a39fe8> *A
```

そして，`f2` が `f3` の中で呼び出され，次のテキストをさらに出力する．

```
## [f2] Executing in <environment: 0x0000000016a41f90> *C
## [f2] Enclosed by <environment: 0x0000000016a39fe8> *A
## [f2] Calling from <environment: 0x0000000016a3def8> *B
```

出力されたメッセージが示しているのは次の事実だ．

- `f1` のエンクロージング環境と呼び出し環境，いずれもグローバル環境である．
- `f3` のエンクロージング環境と呼び出し環境，`f2` のエンクロージング環境は，`f1` の実行環境である．
- `f2` の呼び出し環境は `f3` の実行環境である．

上の事実は，以下に続く事実とつじつまが合っている．

- `f1` は，定義されるのも呼び出されるのもグローバル環境である．
- `f3` は，定義されるのも呼び出されるのも `f1` の中である．
- `f2` は，定義されるのは `f1` の中だが，呼び出されるのは `f3` の中である．

もしこの結果をうまく予測できていたなら，環境と関数がどのような挙動をするかについてよく理解しているといえるだろう．より深く学ぶには，Hadley Wickcham 氏の著書，*Advanced R*[3] を強くお薦めする．

8.5 まとめ

この章では，R の内部を覗き，R の関数の基本的な動きについて学んだ．具体的には，遅延評価，コピー修正，レキシカルスコープ，そして環境がいかにこれらのメカニズムを可能にしているかについて学んだ．R のコードがどのように実行されるかをしっかりと理解しておくと，正しいコードを書くのに役立つだけではなく，予想外の結果からバグを発見しやすくなるだろう．

次章では，本章の内容を前提として，さらに高度な内容であるメタプログラミングについて学んでいく．メタプログラミングはインタラクティブな分析をよりパワフルなものにする技術である．

---

[3] 訳注：邦訳『R 言語徹底解説』（共立出版，2016）

第9章
メタプログラミング

前章では，環境の構造と機能について学び，環境を作成してそれにアクセスする方法について学んだ．環境は遅延評価やコピー修正，レキシカルスコープにおいて重要な役割を果たしている．関数を定義したり呼び出したりする時，その関数に紐付いた環境によってこれらの仕組みが実現されているのだ．

関数がどのように機能するかはもうしっかりと理解できたことだろう．この章ではさらに踏み込んで，より高度な形で関数を扱う方法を学んでいく．これによって，インタラクティブな分析においてRに柔軟性を与えてくれるメタプログラミングが可能になる．具体的には，この章では次のトピックを取り上げる．

- 関数型プログラミング：クロージャと高階関数
- 言語オブジェクトと言語の処理
- 非標準評価

9.1 関数型プログラミングを理解する

前章で，関数の挙動について詳細に学んだ．引数がいつ評価されるか（遅延評価），関数内で引数を変更しようとすると何が起こるか（コピー修正），関数内に定義されていない変数をどこに探しにいくか（レキシカルスコープ）だ．これらの挙動を説明する技術用語は難しく聞こえるが，実際にはそれほど複雑なものではない．まずは，関数の中に定義される関数と，他の関数を扱う関数，という2つのタイプの関数について学んでいこう．

9.1.1 クロージャを作成して使う

関数の中で定義された関数は，クロージャと呼ばれる．クロージャの関数の中では，ローカルな引数だけでなく，親関数で定義された変数にもアクセスできるという点が特別だ．たとえば，次の関数を考えよう．

9.1 関数型プログラミングを理解する 245

```r
add <- function(x, y) {
  x + y
}
```

　この関数は2つの引数をもつ．add()を呼び出す時はいつも，この2つの引数を指定することになる．クロージャを使うと，あらかじめ引数を固定して，この関数の特別なバージョンを生成できる．実際に簡単なクロージャを作ってやってみよう．

(1) 単純なクロージャを作る

　まず，1つの引数yをもつaddnという関数を作る．この関数は，実際の足し算は行わず，yと何かしらの数字xの足し算を行う関数を作る．

```r
addn <- function(y) {
  function(x) {
    x + y
  }
}
```

　こうした関数に馴染みがなければ少しわかりづらく感じるかもしれないが，addnは，一般的な関数のように数字を返すのではなく，クロージャ，つまりを関数の中に定義された関数を返す．クロージャは，x + yを計算するが，このxはローカルな引数で，yはエンクロージング環境の引数を指している．比喩的な言い方をすれば，addn()はもはや計算機ではなく，計算機を生産する計算機工場なのである．

　1と2を数値型ベクトルに加える関数は，それぞれ次のように作ることができる．

```r
add1 <- addn(1)
add2 <- addn(2)
```

　2つの関数は，add(x, y)の2番目の引数が固定されているかのような動作をする．次のコードを実行すれば，addn()によって作られた計算機が正しいか確かめられる．

```r
add1(10)
## [1] 11
add2(10)
## [1] 12
```

　add1を例にとってみよう．add1 <- addn(1)というコードは，add(1)を評価した結果できる関数をadd1に代入する．

```r
add1
## function(x) {
## x + y
## }
## <environment: 0x00000000139b0e58>
```

246　第 9 章　メタプログラミング

　add1 の中身を表示してみると，通常の関数と少し違って，最後に add1 の環境が示される．
関数の表示に環境が付記されるのは，それが現在と同じ環境にない時だ．つまりこの場合は，
add1 がグローバル環境にないので表示されている．この add1 の環境では，y は addn(1) で
指定された値 1 になっている．これを確かめるために，次のコードを実行してみよう．

```
environment(add1)$y
## [1] 1
```

　environment() を add1 に対して実行すると，そのエンクロージング環境にアクセスする
ことができる．この環境に y が格納されている．これがまさしくクロージャの仕組みだ．add2
に対して同じことを行うと，y は同様に addn(2) で指定されたの値 2 になっていることがわ
かる．

```
environment(add2)$y
## [1] 2
```

(2)　目的に特化した関数を作る

　クロージャは，ある目的に特化した関数を作るのに役立つ．たとえば，図の生成を柔軟に行
うために，plot() には膨大な数の引数が用意されている．もしその引数のうち特定の組み合
わせを頻繁に使うのであれば，それに特化したバージョンの関数を作っておくとコードを書く
のも読むのも簡単になる．

　次の color_line() は，色の選択に特化する代わりにグラフの種類や線の種類は固定した
バージョンの plot だ．これはたとえるならば，あらゆる色のペンを作れる工場のようなものだ．

```
color_line<- function(col) {
  function(...) {
    plot(..., type = "l", lty = 1, col = col)
  }
}
```

　もし赤のペンがほしければ，color_line を呼び出して赤い線を引くのに特化した関数を得
ることができる．この結果得られた関数は，タイトルやフォントなど他の引数についてももち
ろん自由に指定できる．

```
red_line <- color_line("red")
red_line(rnorm(30), main = "Red line plot")
```

　この関数は次の図を生成する．

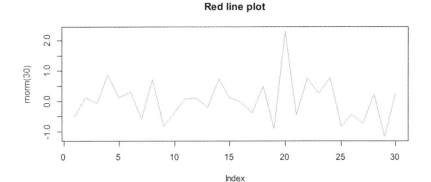

特化型関数を使わずに書けば次に示すようになるが，比べると上のコードの方が読みやすいのではないだろうか．

```
plot(rnorm(30), type = "l", lty = 1, col = "red",
  main = "Red line plot")
```

(3) 最尤推定で正規分布にフィッティングする

クロージャは，アルゴリズムをデータとともに扱う場合に便利だ．たとえば最適化は，ある制約条件とデータのもとで，あらかじめ定義された目的関数を最大化もしくは最小化するパラメータの組を探すという問題だ．統計学における多変数のパラメータ推定問題は，最適化問題と本質的に同じである．クロージャの使い方の好例の1つが最尤推定だ．最尤推定[1]は，データから統計モデルのパラメータを推定する時によく使われる．最尤推定の基本的な発想はシンプルで，「与えられたモデルに対して，パラメータの推定値は観測値を最も尤もらしくするはず」というものだ．

最尤推定を行うには，与えた一連のデータがあるモデルに対してどれくらい尤もらしいかを測定する関数が必要だ．たとえば，観測値が正規分布に従うことはわかっているが，パラメータ（つまり，平均と標準偏差）についてはわからないという場合を考えてみよう．与えられた観測値に対して最尤推定を使えば，このパラメータを推定することができる．

まず，平均 μ_0，標準偏差 σ_0 の正規分布の確率密度関数は次の通りだ．

$$f(x) = \frac{1}{\sqrt{2\pi}\sigma} \exp\left(-\frac{1}{2}\frac{(x-\mu_0)^2}{\sigma_0^2}\right)$$

これを踏まえて，x を観測データとすると，尤度関数は次のように表される．

$$L(\mu, \sigma; x) = (2\pi\sigma^2)^{-n/2} \exp\left(-\frac{1}{2\sigma^2}\sum(x_i - \mu)^2\right)$$

最適化しやすくするため，自然対数をとって両辺の正負を反転させ，負の対数尤度関数にする．

---
[1] https://en.wikipedia.org/wiki/Maximum_likelihood

248 第9章 メタプログラミング

$$-l(\mu, \sigma; x) = \frac{n}{2}\ln(2\pi) + \frac{n}{2}\ln(\sigma^2) + \frac{1}{2\sigma^2}\sum(x_i - \mu)^2$$

対数関数は単調関数であるため，対数尤度関数は元の関数と同じ大小関係を保つ．したがって負の対数尤度関数は，最小解が元の関数の最大解と同じであり，しかも元の関数よりずっと簡単に解ける．これがこの関数を推定に用いる理由だ．

次の nloglik() は，観測データ x を与えると，正規分布の 2 つのパラメータを引数としてもつクロージャを返す．

```
nloglik <- function(x) {
  n <- length(x)
  function(mean, sd) {
    log(2 * pi) * n / 2 + log(sd ^ 2) * n / 2 + sum((x - mean) ^ 2) / (2 * sd ^ 2)
  }
}
```

任意の観測値の組に対して nloglik を呼び出せば，平均と標準偏差についての負の対数尤度関数が得られる．この負の対数尤度関数は，真のモデルの標準偏差と平均が指定した値の時，与えられたデータ x を観測するのがどれくらい「尤もらしくないか」を示すものだ．たとえば rnorm() を使って，平均が 1 で標準偏差が 2 の正規分布に従う乱数を 10,000 個生成してみる．つまり，mean = 1 と sd = 2 が，この分布のパラメータの真の値だ．

```
data <- rnorm(10000, 1, 2)
```

次に取り上げるのは，**stats4** パッケージの mle() だ．この関数には，与えられた負の対数尤度関数について，最小値を計算する数値解析法がいくつも実装されている．数値探索の開始点，解の上限・下限も引数として指定する必要がある．

```
fit <- stats4::mle(nloglik(data),
 start = list(mean = 0, sd = 1), method = "L-BFGS-B",
 lower =c(-5, 0.01), upper = c(5, 10))
```

探索処理を繰り返して最尤推定の解が見つかれば，関連するデータと解が S4 オブジェクトとして返される．推定値がどれくらい真の値と近いのか見るために，このオブジェクトから coef スロットを展開してみよう．

```
fit@coef
##      mean        sd
## 0.9981736 1.9857646
```

推定値は明らかに真の値に肉薄している．次のようにすれば，推定値の誤差は 2 つとも 1%以内に収まっていることが確かめられる．

```
(fit@coef - c(1, 2)) / c(1, 2)
```

```
##          mean           sd
## -0.001826439 -0.007117721
```

次のコードにより，データのヒストグラムと，真のパラメータ（赤い線）と推定されたパラメータ（青い線）のそれぞれに対する正規分布の確率密度関数を重ね合わせた図を描くことができる．

```
hist(data, freq =FALSE, ylim =c(0, 0.25))
curve(dnorm(x, 1, 2), add =TRUE, col =rgb(1, 0, 0, 0.5), lwd =6)
curve(dnorm(x, fit@coef[["mean"]], fit@coef[["sd"]]),
 add =TRUE, col ="blue", lwd =2)
```

これは，ヒストグラムと，フィッティングさせた正規分布の密度曲線を重ね合わせた図になる．この図から，推定されたパラメータをもとに生成された密度関数が真のモデルにかなり近いことがわかる．

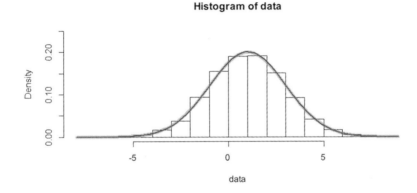

9.1.2 高階関数を使う

前項では，親関数の中で定義される関数，クロージャについて議論した．この項では，高階関数について見ていこう．高階関数とは，別の関数を引数としてとることができる関数だ．

このトピックに入っていく前に，関数が変数として渡された時と関数の引数として渡された時の挙動の違いについてもう少し詳しく見ておこう．

(1) 関数のエイリアスを作る

既存の関数を別の変数に代入した時，その関数のエンクロージング環境に影響は及ぶのかという問題について考えてみよう．もし影響があるのならば，その関数の内部で定義されていないシンボルのサーチパスは，変わってしまうかもしれない．

次のコードは，関数を別のシンボルに代入してもそのエンクロージング環境に変化はないと

いうことを示すものだ．まず，f1 という関数を定義する．この関数は，呼び出された時の実行環境とエンクロージング環境，呼び出し環境を表示する．次に，f2 という関数を定義する．この関数は，3 つの環境に加えて f1 をローカル変数 p に代入し，その p を内部で呼び出す．もし p <- f1 が関数をローカルに定義しているなら，p のエンクロージング環境は f2 の実行環境になっているはずだ．そうでなければ，エンクロージング環境は f1 が定義された環境であるグローバル環境のままになっているだろう．

```
f1 <- function() {
  cat("[f1] executing in ")
  print(environment())
  cat("[f1] enclosed by ")
  print(parent.env(environment()))
  cat("[f1] calling from ")
  print(parent.frame())
}
f2 <- function() {
  cat("[f2] executing in ")
  print(environment())
  cat("[f2] enclosed by ")
  print(parent.env(environment()))
  cat("[f2] calling from ")
  print(parent.frame())
  p <- f1
  p()
}
f1()
## [f1] executing in <environment: 0x000000001435d700>
## [f1] enclosed by <environment: R_GlobalEnv>
## [f1] calling from <environment: R_GlobalEnv>
f2()
## [f2] executing in <environment: 0x0000000014eb2200>
## [f2] enclosed by <environment: R_GlobalEnv>
## [f2] calling from <environment: R_GlobalEnv>
## [f1] executing in <environment: 0x0000000014eaedf0>
## [f1] enclosed by <environment: R_GlobalEnv>
## [f1] calling from <environment: 0x0000000014eb2200>
```

2 つの関数を順番に呼び出すと，p は f2 の実行環境から呼ばれているが，そのエンクロージング環境は変化していないことがわかった．つまり，p と f1 のサーチパスは完全に同じものなのだ．実際，p <- f1 は f1 が表すのと全く同じ関数を p に代入するので，この 2 つの変数はいずれも同じ関数を指している．

(2) 関数を変数として使う

関数は，R においては他のプログラミング言語におけるほど特別な扱いではない．R では，あらゆるものがオブジェクトだ．関数もまたオブジェクトであり，変数によって参照されうる．たとえば，次のような関数があるとしよう．

```
f1 <- function(x, y) {
  if (x > y) {
    x + y
  } else {
    x - y
  }
}
```

この関数では，2 つの条件分岐が異なる表現式になっていて，条件によって結果は異なる値になる．これは，この条件分岐の中身を表現式ではなく関数にして，それを変数に格納したものを関数として呼び出す，というのでも同じことができる．

```
f2 <- function(x, y) {
  op <- if (x > y) `+` else `-`
  op(x, y)
}
```

R ではすべての操作は関数を通じて実行されることに留意しよう．最も基礎的な演算子である + と - も関数なのだ．これらは変数 op に代入することができ，本当に関数であれば，op を関数として呼び出すことができる．

(3) 関数を引数として渡す

先ほどの例では関数を変数に入れられることを示したが，関数を引数として渡すこともできる．add と product という関数をそれぞれ次のように定義してみよう．

```
add <- function(x, y, z) {
  x + y + z
}
product <- function(x, y, z) {
  x * y * z
}
```

次に，combine という別の関数を定義する．これは，f に指定した方法を使って x と y と z を組み合わせる関数だ．f(x, y, z) という呼び出され方をしていることからわかるように，f は 3 つの引数をとる関数であると想定されている．このように combine は，組み合わせる対象の値だけでなく，その組み合わせ方まで指定できる柔軟な関数だ．

```
combine <- function(f, x, y, z) {
  f(x, y, z)
}
```

先ほど定義した add や product をこの関数に渡して，どのように動作するか見てみよう．

```
combine(add, 3, 4, 5)
## [1] 12
```

252　第 9 章　メタプログラミング

```
combine(product, 3, 4, 5)
## [1] 60
```

　combine(add, 3, 4, 5) を呼び出すと，関数の中身には f = add と f(x, y, z) があるので，実行されるのは add(x, y, z) になる．product についても同様だ．このように combine は第一引数に関数をとるので，まさしく高階関数である．

　高階関数には，高レベルの抽象化によってコードを読み書きしやすくできるという利点もある．高階関数を使うと，コードが短くかつ表現豊かになることが多い．たとえば for ループは，ベクトルやリストに沿って処理を繰り返すよくあるフロー制御機構だ．

　ここで，f という名前の関数をベクトル x の各要素に適用する場合を考えてみよう．もしこの関数自体がベクトル化されているなら，f(x) を直接呼び出すだけでよい．しかし，すべての関数がベクトル化されているわけではないし，すべての関数をベクトル化する必要もない．次のように for ループを使えばやりたいことは実現できる．

```
result<-list()
for (i in seq_along(x)) {
  result[[i]] <-f(x[[i]])
}
result
```

　このループでは，1 から x の長さまでの連続する整数を seq_along(x) で作っている．これは 1:length(x) と等価だ．このコードは単純で実装しやすそうに見えるが，常にこのやり方を使ってしまうと副作用が顕著になってくる．各試行での操作が複雑になると，コードはどんどん読みづらくなっていく．for ループに書かれているのは，どのように処理を終わらせるかということだけで，処理の内容については何も示されていない．このため，長くて入れ子になったループに出くわすと，その実際の処理内容を把握するのになかなか骨が折れる．

　ここで，for ループの代わりに，これまでの章でも紹介してきた lapply() を使ってみよう．ある関数 (f) をあるベクトルもしくはリスト (x) に適用するのは次のようにすればいい．

```
lapply(x, f)
```

　lapply() は C 言語で実装されているが，等価な処理を R で実装すれば次のようになる．

```
lapply <- function(x, f, ...) {
  result <- list()
  for (i in seq_along(x)) {
    result[[i]] <-f(x[i], ...)
  }
}
```

　この関数は，高レベルな抽象化のもとで動作する高階関数だ．内部では依然として for ループを使ってはいるが，処理を 2 つの抽象レベルに分割して，各レベルが複雑にならないように

している.

lapply() には追加の引数を渡して f を拡張することもできる. たとえば, + の 2 つの引数を次のように指定することができる.

```
lapply(1:3, `+`, 3)
## [[1]]
## [1] 4
##
## [[2]]
## [1] 5
##
## [[3]]
## [1] 6
```

上のコードは, 以下と等価だ.

```
list(1 +3, 2 +3, 3 +3)
## [[1]]
## [1] 4
##
## [[2]]
## [1] 5
##
## [[3]]
## [1] 6
```

また, クロージャで x + 3 を計算する関数を作る方法でも等価なコードを書くことができる.

```
lapply(1:3, addn(3))
## [[1]]
## [1] 4
##
## [[2]]
## [1] 5
##
## [[3]]
## [1] 6
```

何度か言及したように, lapply() はリストしか返さない. リストではなくベクトルがほしいのであれば, インタラクティブな場面では sapply() を使おう.

```
sapply(1:3, addn(3))
## [1] 4 5 6
```

あるいはコードをプログラミングするなら, 型チェックのある vapply() を使った方がよい.

```
vapply(1:3, addn(3), numeric(1))
## [1] 4 5 6
```

254 第 9 章 メタプログラミング

こうした関数に加えて，R には他にもいくつかの apply 族の関数が用意されている．これまで紹介したもの以外にも，Filter() や Map()，Reduce()，Find()，Position()，Negate() といった関数がある．これらの関数の詳細に関しては，ドキュメントの?Filter を参照されたい．

高階関数の利点は，コードを読みやすく表現豊かにできることだけではない．各抽象レベルの実装を別々に分けることで，依存関係をなくすことができる．こうして単純な部品にしておく方が，多数のロジックが入り組んだコードより改良しやすくなる．

たとえば，ある関数に対して，apply 族の関数を使ってベクトルのマッピングを行う場合を考えてみよう．各試行が他の試行から独立しているなら，複数の CPU コアを使ってマッピング処理を並列化し，より多くの処理を同時にこなせるようにできる．しかし，高階関数を使わずに for ループを使っていると，並列化されたコードに書き換えるのには少し時間がかかるだろう．

まず，for ループを使って結果を取得する場合を考える．各試行において，ある重い計算処理が実行される．もし各試行が互いに独立なことが判明しても，これをこのまま並列化されたコードに書き換えることはできない．

```
result <- list()
for (i in seq_along(x)) {
  # 重い計算処理
  result[[i]] <- f(x[[i]])
}
result
```

しかし，高階関数 lapply() を使えばずっと簡単に並列化できる．

```
result <- lapply(x, f)
```

コードを並列化バージョンに変形するのには，たった 1 つだけ変更を加えればよい．parallel::mclapply() を使えば，f を x の各要素に適用するという処理を複数のコアを使って行うことができる．

```
result <- parallel::mclapply(x, f)
```

残念ながら，mcapply() は Windows をサポートしていない．Windows で並列処理を行うには，もう少しコードを書く必要がある．このトピックについては，第 13 章「ハイパフォーマンスコンピューティング」で取り上げる．

9.2 言語オブジェクトの処理

前節では，R に用意されている関数型プログラミングのための機能について紹介してきた．関

数は単なるオブジェクトの型の1つで，他のオブジェクトと同じように変数や引数として渡すことができる．新しい関数（仮に fun とする）を作成する時，関数を定義した環境がその関数と紐付けられる．この環境は，関数のエンクロージング環境と呼ばれるもので，environment(fun) でアクセスすることができる．関数を呼び出すたびに，未評価の引数（プロミス）を含む新しい実行環境が作られ，そこで関数が実行される．この仕組みが遅延評価を可能にしている．実行環境の親は，関数のエンクロージング環境になっている．この環境の連鎖によってレキシカルスコープが実現されている．

関数型プログラミングを使えば高度に抽象化されたコードを書くことができるが，メタプログラミングはもっとすごい．メタプログラミングによって，言語そのものに手を加えて，特定のシナリオで使われる特定の構文を簡単に作ることができる．この節では，メタプログラミングの力を紹介するとともに，その長所と短所についても触れる．メタプログラミングを使ったパッケージや関数がどのように動いているのか理解できるようになるだろう．

メタプログラミングの仕組みに深入りする前に，メタプログラミングを使った便利な組み込み関数をいくつか紹介しよう．たとえば，組み込みのデータセットである iris を，数値型の列それぞれがレコード全体の80%より大きい値をもっているレコードに絞り込みたいとする．こういう時の標準的なやり方は，論理値型ベクトルを組み合わせてデータフレームから行を抽出する，というものだ．

```
iris[iris$Sepal.Length > quantile(iris$Sepal.Length, 0.8) &
 iris$Sepal.Width > quantile(iris$Sepal.Width, 0.8) &
 iris$Petal.Length > quantile(iris$Petal.Length, 0.8) &
 iris$Petal.Width > quantile(iris$Petal.Width, 0.8), ]
##     Sepal.Length Sepal.Width Petal.Length Petal.Width   Species
## 110          7.2         3.6          6.1         2.5 virginica
## 118          7.7         3.8          6.7         2.2 virginica
## 132          7.9         3.8          6.4         2.0 virginica
```

上のコードでは，quantile() の呼び出しごとに，1つのカラムに対して80%の閾値を計算している．このコードは意図した通りの動作になるが，列を指定するたびに iris$ から始めなくてはならず，とても冗長だ．合計9回も iris$ と書かなくてはいけない．組み込み関数である subset() を使えば，同じことが簡単にできる．

```
subset(iris,
 Sepal.Length > quantile(Sepal.Length, 0.8) &
 Sepal.Width > quantile(Sepal.Width, 0.8) &
 Petal.Length > quantile(Petal.Length, 0.8) &
 Petal.Width > quantile(Petal.Width, 0.8))
##     Sepal.Length Sepal.Width Petal.Length Petal.Width   Species
## 110          7.2         3.6          6.1         2.5 virginica
## 118          7.7         3.8          6.7         2.2 virginica
## 132          7.9         3.8          6.4         2.0 virginica
```

上のコードは全く同じ結果を返すが，すっきりしたコードになっている．しかし，前の例か

256　第9章　メタプログラミング

ら iris$ を省略するとエラーで動かないのに，なぜこれはうまくいくのだろう．

```
iris[Sepal.Length > quantile(Sepal.Length, 0.8) &
 Sepal.Width > quantile(Sepal.Width, 0.8) &
 Petal.Length > quantile(Petal.Length, 0.8) &
 Petal.Width > quantile(Petal.Width, 0.8), ]
## Error in `[.data.frame`(iris, Sepal.Length > quantile(Sepal.Length, 0.8) & :
オブジェクト 'Sepal.Length' がありません
```

　前の例が iris$ なしではうまく動かないのは，データ抽出の表現式が評価されるスコープ（環境）の中に，Sepal.Length や他の列が定義されていないからだ．魔法の関数 subset()は，メタプログラミングのテクニックを使って引数の評価環境に手を加え，iris の列を含む環境の中で，Sepal.Length>quantile(Sepal.Length, 0.8)が評価されるようにしている．

　さらに，subset() は行だけではなく列の抽出にも役立つ．たとえば，select 引数に，文字列ではなく変数として列名を指定して列を抽出することもできる．

```
subset(iris,
 Sepal.Length > quantile(Sepal.Length, 0.8) &
 Sepal.Width > quantile(Sepal.Width, 0.8) &
 Petal.Length > quantile(Petal.Length, 0.8) &
 Petal.Width > quantile(Petal.Width, 0.8),
select = c(Sepal.Length, Petal.Length, Species))
##     Sepal.Length Petal.Length    Species
## 110          7.2          6.1 virginica
## 118          7.7          6.7 virginica
## 132          7.9          6.4 virginica
```

　おわかりいただけただろうか．subset() は，第二引数 (subset) と第三引数 (select) の評価方法に手を加えているのだ．この結果，冗長性を排してより単純なコードを書くことができる．この背後で何が起こっているのか，どのような動きになるように設計されているのか，この後の節で見ていこう．

9.2.1　表現式を捕捉して変更を加える

　表現式を打ち込んで Enter（あるいは Return）キーを押した時，R はその表現式を評価して結果を出力する．たとえばこうだ．

```
rnorm(5)
## [1] -0.1372638  0.1821539  0.4116582 -0.6870743  1.9535128
```

　5つの乱数が生成されたことがわかる．さて，subset() の魔法は，引数が評価される環境に手を加えることだった．これは，まず表現式を捕捉し，次に表現式の評価に介入する，という2つのステップを踏む．

(1) 言語オブジェクトとして表現式を捕捉する

「表現式を捕捉する」というのは，表現式が評価されるのを防ぎ，表現式自体を変数に格納するということだ．このために quote() という関数が用意されている．quote() を使って，括弧の間にある表現式を捕捉してみよう．

```
call1 <- quote(rnorm(5))
call1
## rnorm(5)
```

上のコードの結果は，5つの乱数になるのではなく，関数呼び出しのままになった．typeof() と class() を使って，この結果のオブジェクト call1 の型とクラスを見てみよう．

```
typeof(call1)
## [1] "language"
class(call1)
## [1] "call"
```

call1 は本質的には言語オブジェクトであり，呼び出しオブジェクトであることがわかった．今度は，関数名を quote() に渡してみよう．

```
name1 <- quote(rnorm)
name1
## rnorm
typeof(name1)
## [1] "symbol"
class(name1)
## [1] "name"
```

このケースでは，呼び出しオブジェクトではなくシンボルオブジェクト（名前オブジェクト）が得られた．このように quote() は，関数呼び出しが捕捉された場合は呼び出しオブジェクトを返し，変数名が捕捉された場合はシンボルオブジェクトを返す．唯一求められるのは，捕捉対象のコードが正しいものであるということだ．つまり，コードが文法的に正しいものでありさえすれば，quote() は捕捉された表現式自体を表す言語オブジェクトを返す．たとえ関数が存在していなかったり変数がまだ定義されていなかったりしても，表現式は問題なく捕捉される．

```
quote(pvar)
## pvar
quote(xfun(a = 1:n))
## xfun(a = 1:n)
```

上の言語オブジェクトのうち，おそらく pvar と xfun と n はいずれもまだ定義されていない．しかし，これを quote() することは問題なくできる．

変数とシンボルオブジェクトの違い，そして関数と呼び出しオブジェクトの違いについて理解しておくことは重要だ．変数はオブジェクトの名前で，シンボルはその名前自体のことだ．

258   第 9 章　メタプログラミング

関数は呼び出し可能なオブジェクトで，呼び出しオブジェクトはまだ評価されていない関数呼び出しを表す言語オブジェクトだ．このケースでは，rnorm が関数で，これは呼び出し可能である（たとえば，rnorm(5) は 5 つの乱数を返す）．一方，quote(rnorm) はシンボルオブジェクトを返し，quote(rnorm(5)) は呼び出しオブジェクトを返す．これらは言語そのものを表すためのオブジェクトであり，関数を表現していても直接実行はできない．

呼び出しオブジェクトをリストに変換すれば，内部構造を見ることができる．

```
as.list(call1)
## [[1]]
## rnorm
##
## [[2]]
## [1] 5
```

この呼び出しは，関数のシンボルと引数という，2 つの要素から構成されていることがわかる．オブジェクトを呼び出しオブジェクトから取り出すこともできる．

```
call1[[1]]
## rnorm
typeof(call1[[1]])
## [1] "symbol"
class(call1[[1]])
## [1] "name"
```

call1 の 1 つ目の要素はシンボルだ．

```
call1[[2]]
## [1] 5
typeof(call1[[2]])
## [1] "double"
class(call1[[2]])
## [1] "numeric"
```

call1 の 2 つ目の要素は数値だ．これまでの例から，quote() が，変数名をシンボルオブジェクトとして，関数呼び出しを呼び出しオブジェクトとして捕捉することは知っているだろう．これらはいずれも言語オブジェクトだ．他のデータ構造の判定と同じように，シンボルの判定には is.symbol() と is.name() が，呼び出しの判定には is.call() という関数が用意されている．また，is.language() はシンボルにも呼び出しにも TRUE を返す．

ここで，「quote() をリテラル値に対して呼び出すと何が起こるだろう？ あるいは，数値や文字列だと？」という疑問が浮かんでくるかもしれない．次のコードは数値 num1 とクオートされた数値 num2 を作成している．

```
num1 <- 100
num2 <- quote(100)
```

これらは全く同じ表示になる．

```
num1
## [1] 100
num2
## [1] 100
```

実際，これらは全く同じ値をもっている．

```
identical(num1, num2)
## [1] TRUE
```

このことからわかるように，quote()は，リテラル値（数値や論理値など）を言語オブジェクトに変換せずそのまま返す．しかし，いくつかのリテラル値を1つのベクトルへと結合する表現式は，やはり呼び出しオブジェクトに変換される．たとえば次のようなコードだ．

```
call2 <- quote(c("a", "b"))
call2
## c("a", "b")
```

この挙動は矛盾したものではない．なぜならc()は，値とベクトルを結合する関数だからだ．さらにas.list()を使って，この呼び出しをリストの形で表示し，構造を見てみよう．

```
as.list(call2)
## [[1]]
## c
##
## [[2]]
## [1] "a"
##
## [[3]]
## [1] "b"
```

この呼び出しの各要素の型を見たければstr()を使えばいい．

```
str(as.list(call2))
## List of 3
##  $ : symbol c
##  $ : chr "a"
##  $ : chr "b"
```

ここでもう1つ注目すべき事実は，単純な算術計算も呼び出しとして捕捉できるということだ．なぜなら，算術計算も本質的には組み込みの関数である＋や＊といった算術演算子への関数呼び出しだからだ．たとえば，1 + 1という最も単純な算術計算に対してquote()を使ってみよう．

```
call3 <- quote(1 + 1)
call3
## 1 + 1
```

260   第9章　メタプログラミング

算術演算としての見た目は保たれているが，これは呼び出しであって，構造はまさに呼び出しのそれになっている．

```
is.call(call3)
## [1] TRUE
str(as.list(call3))
## List of 3
## $ : symbol +
## $ : num 1
## $ : num 1
```

表現式の捕捉についてこれまで学んだことを総動員して，ネストされた呼び出し，つまり，さらなる呼び出しを含んだ呼び出しを捕捉してみよう．

```
call4 <- quote(sqrt(1 + x ^ 2))
call4
## sqrt(1 + x^2)
```

pryr パッケージの関数を使うと，呼び出しの再帰的な構造を見ることができる．このパッケージをインストールするには，install.package("pryr") を実行する．パッケージの準備ができたら，pryr::call_tree を呼び出して構造を見てみよう．

```
pryr::call_tree(call4)
## \- ()
##   \- `sqrt
##   \- ()
##     \- `+
##     \- 1
##     \- ()
##       \- `^
##       \- `x
##       \- 2
```

call4 について，その再帰的な構造がツリー状に表示されている．\- () 演算子は呼び出しを意味している．`var という表記はシンボルオブジェクト var を示している．その他はリテラル値だ．この結果から，シンボルと呼び出しは捕捉され，リテラル値はそのまま保存されていることがわかる．

表現式の呼び出しツリーについて知りたくなった時は，この関数を使っておけば間違いない．この関数には R が表現式を処理する時のやり方が正確に反映されている．

(2)　表現式に変更を加える

表現式を呼び出しオブジェクトとして捕捉すると，その呼び出しにはリストと同じように変更を加えることができる．たとえば，その呼び出しの第一要素を別のシンボルに置き換えれば，呼び出される関数が変わる．

```
call1
## rnorm(5)
call1[[1]] <- quote(runif)
call1
## runif(5)
```

rnorm(5) は runif(5) に変わった．この呼び出しに新しい引数を追加することもできる．

```
call1[[3]] <- -1
names(call1)[[3]] <- "min"
call1
## runif(5, min = -1)
```

呼び出しが別のパラメータ min = -1 をもつようになった．

(3) 関数の引数の表現式を捕捉する

これまでの例では，quote() に直接入力された表現式を捕捉してきた．一方，subset() も，ユーザが引数に入力する任意の表現式を扱うことができる．引数 x として入力された表現式を捕捉する方法について考えてみよう．

まずは quote() を使って関数を実装してみる．

```
fun1 <- function(x) {
  quote(x)
}
```

fun1 が任意の表現式を捕捉できるのか，rnorm(5) に対して呼び出して確かめてみよう．

```
fun1(rnorm(5))
## x
```

明らかに quote(x) は x を捕捉するだけで，入力された表現式 rnorm(5) については何もしていない．これを正しく捕捉するには，substitute() を使う必要がある．この関数は，入力された表現式を捕捉し，その表現式中のシンボルを環境中の値と置き換えた表現式を返す．これを使って，関数の引数の表現式を捕捉してみよう．

```
fun2 <- function(x) {
  substitute(x)
}
fun2(rnorm(5))
## rnorm(5)
```

この実装なら，fun2 は x でなく入力された表現式を返す．x は実行環境中ではプロミス（未評価の表現式）であるため，substitute() は x を fun2 の入力の表現式，つまりこの場合でいえば rnorm(5) で置き換える．

次に挙げる 2 つの例は，言語オブジェクトやリテラル値のリストを渡した時の substitute()

262　第9章　メタプログラミング

の挙動を示している. 1つ目の例として, 渡した表現式の中にあるシンボル x を 1 に置き換え
てみよう.

```
substitute(x + y + x ^ 2, list(x = 1))
## 1 + y + 1^2
```

2つ目の例として, 関数名になるべきシンボル f を, クオートされた関数名 sin で置き換え
てみよう.

```
substitute(f(x + f(y)), list(f = quote(sin)))
## sin(x + sin(y))
```

このように, ある表現式を quote() で捕捉し, ユーザが入力した表現式を substitute()
で捕捉する方法を学んだ.

(4)　関数呼び出しを組み立てる

表現式を捕捉するだけでなく, 組み込み関数を使って言語オブジェクトを直接組み立てるこ
ともできる. たとえば, 以下の call1 は呼び出しを quote() で捕捉している.

```
call1 <- quote(rnorm(5, mean = 3))
call1
## rnorm(5, mean = 3)
```

call() を使うと, 関数と引数がこれと同じ呼び出しを作ることができる.

```
call2 <- call("rnorm", 5, mean = 3)
call2
## rnorm(5, mean = 3)
```

また別のやり方として, 呼び出しの要素のリストを as.call() で呼び出しに変換すること
もできる.

```
call3 <- as.call(list(quote(rnorm), 5, mean = 3))
call3
## rnorm(5, mean = 3)
```

3つの方法が作る呼び出しはいずれも同じだ. つまりいずれも, 同じ名前の関数を同じ引数と
ともに呼び出しているのだ. これは identical() を使って次のように確かめることができる.

```
identical(call1, call2)
## [1] TRUE
identical(call2, call3)
## [1] TRUE
```

9.2.2 表現式を評価する

表現式を捕捉したら，次にそれを評価する．これには eval() を使う．たとえば，sin(1) と
タイプして Enter キーを押すと，即座に値が現れる．

```
sin(1)
## [1] 0.841471
```

sin(1) の評価を制御するには，quote() を使って表現式を捕捉してから，eval() を使っ
てその関数呼び出しを評価すればよい．

```
call1 <- quote(sin(1))
call1
## sin(1)
eval(call1)
## [1] 0.841471
```

文法的に正しい表現式なら何でも捕捉することができる．つまり，未定義の変数を使った表
現式も quote() できる．

```
call2 <- quote(sin(x))
call2
## sin(x)
```

call2 の中で，sin(x) は未定義の変数 x を使っている．もしこれをこのまま評価すると，
エラーが起こる．

```
eval(call2)
## Error in eval (call2): オブジェクト 'x' がありません
```

このエラーは，x を定義せずに sin(x) を直接実行した時のものと似ている．

```
sin(x)
## Error in eval (expr, envir, enclos): オブジェクト 'x' がありません
```

コンソールで直接実行する時と eval() を使う時の違いは，eval() だと表現式を評価する
のに必要な情報をリストとして渡すことができる点だ．この場合，変数 x を作る必要はなく，x
を含むリストをその場で作って渡せば，表現式はそのリストからシンボルを探索してくれる．

```
eval(call2, list(x = 1))
## [1] 0.841471
```

eval() の引数には，リストではなく環境を渡すこともでき，リストと同様にシンボル探索
に使われる．ここで，新しい環境 e1 を作って，その中で変数 x を値 1 で定義し，eval() を
使って e1 の中でこの呼び出しを評価してみよう．

264　第 9 章　メタプログラミング

```
e1 <- new.env()
e1$x <- 1
eval(call2, e1)
## [1] 0.841471
```

　捕捉した表現式が未定義の変数を複数含んでいる場合にも，同じやり方を使うことができる．

```
call3 <- quote(x ^ 2 + y ^ 2)
call3
## x^2 + y^2
```

　未定義のシンボルに値を指定せずに，直接この表現式を評価すると，エラーになる．

```
eval(call3)
## Error in eval (call3): オブジェクト 'x' がありません
```

　一部のシンボルだけに値を指定しても，やはりエラーになる．

```
eval(call3, list(x = 2))
## Error in eval (call3, list(x=2)): オブジェクト 'y' がありません
```

　表現式の中のシンボルの値をすべて指定した時にのみ，値が返ってくる．

```
eval(call3, list(x = 2, y = 3))
## [1] 13
```

　eval(expr, envir, enclos) による評価の仕組みは，関数を呼び出すのと同じだ．関数の中身が expr，実行環境が envir になっている．envir がリストとして渡された場合は，エンクロージング環境は enclos になる．リストでなければ，エンクロージング環境は envir の親環境になる．この仕組みは，まさにシンボル探索の挙動をなぞっている．仮に call3 を評価するのに環境を使った場合を考えてみよう．e1 は変数 x しか含んでいないので，評価は失敗する．

```
e1 <- new.env()
e1$x <- 2
eval(call3, e1)
##  [1]  6.368893  8.224148  6.158961  7.330106  4.000500 13.060431  6.700319
##  [8]  4.068886  4.506299 13.042170 44.034311  4.620743  4.002181  4.402738
## [15]  4.072132  6.988460  7.898109 25.165266  4.013387  5.759791  4.019216
## [22] 10.709297 20.746783  6.943872 14.592250  4.060541  8.177493 14.511225
## [29] 16.862319  8.586790 31.629828  4.179857  4.055772  7.304529  4.724589
## [36]  7.287089  4.048334  4.270499  4.000674  9.194113  4.056334  5.536803
## [43]  5.307629  4.178822  8.599998  5.323295  8.925572  4.509639  4.662999
## [50]  4.384307
```

次に，e1 を親にもち，変数 y を含む環境 e2 を作る．e2 の中で call3 を評価すると，x と y はいずれも見つかるのでこの評価は成功する．

```
e2 <- new.env(parent = e1)
e2$y <- 3
eval(call3, e2)
## [1] 13
```

上のコードで eval(call3, e2) は，e2 を実行環境として call3 を評価しようとする．ここで，この評価のプロセスを辿り，評価の仕組みについて理解を深めてみよう．評価のプロセスは，pryr::call_tree() が生成する呼び出しツリーを再帰的に追っていくことで見えてくる．

```
pryr::call_tree(call3)
## \- ()
##    \- `+
##     \- ()
##      \- `^
##      \- `x
##      \- 2
##     \- ()
##      \- `^
##      \- `y
##      \- 2
```

まず，+ という関数を探そうとする．e2 と e1 を通過し，すべての基本的な算術演算子が定義されている基本環境 (baseenv()) に到達してようやく + を見つける．次に，+ は引数を評価する必要があるので，^ という関数を同様の流れで探索して見つける．次に，^ も引数を評価する必要があるので，e2 の中でシンボル x を探す．環境 e2 は x を含んでいないので，e2 の親環境 e1 へと探索を続け，そこで x を見つける．最後に，e2 の中でシンボル y を探し，即座に見つける．呼び出しが必要とする引数の準備ができたら，呼び出しは評価されて結果が返る．

また別のケースとして，envir にリストを渡し，エンクロージング環境も渡すという場合を考えてみよう．

```
e3 <- new.env()
e3$y <- 3
eval(call3, list(x = 2), e3)
## [1] 13
```

この場合，評価プロセスの最初に，まずリストから実行環境が生成される．この実行環境は，引数として指定された e3 を親環境にもつ．そしてあとは，先ほどの例と全く同じプロセスになる．

R ではあらゆる操作が関数呼び出しなので，quote() や substitute() はすべてを捕捉することができる．代入も，一見すると関数呼び出しではなさそうな他の操作も，すべてだ．実例を挙げると，x <- 1 は本質的には <- を (x, 1) という引数とともに呼び出すことであって，

266　第 9 章　メタプログラミング

`length(x) <- 10` は本質的には `length<-` を `(x，10)` という引数とともに呼び出すことなのだ．

　この点について説明するために，別の例として新しい変数を作る場合を考えてみよう．次の例では，実行環境を生成するためにリストを渡し，エンクロージング環境として e3 を渡している．

```
eval(quote(z <- x + y + 1), list(x = 1), e3)
e3$z
## NULL
```

　結果を見ると，z は e3 の中には作られず，リストから変換された一時的な実行環境の中にできた．もし e3 を実行環境として指定すると，変数はその中に作られる．

```
eval(quote(z <- y + 1), e3)
e3$z
## [1] 4
```

　まとめると `eval()` は，関数呼び出しと限りなく近い挙動をとるが，実行環境とエンクロージング環境に手を加えて，表現式の評価のカスタマイズを可能にしてくれる．これは，`subset()` のような便利な使い方もできるし，次のようにいたずらに使うこともできる．

```
eval(quote(1 + 1), list(`+` = `-`))
## [1] 0
```

9.2.3　非標準評価について理解する

　これまでの節で，`quote()` と `substitute()` を使って表現式を言語オブジェクトとして捕捉すること，`eval()` を使ってそれを指定したリストや環境の中で評価することについて学んだ．これらの関数は R におけるメタプログラミングの根幹をなしていて，標準評価に手を加えることを可能にしてくれる．メタプログラミングが主に活用されるのは，特定の用途をより簡単にするための非標準評価だ．これからいくつかの例について議論し，非標準評価の仕組みについて見ていこう．

(1)　非標準評価を使って要素抽出を実装する

　ベクトルから要素を抽出しなければならないことがしばしばある．抽出の範囲は，先頭から数えていくつかかもしれないし，末尾から数えていくつかかもしれないし，その間のどこかかもしれない．先頭や末尾の場合は，単純に `head(x, n)` と `tail(x, n)` を使えばいい．どちらでもない場合は，ベクトルの長さを入力する必要がある．たとえば，数値型ベクトルがあって，3 番目の要素から最後から数えて 5 番目の要素までを取り出したいという場面を考えてみよう．

```
x <- 1:10
x[3:(length(x) -5)]
## [1] 3 4 5
```

　この抽出に用いる表現式は x を二度使っていて，少し冗長に見える．入力ベクトルの長さを表す特別なシンボルを使える関数をメタプログラミングで作ってみよう．次の関数 qs はこのアイディアのシンプルな実装で，ドット (.) で入力ベクトル x の長さを表すことができる．

```
qs <- function(x, range) {
  range <- substitute(range)
  selector <- eval(range, list(. =length(x)))
  x[selector]
}
```

　この関数を使えば，3:(. - 5) の指定により初めの例と同じ範囲を表すことができる．

```
qs(x, 3:(. - 5))
## [1] 3 4 5
```

　末尾から数えた番号で要素を 1 つだけ取り出すことも簡単にできる．

```
qs(x, . - 1)
## [1] 9
```

　qs() をもとにした次の関数は，入力ベクトル x の両端から n 個の要素を刈り込むように設計されている．つまり，この関数は x から先頭の n 個の要素と末尾の n 個の要素を抜いたベクトルを返す．

```
trim_margin <- function(x, n) {
  qs(x, (n + 1):(. -n -1))
}
```

　この関数は一見すると問題なさそうだが，実際に動かしてみるとエラーになる．

```
trim_margin(x, 3)
## Error in n + 1:    二項演算子の引数が数値ではありません
```

　いったいぜんたい，なぜ n を見つけることができないのだろう．なぜこのようなことが起こるのか理解するために，trim_margin が呼び出された時のシンボルの探索パスを分析する必要がある．次にその詳細に踏み込み，この問題を解決する動的スコーピングという概念を紹介する．

(2)　動的スコーピングについて理解する

　問題に体当たりしようとする前に，これまでに学んだ知識を使って，何が悪いかを分析してみよう．trim_margin(x, 3) を呼び出す時，新しい実行環境の中で x と n とともに

268　第9章　メタプログラミング

qs(x, (n + 1):(. - n - 1)) が呼び出される．qs() は非標準評価を使う特別な関数だ．
何が特別なのかといえば，この関数はまず範囲を言語オブジェクトとして捕捉し，それから必
要なシンボルを追加で指定するリストとともに，それを評価する．しかし，評価時点でこのリ
ストに含まれているのは . = length(x) しかない．

　エラーはまさに eval(range, list(. = length(x))) を実行しようとしたところで起こ
る．刈り込む要素数 n はここでは見つからない．エンクロージング環境の評価で，何かおかし
なことが起こっているに違いない．eval() の enclos 引数のデフォルト値について詳しく見
てみよう．

```
eval
## function (expr, envir = parent.frame(), enclos = if (is.list(envir) ||
## is.pairlist(envir)) parent.frame() else baseenv())
## .Internal(eval(expr, envir, enclos))
## <bytecode: 0x00000000106722c0>
## <environment: namespace:base>
```

　eval() の定義によると，リストを envir に渡すと（まさに先ほど実行したことだ），enclos
はデフォルトでは parent.frame() をとる．parent.frame() は eval() の呼び出し環境，
つまり，qs() を呼び出す時の実行環境だ．確かに qs() の実行環境には n が含まれていない．
　ここで，trim_margin() で substitute() を使う欠点が明らかになった．なぜなら，表現
式が意味をもつのは正しいコンテキスト，つまり，trim_margin() の実行環境においてだけ
だからだ．残念ながら，substitute() は表現式を捕捉するのみで，この表現式を適切に評価
できる環境を捕捉してはくれない．このため，自力で捕捉する必要がある．
　問題がどこからきているのかは明らかになった．この解決策は単純だ．正しいエンクロー
ジング環境，つまり，捕捉された表現式が定義された環境を使うようにすればいい．今回で
いうと，enclos = parent.frame() を指定すれば，eval() は . 以外のすべてのシンボルを
qs() の呼び出し環境から探そうとするようになる．qs() の呼び出し環境というのはつまり，
trim_margin() の実行環境のことで，そこには n がある．これを踏まえて qs() を修正する
と，次のようになる．

```
qs <- function(x, range) {
  range <- substitute(range)
  selector <- eval(range, list(. =length(x)), parent.frame())
  x[selector]
}
```

　先ほどはエラーになったが，同じ引数をこの関数に渡してみるとどうだろうか．

```
trim_margin(x, 3)
## [1] 4 5 6
```

　今度は正しく動作した．このメカニズムは，**動的スコーピング**と呼ばれるものである．前章

で学んだことを思い出してみよう．関数が呼び出されるたびに実行環境が作成される．シンボルがその実行環境に見つからなければ，次はエンクロージング環境の中を探す．

標準評価で使われているレキシカルスコープでは，ある関数のエンクロージング環境は関数が定義された時に決まり，その関数が定義された環境になる．しかし対照的に，非標準評価で使われる動的スコーピングでは，捕捉された表現式を定義した環境である呼び出し環境をエンクロージング環境にするべきだ．こうすることで，改変した実行環境か，エンクロージング環境か，いずれかの環境の連鎖でシンボルが見つかるはずだ．

結論として，関数に非標準評価を使う時には，動的スコーピングを正しく実装するように気をつけなくてはいけない．

(3) モデル式で表現式と環境を捕捉する

動的スコーピングを正しく実装するために，parent.frame() を使って substitute() で捕捉した表現式を追跡できるようにする．簡単な方法は，モデル式を使って表現式と環境を同時に捕捉することだ．

第7章では，モデル式が変数間の関係を表すのによく使われるのを見てきた．モデルを扱う関数（たとえば lm()）の多くは，モデル式を引数として渡して，応答変数と説明変数の関係を指定することができる．実際には，モデル式オブジェクトはこれよりもっと単純なものだ．モデル式は，~ の隣にある表現式とそれが作成された環境を自動で捕捉する．たとえば，以下のようにモデル式を作成し，それを変数に格納することができる．

```
formula1 <- z ~ x ^ 2 + y ^ 2
```

モデル式は，本質的には formula というクラスをもつ言語オブジェクトだ．これは次のようにすれば確かめられる．

```
typeof(formula1)
## [1] "language"
class(formula1)
## [1] "formula"
```

モデル式をリストに変換すれば，その構造についてより詳しく見ることができる．

```
str(as.list(formula1))
## List of 3
##  $ : symbol ~
##  $ : symbol z
##  $ : language x^2 + y^2
##  - attr(*, "class")= chr "formula"
##  - attr(*, ".Environment")=<environment: R_GlobalEnv>
```

formula1 は，~ の両側の表現式を言語オブジェクトとして捕捉するだけでなく，それが定義された環境も捕捉していることがわかる．実際モデル式の中身は，~ という関数と，その引数

270 第9章 メタプログラミング

の呼び出しと，捕捉された呼び出し環境にすぎない．~ の両側が指定されているなら，呼び出しの長さは3になる．

```
is.call(formula1)
## [1] TRUE
length(formula1)
## [1] 3
```

捕捉された言語オブジェクトにアクセスするには，2番目と3番目の要素を展開すればいい．

```
formula1[[2]]
## z
formula1[[3]]
## x^2 + y^2
```

作成された環境にアクセスするには，environment() を呼び出せばいい．

```
environment(formula1)
## <environment: R_GlobalEnv>
```

モデル式は，右寄り，つまり，~ の右側だけを指定することもできる．たとえば以下のようにする．

```
formula2 <- ~x + y
str(as.list(formula2))
## List of 2
##  $ : symbol ~
##  $ : language x + y
##  - attr(*, "class")= chr "formula"
##  - attr(*, ".Environment")=<environment: R_GlobalEnv>
```

このコードでは，~ の引数は1つだけ指定されて捕捉されている．この結果は2つの言語オブジェクトの呼び出しになり，2つ目の要素を展開すると捕捉された表現式にアクセスできる．

```
length(formula2)
## [1] 2
formula2[[2]]
## x + y
```

モデル式の動作については理解できたので，これを使って qs() と trim_margin() の別実装を考えてみよう．次の関数 qs2() は，range がモデル式の時には qs() と同じような挙動を示し，それ以外の時には range を直接使って x から要素を抽出する．

```
qs2 <- function(x, range) {
  selector <- if (inherits(range, "formula")) {
    eval(range[[2]], list(. = length(x)), environment(range))
  } else range
  x[selector]
}
```

`inherits(range, "formula")` を使って `range` がモデル式かどうか調べていることと，`environment(range)` を使って動的スコーピングを実装していることに注目してほしい．これにより，右寄りのモデル式を使って非標準評価を作動させることができる．

```
qs2(1:10, ~3:(. -2))
## [1] 3 4 5 6 7 8
```

　モデル式以外の場合には，標準評価を使うことができる．

```
qs2(1:10, 3)
## [1] 3
```

　この `qs2()` を使えば，モデル式版の `trim_margin` を実装できる．

```
trim_margin2 <- function(x, n) {
  qs2(x, ~ (n + 1):(. -n -1))
}
```

　次のコードで確認できるように，動的スコーピングは正しく動作している．これは，`trim_margin2` に使われているモデル式が，自動的にその実行環境を捕捉しているからだ．実行環境は，モデル式と `n` が定義された環境でもある．

```
trim_margin2(x, 3)
## [1] 4 5 6
```

(4)　subset() をメタプログラミングで実装する

　言語オブジェクトと評価関数，動的スコーピングについて理解したいま，独自バージョンの `subset()` を作ることができるようになった．実装のもととなる発想は以下のように単純なものだ．

- 行の抽出を行う表現式を捕捉し，それをデータフレームの中で評価する（データフレームは本質的にはリスト）．
- 列の選択を行う表現式を捕捉し，それを整数値インデックスの名前付きリストの中で評価する．
- その結果得られる行のセレクタ（論理値型ベクトル）と列のセレクタ（整数値型ベクトル）を使ってデータフレームから要素を抽出する．

　これを実装すれば次のようになるだろう．

```
subset2 <- function(x, subset = TRUE, select = TRUE) {
  enclos <- parent.frame()
  subset <- substitute(subset)
  select <- substitute(select)
  row_selector <- eval(subset, x, enclos)
```

272　第 9 章　メタプログラミング

```
col_envir <- as.list(seq_along(x))
names(col_envir) <- colnames(x)
col_selector <- eval(select, col_envir, enclos)
x[row_selector, col_selector]
}
```

　行抽出の機能は，列選択よりも簡単に実装できる．行抽出を行うためには，subset() を捕捉してそれをデータフレームの中で評価するだけでいい．対して，列抽出は少し扱いづらい．列に対して整数のインデックスのリストを作成し，各インデックスに対応する名前を割り振る．たとえば，3 つの列（仮に x, y, z とする）をもつデータフレームだと，list(a = 1, b = 2, c = 3) というインデックスのリストが必要になる．このリストがあれば，select = c(x, y) いう形式で列を選択できるようになる．c(x, y) をインデックスのリストの中で評価すれば，整数のインデックスが得られるからだ．

　subset2() の挙動は，組み込み関数である subset() のそれとかなり近くなった．

```
subset2(mtcars, mpg >= quantile(mpg, 0.9), c(mpg, cyl, qsec))
##                 mpg cyl qsec
## Fiat 128       32.4   4 19.47
## Honda Civic    30.4   4 18.52
## Toyota Corolla 33.9   4 19.90
## Lotus Europa   30.4   4 16.90
```

　どちらの実装も，a:b という表現式で a と b の間にある（両端も含む）列をすべて選択することができる．

```
subset2(mtcars, mpg >= quantile(mpg, 0.9), mpg:drat)
##                 mpg cyl disp  hp drat
## Fiat 128       32.4   4 78.7  66 4.08
## Honda Civic    30.4   4 75.7  52 4.93
## Toyota Corolla 33.9   4 71.1  65 4.22
## Lotus Europa   30.4   4 95.1 113 3.77
```

9.3　まとめ

　この章では関数型プログラミングについて学び，クロージャや高階関数などが登場した．メタプログラミングのための機能についてさらに深掘りし，言語オブジェクトや評価関数，モデル式，そしてユーザが入力した表現式が，評価の挙動に手を加えた時に正しく動くようにする動的スコーピングの実装方法についても学んだ．かなりの数の有名パッケージが，インタラクティブな分析をやりやすくするためにメタプログラミングと非標準評価を使っているので，これらがどのように機能しているか理解することは重要だ．そうすれば，自信をもってコードの結果を予測したりデバッグしたりできるようになる．

　次の章では，R を支えるまた別の仕組み，オブジェクト指向プログラミングのシステムにつ

いて見ていき，オブジェクト指向プログラミングの基本的な発想と，Rにおける実装と便利さについて学ぶ．具体的には，制約の緩いS3システムから始めて，豊富な機能を提供してくれる厳格なS4システムを扱い，参照クラスと新しく実装されたR6システムを紹介する．

第10章
オブジェクト指向プログラミング

　前章では，関数型プログラミングとメタプログラミングを用いて関数の挙動に手を加える方法を学んだ．関数を作る時，一定のコンテクストをもたせた関数を作ることができ，これはクロージャと呼ばれる．他のオブジェクトと同じように高階関数には関数を引数として渡すことができる．

　この章では，オブジェクト指向プログラミングの世界へと足を踏み入れ，オブジェクトの挙動に手を加える方法について学ぶ．R には複数の異なるオブジェクト指向システムが用意されている．これらは一見すると，他のプログラミング言語のオブジェクト指向システムとはかなり異なるように見える．しかし，その考え方はほぼ同じものだ．まずは，オブジェクトのクラスとメソッドという概念について簡単に説明した後，これらの概念を使ってデータやモデルの扱い方を統一する方法について示す．さらに次のトピックを初歩から説明していく．

- オブジェクト指向プログラミングの考え方
- S3 システム
- S4 システム
- 参照クラス
- R6 パッケージ

　最後に，これらをいくつかの観点から比較する．

10.1　オブジェクト指向プログラミングとは

　Java や Python，C++，C#といったプログラミング言語を使ったことがあるなら，オブジェクト指向スタイルのコーディングには親しみを感じるはずだ．しかし，他のオブジェクト指向言語に馴染みがなければ，この用語が少し抽象的に聞こえて戸惑うことだろう．とはいえ心配する必要はない．要点を押さえさえすれば，オブジェクト指向を理解するのは思ったよりも簡単だ．

　プログラミングとはつまり，プログラム開発ツールを使って何らかの問題を解決することだ．

10.1 オブジェクト指向プログラミングとは　275

問題を解くにはまず，その問題をモデル化する必要がある．伝統的なやり方はこうだ．いくつかのステップで数値解析問題を解くアルゴリズムを見つけ出す．それから，手続き的なコードを書いてそのアルゴリズムを実装する．たとえば，大部分の統計アルゴリズムは手続き的なスタイルで実装されている．つまり，理論に定められたステップを一つ一つ実行することで入力を出力に変換する．しかし多くの問題は，オブジェクトのクラスとクラス同士のやりとりについて定義すれば，現実の事象に即した直感的なモデルを作ることができる．つまりこれは，オブジェクト指向スタイルのプログラミングによって対象の重要な性質を適切に抽象化して真似るという試みなのだ．

オブジェクト指向プログラミングにかかわる概念は数多くあるが，ここでは重要なもののみに絞って説明していく．

10.1.1　クラスとメソッドを理解する

この章の最も重要な概念は，クラスとメソッドだ．クラスはそのオブジェクトがどのようなものであるかを記述していて，メソッドはそれが何をできるか定義している．実世界を見渡せば，この概念に当てはまる事象を無数に見つけることができる．たとえば，動物はクラスとして記述できる．このクラスには，「鳴き声を出す」「動く」といったメソッドを定義することができる．乗り物もクラスとして記述できる．このクラスでは，「起動する」「動く」「停止する」といったメソッドを定義することができる．人は，「起きる」「他の人に話しかける」「別の場所へ行く」といったメソッドをもつクラスとして記述できる．

必要に応じて，ある問題に対してクラスを定義することで対象オブジェクトをモデル化し，さらにメソッドを定義してオブジェクト同士のやりとりをモデル化することができる．オブジェクトといっても，物理的でなくても形をもっていなくてもいい．1つ実例を挙げると，銀行口座がそうだ．銀行口座は銀行のデータストレージにしか存在しないが，これを賃借や口座所有者といったデータフィールドをもつクラスでモデル化し，「預ける」「引き出す」「別口座に送金する」といったメソッドを定義しておくと扱いやすくなる．

10.1.2　継承を理解する

オブジェクト指向プログラミングのまた別の重要な概念として，継承がある．継承とはつまり，基本クラス（スーパークラス）の挙動を継承しつつ，そこに新たな挙動を付け加えたクラスを定義することができるということだ．基本クラスは抽象的で一般的な概念を表すのに対して，継承クラスは具体的ではっきりしたものを表すことが多い．日常生活の中にも，基本クラスと継承クラスの関係が当てはまるものが見つけられる．たとえば，犬と猫はそれぞれ動物クラスを継承したクラスだ．動物クラスには「鳴き声を出す」「動く」といったメソッドが定義される．犬クラスと猫クラスはどちらもこれらのメソッドを継承するが，その実装は異なるので，

276　第 10 章　オブジェクト指向プログラミング

異なる鳴き声を出し，異なる動きをする．また，車，バス，飛行機は乗り物クラスを継承した
クラスだ．乗り物クラスは「起動する」「動く」「停止する」といったメソッドを定義している．
車クラス，バスクラス，飛行機クラスはこれらの機能を継承しつつ異なった動作をする．車と
バスは表面に沿って 2 次元で動くが，他方で飛行機は空中を 3 次元に動く．

　オブジェクト指向プログラミングのシステムの概念は他にもあるが，本章ではここまでにし
ておこう．ここで紹介した概念を踏まえつつ，これらの概念が R のプログラミングにおいてど
のように使われているかを見ていこう．

10.2　S3 オブジェクトシステム

　S3 オブジェクトシステムは，単純で柔軟なオブジェクト指向のシステムだ．すべての基礎的
なオブジェクト型は S3 のクラス名をもっている．たとえば，integer, character, logical,
list, data.frame といったものはすべて S3 のクラスだ．

　以下の vec1 を例にとると，この型は double だ．これは，vec1 の内部的な型や保管モード
が倍精度浮動小数点数だということを意味する．一方，S3 クラスを見ると numeric になって
いる．

```
vec1 <- c(1, 2, 3)
typeof(vec1)
## [1] "double"
class(vec1)
## [1] "numeric"
```

　以下の data1 の型は list だ．これは data1 の内部的な型や保管モードがリストであると
いうことだが，S3 クラスは data.frame となっている．

```
data1 <- data.frame(x = 1:3, y = rnorm(3))
typeof(data1)
## [1] "list"
class(data1)
## [1] "data.frame"
```

　次項では，このオブジェクトの内部的な型と S3 クラスの違いについて説明しよう．

10.2.1　総称関数とメソッドディスパッチについて理解する

　この章の冒頭で述べたように，クラスはその挙動を定義するメソッドをもつことができる．
多くの挙動は，他のオブジェクトとのやりとりに関するものだ．S3 システムでは，まず総称関
数を定義し，それに対してクラスごとに異なるメソッドを実装できる．メソッドは S3 のクラス
に応じて選ばれる（メソッドディスパッチ）ので，オブジェクトのクラスが重要になってくる．

　S3 総称関数の例は枚挙に暇がない．各関数は特定のクラス用ではなく一般的な目的のための

もので，その目的に合わせて，クラスごとに異なる実装を用意できるようになっている．まずは，head() と tail() について見てみよう．これらの機能は単純だ．head() はデータオブジェクトの先頭の n レコードを取得し，tail() はデータオブジェクトの末尾の n レコードを取得する．レコードの定義はオブジェクトのクラスによって異なるので，単純に x[1:n] とすればよいわけではない．対象がアトミックベクトル（numeric，character など）の場合は，「先頭の n レコード」というのはそのまま「先頭の n 個の要素」という意味だと解釈してよい．しかし，対象がデータフレームの場合，「先頭の n レコード」というのは「先頭の n 列」ではなく「先頭の n 行」という意味になる．データフレームは内部的にはリストなので，データフレームの先頭の n 要素を取り出そうとすると，実際には先頭の n 列が取り出されてしまう．これは head() に期待する挙動ではない．

まず，コンソールに head と打ち込んで関数の中身を確認してみよう．

```
head
## function (x, ...)
## UseMethod("head")
## <bytecode: 0x7fdf80f683f8>
## <environment: namespace:utils>
```

head() には具体的な実装は含まれておらず，UseMethod("head") を呼び出すのみの総称関数と呼ばれる関数になっている．総称関数は引数のクラスに応じて適切なメソッドをディスパッチする，つまり，クラスによって挙動が変わる．

メソッドディスパッチがどのように機能しているか見るため，numeric クラスと data.frame クラスをもつデータオブジェクトをそれぞれ作成して総称関数 head() に渡してみよう．

```
num_vec <- c(1, 2, 3, 4, 5)
data_frame <- data.frame(x = 1:5, y = rnorm(5))
```

数値型ベクトルに対しては，head() は先頭のいくつかの要素を取り出す．

```
head(num_vec, 3)
## [1] 1 2 3
```

しかし，データフレームに対しては head() は先頭のいくつかの列ではなく，いくつかの行を取り出す．

```
head(data_frame, 3)
##   x          y
## 1 1  0.2089417
## 2 2  0.3150175
## 3 3 -2.1252275
```

ここで，head() の挙動を真似た関数を作ってみよう．次のコードは，与えられた任意のオブジェクト x の先頭の n 要素を取り出す単純な実装だ．

278 第 10 章 オブジェクト指向プログラミング

```
simple_head <- function(x, n) {
  x[1:n]
}
```

この関数は，数値型ベクトルに対しては head() と全く同じように動く．

```
simple_head(num_vec, 3)
## [1] 1 2 3
```

しかしデータフレームに対しては，先頭の n 列を取り出そうとしてしまう．データフレームはリストであって，データフレームの列はそれぞれリストの要素であることを思い出してほしい．n がデータフレームの列数，つまり，リストの要素数を超えてしまうとエラーになってしまう．

```
simple_head(data_frame, 3)
## Error in `[.data.frame`(x, 1:n): undefined columns selected
```

この実装を改良するには，要素を取り出す前に入力オブジェクト x がデータフレームかどうかを確認すればよい．

```
simple_head2 <- function(x, n) {
  if (is.data.frame(x)) {
    x[1:n,]
  } else {
    x[1:n]
  }
}
```

これで，simple_head2() の挙動は，アトミックベクトルに対してもデータフレームに対しても head() とほぼ同じになった．

```
simple_head2(num_vec, 3)
## [1] 1 2 3
simple_head2(data_frame, 3)
##   x          y
## 1 1  0.2089417
## 2 2  0.3150175
## 3 3 -2.1252275
```

しかし，head() が対応しているクラスはもっと多い．methods() を使って，head() に実装されているメソッドの一覧を見てみよう．この関数はメソッドの一覧を文字列型ベクトルとして返す．

```
methods("head")
## [1] head.data.frame* head.default*    head.ftable*    head.function*
## [5] head.matrix      head.table*
## see '?methods' for accessing help and source code
```

この結果からわかるように，`head()`には，ベクトルやデータフレーム以外にも数多くのクラスに対して組み込みメソッドが用意されている．ここで，メソッドが`method.class`という形式になっているということに注目してほしい．`data.frame`オブジェクトを入力として渡すと，`head()`は内部的には`head.data.frame()`を呼び出す．同様に，`table`オブジェクトを渡せば`head.table()`が内部的に呼び出される．数値型ベクトルを渡すと何が起こるだろうか．入力のクラスにマッチするメソッドが見つからない時には，`method.default()`が（定義されていれば）使われる．`head()`の場合，すべてのアトミックベクトルは`head.default()`にマッチする．入力されたオブジェクトに対して総称関数が適切なメソッドを探す，というこの一連のプロセスはメソッドディスパッチと呼ばれる．

メソッドディスパッチを使わなくても，1つの関数の中で常に入力オブジェクトのクラスをチェックするようにすれば，同じことが実現できるようにも思われる．しかし，対応するクラスが増えていく場合を考えると，そのクラス用のメソッドを実装して総称関数の機能を拡張する方が楽だ．メソッドディスパッチを使わずにやるなら，元の関数を変更して特定のクラスをチェックする条件節を追加するという対応が毎回必要になる．これについては後ほど取り上げる．

10.2.2　組み込みクラスとメソッドを使う

ありとあらゆる種類のモデルを統一的に扱いたい．そんな時にはS3総称関数とメソッドだ．例として，線形モデルのオブジェクトを通常とは異なる形式で表示する総称関数を作ってみよう．まず，以下のように線形モデルを作成する．

```
lm1 <- lm(mpg ~ cyl + vs, data = mtcars)
```

線形モデルの中身はモデルから得られるデータフィールドのリストになっているというのはこれまでの章で言及した通りだ．このため`lm1`はリストになっているが，クラスは`lm`なので総称関数によって選ばれるのは`lm`に対するメソッドだ．

```
typeof(lm1)
## [1] "list"
class(lm1)
## [1] "lm"
```

S3メソッドディスパッチはS3総称関数を明示的に呼び出さなくても発生する．コンソールに`lm1`と打ち込んで中身を見ると，モデルオブジェクトの中身が表示される．

```
lm1
##
## Call:
## lm(formula = mpg ~ cyl + vs, data = mtcars)
##
## Coefficients:
```

280　第 10 章　オブジェクト指向プログラミング

```
## (Intercept)          cyl           vs
##     39.6250       -3.0907       -0.9391
```

実際には print() が暗黙的に呼び出されている.

```
print(lm1)
##
## Call:
## lm(formula = mpg ~ cyl + vs, data = mtcars)
##
## Coefficients:
## (Intercept)          cyl           vs
##     39.6250       -3.0907       -0.9391
```

　lm1 の中身はリストなのに, なぜリストのような形式で表示されないのだろうか. これは, print() が総称関数で, lm には線形モデルの重要な情報を表示するための専用のメソッドが用意されているからだ. getS3method("print", "lm") を使えば実際に呼び出されるメソッドが得られる. 次のコードからわかるように, print(lm1) は stats:::print.lm() になっている.

```
identical(getS3method("print", "lm"), stats:::print.lm)
## [1] TRUE
```

　print.lm() は **stats** パッケージに定義されているが, 一般に使えるようにエクスポートされてはいないので ::: を使ってアクセスする必要がある. 一般論としていえば, パッケージの内部オブジェクトにアクセスするのはよい考えではない. 内部オブジェクトはリリースごとに変更されている可能性があり, しかも, その変更はユーザにはわからないからだ. とはいえ, ほとんどの場合は内部オブジェクトにアクセスする必要はない. 呼び出すべき正しいメソッドは, print() 等の総称関数が自動で選んでくれる.

　R では, print() には様々なクラスに対してメソッドが実装されている. 次のコードを実行してメソッドがいくつあるか調べてみよう.

```
length(methods("print"))
## [1] 221
```

　methods("print") を呼び出せば, メソッドの一覧を見ることができる. 追加でパッケージをロードすると, そのパッケージの独自クラスに対して実装された print() のメソッドがこの一覧に加わることもある.

　print() はモデルを簡潔に表示するが, summary() は詳細な情報を表示してくれる. この関数も, あらゆる種類のモデルクラスに対して多くのメソッドをもつ総称関数でもある.

```
summary(lm1)
##
## Call:
```

```
## lm(formula = mpg ~ cyl + vs, data = mtcars)
##
## Residuals:
##    Min    1Q Median    3Q    Max
## -4.923 -1.953 -0.081  1.319  7.577
##
## Coefficients:
##             Estimate Std. Error t value Pr(>|t|)
## (Intercept)  39.6250     4.2246   9.380 2.77e-10 ***
## cyl          -3.0907     0.5581  -5.538 5.70e-06 ***
## vs           -0.9391     1.9775  -0.475    0.638
## ---
## Signif. codes:  0 '***' 0.001 '**' 0.01 '*' 0.05 '.' 0.1 ' ' 1
##
## Residual standard error: 3.248 on 29 degrees of freedom
## Multiple R-squared:  0.7283, Adjusted R-squared:  0.7096
## F-statistic: 38.87 on 2 and 29 DF,  p-value: 6.23e-09
```

summary() による線形モデルの要約は，print() が表示する情報だけでなく，係数とモデル全体についての重要な統計量も示してくれる．細かくいえば，summary() の結果はデータを保持するオブジェクトになっている．この場合は summary.lm クラスのリストで，独自のprint() メソッドを備えている．

```
lm1summary <- summary(lm1)
typeof(lm1summary)
## [1] "list"
class(lm1summary)
## [1] "summary.lm"
```

lm1summary が保持する要素の一覧は，このリストの名前を見ればよい．

```
names(lm1summary)
## [1] "call"          "terms"         "residuals"     "coefficients"
## [5] "aliased"       "sigma"         "df"            "r.squared"
## [9] "adj.r.squared" "fstatistic"    "cov.unscaled"
```

lm1summary の要素にアクセスするには，普通のリストから要素を取り出す時と全く同じようにすればよい．たとえば，線形モデルの係数の予測値は lm1$coefficients で取り出すことができる．あるいは，次のようにすることもできる．

```
coef(lm1)
## (Intercept)          cyl           vs
##  39.6250234   -3.0906748   -0.9390815
```

この coef() も総称関数で，モデルオブジェクトから係数ベクトルを取り出すために用意されている．同様に，summary() の結果がもつ係数テーブルにアクセスするには，lm1summary$coefficients とするか，やはり coef() を使えばよい．

```
coef(lm1summary)
##                Estimate  Std. Error    t value     Pr(>|t|)
## (Intercept)  39.6250234   4.2246061   9.3795782 2.765008e-10
## cyl          -3.0906748   0.5580883  -5.5379676 5.695238e-06
## vs           -0.9390815   1.9775199  -0.4748784 6.384306e-01
```

モデルを扱う時に便利な総称関数としては，他にも`plot()`や`predict()`等がある．ここまでに取り上げてきた総称関数はすべて，Rにおいて予測モデルを扱う時の標準的な方法だ．他にも様々なモデルが組み込みや拡張パッケージによって提供されているが，各モデルにはこれらの総称関数を実装したメソッドが用意されることが多い．メソッドが用意されているなら，モデルごとに異なる関数を覚える必要はないので楽だ．たとえば，`plot()`を2×2の仕切りとともに線形モデルに対して使うことができる．

```
oldpar <- par(mfrow = c(2, 2))
plot(lm1)
par(oldpar)
```

このコードを実行すると，以下の4分割された図ができる．

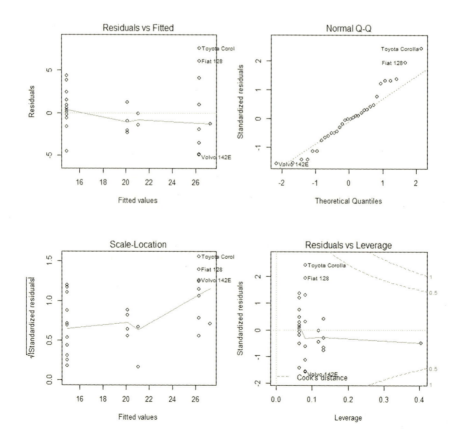

plot() を線形モデルに対して使うと，残差の特性を示す 4 つの診断グラフが描かれた．これらのグラフは，モデルの当てはまりがよいか悪いか，だいたいの傾向をつかむのに役立つ．ちなみに，plot() を lm に対してコンソールで直接呼んだ場合は，4 つのグラフが次々に現れて前のグラフを上書きしてしまう．par() を呼んでグラフ描画の領域を 2 × 2 に分割したのはこれを避けるためだ．

多くの統計モデルは，新しいデータを与えると予測に使うことができる．predict() を使って実際に予測してみよう．predict() は，線形モデルと新しいデータを与えると，適切なメソッドを探して新しいデータで予測をしてくれる．

```
predict(lm1, data.frame(cyl = c(6, 8), vs = c(1, 1)))
##        1        2
## 20.14189 13.96054
```

predict() はサンプル内予測 (in sample) にもサンプル外予測 (out of sample) にも使える．モデルに対して与えたデータがモデルの訓練データに含まれるデータであればサンプル内予測であり，含まれないデータであればサンプル外予測である．ここで，実測値 (mtcars$mpg) と当てはめ値 (fitted values) の散布図を描いて，線形モデルの予測がどれくらいよく当てはまっているかを見てみよう．

```
plot(mtcars$mpg, fitted(lm1))
```

このコードで生成されるグラフを次に示す．

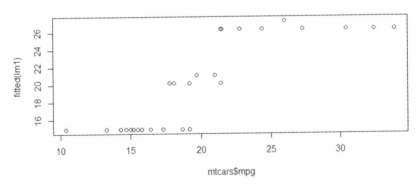

fitted() も総称関数であり，その結果は今回は lm1$fitted.values と同じになる．この当てはめ値は predict(lm1, mtcars) を元データに対して使った予測値と等しい．

目的変数の実測値と当てはめ値の差は残差と呼ばれる．residuals() という総称関数を使えば，残差の数値型ベクトルにアクセスすることができる．あるいは，lm1$residuals としても同様だ．この残差の密度曲線を書いてみよう．

```
plot(density(residuals(lm1)),
 main = "Density of lm1 residuals")
```

このコードで生成されるグラフを次に示す．

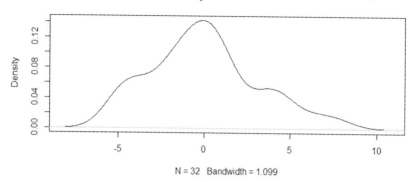

先のコードで用いた関数は，すべて総称関数である．residuals() は lm1 から残差を取り出し，数値型ベクトルを返す．density() は density クラスのリストを作成し，その中に残差の密度推定データを格納する．そして，総称関数 plot() は plot.density() になって密度曲線を作成する．

これらの総称関数は，lm や glm，その他の組み込みモデルだけでなく，他のパッケージによって提供されているモデルもうまく扱うことができる．たとえば，**rpart** パッケージを使って，先ほどと同じデータと同じモデル式で回帰木を当てはめてみよう．このパッケージをまだインストールしていなければ次のようにインストールしよう．

```
install.packages("rpart")
```

これでパッケージを読み込む準備はできた．rpart() は lm() と全く同じように呼び出すことができる．

```
library(rpart)
tree_model <- rpart(mpg ~ cyl + vs, data = mtcars)
```

これは，パッケージ作者が，意図的に関数の呼び出し方を R の組み込み関数のそれと合わせているからだ．rpart() の結果のオブジェクトはリストだが rpart というクラスをもっており，lm() の結果と同じく通常のリストとは異なる挙動を示す．

```
typeof(tree_model)
## [1] "list"
class(tree_model)
## [1] "rpart"
```

lm オブジェクトのように，rpart にもいくつかの総称関数が実装されている．たとえば，print() を使うとモデルを rpart 独自の形式で表示できる．

```
print(tree_model)
## n= 32
##
## node), split, n, deviance, yval
##       * denotes terminal node
##
## 1) root 32 1126.04700 20.09062
##   2) cyl>=5 21  198.47240 16.64762
##     4) cyl>=7 14   85.20000 15.10000 *
##     5) cyl< 7 7   12.67714 19.74286 *
##   3) cyl< 5 11  203.38550 26.66364 *
```

　print() には rpart クラスのためのメソッドが用意されており，それが回帰木の概要を簡潔に表示してくれている．print() の他には，summary() でモデルのフィッティングに関する詳細を表示することもできる．

```
summary(tree_model)
## Call:
## rpart(formula = mpg ~ cyl + vs, data = mtcars)
##   n= 32
##
##           CP nsplit rel error    xerror      xstd
## 1 0.64312523      0 1.0000000 1.0366982 0.24747502
## 2 0.08933483      1 0.3568748 0.4132210 0.08044034
## 3 0.01000000      2 0.2675399 0.3957144 0.07724064
##
## Variable importance
## cyl  vs
##  65  35
##
## Node number 1: 32 observations,    complexity param=0.6431252
##   mean=20.09062, MSE=35.18897
##   left son=2 (21 obs) right son=3 (11 obs)
##   Primary splits:
##       cyl < 5   to the right, improve=0.6431252, (0 missing)
##       vs  < 0.5 to the left,  improve=0.4409477, (0 missing)
##   Surrogate splits:
##       vs < 0.5 to the left,  agree=0.844, adj=0.545, (0 split)
##
## Node number 2: 21 observations,    complexity param=0.08933483
##   mean=16.64762, MSE=9.451066
##   left son=4 (14 obs) right son=5 (7 obs)
##   Primary splits:
##       cyl < 7   to the right, improve=0.5068475, (0 missing)
##   Surrogate splits:
##       vs < 0.5 to the left,  agree=0.857, adj=0.571, (0 split)
##
## Node number 3: 11 observations
##   mean=26.66364, MSE=18.48959
##
```

```
## Node number 4: 14 observations
##     mean=15.1, MSE=6.085714
##
## Node number 5: 7 observations
##     mean=19.74286, MSE=1.81102
```

同様に plot() や text() にも，rpart 用にモデルを可視化するメソッドがある．

```
oldpar <- par(xpd = NA)
plot(tree_model)
text(tree_model, use.n = TRUE)
par(oldpar)
```

上記コードを実行すると，次のツリーグラフが得られる．

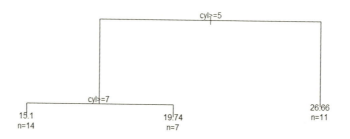

先ほどの線形モデルと同じく，回帰木モデルも predict() を使えば，新しくデータを与えて予測を行うことができる．

```
predict(tree_model, data.frame(cyl = c(6, 8), vs = c(1, 1)))
##        1        2
## 19.74286 15.10000
```

なお，すべての統計モデルがすべての総称関数に対してメソッドを実装しているわけではない．たとえば，回帰木は単純なパラメトリックなモデルではないため，coef() のメソッドは実装されていない．

```
coef(tree_model)
## NULL
```

10.2.3 既存のクラスに総称関数を定義する

前項では，既存のクラスとメソッドを使ってモデルオブジェクトを扱う方法について学んだ．ここでさらに，S3 クラスシステムを用いて，独自のクラスや総称関数を作ることもできる．head() のメソッドディスパッチを真似るために条件文を使っていた例を思い出してほしい．1 つの関数に条件式を詰め込んでいくよりも，S3 総称関数を使った方がはるかに柔軟で拡

張しやすい. 総称関数を定義するには, UseMethod() を内部で呼び出して, メソッドディスパッチを発生させる関数を作成するのが普通だ. その後, その総称関数で扱いたいクラスに対して method.class() という形式でメソッドの関数を作成する. 加えて, その他すべての場合を引き受ける method.default() という名前のデフォルトのメソッドを作ることが多い.

独自の head() の例を, 総称関数とメソッドを使って書き直してみよう. ここでは, 新しい総称関数 generic_head() を作成する. この関数は入力オブジェクト x と抽出するレコード数 n という 2 つの引数をもつ. この総称関数は, UseMethod("generic_head") を呼び出すことで x のクラスに従ってメソッドディスパッチを行う.

```
generic_head <- function(x, n)
  UseMethod("generic_head")
```

アトミックベクトル (numeric, character, logical など) については, 先頭の n 要素を取り出すべきだ. generic_head.numeric(), generic_head.character() といった関数をそれぞれ定義することもできるが, 今回はデフォルトメソッドを定義する方がよさそうだ. デフォルトメソッドは, 他の generic_head.class() メソッドのいずれにもマッチしなかった場合をすべて引き受ける.

```
generic_head.default <- function(x, n) {
  x[1:n]
}
```

いまは generic_head() のメソッドはただ 1 つだけなので, これは総称関数を使わないのと全く変わらない.

```
generic_head(num_vec, 3)
## [1] 1 2 3
```

data.frame クラスのメソッドを定義しなかったので, データフレームを与えると generic_head.default() にフォールバックし, 列インデックス外への不正アクセスを起こしてエラーになる.

```
generic_head(data_frame, 3)
## Error in `[.data.frame`(x, 1:n): undefined columns selected
```

data.frame 用のメソッドを追加してみよう.

```
generic_head.data.frame <- function(x, n) {
  x[1:n,]
}
```

こうすることで, 総称関数 generic_head() は当初期待していた挙動を示すようになる.

288　第 10 章　オブジェクト指向プログラミング

```
generic_head(data_frame, 3)
##   x       y
## 1 1  0.2089417
## 2 2  0.3150175
## 3 3 -2.1252275
```

　気付いたかもしれないが，先に実装したメソッドは引数をチェックしていないのであまりロ
バストではない．たとえば，n が入力オブジェクトの要素数よりも大きければ，関数は通常と
異なる挙動を示す．その挙動は，望ましくないものであることが多い．このメソッドをよりロ
バストにし，境界条件においても正しく動作するようにするのは読者への宿題とする．

10.2.4　新しいクラスのオブジェクトを作る

　さあ，新しいクラスを定義してみる時がきた．クラスは，class(x) で x のクラスを取得で
き，class(x) <- "some_class" で x のクラスを some_class に設定できる．

(1)　リストをデータ構造として使う

　lm や rpart で見たように，独自のクラスの内部データ構造として最も広く使われているの
は，おそらくリストだ．クラスには様々な種類の様々な長さのデータが格納されるので，リス
トは都合がよい．これに他のオブジェクトとやりとりをするメソッドを付け加えれば，新しい
クラスのできあがりだ．次の例では，name, price, inventory をもつ product クラスのリ
ストを作る product() という関数を定義している．このクラスに，独自の print() メソッド
や他の挙動を定義していこう．

```
product <- function(name, price, inventory) {
  obj <- list(name = name,
   price = price,
   inventory = inventory)
  class(obj) <- "product"
  obj
}
```

　この関数は，まずリストを作って，そのクラスを product と置き換え，最後にこのオブ
ジェクトを結果として返す．オブジェクトのクラスは文字列型ベクトルで指定する．他には，
structure() を使うという手もある．

```
product <- function(name, price, inventory) {
  structure(list(name = name,
   price = price,
   inventory = inventory),
   class = "product")
}
```

これで product クラスのオブジェクトを生成する関数が完成した．次のコードでは，product() を呼び出してこのクラスのインスタンスを作成している．

```
laptop <- product("Laptop", 499, 300)
```

これまでに登場したオブジェクトと同じように，内部のデータ構造とメソッドディスパッチに使われる S3 のクラスを見ることができる．

```
typeof(laptop)
## [1] "list"
class(laptop)
## [1] "product"
```

laptop は，先ほど product() を使って作成したので，当然ながら product クラスをもつリストだ．このクラスに対して全くメソッドを定義していないので，挙動は通常のリストオブジェクトと何ら変わりはない．このオブジェクト名をコンソールに打ち込めば，リストと独自のクラス属性が表示される．

```
laptop
## $name
## [1] "Laptop"
##
## $price
## [1] 499
##
## $inventory
## [1] 300
##
## attr(,"class")
## [1] "product"
```

まず，このクラスの print() メソッドを実装する．ここでは，オブジェクトに含まれるクラスとデータフィールドをコンパクトに表示させたい．

```
print.product <- function(x, ...) {
  cat("<product>\n")
  cat("name:", x$name, "\n")
  cat("price:", x$price, "\n")
  cat("inventory:", x$inventory, "\n")
  invisible(x)
}
```

print() メソッドには，さらに別の処理で使えるように入力オブジェクト自体を返す，という決まり事がある．表示がカスタマイズされている場合には，同じオブジェクトが繰り返し表示されることを防ぐために invisible() を使おう．気になるのなら，直接 x を返すようにして何が起こるか確かめてみるとよいだろう．

290 第10章 オブジェクト指向プログラミング

この変数を再びコンソールに入力してみよう．すると，print() メソッドのディスパッチが発生し，すでに定義されている print.product() が選ばれる．

```
laptop
## <product>
## name: Laptop
## price: 499
## inventory: 300
```

laptop の要素には，リストから要素を取り出す時と全く同じようにアクセスできる．

```
laptop$name
## [1] "Laptop"
laptop$price
## [1] 499
laptop$inventory
## [1] 300
```

別のインスタンスを作り，そのインスタンスと先ほどのインスタンスを入れたリストを作っても，このリストを表示しようとするとやはり print.product() が呼び出される．

```
cellphone <- product("Phone", 249, 12000)
products <- list(laptop, cellphone)
products
## [[1]]
## <product>
## name: Laptop
## price: 499
## inventory: 300
##
## [[2]]
## <product>
## name: Phone
## price: 249
## inventory: 12000
```

これは，products がリストとして表示される時，それぞれの要素について print() が呼び出され，ここでもメソッドディスパッチが起こるからだ．

多くのプログラミング言語ではクラスを作るのに正式な定義が必要になるのに対して，S3 クラスの作成はずっと単純だ．それゆえ，引数を十分にチェックして，作成されるオブジェクトの内部がクラスが表すものと整合性がとれているように担保することが重要になってくる．たとえば，適切なチェックがなければ，負の値や非整数値で product が作れてしまう．

```
product("Basket", 150, -0.5)
## <product>
## name: Basket
## price: 150
```

```
## inventory: -0.5
```

これを避けるために，オブジェクトを生成する関数にいくつか条件チェックを加える必要がある．

```
product <- function(name, price, inventory) {
  stopifnot(
    is.character(name), length(name) == 1,
    is.numeric(price), length(price) == 1,
    is.numeric(inventory), length(inventory) == 1,
price > 0, inventory >= 0)
  structure(list(name = name,
    price = as.numeric(price),
    inventory = as.integer(inventory)),
    class = "product")
}
```

関数が拡張され，name は単一の文字列，price は単一の正の値，inventory は単一の非負の値でなければエラーで停止するようになった．この関数を使えば，うっかり間抜けな product を作ってしまうことはできず，早い段階でミスに気付くことができるはずだ．

```
product("Basket", 150, -0.5)
## Error: inventory >= 0 is not TRUE
```

新しいクラスを定義するのに加えて，新しい総称関数を定義することもできる．次のコードでは，value() という新しい総称関数を定義し，product に対するメソッドを実装している．このメソッドは product の inventory の値を計測する．

```
value <- function(x, ...)
  UseMethod("value")
value.default <- function(x, ...) {
  stop("value is undefined")
}
value.product <- function(x, ...) {
  x$price * x$inventory
}
```

他のクラスに対しては，value.default() が呼び出され，エラーで停止する．ここで，value() をこれまでに作った product のインスタンスに使ってみよう．

```
value(laptop)
## [1] 149700
value(cellphone)
## [1] 2988000
```

この総称関数は，apply 族の関数にも使うことができる．メソッドディスパッチは，入力ベクトルやリストのそれぞれの要素に対して実行される．

292　第 10 章　オブジェクト指向プログラミング

```
sapply(products, value)
## [1]   149700 2988000
```

　ところで，あるクラスのオブジェクトは一度作成してしまうともう変更を加えることはできないのだろうか．そんなことはなく，まだ変更できる．たとえば次のようにすれば，laptop の既存の要素を書き換えることができる．

```
laptop$price <- laptop$price * 0.85
```

　laptop に新しい要素を作ることもできる．

```
laptop$value <- laptop$price * laptop$inventory
```

　laptop を見ると，ちゃんと変更されていることがわかる．

```
laptop
## <product>
## name: Laptop
## price: 424.15
## inventory: 300
```

　よくないことに，NULL をセットすれば要素を取り除くことさえできてしまう．こうした点が，S3 システムは厳格なものではないといわれる所以である．ある型のオブジェクトが決まったデータのフィールドとメソッドをもつと保証することはできない．

(2)　アトミックベクトルをデータ構造として使う

　リストオブジェクトから新しいクラスを作る例を先述した．実際には，アトミックベクトルから新しいクラスを作ることが有用な時もある．ここでは，段階を追って百分率を表すベクトルを作成していこう．

　まずは percent() という関数を定義する．この関数は入力が数値型ベクトルかをチェックし，クラスを percent へと変える．このクラスは numeric を継承するものだ．

```
percent <- function(x) {
  stopifnot(is.numeric(x))
  class(x) <- c("percent", "numeric")
  x
}
```

　継承というのは，ここではメソッドディスパッチが percent() のメソッドからまず探しにいくということを意味している．つまり，クラス名の順序が結果に影響するのだ．S3 の継承については後で詳しく取り上げる．

　数値型ベクトルから百分率のベクトルを作ってみよう．

```
pct <- percent(c(0.1, 0.05, 0.25, 0.23))
pct
## [1] 0.10 0.05 0.25 0.23
## attr(,"class")
## [1] "percent" "numeric"
```

現時点では，percent に対して実装されているメソッドはない．そのため，pct は普通の数値型ベクトルに独自のクラス要素がついただけに見える．このクラスの目的は，値を通常の小数表記ではなく「25%」といった百分率の形式で表示することにある．この目的を達成するために，まず，正しい百分率表記の文字列を生成する as.character() を percent クラスに実装する．

```
as.character.percent <- function(x, ...) {
  paste0(as.numeric(x) * 100, "%")
}
```

与えた百分率ベクトルに対して，望んだ文字列形式が得られるようになった．

```
as.character(pct)
## [1] "10%" "5%"  "25%" "23%"
```

同様に，as.character() を直接呼び出す format() を percent に実装する必要がある．

```
format.percent <- function(x, ...) {
  as.character(x, ...)
}
```

これで format() も同じ効果をもつようになった．

```
format(pct)
## [1] "10%" "5%"  "25%" "23%"
```

format.percent() を直接呼び出す print() を percent に実装する．

```
print.percent <- function(x, ...) {
  print(format.percent(x), quote = FALSE)
}
```

フォーマットされた結果の文字列は，quote = FALSE を指定しているので，文字列ではなく数字のように表示される．試しに pct を表示してみると，まさに望んでいた形式になっている．

```
pct
## [1] 10% 5%  25% 23%
```

+ や * といった数値演算は，入力ベクトルのクラスを自動的に保持してくれる．この結果，出力ベクトルもやはり百分率の形式で表示することができる．

294 第 10 章　オブジェクト指向プログラミング

```
pct + 0.2
## [1] 30% 25% 45% 43%
pct * 0.5
## [1] 5%    2.5%  12.5% 11.5%
```

　残念ながら，他の関数については入力のクラスを保存してくれないこともある．たとえば，
sum(), mean(), max(), min() は，独自クラスを取り除いてただの数値型ベクトルを返す．

```
sum(pct)
## [1] 0.63
mean(pct)
## [1] 0.1575
max(pct)
## [1] 0.25
min(pct)
## [1] 0.05
```

　これらの計算を行った時にも百分率の形式が保持されるようにするには，percent クラスに
これらのメソッドを実装する必要がある．

```
sum.percent <- function(...) {
  percent(NextMethod("sum"))
}
mean.percent <- function(x, ...) {
  percent(NextMethod("mean"))
}
max.percent <- function(...) {
  percent(NextMethod("max"))
}
min.percent <- function(...) {
  percent(NextMethod("max"))
}
```

　1つ目のメソッドでは，NextMethod("sum") が数値型ベクトルに対する sum() を呼び出し，
その結果の数値型ベクトルが再び percent でラップされている．他の 3 つのメソッドも同様
のロジックで実装されている．

```
sum(pct)
## [1] 63%
mean(pct)
## [1] 15.75%
max(pct)
## [1] 25%
min(pct)
## [1] 5%
```

　これで，これらの関数も百分率表記の結果を返すようになった．しかし，百分率ベクトルを
別の数値型ベクトルと結合した時には，percent クラスは消えてしまう．

```
c(pct, 0.12)
## [1] 0.10 0.05 0.25 0.23 0.12
```

c() に対しても同じことをしてみよう.

```
c.percent <- function(x, ...) {
  percent(NextMethod("c"))
}
```

これで，百分率ベクトルと数値型ベクトルを結合した結果も百分率ベクトルになった.

```
c(pct, 0.12, -0.145)
## [1] 10%    5%     25%    23%    12%    -14.5%
```

問題はまだある．百分率ベクトルから要素を抽出したり値を取り出す時にも，percent クラスが失われてしまう.

```
pct[1:3]
## [1] 0.10 0.05 0.25
pct[[2]]
## [1] 0.05
```

これを修正するには，[と [[の percent のメソッドを全く同様に実装すればいい．[.percent というメソッド名に驚くかもしれないが，これがこの演算子を使った時に percent クラスにマッチするのだ.

```
`[.percent` <- function(x, i) {
  percent(NextMethod("["))
}
`[[.percent` <- function(x, i) {
  percent(NextMethod("[["))
}
```

これで，要素の抽出も値の取り出しも percent クラスを保持するようになった.

```
pct[1:3]
## [1] 10% 5%   25%
pct[[2]]
## [1] 5%
```

これらのメソッドがすべて実装されたので，データフレームの列として百分率ベクトルを使うこともできる.

```
data.frame(id = 1:4, pct)
##   id pct
## 1  1 10%
## 2  2  5%
## 3  3 25%
```

296　第 10 章　オブジェクト指向プログラミング

```
## 4    4 23%
```

　百分率の形式は，データフレームの列として正しく保持されている．

(3)　S3 の継承を理解する

　S3 のシステムはあまり厳格なものではない．`method.class` という形式で関数を作りさえ
すれば，ある総称関数に対してメソッドを実装することができる．複数の要素をもつ文字列型
ベクトルを渡しさえすれば，その順番に沿って継承関係を示すことができる．

　先に述べたように，メソッドディスパッチにおけるクラスのマッチング順序はクラス名のベ
クトルによって決まる．これを説明するために，継承関係にあるクラスをいくつか組み立てる
という単純な例を見てみよう．車やバス，飛行機といった乗り物をモデル化したいとする．こ
れらの乗り物には共通点がある．いずれも名前と速度と位置をもち，動くことができる．これ
らをモデル化するために，共通の要素を格納する vehicle という基本クラスを定義してみよ
う．また，car，bus，airplane という vehicle を継承して挙動をカスタマイズしたクラス
を定義する．まず，vehicle オブジェクトを作成する関数を定義する．vehicle オブジェク
トの中身は環境だ．リストよりも環境を選んだのは，その参照のセマンティクス，つまりオブ
ジェクトを渡したり変更を加える時に，オブジェクトのコピーが発生しないという性質が必要
だったからだ．このため，オブジェクトはどこに渡されても常に同じ乗り物を指し続ける．

```
Vehicle <- function(class, name, speed) {
  obj <- new.env(parent = emptyenv())
  obj$name <- name
  obj$speed <- speed
  obj$position <- c(0, 0, 0)
  class(obj) <- c(class, "vehicle")
  obj
}
```

　`class(obj) <- c(class, "vehicle")` に注目してほしい．このコードは，class が関
数の引数でもあり基本関数でもあるので，意味が一意に定まらないように見えるかもしれな
い．しかし実際には，`class(obj) <-` は class<-関数を探すので，この解釈は一意である．
`Vehicle()` は，共通のデータフィールドで vehicle クラスを生成するための汎用的な関数だ．
対して，次の関数は car，bus，airplane を作るのに特化している．

```
Car <- function(...) {
  Vehicle(class = "car", ...)
}
Bus <- function(...) {
  Vehicle(class = "bus", ...)
}
Airplane <- function(...) {
  Vehicle(class = "airplane", ...)
```

```
}
```

これらの関数を使うと，car と bus，airplane というオブジェクトを作ることができる．作成されたオブジェクトはすべて，vehicle クラスを継承する．ここで，それぞれのクラスを以下のように作成してみよう．

```
car <- Car("Model-A", 80)
bus <- Bus("Medium-Bus", 45)
airplane <- Airplane("Big-Plane", 800)
```

次に，vehicle に共通の print() メソッドを実装する．

```
print.vehicle <- function(x, ...) {
  cat(sprintf("<vehicle: %s>\n", class(x)[[1]]))
  cat("name:", x$name, "\n")
  cat("speed:", x$speed, "km/h\n")
  cat("position:", paste(x$position, collapse = ", "))
}
```

print.car() や print.bus()，print.airplane() は定義されていないので，これらの変数をコンソールに打ち込むと，表示には print.vehicle() が使われる．

```
car
## <vehicle: car>
## name: Model-A
## speed: 80 km/h
## position: 0, 0, 0
bus
## <vehicle: bus>
## name: Medium-Bus
## speed: 45 km/h
## position: 0, 0, 0
airplane
## <vehicle: airplane>
## name: Big-Plane
## speed: 800 km/h
## position: 0, 0, 0
```

乗り物というのは，運転して動かすように設計された運搬のための道具だ．これを表現するために，ユーザが入力した3次元の移動を反映して乗り物の位置を変更する move() という総称関数を定義しよう．乗り物はそれぞれの制約のもと異なった動き方をするので，先ほど定義した様々な乗り物のクラスごとに move() のメソッドを実装する．

```
move <- function(vehicle, x, y, z) {
  UseMethod("move")
}
move.vehicle <- function(vehicle, movement) {
  if (length(movement) != 3) {
```

298 第 10 章 オブジェクト指向プログラミング

```
    stop("All three dimensions must be specified to move a vehicle")
  }
  vehicle$position <- vehicle$position + movement
  vehicle
}
```

ここで，車とバスで発生する移動を 2 次元に制限してみよう．move.bus() と move.car() を実装し，movement ベクトルの長さをチェックするようにする．この長さは 2 でなければならない．もし movement が正しければ，次に，3 つ目の次元の movement を 0 にする．それから，NextMethod("move") で，vehicle と最終的な movement の値に対して move.vehicle() が呼び出される．

```
move.bus <- move.car <- function(vehicle, movement) {
  if (length(movement) != 2) {
    stop("This vehicle only supports 2d movement")
  }
  movement <- c(movement, 0)
  NextMethod("move")
}
```

飛行機は 2 次元でも 3 次元でも移動することができる．このため，move.airplane() はどちらも受け入れる柔軟なものにしよう．movement ベクトルが 2 次元なら，3 つ目の次元の動きは 0 と見なす．

```
move.airplane <- function(vehicle, movement) {
  if (length(movement) == 2) {
    movement <- c(movement, 0)
  }
  NextMethod("move")
}
```

move() が 3 つの乗り物すべてに対して実装されたので，それぞれインスタンスを作ってみて正しく動作するか確かめていく．まず，次のように車を 3 次元に動かそうとすればエラーになるかどうか見てみよう．

```
move(car, c(1, 2, 3))
## Error in move.car(car, c(1, 2, 3)): This vehicle only supports 2d movement
```

上の関数呼び出しのメソッドディスパッチは move.car() を見つけ，これは不正な動きだとしてエラーで停止する．次のように 2 次元の動きなら正しいのでエラーにならない．

```
move(car, c(1, 2))
## <vehicle: car>
## name: Model-A
## speed: 80 km/h
## position: 1, 2, 0
```

同様に，飛行機は 2 次元で動かすことができる．

```
move(airplane, c(1, 2))
## <vehicle: airplane>
## name: Big-Plane
## speed: 800 km/h
## position: 1, 2, 0
```

3 次元で動かすこともできる．

```
move(airplane, c(20, 50, 80))
## <vehicle: airplane>
## name: Big-Plane
## speed: 800 km/h
## position: 21, 52, 80
```

飛行機の位置が加算されていくのは，このオブジェクトは本質的には環境であって，
move.vehicle() の中で position に変更を加えてもコピーが発生しないからだ．このため，
これをどこに渡してもインスタンスは 1 つだけしか存在しない．環境がもつ参照のセマンティ
クスにまだ慣れていないなら，第 8 章「R の内部を覗く」を読むとよいだろう．

10.3　S4 を扱う[1)]

前節では S3 システムについて紹介した．ほとんどの他のプログラミング言語におけるオブ
ジェクト指向システムとクラスのデータ構造が定義時に決まり，メソッドディスパッチがコン
パイル時に決まる．これに比べて S3 システムは全く厳格ではない．S3 クラスを定義する時，
確定していることはほとんどない．そのクラスのメソッドをいつでも追加したり削除したりで
きるだけではなく，データの要素オブジェクトを追加したり削除したりすることも思いのまま
だ．加えて，S3 がサポートしているのは単独ディスパッチ，つまり，1 つの引数（多くは第一
引数）のみでメソッドが決定されるという方法だけだ．

そこで R は，さらにフォーマルで厳格なオブジェクト指向システムを取り入れている．これ
が S4 だ．このシステムによって，あらかじめ指定された定義と継承構造でフォーマルなクラ
スを定義することが可能になっている．S4 では多重ディスパッチもサポートされている．つま
り，引数として渡される複数個のクラスに基づいてメソッドが選ばれる．この節では，S4 のク
ラスとメソッドを定義する方法を学ぶ．

10.3.1　S4 のクラスを定義する

S3 のクラスは文字列型ベクトルで単純に表すことができたが，S4 のクラスはクラスとメソッ
ドのフォーマルな定義を必要とする．S4 のクラスを定義するには，setClass() を呼び出して

[1)] 訳注：R 3.0.0 以降では S4 クラスの定義について異なる方法が推奨されている．詳しくは日本語サポートサイトの「R
3.0.0 以降の S4 クラスの定義方法」を参照．https://github.com/HOXOMInc/Learning_R_Programming/blob/
master/errata/S4.md

300 第 10 章 オブジェクト指向プログラミング

クラスメンバ（スロットと呼ばれる）の構造表現を与える必要がある．構造表現には各スロットの名前とクラスを指定する．ここでは，product オブジェクトを S4 クラスを使って定義し直してみる．

```
setClass("Product",
 representation(name = "character",
  price = "numeric",
  inventory = "integer"))
```

一度クラスが定義されれば，getSlots() を使ってそのクラス定義からスロットを取得することができる．

```
getSlots("Product")
##        name      price    inventory
## "character"  "numeric"   "integer"
```

S4 が S3 より厳格だというのは，S4 がクラス定義を必要とするからというだけではなく，新しいインスタンスを作ると，そのメンバのクラスがクラスの構造表現と一致していることが R によって保証されるからだ．次のコードでは new() を使って S4 クラスの新しいインスタンスを作り，スロットの値を指定している．

```
laptop <- new("Product", name = "Laptop-A", price = 299, inventory = 100)
## Error in validObject(.Object): invalid class "Product" object: invalid object
for slot "inventory" in class "Product": got class "numeric", should be or extend
class "integer"
```

上のコードがエラーになることに驚くかもしれない．クラスの構造表現をよく見ると，inventory が整数でなくてはならないことに気付くだろう．つまり，100 は数値だが integer クラスではない．100L を代わりに指定する必要がある．

```
laptop <- new("Product", name = "Laptop-A", price = 299, inventory = 100L)
laptop
## An object of class "Product"
## Slot "name":
## [1] "Laptop-A"
##
## Slot "price":
## [1] 299
##
## Slot "inventory":
## [1] 100
```

これで，Product の新しいインスタンス laptop が作られた．表示してみると，Product クラスのオブジェクトになっている．すべてのスロットの値が自動的に表示される．S4 オブジェクトに対してもやはり typeof() や class() を使って型情報を得ることができる．

```
typeof(laptop)
## [1] "S4"
class(laptop)
## [1] "Product"
## attr(,"package")
## [1] ".GlobalEnv"
```

今度は，型はリストや他のデータ型ではなく S4 になっており，クラスは S4 クラスの名前になっている．S4 オブジェクトには専用のチェック関数が用意されており，これもまた R における第一級オブジェクトだといえる．

```
isS4(laptop)
## [1] TRUE
```

リストや環境の要素が $ でアクセスできたのと異なり，S4 オブジェクトのスロットにアクセスするには @ を使う必要がある．

```
laptop@price * laptop@inventory
## [1] 29900
```

別のやり方として，slot() をスロット名の文字列とともに呼び出してもスロットにアクセスできる．これは，二重角括弧 ([[]]) でリストや環境の要素にアクセスしていたのと同等のことだ．

```
slot(laptop, "price")
## [1] 299
```

リストに変更を加えるのと同じやり方で，S4 オブジェクトに変更を加えることもできる．

```
laptop@price <- 289
```

しかしながら，クラスの構造表現と一致しないものをスロットに指定することはできない．

```
laptop@inventory <- 200
## Error in (function (cl, name, valueClass) : assignment of an object of class
"numeric" is not valid for @'inventory' in an object of class "Product";
is(value, "integer") is not TRUE
```

リストに新しい要素を追加するように新しいスロットを追加することもできない．これは S4 オブジェクトの構造がそのクラスの構造表現に固定されているからだ．

```
laptop@value <- laptop@price * laptop@inventory
## Error in (function (cl, name, valueClass) : 'value' is not a slot in class
"Product"
```

次のコードは，スロットの一部の値だけを指定して別のインスタンスを作成している．

302   第10章　オブジェクト指向プログラミング

```
toy <- new("Product", name = "Toys", price = 10)
toy
## An object of class "Product"
## Slot "name":
## [1] "Toys"
##
## Slot "price":
## [1] 10
##
## Slot "inventory":
## integer(0)
```

　上のコードは inventory を指定していなかったので，結果のオブジェクト toy は inventory として空の整数値型ベクトルをもっている．このデフォルト値がいまいちだと思うなら，プロトタイプを指定すればその値がインスタンス作成時のデフォルト値になる．

```
setClass("Product",
 representation(name = "character",
  price = "numeric",
  inventory = "integer"),
  prototype(name = "Unnamed", price = NA_real_, inventory = 0L))
```

　上のプロトタイプでは，price のデフォルト値を数値型の欠損値に，inventory のデフォルト値を整数値型のゼロに設定している．NA は論理値型で，クラスの構造表現と一致しないのでここでは使うことができないということに注意してほしい．
　次に，同じコードで toy を再度作成してみよう．

```
toy <- new("Product", name = "Toys", price = 5)
toy
## An object of class "Product"
## Slot "name":
## [1] "Toys"
##
## Slot "price":
## [1] 5
##
## Slot "inventory":
## [1] 0
```

　今度は，inventory のデフォルト値はプロトタイプに従って 0L となった．しかし，より多くの制約を引数に課す必要がある場合はどうすればよいのだろうか．クラスの引数がチェックされるとしても，Product のインスタンスとして無意味な値を与えることは依然として可能だ．たとえば，bottle クラスを負の値の inventory で作ることができる．

```
bottle <- new("Product", name = "Bottle", price = 1.5, inventory = -2L)
bottle
## An object of class "Product"
```

```
## Slot "name":
## [1] "Bottle"
##
## Slot "price":
## [1] 1.5
##
## Slot "inventory":
## [1] -2
```

　次のコードは，Product オブジェクトのスロットが意味あるものになることを保証するバリデーション関数である．バリデーション関数は，入力オブジェクトにエラーがなければ TRUE を返すことになっている点が特殊だ．エラーがあれば，エラーについての説明を文字列型ベクトルで返すことになっている．このため，スロットが不正な時でも stop() や warning() は使わない方がよい．

　ここで，各スロットの長さと欠損値かどうかをチェックすることでバリデーションを行おう．また，price は正の値でなくてはならず，inventory は非負の値でなくてはならない．

```
validate_product <- function(object) {
  errors <- c(
    if (length(object@name) != 1)
      "Length of name should be 1"
    else if (is.na(object@name))
      "name should not be missing value",
    if (length(object@price) != 1)
      "Length of price should be 1"
    else if (is.na(object@price))
      "price should not be missing value"
    else if (object@price <= 0)
      "price must be positive",
    if (length(object@inventory) != 1)
      "Length of inventory should be 1"
    else if (is.na(object@inventory))
      "inventory should not be missing value"
    else if (object@inventory < 0)
      "inventory must be non-negative")
  if (length(errors) == 0) TRUE else errors
}
```

　エラーメッセージを組み立てるために，長い値の組み合わせを書いた．これがうまく動くのは，if (FALSE) expr は NULL を返し，c(x, NULL) は x を返すからだ．最後に，エラーメッセージが生成されなければこの関数は TRUE を返し，そうでなければエラーメッセージを返す．

　この関数が定義されたので，bottle をバリデーションするのに直接使ってみよう．

```
validate_product(bottle)
## [1] "inventory must be non-negative"
```

　バリデーションの結果は，想定通りのエラーメッセージになった．次に，このクラスを変更

304 第 10 章 オブジェクト指向プログラミング

して，インスタンスが作られようとするたびにバリデーションが実施されるようにしてみよう．
これには，setClass() を Product クラスに使う時に validity 引数を指定するだけでよい．

```
setClass("Product",
 representation(name = "character",
   price = "numeric",
   inventory = "integer"),
 prototype(name = "Unnamed",
   price = NA_real_, inventory = 0L),
 validity = validate_product)
```

これで，Product クラスのインスタンスを作ろうとするたびに，与えた値が自動でチェックさ
れるようになった．プロトタイプまでもがチェックの対象になる．このバリデーションに引っ
かかる例を 2 つ見てみよう．

```
bottle <- new("Product", name = "Bottle")
## Error in validObject(.Object): invalid class "Product" object: price should
not be missing value
```

上のコードは，price のデフォルト値が NA_real_ なのでエラーになる．NA_real_ なのは
プロトタイプでそうなっているからだが，バリデーションは欠損値を許容していない．

```
bottle <- new("Product", name = "Bottle", price = 3, inventory = -2L)
## Error in validObject(.Object): invalid class "Product" object: inventory must
be non-negative
```

inventory は非負の整数でなくてはならないのでこれはエラーになる．

注意してほしいのは，バリデーションが実行されるのは S4 のクラスを新しく作る時だけだ
という点だ．一度オブジェクトが作られてしまえば，それ以上バリデーションされることはな
い．つまり，明示的にバリデーションを行わない限り，スロットに不正な値をセットすること
ができてしまう．

10.3.2 S4 の継承を理解する

S3 システムは緩くて柔軟性がある．同じクラスの S3 オブジェクトは異なったメンバをもっ
ている可能性がある．しかし，S4 ではそんなことはない．つまり，インスタンス作成時にクラ
ス定義に存在しないスロットを勝手に追加するといったことはできない．たとえば，Product
の新しいインスタンスをつくる際に volume スロットを追加しようとしてもできない．

```
bottle <- new("Product", name = "Bottle",
 price = 3, inventory = 100L, volume = 15)
## Error in initialize(value, ...): invalid name for slot of class "Product":
volume
```

10.3 S4 を扱う　305

　スロットを追加するには継承を使うしかない．元のクラスを含んでいる（継承している）新しいクラスを作成する必要がある．今回は，Product クラスを継承して volume という新しいスロットをもつ Container クラスを定義すればよい．

```
setClass("Container",
 representation(volume = "numeric"),
 contains = "Product")
```

　Container は Product を継承しているので，Container のインスタンスならどれでも Product のスロットをすべて備えている．getSlots() を使って見てみよう．

```
getSlots("Container")
##      volume        name       price    inventory
##   "numeric" "character"   "numeric"    "integer"
```

　ここで，volume スロットをもつ Container のインスタンスを作ってみよう．

```
bottle <- new("Container", name = "Bottle",
 price = 3, inventory = 100L, volume = 15)
```

　注意すべきは，Container のインスタンスを作る時にも Product のバリデーションが効いているという点だ．

```
bottle <- new("Container", name = "Bottle",
 price = 3, inventory = -10L, volume = 15)
## Error in validObject(.Object): invalid class "Container" object: inventory
must be non-negative
```

　このチェックがあるので，正しい Product クラスであることは保証される．しかし，Container についてのチェックはまだ何もない．

```
bottle <- new("Container", name = "Bottle",
 price = 3, inventory = 100L, volume = -2)
```

　Product のバリデーション関数を定義したのと全く同じように，Container のバリデーション関数を定義する．

```
validate_container <- function(object) {
  errors <- c(
    if (length(object@volume) != 1)
      "Length of volume must be 1",
    if (object@volume <= 0)
      "volume must be positive"
  )
  if (length(errors) == 0) TRUE else errors
}
```

次に，このバリデーション関数を使ってContainerを再定義する．

```
setClass("Container",
 representation(volume = "numeric"),
 contains = "Product",
 validity = validate_container)
```

validate_product()をvalidate_container()の中で呼び出す必要はない．なぜなら，継承の連鎖上にあるすべてのクラスについて，それぞれのバリデーション関数で妥当であるかのチェックが行われるようになっていて，どちらのバリデーション関数も順番に呼び出されるからだ．このバリデーション関数に文字列を表示するコードを少し追加すれば，Containerのインスタンスを作るたびに，常にvalidate_container()の前にvalidate_product()が呼び出されているのが確かめられるだろう．

```
bottle <- new("Container", name = "Bottle",
 price = 3, inventory = 100L, volume = -2)
## Error in validObject(.Object): invalid class "Container" object: volume must
be positive
bottle <- new("Container", name = "Bottle",
 price = 3, inventory = -5L, volume = 10)
## Error in validObject(.Object): invalid class "Container" object: inventory
must be non-negative
```

10.3.3 S4の総称関数

これまでS4はS3よりもずっとフォーマルなものだということを見てきた．S4のクラスはクラス定義を必要とする．同様に，S4の総称関数もかなりフォーマルなものだ．ここでは例として，単純な継承の階層構造をもつS4クラスを定義してみよう．取り上げる例は，図形に関するものだ．まず，Shapeが元となるクラスだ．PolygonとCircleはShapeを継承し，TriangleとRectangleはPolygonを継承する．これらの図形の継承構造は以下の図のようになっている．

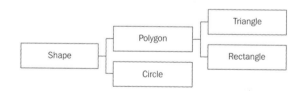

Shapeを除くそれぞれのクラスは，自身を記述するために必要なスロットを備えている．

```
setClass("Shape")
setClass("Polygon",
```

```
 representation(sides = "integer"),
 contains = "Shape")
setClass("Triangle",
 representation(a = "numeric", b = "numeric", c = "numeric"),
 prototype(a = 1, b = 1, c = 1, sides = 3L),
 contains = "Polygon")
setClass("Rectangle",
 representation(a = "numeric", b = "numeric"),
 prototype(a = 1, b = 1, sides = 4L),
 contains = "Polygon")
setClass("Circle",
 representation(r = "numeric"),
 prototype(r = 1, sides = Inf),
 contains = "Shape")
```

クラスを定義したので，次に Shape の面積を計算する総称関数を作ってみよう．
setGeneric() を area に対して呼び出し，中で standardGeneric("area") を呼び出す
関数を指定する．これで，area は総称関数になり，S4 のメソッドディスパッチを行う準備が
整った．valueClass は，それぞれのメソッドの返り値が numeric クラスであることを保証
するために使われる．

```
setGeneric("area", function(object) {
  standardGeneric("area")
}, valueClass = "numeric")
## [1] "area"
```

総称関数の準備ができたら，図形の種類によって異なるメソッドを実装する作業に進もう．
Triangle に対しては，ヘロンの公式[2] を使えば三辺の長さから面積を計算することができる．

```
setMethod("area", signature("Triangle"), function(object) {
  a <- object@a
  b <- object@b
  c <- object@c
  s <- (a + b + c) / 2
  sqrt(s * (s - a) * (s - b) * (s - c))
})
## [1] "area"
```

Rectangle と Circle に関しては，それぞれの面積の公式を書くのは簡単だ．

```
setMethod("area", signature("Rectangle"), function(object) {
  object@a * object@b
})
## [1] "area"
setMethod("area", signature("Circle"), function(object) {
  pi * object@r ^ 2
```

---

[2] https://en.wikipedia.org/wiki/Heron's_formula

308　第 10 章　オブジェクト指向プログラミング

```
})
## [1] "area"
```

　ここで，Triangle のインスタンスを作って，area() が正しいメソッドをディスパッチして正しい答えを返すか見てみよう．

```
triangle <- new("Triangle", a = 3, b = 4, c = 5)
area(triangle)
## [1] 6
```

　Circle のインスタンスも作成して，メソッドディスパッチが動くか見てみる．

```
circle <- new("Circle", r = 3)
area(circle)
## [1] 28.27433
```

　いずれの答えも正しい．area() は，入力オブジェクトのクラスに基づいてメソッドディスパッチを行う S3 総称関数とちょうど同じように機能している．

10.3.4　多重ディスパッチを理解する

　S4 の総称関数は，多重ディスパッチをサポートしているという点でより柔軟である．すなわち，引数として渡される複数個のクラスに基づいてメソッドディスパッチを行うことができる．
　ここで，また別の S4 クラスを定義してみよう．Object は height という数値をもつ．Cylinder（柱）と Cone（錘）はどちらも Object を継承している．多重ディスパッチは，後ほどこれらの幾何学的オブジェクトの体積を底面の形状から計算する際に登場する．

```
setClass("Object", representation(height = "numeric"))
setClass("Cylinder", contains = "Object")
setClass("Cone", contains = "Object")
```

　ここで，volume という名前の総称関数を新しく定義する．関数名からわかるかもしれないが，この関数は，底面の形状とオブジェクトの形態からオブジェクトの体積を計算するのに使われる．

```
setGeneric("volume",
 function(shape, object) standardGeneric("volume"))
## [1] "volume"
```

　次の実装は，片方は正方柱のためのもので，もう片方は三角錘のためのものだ．

```
setMethod("volume", signature("Rectangle", "Cylinder"),
  function(shape, object) {
    shape@a * shape@b * object@height
```

```
  })
## [1] "volume"
setMethod("volume", signature("Rectangle", "Cone"),
  function(shape, object) {
    shape@a * shape@b * object@height / 3
  })
## [1] "volume"
```

注意すべき点は，volume() のメソッドはすべて 2 つの引数を必要とするということだ．こ
のため，メソッドディスパッチは両方の引数に基づいて行われる．つまり，正しいメソッドを
マッチさせて選ぶには，両方の入力オブジェクトのクラスが必要になる．Rectangle のインス
タンスと Cylinder のインスタンスに対して volume() を使って試してみよう．

```
rectangle <- new("Rectangle", a = 2, b = 3)
cylinder <- new("Cylinder", height = 3)
volume(rectangle, cylinder)
## [1] 18
```

ある柱と錐が同じ高さで同じ底面の形状をしているならば，柱の体積は錐の体積の 3 倍にな
るという関係がある．volume() の実装を単純化するため，メソッドのシグネチャに Shape を
指定してその図形の area() を呼び出し，この面積を計算の中で直接使ってみよう．

```
setMethod("volume", signature("Shape", "Cylinder"),
  function(shape, object) {
    area(shape) * object@height
  })
## [1] "volume"
setMethod("volume", signature("Shape", "Cone"),
  function(shape, object) {
    area(shape) * object@height / 3
  })
## [1] "volume"
```

これで，自動的に volume() が Circle にも使えるようになった．

```
circle <- new("Circle", r = 2)
cone <- new("Cone", height = 3)
volume(circle, cone)
## [1] 12.56637
```

volume() を使いやすくするために，引数として Shape のインスタンスと柱の高さの数値を
とるメソッドも定義しよう．

```
setMethod("volume", signature("Shape", "numeric"),
  function(shape, object) {
    area(shape) * object
  })
## [1] "volume"
```

310   第 10 章　オブジェクト指向プログラミング

　これで，数値を直接使って，形状と高さから柱の体積を計算できるようになった．

```
volume(rectangle, 3)
## [1] 18
```

　さらに，*のメソッドを実装して記法を単純化しよう．

```
setMethod("*", signature("Shape", "Object"),
  function(e1, e2) {
    volume(e1, e2)
  })
## [1] "*"
```

　これで，図形とオブジェクトの形状を単純に掛け算すれば，体積を計算できるようになった．

```
rectangle * cone
## [1] 6
```

　注意してほしいのは，S4 オブジェクトはリストでも環境でもないが，コピー修正のセマンティクスをもっているということだ．関数の中で S4 オブジェクトのスロットの値を <- で変更した時はリストのような挙動になる．つまり，S4 オブジェクトは関数内でコピーされて元のオブジェクトは変更されない．たとえば次のコードは，数値を掛け合わせることでオブジェクトの長さを増やそうと試みる関数を定義している．

```
lengthen <- function(object, factor) {
  object@height <- object@height * factor
  object
}
```

　この関数を先ほど作成した cylinder に適用すると，長さは全く変化しない．元のオブジェクトが変更されるのではなく，関数内でコピーが起こるのだ．

```
cylinder
## An object of class "Cylinder"
## Slot "height":
## [1] 3
lengthen(cylinder, 2)
## An object of class "Cylinder"
## Slot "height":
## [1] 6
cylinder
## An object of class "Cylinder"
## Slot "height":
## [1] 3
```

10.4 参照クラスを扱う

参照のセマンティクスをもつクラスシステムも存在する．これは，他のオブジェクト指向プログラミング言語のクラスシステムにより近いものだ．まず，参照クラス (RC) を定義するために，setRefClass() にクラス定義を渡す．インスタンスを作るのに new() を使っていた S4 クラスシステムとは異なり，setRefClass() はインスタンスの生成器を返す．たとえば，位置と距離という 2 つの数値フィールドをもつ Vehicle という名前のクラスを定義する．このインスタンス生成器を Vehicle という名前の変数に格納する．

```
Vehicle <- setRefClass("Vehicle",
 fields = list(position = "numeric", distance = "numeric"))
```

インスタンスを作成するには，Vehicle$new() を使うと Vehicle クラスの新しいインスタンスができる．

```
car <- Vehicle$new(position = 0, distance = 0)
```

S4 とは異なり，RC のフィールドはスロットではない．$ を使うとアクセスできる．

```
car$position
## [1] 0
```

Vehicle$new() で作成した各インスタンスは，参照のセマンティクスをもつオブジェクトになっている．これは，S4 のオブジェクトと環境を組み合わせたような挙動を示す．

次のコードでは，Vehicle オブジェクトのフィールドに変更を加える関数を作成している．具体的には，相対的に見た位置変更を行う move() を定義し，すべての移動が distance に加算されるようにする．

```
move <- function(vehicle, movement) {
  vehicle$position <- vehicle$position + movement
  vehicle$distance <- vehicle$distance + abs(movement)
}
```

ここで，move() を car に対して呼び出すと，上で作成したインスタンスはコピーされずに変更が加えられる．

```
move(car, 10)
car
## Reference class object of class "Vehicle"
## Field "position":
## [1] 10
## Field "distance":
## [1] 10
```

RC 自身は普通のオブジェクト指向システムに近いクラスシステムなので，クラスが保持す

312　第 10 章　オブジェクト指向プログラミング

るメソッドとして move() を定義する方がもっといい.

```
Vehicle <- setRefClass("Vehicle",
  fields = list(position = "numeric", distance = "numeric"),
  methods = list(move = function(x) {
    stopifnot(is.numeric(x))
    position <<- position + x
    distance <<- distance + abs(x)
  }))
```

　メソッドが環境に保存されていた S3 や S4 のシステムとは異なり, RC はそのメソッドを直接保持する. このため, インスタンス内のメソッドを直接呼び出すことができる. 注意すべき点は, フィールドの値にメソッド内から変更を加えるには <- ではなく <<- を使う必要があることだ. 次のコードは, メソッドがうまく動くかと参照オブジェクトが変更されるかを調べる簡単なテストを行っている.

```
bus <- Vehicle(position = 0, distance = 0)
bus$move(5)
bus
## Reference class object of class "Vehicle"
## Field "position":
## [1] 5
## Field "distance":
## [1] 5
```

　上の例から, RC は C++ や Java のオブジェクトとかなり似たものだということがわかった. 詳細な紹介については, ?ReferenceClasses を読むとよいだろう.

10.5　R6 を扱う

　RC の拡張バージョンが R6 だ. R6 は, 効率的な参照クラスを実装したパッケージで, メソッドやフィールドの公開／非公開, その他の強力な機能がサポートされている. 次のコードを走らせてパッケージをインストールしよう.

```
install.packages("R6")
```

　R6 クラスを使うと, 一般的なオブジェクト指向プログラミング言語にさらに近いクラスを作ることができる. 次のコードは Vehicle クラスを定義する例だ. このクラスは, ユーザの利用のために公開のフィールドとメソッドを, 内部的な利用のために非公開のフィールドとメソッドをもつ.

```
library(R6)
Vehicle <- R6Class("Vehicle",
  public = list(
```

```
    name = NA,
    model = NA,
    initialize = function(name, model) {
      if (!missing(name)) self$name <- name
      if (!missing(model)) self$model <- model
    },
    move = function(movement) {
      private$start()
      private$position <- private$position + movement
      private$stop()
    },
    get_position = function() {
      private$position
    }
  ),
  private = list(
    position = 0,
    speed = 0,
    start = function() {
      cat(self$name, "is starting\n")
      private$speed <- 50
    },
    stop = function() {
      cat(self$name, "is stopping\n")
      private$speed <- 0
    }
  ))
```

　ユーザから見ると，アクセスできるのは公開のフィールドとメソッドだけだ．クラスメソッドだけが非公開のフィールドとメソッドにアクセスすることができる．乗り物には位置という要素があるが，ユーザにはその値を変更してほしくない．このため，position は非公開にしつつ get_position() で値にアクセスできるようにすることで，ユーザが外側から position の値を変更しにくいようにしている．

```
car <- Vehicle$new(name = "Car", model = "A")
car
## <Vehicle>
##   Public:
##     clone: function (deep = FALSE)
##     get_position: function ()
##     initialize: function (name, model)
##     model: A
##     move: function (movement)
##     name: Car
##   Private:
##     position: 0
##     speed: 0
##     start: function ()
##     stop: function ()
```

314　第 10 章　オブジェクト指向プログラミング

　car が表示される時，公開と非公開のフィールドとメソッドがすべて出力された．次に，move()
メソッドを呼び出して，位置が変化していることを get_position() で見てみよう．

```
car$move(10)
## Car is starting
## Car is stopping
car$get_position()
## [1] 10
```

　R6 の継承について説明するために，過去に動いた距離の合計を記録する MeteredVehicle と
いう新しいクラスを定義する．このクラスを定義するには，非公開フィールド distance を追加
し，move() をオーバーライドする必要がある．新しい move() では，まず super$move() を呼
び出して乗り物を正しい位置に移動させてから，その移動距離を絶対値にしたものを distance
に加算する．

```
MeteredVehicle <- R6Class("MeteredVehicle",
  inherit = Vehicle,
  public = list(
    move = function(movement) {
      super$move(movement)
      private$distance <<- private$distance + abs(movement)
    },
    get_distance = function() {
      private$distance
    }
  ),
  private = list(
    distance = 0
  ))
```

　さて，MeteredVehicle を使っていくつか実験をしてみよう．次のコードで bus を作成する．

```
bus <- MeteredVehicle$new(name = "Bus", model = "B")
bus
## <MeteredVehicle>
##   Inherits from: <Vehicle>
##   Public:
##     clone: function (deep = FALSE)
##     get_distance: function ()
##     get_position: function ()
##     initialize: function (name, model)
##     model: B
##     move: function (movement)
##     name: Bus
##   Private:
##     distance: 0
##     position: 0
##     speed: 0
```

```
##      start: function ()
##      stop: function ()
```

まず，bus を 10 単位前へと動かすと，位置が変化し距離が加算される．

```
bus$move(10)
## Bus is starting
## Bus is stopping
bus$get_position()
## [1] 10
bus$get_distance()
## [1] 10
```

次に，bus を 5 単位後ろに動かす．位置は元の場所に近付くが，距離はすべての移動を足すので値は増える．

```
bus$move(-5)
## Bus is starting
## Bus is stopping
bus$get_position()
## [1] 5
bus$get_distance()
## [1] 15
```

R6 は他にも強力な機能を備えている．詳細については，R6 のビネット [3] を参照されたい．

10.6 まとめ

この章では，オブジェクト指向プログラミングの基本概念について学んだ．R にはクラスとメソッドがあり，これらはメソッドディスパッチを通じて総称関数によって関連付けられている．S3 と S4，RC，R6 のクラスとメソッドの作り方も学んだ．これらのシステムはともに似通った発想をもっているが，その実装と利用方法において異なる．どのシステムを選べばよいかという点については，Hadley Wickham 氏がよい提案をしている [4]．

R の最も重要な機能について理解を深めたので，次はより実践的なトピックについて議論していこう．次の章では，著名なデータベースへアクセスするのに使われるパッケージとテクニックについて学ぶ．SQLite や MySQL といったリレーショナルデータベースとともに，近年注目されつつある MongoDB や Redis といった非リレーショナルデータベースに R を接続するために必要な知識と技術を手にできることだろう．

---

[3] https://cran.r-project.org/web/packages/R6/vignettes/Introduction.html
[4] http://adv-r.hadley.nz/oo.html#picking-a-system

第11章
データベース操作

　前章ではオブジェクト指向プログラミングについて，クラスやメソッドといった基本的概念を学んだ．また，メソッドディスパッチという機能を通して総称関数との関係とオブジェクト指向との関係についても学び，さらにS3, S4, RC, R6 といったクラスについて，クラス定義，総称関数，メソッドの実装方法を学んだ．

　本章からはその他のRの重要な機能について学ぶことで，より実用的な内容に入っていく．まずはデータベース操作について学ぶ．データベースからのデータ抽出であるデータベース操作は，多くのデータ分析プロジェクトにおいて最初の操作となる．具体的には以下の内容を扱う．

- リレーショナルデータベースの理解
- SQL を用いた SQLite や MySQL データベースに対するクエリの記述
- MongoDB や Redis といった NoSQL データベースの利用

11.1　リレーショナルデータベースの操作

　以前の章では，CSV のようなセパレータで区切られたファイルからデータを読み込む際に，R の組み込み関数である `read.csv()` や `read.table()` を用いた．テキストファイルによるデータの保存は手軽で使いやすい．しかしデータのサイズが大きくなると，テキストファイルによる保存は最善の手段とは言い難くなる．テキストファイルによる保存が使いづらくなる理由としては以下の 3 つの理由がある．

1. `read.csv()` のような関数は，読み込んだすべてのデータをデータフレームの形でメモリに載せてしまうため，データセットのサイズが大きいとメモリに載らなくなる．
2. データセットのサイズが大きい場合，必ずしもすべてのデータをメモリに載せて作業する必要はない．一定の条件のもとデータセットの一部を抽出して作業すればよい．しかし R の組み込み関数は，CSV ファイルに対するそのような抽出に対応していない．
3. データセットは通常定期的に更新されるものである．CSV ファイルを用いている場合，データの挿入は非常に面倒である．特にデータの順序を保ちながら，データセットの途中にデー

タを挿入する場合などである.

このような場合,データベースを利用するとよい.データベースを利用することで,メモリに載り切らないデータを扱えるようになる.データベースに格納されたデータは,ユーザの要求に応じてクエリで操作できるようになっており,既存のレコードを更新したり,新しいレコードをデータベースに挿入したりすることができる.

リレーショナルデータベースは,テーブルの集合とテーブル間の関係からなる.テーブルは,Rにおけるデータフレームと同様の構造をもつ.テーブル間には相互の結合が可能になるような関係がもたせられている.

本節では,SQLite[1] というポータブルで軽量なデータベースの操作から学んでいく.SQLiteをRで扱う場合,**RSQLite** パッケージを用いるので以下のコードでインストールしてほしい.

```
install.packages("RSQLite")
```

11.1.1 SQLite データベースの作成

まず,SQLiteデータベースの作成について学ぶ.dataディレクトリ直下にexample.sqliteという名前のSQLiteデータベースを作成する場合を考えてみよう.最初にdataディレクトリが存在することを確認する.もし存在しなければ,以下のようにしてdataディレクトリを作成する.

```
if (!dir.exists("data")) dir.create("data")
```

これで data/ ディレクトリが作られた.次に,**RSQLite** パッケージをロードして,dbConnect() を用いてデータベースに接続する.この際,dbConnect() にはデータベースドライバとして SQLite() を指定し,データベースファイルとしてファイルパスdata/example.sqlite を指定する.指定したファイルパスにデータベースファイルが存在しない場合は,空の SQLite データベースファイルが作成される.

```
library(RSQLite)
con <- dbConnect(SQLite(), "data/example.sqlite")
```

ここで con オブジェクトは,ユーザとデータベースを接続するレイヤーとなっている.この con オブジェクトを介して,リレーショナルデータベースとの接続が可能になり,クエリによる問い合わせ,データの取得,データの更新が実現できる.生成した接続オブジェクトは,明示的にユーザによって切断されるまで,一連の操作すべてに用いられる.

典型的なリレーショナルデータベースの場合,テーブルを作成する際にはまずテーブル名を命名する.その上で,カラム名および各カラムに格納されるデータの型を指定する.さらに,テー

---

[1] http://sqlite.org/

318 第 11 章 データベース操作

ブルへのレコードの格納および更新は行単位で行う．リレーショナルデータベース内のテーブ
ルは R におけるデータフレームとよく似ている．

それでは，簡単なデータフレームを作って，テーブルの形でデータベースに挿入してみよう．

```
example1 <- data.frame(
  id = 1:5,
  type = c("A", "A", "B", "B", "C"),
  score = c(8, 9, 8, 10, 9),
  stringsAsFactors = FALSE)
example1
##   id type score
## 1  1    A     8
## 2  2    A     9
## 3  3    B     8
## 4  4    B    10
## 5  5    C     9
```

データフレームが準備できたら，dbWriteTable() を用いてデータベースのテーブルとして
書き込む．

```
dbWriteTable(con, "example1", example1)
## [1] TRUE
```

先のコードにおいて，example1 以外の名前を用いて書き込むこともももちろん可能である．そ
の場合も書き込むデータフレームが example1 ならば，違うテーブル名で同じオブジェクトが
書き込まれることになる．最後に dbDisconnect() を用いて，データベースとの接続を切断
する．切断後は con オブジェクトを用いてもデータベースは操作できなくなる．

```
dbWriteTable(con, "example1", example1)
## [1] TRUE
```

(1) 複数のテーブルをデータベースに書き込む

SQLite データベースはテーブルの集合である．つまり 1 つのデータベースに複数のテーブ
ルを格納できる．ここでは，**ggplot2** パッケージの diamonds データセットと **nycflights13**
パッケージの flights データセットを，1 つのデータベースに格納する操作をしてみよう．こ
の 2 つのパッケージをインストールしていなければ，まずインストールする．

```
install.packages(c("ggplot2", "nycflights13"))
```

次に data() を用いて，2 つのデータセットをロードする．

```
data("diamonds", package ="ggplot2")
data("flights", package ="nycflights13")
```

前回同様，dbWriteTable() を用いて書き込んでみるとエラーが発生する[2]．

---

[2] 訳注：これは **tibble** パッケージのバージョン 1.0.0 で修正されたバグで，現在はエラーにはならない．詳し
い解説は，日本語サポートサイト「S3 クラスを S4 メソッドのシグネチャとして使うときの注意」を参照．
https://github.com/HOXOMInc/Learning_R_Programming/blob/master/errata/setOldClass.md

11.1 リレーショナルデータベースの操作 **319**

```
con <- dbConnect(SQLite(), "data/datasets.sqlite")
dbWriteTable(con, "diamonds", diamonds, row.names = FALSE)
## Error in (function (classes, fdef, mtable) : unable to find an inherited
method for function 'dbWriteTable' for signature' "SQLiteConnection",
"character", "tbl_df"'
dbWriteTable(con, "flights", flights, row.names = FALSE)
## Error in (function (classes, fdef, mtable) : unable to find an inherited
method for function 'dbWriteTable' for signature '"SQLiteConnection",
"character", "tbl_df"'
dbDisconnect(con)
## [1] TRUE
```

各データフレームのクラスを確認してみよう.

```
class(diamonds)
## [1] "tbl_df"      "tbl"          "data.frame"
class(flights)
## [1] "tbl_df"      "tbl"          "data.frame"
```

この2つのデータは data.frame クラスだけでなく,複数のクラスをもっていることがわかる.データベースに書き込むには,as.data.frame() を用いて data.frame クラスのみに変換する.

```
con <- dbConnect(SQLite(), "data/datasets.sqlite")
dbWriteTable(con, "diamonds", as.data.frame(diamonds), row.names = FALSE)
## [1] TRUE
dbWriteTable(con, "flights", as.data.frame(flights), row.names = FALSE)
## [1] TRUE
dbDisconnect(con)
## [1] TRUE
```

これで,データベースに2つのテーブルを格納することができた.

(2) データをテーブルに追加する

本節の最初で述べたように,レコードをテーブルに追加するのは難しくない.ここでデータを小単位(チャンク)で区切って,チャンクごとにデータベース上のテーブルに追加してみよう.

```
con <- dbConnect(SQLite(), "data/example2.sqlite")
chunk_size <- 10
id <- 0
for (i in 1:6) {
  chunk <- data.frame(id = ((i - 1L) * chunk_size):(i * chunk_size -1L),
    type = LETTERS[[i]],
    score =rbinom(chunk_size, 10, (10 - i) /10),
    stringsAsFactors =FALSE)
  dbWriteTable(con, "products", chunk,
    append = i > 1, row.names = FALSE)
}
```

```
dbDisconnect(con)
## [1] TRUE
```

　各チャンクは, id 等の決まったデータと乱数データで構成されたデータフレームである. チャンクごとにレコードは, products テーブルに追加される. これまで示してきた例と今回の例との違いとして, dbWriteTable() における append 引数の扱いがある. 最初のチャンクでは append = FALSE と設定したが, 以降のチャンクでは append = TRUE と設定している. こうすることで, 既存のテーブルにレコードが追加されていくようになる.

11.1.2　テーブルおよびテーブル内のフィールドへのアクセス

　SQLite データベースにおいては, 格納されているテーブル以外にも, テーブル名やテーブル内のフィールド名といったメタデータにもアクセスできる. 先に作った datasets データベースにまずは接続する.

```
con <- dbConnect(SQLite(), "data/datasets.sqlite")
```

　各テーブルの存在有無の確認については dbExistsTable() を用いる.

```
dbExistsTable(con, "diamonds")
## [1] TRUE
dbExistsTable(con, "mtcars")
## [1] FALSE
```

　すでに diamonds と flights を datasets.sqlite に書き込んでいたので, 正しい結果を返しているといえる. また, dbListTables() を用いると, 格納されているすべてのテーブル名を取得できる.

```
dbListTables(con)
## [1] "diamonds" "flights"
```

　各テーブルに対して dbListFields() を用いると, テーブル内のすべてのフィールド名 (列名) を取得できる.

```
dbListFields(con, "diamonds")
##  [1] "carat"   "cut"     "color"   "clarity" "depth"
##  [6] "table"   "price"   "x"       "y"       "z"
```

　dbWriteTable() とは対照的に, dbReadTable() はデータベースからテーブルをデータフレームの形で取得できる. なお, 一連の操作が終了したので一旦データベースとの接続を切断しておく.

```
db_diamonds <- dbReadTable(con, "diamonds")
dbDisconnect(con)
## [1] TRUE
```

ここで，元の diamonds データと，それをデータベースに一旦格納してから取得した db_diamonds データを比較してみよう．

```
head(db_diamonds, 3)
##   carat     cut color clarity depth table price    x    y
## 1  0.23   Ideal     E     SI2  61.5    55   326 3.95 3.98
## 2  0.21 Premium     E     SI1  59.8    61   326 3.89 3.84
## 3  0.23    Good     E     VS1  56.9    65   327 4.05 4.07
##      z
## 1 2.43
## 2 2.31
## 3 2.31
head(diamonds, 3)
##   carat     cut color clarity depth table price    x    y
## 1  0.23   Ideal     E     SI2  61.5    55   326 3.95 3.98
## 2  0.21 Premium     E     SI1  59.8    61   326 3.89 3.84
## 3  0.23    Good     E     VS1  56.9    65   327 4.05 4.07
##      z
## 1 2.43
## 2 2.31
## 3 2.31
```

2 つのデータは全く同じように見えるが，identical() で比較すると，全く同一ではないことがわかる．

```
identical(diamonds, db_diamonds)
## [1] FALSE
```

何が違うのか確認するために str() を使ってみよう．まず，データベースから取得したデータフレームの構造を確認する．

```
str(db_diamonds)
## 'data.frame':    53940 obs. of  10 variables:
##  $ carat  : num  0.23 0.21 0.23 0.29 0.31 0.24 0.24...
##  $ cut    : chr  "Ideal" "Premium" "Good" "Premium" ...
##  $ color  : chr  "E" "E" "E" "I" ...
##  $ clarity: chr  "SI2" "SI1" "VS1" "VS2" ...
##  $ depth  : num  61.5 59.8 56.9 62.4 63.3 62.8 62.3...
##  $ table  : num  55 61 65 58 58 57 57 55 61 61 ...
##  $ price  : int  326 326 327 334 335 336 336 337 337 ...
##  $ x      : num  3.95 3.89 4.05 4.2 4.34 3.94 3.95...
##  $ y      : num
##  $ z      : num
```

次に，元のデータフレームの構造を確認する．

322 第11章 データベース操作

```
str(diamonds)
## Classes 'tbl_df', 'tbl' and 'data.frame':    53940 obs. of  10 variables:
## $ carat : num 0.23 0.21 0.23 0.29 0.31 0.24 0.24...
## $ cut : Ord.factor w/ 5 levels "Fair"<"Good"<..: 5 4 2 4 2 3 3 3 1 3 ...
## $ color : Ord.factor w/ 7 levels "D"<"E"<"F"<"G"<..: 2 2 2 6 7 7 6 5 2 5 ...
## $ clarity: Ord.factor w/ 8 levels "I1"<"SI2"<"SI1"<..: 2 3 5 4 2 6 7 3 4 5 ...
## $ depth : num 61.5 59.8 56.9 62.4 63.3 62.8 62.3 61.9 65.1 59.4 ... ## $ table :
num 55 61 65 58 58 57 57 55 61 61 ...
## $ price : int 326 326 327 334 335 336 336 337 337...
## $x : num 3.95 3.89 4.05 4.2 4.34 3.94 3.95...
## $y : num 3.98 3.84 4.07 4.23 4.35 3.96 3.98...
## $z : num 2.43 2.31 2.31 2.63 2.75 2.48 2.47...
```

違いは明らかである. 元のデータフレームでは, 変数 cut, color, clarity は順序付き因子
(ordered factor) 型である. 順序付き因子型は, 内部的に順序付きレベル (ordered levels)
をメタデータとして伴う整数型として格納されている. 一方, データベースから取得したデー
タフレームでは, これらの変数は文字列型として格納されている. これは SQLite が順序付き
因子型をサポートしていないために生じる違いである. 数値型, 文字列型, 論理値型といった
一般的なデータ型以外の R 特有のデータ型については, データフレームを SQLite データベー
スに挿入する際, サポートされているデータ型に変換される.

11.1.3 SQL を学ぶ

前項では, SQLite データベースに対するデータの書き込みについて学んだ. 本項では, 必
要に応じてデータを取得するためのデータベースへの問い合わせ (クエリ) 方法について学ぶ.
データベースは前項に引き続き, data/datasets.sqlite を用いる.
まず, データベースへの接続を行う.

```
con <- dbConnect(SQLite(), "data/datasets.sqlite")
dbListTables(con)
## [1] "diamonds" "flights"
```

データベースには 2 つのテーブルが格納されている. diamonds テーブルから select ステー
トメントを用いて, すべてのフィールド (列) を対象に, すべてのデータを抽出してみよう. こ
れは dbGetQuery() にデータベースの接続とクエリを設定することで実行できる.

```
db_diamonds <- dbGetQuery(con,
 "select * from diamonds")
head(db_diamonds, 3)
##   carat        cut color clarity depth table price    x    y
## 1  0.23      Ideal     E     SI2  61.5    55   326 3.95 3.98
## 2  0.21    Premium     E     SI1  59.8    61   326 3.89 3.84
## 3  0.23       Good     E     VS1  56.9    65   327 4.05 4.07
##      z
```

```
## 1 2.43
## 2 2.31
## 3 2.31
```

ここで, * はすべてのフィールドを対象とすることを示している. 一部のフィールドのみを対象とする場合は, フィールド名を指定する.

```
db_diamonds <- dbGetQuery(con,
 "select carat, cut, color, clarity, depth, price
 from diamonds")
head(db_diamonds, 3)
##   carat     cut color clarity depth price
## 1  0.23   Ideal     E     SI2  61.5   326
## 2  0.21 Premium     E     SI1  59.8   326
## 3  0.23    Good     E     VS1  56.9   327
```

もし重複なしのデータを取得したいなら, distinct ステートメントを用いる. 以下は, diamonds データの cut 変数から重複なしのデータを取得した例である.

```
dbGetQuery(con, "select distinct cut from diamonds")
##         cut
## 1     Ideal
## 2   Premium
## 3      Good
## 4 Very Good
## 5      Fair
```

なお, dbGetQuery() は常にデータフレームを返す. これは 1 つのフィールドしか含まれない場合であっても適用される. アトミックベクトルの形で取得したい場合は, 一旦 1 つの列 (フィールド) のみを含むデータフレームを取得した上で, [[]] を用いる.

```
dbGetQuery(con, "select distinct clarity from diamonds")[[1]]
## [1] "SI2"  "SI1"  "VS1"  "VS2"  "VVS2" "VVS1" "I1"   "IF"
```

テーブルのフィールド名を変更して取得したい場合は, 以下の例のようにクエリ内で as を用いる.

```
db_diamonds <- dbGetQuery(con,
 "select carat, price, clarity as clarity_level from
 diamonds")
head(db_diamonds, 3)
##   carat price clarity_level
## 1  0.23   326           SI2
## 2  0.21   326           SI1
## 3  0.23   327           VS1
```

テーブル内のフィールドを用いて, 計算した結果を取得することもできる. 以下は既存のフィールドを用いて計算した結果を, 新しいフィールドとして取得した例である.

324　第11章　データベース操作

```
db_diamonds <- dbGetQuery(con,
 "select carat, price, x * y * z as size from diamonds")
head(db_diamonds, 3)
##   carat price     size
## 1  0.23   326 38.20203
## 2  0.21   326 34.50586
## 3  0.23   327 38.07688
```

　以下の例のように，クエリ内で新たに作成したフィールドを用いてさらに別のフィールドを
作成しようとすると，エラーになる．

```
db_diamonds <- dbGetQuery(con,
 "select carat, price, x * y * z as size,price / size as
 value_density from diamonds")
## Error in sqliteSendQuery(con, statement, bind.data): error in statement: no
such column: size
```

　これは簡単にはいかない．as を用いて新しいフィールドを作成する際に使えるのは，既存の
フィールドのみである．もし先の例を実現しようとするなら，ネストしたクエリを用いる必要
がある．つまり，一旦 select を用いて作った一時テーブルを利用するという方法である．

```
db_diamonds <- dbGetQuery(con,
 "select *, price / size as value_density from (select
 carat, price, x * y * z as size from diamonds)")
head(db_diamonds, 3)
##   carat price     size value_density
## 1  0.23   326 38.20203      8.533578
## 2  0.21   326 34.50586      9.447672
## 3  0.23   327 38.07688      8.587887
```

　この例では，一時テーブル上で定義した size を用いて，price / size を計算している．
　もう1つ，クエリを利用する上で知っておきたい重要な概念として条件設定がある．条件設
定を行う場合は where を用いる．以下の例では，diamonds テーブルから cut 変数が Good の
データを抽出している．

```
good_diamonds <- dbGetQuery(con,
 "select carat, cut, price from diamonds where cut =
 'Good'")
head(good_diamonds, 3)
##   carat  cut price
## 1  0.23 Good   327
## 2  0.31 Good   335
## 3  0.30 Good   339
```

　なお，条件に該当するデータが占める割合は全体のごく一部であった．

```
nrow(good_diamonds) /nrow(diamonds)
## [1] 0.09095291
```

11.1　リレーショナルデータベースの操作　　325

　複数の条件を用いてデータを抽出する場合は，and を用いて条件を結合する．以下の例では，
cut 変数が Good という条件に，color 変数が E という条件を加えて抽出している．

```
good_e_diamonds <- dbGetQuery(con,
 "select carat, cut, color, price from diamonds
 where cut = 'Good' and color = 'E'")
head(good_e_diamonds, 3)
##   carat  cut color price
## 1  0.23 Good     E 327
## 2  0.23 Good     E 402
## 3  0.26 Good     E 554
nrow(good_e_diamonds) /nrow(diamonds)
## [1] 0.017297
```

　条件設定には or や not も利用できる．また in を用いることで，任意の値の集合のうちどれ
か 1 つでも該当するデータを抽出することも可能である．以下の例では，color において E も
しくは F が該当するデータを抽出している．

```
color_ef_diamonds <- dbGetQuery(con,
 "select carat, cut, color, price from diamonds
 where color in ('E','F')")
nrow(color_ef_diamonds)
## [1] 19339
```

　table() を用いて結果が合致しているか確認してみよう．

```
table(diamonds$color)
##
##    D    E    F    G    H    I    J
## 6775 9797 9542 11292 8304 5422 2808
```

　in を用いる場合，条件設定に利用する集合を設定する必要がある．同様に between や which
は，条件設定に利用する値の範囲を設定する．以下は between を用いた例である．

```
some_price_diamonds <- dbGetQuery(con,
 "select carat, cut, color, price from diamonds
 where price between 5000 and 5500")
nrow(some_price_diamonds) /nrow(diamonds)
## [1] 0.03285132
```

　ここで範囲として与える値は，必ずしも数値である必要はなく，比較可能な型であればよい．
たとえば文字列型のフィールドにおいて，between 'string1' and 'string2' という書き
方も可能である．
　文字列型のフィールドに適用するのであれば，like も有用である．これは指定した文字列パ
ターンに合致するデータを抽出する．以下の例では，cut 変数において Good で終わる文字列，
つまり Good, Very Good を含むデータを抽出している．なお，'%Good' における % はすべて

326 第 11 章 データベース操作

の文字列に一致するというパターンを示している.

```
good_cut_diamonds <- dbGetQuery(con,
 "select carat, cut, color, price from diamonds
 where cut like '%Good'")
nrow(good_cut_diamonds) /nrow(diamonds)
## [1] 0.3149425
```

　他に知っておきたい操作として並べ替えがある. 並べ替えには, order_by を用いる. 以下の例では, carat, price を取得した上で, price の順にデータを並べ替えている.

```
cheapest_diamonds <- dbGetQuery(con,
 "select carat, price from diamonds order by
 price")
```

　これで, 最も安いダイアモンドから最も高いダイアモンドの順に並んだデータが得られた.

```
head(cheapest_diamonds)
##   carat price
## 1  0.23   326
## 2  0.21   326
## 3  0.23   327
## 4  0.29   334
## 5  0.31   335
## 6  0.24   336
```

　desc を用いると, 降順に並べ替えることもできる.

```
most_expensive_diamonds <- dbGetQuery(con,
 "select carat, price from diamonds order by
 price desc")
head(most_expensive_diamonds)
##   carat price
## 1  2.29 18823
## 2  2.00 18818
## 3  1.51 18806
## 4  2.07 18804
## 5  2.00 18803
## 6  2.29 18797
```

　2 つ以上のフィールドを用いて並べ替えることも可能である. 以下の例では, price を用いて昇順に並べた上で, price が同順のデータについては caret を用いて降順に並べるよう指定している.

```
cheapest_diamonds <- dbGetQuery(con,
 "select carat, price from diamonds
 order by price, carat desc")
head(cheapest_diamonds)
##   carat price
```

```
## 1  0.23    326
## 2  0.21    326
## 3  0.23    327
## 4  0.29    334
## 5  0.31    335
## 6  0.24    336
```

select と同様，既存のフィールドを用いて作成した新しいフィールドを使って並べ替えができる．

```
dense_diamonds <- dbGetQuery(con,
 "select carat, price, x * y * z as size from diamonds
 order by carat / size desc")
head(dense_diamonds)
##    carat price     size
## 1  1.07  5909  47.24628
## 2  1.41  9752  74.41726
## 3  1.53  8971  85.25925
## 4  1.51  7188 133.10400
## 5  1.22  3156 108.24890
## 6  1.12  6115 100.97448
```

where と order by を使って，条件に沿うデータを抽出した上で並べ替えたデータを取得することもできる．

```
head(dbGetQuery(con,
 "select carat, price from diamonds
 where cut = 'Ideal' and clarity = 'IF' and color = 'J'
 order by price"))
##    carat price
## 1  0.30    489
## 2  0.30    489
## 3  0.32    521
## 4  0.32    533
## 5  0.32    533
## 6  0.35    569
```

limit を用いると，先頭から数えて指定した行数分のデータを得ることができる．

```
dbGetQuery(con,
 "select carat, price from diamonds
 order by carat desc limit 3")
##    carat price
## 1  5.01 18018
## 2  4.50 18531
## 3  4.13 17329
```

これまで見てきた操作に加えて，グループ単位で集約した操作を紹介しよう．以下の例では color の値でグループ化を行い，データの数をカウントしている．

328　第11章　データベース操作

```
dbGetQuery(con,
 "select color, count(*) as number from diamonds
 group by color")
##   color number
## 1     D   6775
## 2     E   9797
## 3     F   9542
## 4     G  11292
## 5     H   8304
## 6     I   5422
## 7     J   2808
```

table() を用いて結果が正しいことを確認しよう.

```
table(diamonds$color)
##
##     D     E     F     G     H     I     J
##  6775  9797  9542 11292  8304  5422  2808
```

カウントの他にも，SQL において avg(), max(), min(), sum() といった集約関数を利用できる．以下の例では，clarity 単位で平均価格を算出している.

```
dbGetQuery(con,
 "select clarity, avg(price) as avg_price
 from diamonds
 group by clarity
 order by avg_price desc")
##   clarity avg_price
## 1     SI2  5063.029
## 2     SI1  3996.001
## 3     VS2  3924.989
## 4      I1  3924.169
## 5     VS1  3839.455
## 6    VVS2  3283.737
## 7      IF  2864.839
## 8    VVS1  2523.115
```

また以下の例では，最も安い 5 つのダイアモンドのデータの中で最大のカラットを抽出している.

```
dbGetQuery(con,
 "select price, max(carat) as max_carat
 from diamonds
 group by price
 order by price
 limit 5")
##   price max_carat
## 1   326      0.23
## 2   327      0.23
## 3   334      0.29
```

```
## 4    335       0.31
## 5    336       0.24
```

グループ化は複数の計算にも対応している．以下の例では，clarity 単位で最小価格，最大価格，平均価格を算出している．

```
dbGetQuery(con,
 "select clarity,
 min(price) as min_price,
 max(price) as max_price,
 avg(price) as avg_price
 from diamonds
 group by clarity
 order by avg_price desc")
##    clarity min_price max_price avg_price
## 1     SI2       326     18804  5063.029
## 2     SI1       326     18818  3996.001
## 3     VS2       334     18823  3924.989
## 4      I1       345     18531  3924.169
## 5     VS1       327     18795  3839.455
## 6    VVS2       336     18768  3283.737
## 7      IF       369     18806  2864.839
## 8    VVS1       336     18777  2523.115
```

以下の例では，clarity 単位でカラットに応じて重み付けをした価格を算出している．この場合，カラットが大きいものほど価格により大きな重みが加えられる．

```
dbGetQuery(con,
 "select clarity,
 sum(price * carat) / sum(carat) as wprice
 from diamonds
 group by clarity
 order by wprice desc")
##    clarity   wprice
## 1 SI2 7012.257
## 2 VS2 6173.858
## 3 VS1 6059.505
## 4 SI1 5919.187
## 5 VVS2 5470.156
## 6 I1 5233.937
## 7 IF 5124.584
## 8 VVS1 4389.112
```

並べ替えと同様に，グループ化にも複数のフィールドを利用できる．以下の例では clarity と color を用いてグループ化した上で平均価格を求めて，高いものから 5 つを取得している．

```
dbGetQuery(con,
 "select clarity, color,
 avg(price) as avg_price
```

330 第 11 章 データベース操作

```
from diamonds
group by clarity, color
order by avg_price desc
limit 5")
##   clarity color avg_price
## 1      IF     D  8307.370
## 2     SI2     I  7002.649
## 3     SI2     J  6520.958
## 4     SI2     H  6099.895
## 5     VS2     I  5690.506
```

リレーショナルデータベースにおいて「リレーショナル」の意味を最もよく表しているのはテーブルの結合操作だろう．テーブルの結合操作では，結合に用いるフィールドを指定した上で複数のテーブルを結合する．

まず，cut, color, clarity においていくつかのデータを含むデータフレームを作成しよう．

```
diamond_selector <- data.frame(
  cut = c("Ideal", "Good", "Fair"),
  color = c("E", "I", "D"),
  clarity = c("VS1", "I1", "IF"),
  stringsAsFactors = FALSE
)
diamond_selector
##      cut color clarity
## 1 Ideal     E     VS1
## 2  Good     I      I1
## 3  Fair     D      IF
```

次に作成したデータフレームをデーターベースに書き込む．その上で，先の diamond テーブルと書き込んだ diamond_selector を結合することで，ほしいデータのみを抽出することができる．

```
dbWriteTable(con, "diamond_selector", diamond_selector,
 row.names = FALSE, overwrite = TRUE)
## [1] TRUE
```

なお，join において，using にフィールド名を続けることで，結合操作に利用するフィールド名を指定できる．

```
subset_diamonds <- dbGetQuery(con,
 "select cut, color, clarity, carat, price
 from diamonds
 join diamond_selector using (cut, color, clarity)")
head(subset_diamonds)
##      cut color clarity carat price
## 1 Ideal     E     VS1  0.60  2774
## 2 Ideal     E     VS1  0.26   556
## 3 Ideal     E     VS1  0.70  2818
```

```
## 4 Ideal      E      VS1  0.70  2837
## 5 Good       I      I1   1.01  2844
## 6 Ideal      E      VS1  0.26   556
```

今回, `diamond_selector` として指定した条件に合致するデータは, 全体うちのほんのわずかでしかない.

```
nrow(subset_diamonds) /nrow(diamonds)
## [1] 0.01121617
```

すべての操作が終わったらデータベースへの接続を切断することを忘れてはいけない.

```
dbDisconnect(con)
## [1] TRUE
```

先の例では, SQLite などのリレーショナルデータベースにおける SQL の基本操作を解説した. しかし SQL は非常にパワフルであり, これまで紹介してきた以上の操作が可能である. より詳しく学びたい読者には, w3schools の SQL チュートリアル[3] で学ぶことをお薦めする.

11.1.4 チャンク単位でクエリの結果を取得する

本節の最初に, リレーショナルデータベースを用いる利点として, 大きなサイズのデータを扱えることを挙げた. 通常の業務では, データベースの一部のみを利用することがほとんどである. しかし, たまにメモリに載せきれない大きなデータを扱う場合も出てくる. そのような場合は, 分割したデータ (チャンク) 単位でデータを処理する必要がある.

多くのリレーショナルデータベースでは, チャンク単位の処理をサポートしている. 以下の例ではこれまで利用してきた `dbGetQuery()` の代わりに, `dbSendQuery()` を用いて, すべてのデータを取得できるまでチャンク単位でデータを処理している. こうすることで, 一度に大量のデータを, メモリに載せることなしに処理できる.

```
con <- dbConnect(SQLite(), "data/datasets.sqlite")
res <- dbSendQuery(con,
 "select carat, cut, color, price from diamonds
 where cut = 'Ideal' and color = 'E'")
while (!dbHasCompleted(res)) {
  chunk <- dbFetch(res, 800)
  cat(nrow(chunk), "records fetched\n")
# チャンク単位で処理
}
## 800 records fetched
## 800 records fetched
## 800 records fetched
## 800 records fetched
## 703 records fetched
```

---

[3] http://www.w3schools.com/sql

332　第 11 章　データベース操作

```
dbClearResult(res)
## [1] TRUE
dbDisconnect(con)
## [1] TRUE
```

　実務上扱うデータベースには，数億レコードが格納されていることも珍しくない．その場合 1 回のクエリで，全部とまではいかずとも数千万レコードを扱うことになるだろう．dbGetQuery()で呼び出した場合，その量のデータはまずメモリに載らない．チャンク単位で処理することでメモリを買い増す必要もなく，安く済ませることができる．

11.1.5　データの一貫性を保証するためにトランザクションを用いる

　多くのリレーショナルデータベースでは，データの一貫性を保証するための強力な機能を備えている．そのような機能の 1 つがトランザクションであり，データを挿入・更新する際に用いる．もしトランザクションが失敗すれば，データベースはトランザクション実行前の状態に戻され（ロールバック），その状態からトランザクションをやり直すことができる．

　以下では，データ挿入プロセスが途中で失敗する例をシミュレーションしている．ある商品データを data/products.sqlite に保存していく処理を実行するとしよう．チャンクが処理されるたびに，データベース上のテーブルにデータが追加されていく．ここではシミュレーション上，20 ％の確率で各処理は失敗するように設定されている．

```
set.seed(123)
con <- dbConnect(SQLite(), "data/products.sqlite")
chunk_size <- 10
for (i in 1:6) {
  cat("Processing chunk", i, "\n")
  if (runif(1) <= 0.2) stop("Data error")
  chunk <- data.frame(id = ((i - 1L) * chunk_size):(i * chunk_size - 1L),
   type = LETTERS[[i]],
   score = rbinom(chunk_size, 10, (10 - i) /10),
   stringsAsFactors = FALSE)
  dbWriteTable(con, "products", chunk,
   append = i > 1, row.names = FALSE)
}
## Processing chunk 1
## Processing chunk 2
## Processing chunk 3
## Processing chunk 4
## Processing chunk 5
## Error in eval(expr, envir, enclos): Data error
```

　データの書き込みは 5 番目のチャンクで失敗している．ここで一旦，テーブルにどれだけデータが書き込まれているかチェックしてみよう．

```
dbGetQuery(con, "select COUNT(*) from products")
##   COUNT(*)
## 1      40
dbDisconnect(con)
## [1] TRUE
```

　処理が失敗した場合であっても，テーブルにはすべてのデータが適切に保存されていることが確認できる．なお，処理が失敗した時に，すべてのレコードが正しく保存されていてほしい場合もあれば，データベースに中途半端にデータを入れてほしくない場合もあろう．いずれの場合においても，データベースは一貫性をもっている．しかし仮に，データの半数しか保存されていない場合，問題が生じる．したがって，データベースに対する処理が成功したか失敗したかを確認する必要がある．この際，まず最初に dbBegin() を用いて処理を開始し，処理が終われば dbCommit() を呼び出し，もし途中で問題が生じれば dbRollback() を用いるとよい．

　以下の例では，先に示した例をより発展させている．ここではすべてのチャンクが書き込まれたことを確認するために，トランザクションを利用している．コードを具体的に説明しよう．まず，トランザクションの開始時点では dbBegin() を呼び出している．そして，tryCatch() を用いることで，エラーが生じた際に例外処理を実行できるようにしている．処理が問題なく実行されれば，dbCommit() でトランザクションが完了する．もし問題が生じれば，tryCatch() の例外処理により警告が発生し，dbRollback() によってデータベースがトランザクション実行前の状態まで戻される．

```
set.seed(123)
file.remove("data/products.sqlite")
## [1] TRUE
con <- dbConnect(SQLite(), "data/products.sqlite")
chunk_size <- 10
dbBegin(con)
## [1] TRUE
res <- tryCatch({
  for (i in 1:6) {
    cat("Processing chunk", i, "\n")
    if (runif(1) <= 0.2) stop("Data error")
    chunk <- data.frame(id = ((i - 1L) * chunk_size):(i * chunk_size - 1L),
      type = LETTERS[[i]],
      score = rbinom(chunk_size, 10, (10 - i) /10),
      stringsAsFactors = FALSE)
    dbWriteTable(con, "products", chunk,
      append = i > 1, row.names = FALSE)
  }
dbCommit(con)
}, error = function(e) {
  warning("An error occurs: ", e, "\nRolling back", immediate. = TRUE)
  dbRollback(con)
})
## Processing chunk 1
## Processing chunk 2
```

334   第 11 章　データベース操作

```
## Processing chunk 3
## Processing chunk 4
## Processing chunk 5
## Warning in value[[3L]](cond): An error occurs: Error in
doTryCatch(return(expr), name, parentenv, handler): Data error
##
## Rolling back
```

　今回も前回同様のエラーが生じるだろう．しかし，ここではエラーは捕捉，トランザクション
はキャンセルされ，データベースはトランザクション実行の状態に戻される．テーブルのデー
タをカウントしてみると，それが確認できる．

```
dbGetQuery(con, "select COUNT(*) from products")
## Error in sqliteSendQuery(con, statement, bind.data): error in statement:
no such table: products
dbDisconnect(con)
## [1] TRUE
```

　この結果には不思議な点が 1 つある．なぜ，0 という結果が返ってこないで，products と
いうテーブルがないという結果が返ってくるのだろう．先のコードを確認すると，トランザク
ションの最初で dbWriteTable() を用いてテーブルを新規作成し，その上で各チャンクを書
き込んでいることがわかる．つまり，トランザクションにテーブル作成も含まれているのであ
る．したがって，トランザクションが失敗し，トランザクション実行前の状態に戻ると，テー
ブル作成もなかったことになる．その結果，データをカウントするクエリを送ってもエラーが
生じるのである．仮にトランザクション前にテーブル作成をしていれば，この場合，トランザ
クション実行前のデータ数が返ってくるはずである．

　データベースにおいて一貫性が強く求められる事例として，銀行口座における送金操作があ
る．ある口座から別の口座に対して送金する際，送金元の口座からは送金分の金額を差し引き，
送金先の口座へは送金分の金額を加えるという操作が必要になる．この 2 つの操作は，同時に
成功もしくは同時に失敗するというように一貫性をもたなければならない．これはトランザク
ションを用いることで容易に実現できる．

　まず，仮想銀行のデータベースを SQLite で作成する関数を定義しよう．その上で，
dbSendQuery() を用いて口座テーブル (accounts) とトランザクションテーブル
(transactions) を作成する．

```
create_bank <- function(dbfile) {
  if (file.exists(dbfile)) file.remove(dbfile)
  con <- dbConnect(SQLite(), dbfile)
  dbSendQuery(con,
   "create table accounts
   (name text primary key, balance real)")
  dbSendQuery(con,
   "create table transactions
```

```
  (time text, account_from text, account_to text, value real)")
  con
}
```

accounts テーブルには口座情報が保存されており，2 つのフィールド，name と balance
が定義されている．一方，transactions テーブルにはトランザクションの履歴が保存されて
おり，4 つのフィールド，time, account_from, account_to, value が定義されている．

ここで，口座の初期情報を作成する関数を定義する．この関数は name と balance の新規
データを accounts テーブルに挿入する．

```
create_account <- function(con, name, balance) {
  dbSendQuery(con,
   sprintf("insert into accounts (name, balance) values ('%s', %.2f)",
   name, balance))
  TRUE
}
```

上記では，SQL の生成に sprintf() を用いている．sprintf() はローカル PC や個人 PC
での利用は構わないが，ウェブアプリケーションにおける利用は避けた方がよい．なぜなら悪
質な攻撃者がデータベースを攻撃する脆弱性となりうるからである．

次に送金関数を定義する．この関数は，まず送金元と送金先の口座が存在することをチェッ
クする．その上で，送金元の口座が送金分の金額を口座に有しているかをチェックする．そし
て送金操作を行い，操作が問題なく完了すれば送金先と送金元の口座の残高を更新し，トラン
ザクションの結果を transactions テーブルに書き込む．

```
transfer <- function(con, from, to, value) {
  get_account <- function(name) {
    account <- dbGetQuery(con,
     sprintf("select * from accounts
     where name = '%s'", name))
    if (nrow(account) == 0)
      stop(sprintf("Account '%s' does not exist", name))
    account
  }
  account_from <- get_account(from)
  account_to <- get_account(to)
  if (account_from$balance < value) {
    stop(sprintf("Insufficient money to transfer from '%s'",
  } else {
    dbSendQuery(con,
     sprintf("update accounts set balance = %.2f
     where name = '%s'",
     account_from$balance - value, from))
dbSendQuery(con,
sprintf("update accounts set balance = %.2f
where name = '%s'",
```

336 第 11 章 データベース操作

```
    account_to$balance + value, to))
dbSendQuery(con,
   }
TRUE
}
```

先のコードでは，残高不足についてはエラー処理を実装しているが，まだ十分ではない．他の原因で送金に障害が発生する場合もあるからである．以下の例では残高不足以外の問題が生じた場合，送金を中止し，送金前の状態に戻す送金処理を実装している．

```
safe_transfer <- function(con, ...) {
  dbBegin(con)
  tryCatch({
    transfer(con, ...)
    dbCommit(con)
  }, error = function(e) {
    message("An error occurs in the transaction. Rollback...")
    dbRollback(con)
    stop(e)
  })
}
```

ここで実装した safe_transfer() は，transfer() のラッパー関数である．トランザクション失敗時に tryCatch() を用いてエラーを捕捉し，dbRollback() でデータベースの状態をトランザクション実行前の状態に戻せるようにしている．

これまでの関数に加えて，口座情報およびトランザクション情報を取得する関数も実装しておこう．

```
get_balance <- function(con, name) {
  res <- dbGetQuery(con,
  sprintf("select balance from accounts
   where name = '%s'", name))
  res$balance
}
get_transactions <- function(con, from, to) {
dbGetQuery(con,
  sprintf("select * from transactions
   where account_from = '%s' and account_to = '%s'",
   from, to))
}
```

さて，これまで実装してきた関数をテストしよう．まず，create_bank() を用いて，仮想銀行を作成する．この関数は SQLite データベースに対する接続を返す．さらに create_account() を用いて，David と Jenny の 2 つの口座を作成し，口座の初期情報を取得する．

```
con <- create_bank("data/bank.sqlite")
create_account(con, "David", 5000)
```

```
## [1] TRUE
create_account(con, "Jenny", 6500)
## [1] TRUE
get_balance(con, "David")
## [1] 5000
get_balance(con, "Jenny")
## [1] 6500
```

次に safe_transfer() を用いて，David から Jenny に対して送金処理を実行する．送金
処理が成功すれば，各口座において送金分の金額の増減が起きているはずである．

```
safe_transfer(con, "David", "Jenny", 1500)
## [1] TRUE
get_balance(con, "David")
## [1] 3500
get_balance(con, "Jenny")
## [1] 8000
```

今度は，David の口座の残高を超える額の送金処理を実行してみよう．するとエラーが発生
する．

```
safe_transfer(con, "David", "Jenny", 6500)
## An error occurs in the transaction. Rollback...
## Error in transfer(con, ...): Insufficient money to transfer from 'David'
get_balance(con, "David")
## [1] 3500
get_balance(con, "Jenny")
## [1] 8000
```

発生したエラーが捕捉されると，データベースはトランザクション実行前の状態に戻される．
結果として 2 つの口座の収支は変化しない．

```
get_transactions(con, "David", "Jenny")
##                     time  account_from  account_to value
## 1 2016-06-08 23:24:39          David        Jenny  1500
```

トランザクション情報を確認すると，成功した最初のトランザクション情報のみが確認でき
る．最後にデータベースの接続を切断しておこう．

```
dbDisconnect(con)
## [1] TRUE
```

11.1.6 データベースへのデータ保存

巨大なサイズのデータファイルを扱う際，データの入出力でどうにもならなくなることがあ
る．よくあるケースは大きく 2 つに分けられ，1 つはメモリに載らないサイズのテキストデー

338　第 11 章　データベース操作

タを扱う場合，もう 1 つは小さいサイズのファイルが大量にある場合である．後者は，多数の
ファイルをそれぞれ読み込んで，1 つのデータフレームに整形するのが非常に手間である．

　まず，メモリに載らないサイズのデータを扱う場合は，チャンク単位でデータファイルを読
み込み，データベースに書き込んでいくとよい．以下の例では，その処理を実行する関数を実
装している．この関数では読み込む対象のファイル，書き込み先のデータベース，書き込み先
のテーブル名，チャンクのサイズを指定できるようになっている．読み込む対象のファイル全
体がメモリに載らないサイズであっても，この関数を用いることで，1 回のチャンク操作で非
常に小さなサイズのメモリのみを使うだけで済ませることができる．

```r
chunk_rw <- function(input, output, table, chunk_size = 10000) {
  first_row <- read.csv(input, nrows = 1, header = TRUE)
  header <- colnames(first_row)
  n <- 0
  con <- dbConnect(SQLite(), output)
on.exit(dbDisconnect(con))
  while (TRUE) {
    df <- read.csv(input,
     skip = 1 + n * chunk_size, nrows = chunk_size,
     header = FALSE, col.names = header,
     stringsAsFactors = FALSE)
    if (nrow(df) == 0) break;
    dbWriteTable(con, table, df, row.names = FALSE, append = n > 0)
    n <- n + 1
    cat(sprintf("%d records written\n", nrow(df)))
  }
}
```

　ここでは各チャンクのサイズを算出するようにしている．この関数をテストするために，一
旦 diamonds データを CSV ファイルで出力しよう．その上で，chunk_rw() を用いて SQLite
データベースにデータを書き込む．こうすることで一度に書き込むよりもはるかに少ないメモ
リ使用量で操作を実行できる．

```r
write.csv(diamonds, "data/diamonds.csv", quote = FALSE, row.names = FALSE)
chunk_rw("data/diamonds.csv", "data/diamonds.sqlite", "diamonds")
## 10000 records written
## 10000 records written
## 10000 records written
## 10000 records written
## 10000 records written
## 3940 records written
```

　さて，今度は巨大なサイズのデータの書き込みとは別の大変なケース，「各ファイルのサイ
ズは小さいがファイル数が非常に多い場合」を扱おう．このケースにおいても，一括した操作
が可能となるように，すべてのファイルをデータベースにまとめることを目的とする．以下の
例では，1 つのフォルダに格納された多数の CSV ファイルを 1 つのデータベースに格納する

11.1 リレーショナルデータベースの操作　　339

batch_rw() を定義している.

```
batch_rw <- function(dir, output, table, overwrite = TRUE) {
  files <- list.files(dir, "\\.csv$", full.names = TRUE)
  con <- dbConnect(SQLite(), output)
on.exit(dbDisconnect(con))
  exist <- dbExistsTable(con, table)
  if (exist) {
    if (overwrite) dbRemoveTable(con, table)
    else stop(sprintf("Table '%s' already exists", table))
  }
  exist <- FALSE
  for (file in files) {
    cat(file, "... ")
    df <- read.csv(file, header = TRUE,
     stringsAsFactors = FALSE)
     dbWriteTable(con, table, df, row.names = FALSE,
     append = exist)
    exist <- TRUE
    cat("done\n")
  }
}
```

定義した batch_rw() を用いて, data/groups 内にある CSV ファイルを読み込んでみよう.

```
batch_rw("data/groups", "data/groups.sqlite", "groups")
## data/groups/group1.csv ... done
## data/groups/group2.csv ... done
## data/groups/group3.csv ... done
```

これですべてのファイルを 1 つのデータベースに格納できた. 最後にデータが格納されていることを確認しよう.

```
con <- dbConnect(SQLite(), "data/groups.sqlite")
dbReadTable(con, "groups")
##   group   id grade
## 1     1  I-1     A
## 2     1  I-2     B
## 3     1  I-3     A
## 4     2 II-1     C
## 5     2 II-2     C
## 6     3 III-1    B
## 7     3 III-2    B
## 8     3 III-3    A
## 9     3 III-4    C
dbDisconnect(con)
## [1] TRUE
```

本節では, SQLite について基礎的な知識および操作を学んできたが, これは他のリレーショナルデータベースにも通じるものである. なお, SQLite を用いる際に **RSQLite** パッケージを

340   第 11 章　データベース操作

利用したが，他のリレーショナルデータベースにも同様の対応パッケージが開発されている．MySQL には **RMySQL** パッケージ，PostgreSQL には **RPostgres** パッケージ，Microsoft SQL Server には **RSQLServer** パッケージ，ODBC が利用できるデータベース (Microsoft Access, Excel) には **RODBC** パッケージといった具合である．これらのパッケージはほぼ同一の操作関数を備えており，1 つのパッケージに慣れれば，他を利用することはたやすい．

11.2　NoSQL データベースの操作

　先の節ではリレーショナルデータベースの基礎と SQL の使い方について学んだ．リレーショナルデータベースにおいてデータは関係性をもつ表形式のデータ，すなわちテーブルの集合として表現される．だが，データの量がサーバの容量すら超えるような現在においては，従来のリレーショナルデータベースには問題が生じる．すなわち，リレーショナルデータベースは，データをいくつかのサーバクラスタに分散させて保存させるというような水平拡張性 (horizontal scalability) をサポートしていないのである．データを分散して蓄積しながらあたかも 1 つのデータベースのようにアクセスできるようにする，つまり水平拡張性のサポートはデータベース管理において新たな課題となった．

　近年，NoSQL もしくは非リレーショナルデータベースと呼ばれる新しいデータベースが有名になってきた．NoSQL は高い可用性，拡張性，柔軟性をもつよう設計されており，ビッグデータ分析およびリアルタイムアプリケーションを扱う際に威力を発揮する．

　リレーショナルデータベースと NoSQL は，データの蓄積方法が異なる．ショッピングウェブサイトの例を考えてみよう．各商品と商品に対するコメントは，リレーショナルデータベースにおいてそれぞれ products と comments という 2 つのテーブルに格納するのが典型的である．以下は商品テーブルの構造である．

```
products:
code,name,type,price,amount
A0000001,Product-A,Type-I,29.5,500
```

　コメントテーブルには商品コードが格納されており，各商品に対応している．

```
comments:
code,user,score,text
A0000001,david,8,"This is a good product"
A0000001,jenny,5,"Just so so"
```

　各商品がたくさんのテーブルと関連付けられ，商品のデータも莫大になってくると，1 つのデータベースでは管理できなくなり，複数のデータベースで管理する必要が出てくる．しかし，このようなデータベースに対して効率的なクエリを書くのは至難の業である．NoSQL の 1 つである MongoDB を用いると，各商品に関するデータはドキュメントの形で保存され，商品に対するコメントは別個のドキュメントではなく，各商品ドキュメントのフィールドの 1 つに配

列の形で保存される．こうすることで MongoDB は，分散性と効率のよいクエリのサポートを可能にした．

11.2.1 MongoDB の操作

MongoDB は有名な NoSQL であり，ドキュメント指向型のデータベースである．MongoDB は，データベース，コレクション，ドキュメントという階層構造をもつ．コレクションとドキュメントは，リレーショナルデータベースでいうところのテーブルとレコードにそれぞれ相当する．先の例でいえば，各商品はコレクション内のドキュメントとして保存される．商品ドキュメントは code や name といった商品の性質を示すフィールドをもつ．商品に対するコメントは comments フィールドに格納され，その中には配列の形でコメントの情報が格納されている．なお，商品間でコメントの構造は共通である．

以下に商品ドキュメントの一例を示す．このドキュメントは JSON[4] 形式で表現されている．

```
{
  "code":"A0000001",
  "name":"Product-A",
  "type":"Type-I",
  "price":29.5,
  "amount":500,
  "comments":[
   {
     "user":"david",
     "score":8,
     "text":"This is a good product"
   },
   {
     "user":"jenny",
     "score":5,
     "text":"Just so so"
   }
  ]
}
```

リレーショナルデータベースはデータベース（スキーマ）という構造をもち，データベースはテーブルによって構成される．そして，各テーブルはレコードをもつ．MongoDB の場合，データベースの中でテーブルに対応する構造としてコレクションがあり，コレクションの中で，レコードに対応する構造としてドキュメントをもつ．レコードとドキュメントの大きな違いは，1つのテーブル内におけるレコードがすべて同じ構造をもつのに対し，ドキュメントはそのような制限がない（スキーマレス）というものである．各ドキュメントは柔軟な構造をもち，ドキュメント内でネストしたドキュメントをもつことすらできる．

---

[4] https://en.wikipedia.org/wiki/JSON

342   第 11 章　データベース操作

　先ほど示した JSON において，商品ドキュメントは，各々 1 つのデータのみを格納している
code, name, type, price, amount と，配列を格納している comments で構成されていた．
comments の中には，各商品に対するコメントが user, score, text の形で格納されている．
つまり，各商品ドキュメントには商品の情報とそこに紐付くコメントの情報が格納されており，
商品に関する情報を取得しようと思った時，リレーショナルデータベースのように 2 つのテー
ブルを結合させる必要はないのである．

　さて，MongoDB をインストールするためにまずは MongoDB の公式サイト[5] にアクセス
してほしい．そこにある指示に従えば，ほぼすべての OS でインストールできるはずである．

(1)　MongoDB に対するクエリ

　以降の操作では，ローカル PC で MongoDB を稼働させているものとする．R から MongoDB
を扱う際は **mongolite** パッケージを利用するので，以下のようにインストールしてほしい．

```
install.packages("mongolite")
```

　インストールできたらアドレスを指定して，データベースおよびコレクションを作成しよう．
コレクションには products，データベースには test，アドレスには mongodb://localhost
を指定している．

```
library(mongolite)
m <- mongo("products", "test", "mongodb://localhost")
```

　さて，このローカルの MongoDB インスタンス内にドキュメントを挿入していこう．現時点
で products コレクション内にはドキュメントは格納されていない．

```
m$count()
## [1] 0
```

　ここに商品情報およびコメントを挿入するには，insert() メソッドに対して，JSON を文
字列として渡せばよい．

```
m$insert('
{
  "code": "A0000001",
  "name": "Product-A",
  "type": "Type-I",
  "price": 29.5,
  "amount": 500,
  "comments": [
    {
      "user": "david",
```

---
[5] https://docs.mongodb.com/manual/installation/

11.2 NoSQL データベースの操作 　343

```
      "score": 8,
      "text": "This is a good product"
    },
    {
      "user": "jenny",
      "score": 5,
      "text": "Just so so"
    }
  ]
}')
```

これでドキュメントが挿入されたので確認しよう．

```
m$count()
## [1] 1
```

文字列で渡す代わりに，リストで渡すこともできる．以下ではリストで渡す例を示した．

```
m$insert(list(
  code = "A0000002",
  name = "Product-B",
  type = "Type-II",
  price = 59.9,
  amount = 200L,
  comments = list(
    list(user = "tom", score = 6L,
      text = "Just fine"),
    list(user = "mike", score = 9L,
            text = "great product!")
  )
), auto_unbox = TRUE
)
```

なお，R ではスカラをサポートしていないため，データの構造はすべてベクトルとなる．MongoDB 内ではベクトルは JSON の配列として解釈されるので，1 つの要素しかもたないベクトルをスカラとして解釈させたい場合は，insert() メソッドにおいて，auto_unbox = TRUE と指定する．他の方法としては I() や，**jsonlite** パッケージの unbox() を用いるというものもある．

さて，以上でコレクション内には 2 つのドキュメントが格納された．

```
m$count()
## [1] 2
```

コレクション内のドキュメントをすべて取得する場合には，find() メソッドを用いる．このメソッドを用いると，データフレームの形で結果が返ってくる．

```
products <- m$find()
##
```

344 第 11 章 データベース操作

```
 Found 2 records...
 Imported 2 records. Simplifying into dataframe...
str(products)
## 'data.frame':    2 obs. of  6 variables:
##  $ code    : chr  "A0000001" "A0000002"
##  $ name    : chr  "Product-A" "Product-B"
##  $ type    : chr  "Type-I" "Type-II"
##  $ price   : num  29.5 59.9
##  $ amount  : int  500 200
##  $ comments:List of 2
##   ..$ :'data.frame': 2 obs. of  3 variables:
##   .. ..$ user : chr  "david" "jenny"
##   .. ..$ score: int  8 5
##   .. ..$ text : chr  "This is a good product" "Just so so"
##   ..$ :'data.frame': 2 obs. of  3 variables:
##   .. ..$ user : chr  "tom" "mike"
##   .. ..$ score: int  6 9
##   .. ..$ text : chr  "Just fine" "great product!"
```

　データフレームではなく，リストの形で結果を取得したい場合は `iterate()` メソッドを用いる．以下の例では `iterate()` メソッドは 1 つのドキュメントしか返さないため，`batch()`メソッドを組み合わせて，結果取得を繰り返している．

```
iter <- m$iterate()
products <- iter$batch(2)
str(products)
## List of 2
##  $ :List of 6
##   ..$ code    : chr "A0000001"
##   ..$ name    : chr "Product-A"
##   ..$ type    : chr "Type-I"
##   ..$ price   : num 29.5
##   ..$ amount  : int 500
##   ..$ comments:List of 2
##   .. ..$ :List of 3
##   .. .. ..$ user : chr "david"
##   .. .. ..$ score: int 8
##   .. .. ..$ text : chr "This is a good product"
##   .. ..$ :List of 3
##   .. .. ..$ user : chr "jenny"
##   .. .. ..$ score: int 5
##   .. .. ..$ text : chr "Just so so"
##  $ :List of 6
##   ..$ code    : chr "A0000002"
##   ..$ name    : chr "Product-B"
##   ..$ type    : chr "Type-II"
##   ..$ price   : num 59.9
##   ..$ amount  : int 200
##   ..$ comments:List of 2
##   .. ..$ :List of 3
```

```
##   .. .. ..$ user : chr "tom"
##   .. .. ..$ score: int 6
##   .. .. ..$ text : chr "Just fine"
##   .. ..$ :List of 3
##   .. .. ..$ user : chr "mike"
##   .. .. ..$ score: int 9
##   .. .. ..$ text : chr "great product!"
```

コレクションからドキュメントを抽出するには, find() メソッドで条件を指定する. 以下では, code が A0000001 であるドキュメントから name, price, amount を抽出している.

```
m$find('{ "code": "A0000001" }',
'{ "_id": 0, "name": 1, "price": 1, "amount": 1 }')
##
 Found 1 records...
 Imported 1 records. Simplifying into dataframe...
##      name price amount
## 1 Product-A  29.5    500
```

以下では, price が 40 以上であるドキュメントを抽出している.「以上」という条件を指定する時は $gte を用いる.

```
m$find('{ "price": { "$gte": 40 } }',
'{ "_id": 0, "name": 1, "price": 1, "amount": 1 }')
##
 Found 1 records...
 Imported 1 records. Simplifying into dataframe...
##      name price amount
## 1 Product-B  59.9    200
```

ドキュメントのフィールドだけでなく, ドキュメント内にネストして格納されている配列も条件指定に利用できる. 以下では, comment 内に格納されている score が 9 点のドキュメントを抽出している.

```
m$find('{ "comments.score": 9 }',
'{ "_id": 0, "code": 1, "name": 1}')
##
 Found 1 records...
 Imported 1 records. Simplifying into dataframe...
##      code      name
## 1 A0000002 Product-B
```

また以下のコードでは, comment 内に格納されている score が 6 点未満のドキュメントを抽出している. フィールド内にネストされている配列 (子フィールド) を指定する場合は, . (ドット) でつなぐ.

```
m$find('{ "comments.score": { "$lt": 6 }}',
'{ "_id": 0, "code": 1, "name": 1}')
```

346 第 11 章 データベース操作

```
##
 Found 1 records...
 Imported 1 records. Simplifying into dataframe...
##       code      name
## 1 A0000001 Product-A
```

insert() メソッドは，R のデータフレームを MongoDB のデータベース挿入する際に用いる．ここでこれまでのデータベースとは別のデータベースを作成し，コネクション m を作る．

```
m <- mongo("students", "test", "mongodb://localhost")
```

```
m$count()
## [1] 0
```

現時点でドキュメントは格納されていない．データを挿入する際に今度はリストではなく，データフレームを作成する．

```
students <- data.frame(
 name = c("David", "Jenny", "Sara", "John"),
 age = c(25, 23, 26, 23),
 major = c("Statistics", "Physics", "Computer Science", "Statistics"),
 projects = c(2, 1, 3, 1),
 stringsAsFactors = FALSE
)
students
##     name age             major projects
## 1 David  25        Statistics        2
## 2 Jenny  23           Physics        1
## 3  Sara  26 Computer Science        3
## 4  John  23        Statistics        1
```

さて，insert() メソッドを用いて，このデータフレームをドキュメントとして挿入しよう．

```
m$insert(students)
##
Complete! Processed total of 4 rows.
```

count() メソッドと find() メソッドを用いて，ドキュメントが挿入されていることを確認できる．

```
m$count()
## [1] 4
m$find()
##
 Found 4 records...
 Imported 4 records. Simplifying into dataframe...
##     name age             major projects
## 1 David  25        Statistics        2
## 2 Jenny  23           Physics        1
```

```
## 3  Sara  26 Computer Science          3
## 4  John  23         Statistics          1
```

　これまでの例で見てきたように，MongoDB におけるデータの持ち方はリレーショナルデータベースとは異なる．MongoDB のドキュメントは JSON に近いが，効率よくコンパクトにデータを保存するために，内部的にはバイナリ形式で保存されている．なお，`find()` メソッドは JSON に似た形でデータを一旦抽出した後，データフレームに整形していることに注意してほしい．

　さて，おさらいになるが，ドキュメントの抽出には `find()` メソッドを用いる．以下の例では Jenny という名前のドキュメントをすべて抽出している．

```
m$find('{ "name": "Jenny" }')
##
 Found 1 records...
 Imported 1 records. Simplifying into dataframe...
##    name age   major projects
## 1 Jenny  23 Physics        1
```

　クエリの結果はデータフレームに変換される．以下の例では `projects` が 2 以上のドキュメントを抽出している．

```
m$find('{ "projects": { "$gte": 2 }}')
##
 Found 2 records...
 Imported 2 records. Simplifying into dataframe...
##    name age         major projects
## 1 David  25         Statistics        2
## 2  Sara  26 Computer Science        3
```

　フィールドを選択する際は，`find()` メソッドの `fields` 引数に指定する．

```
m$find('{ "projects": { "$gte": 2 }}',
fields = '{ "_id": 0, "name": 1, "major": 1 }')
##
 Found 2 records...
 Imported 2 records. Simplifying into dataframe...
##    name            major
## 1 David         Statistics
## 2  Sara Computer Science
```

　並べ替えを実行したい場合は，`sort` 引数に並べ替えで用いるフィールドを指定する．

```
m$find('{ "projects": { "$gte": 2 }}',
fields ='{ "_id": 0, "name": 1, "age": 1 }',
sort ='{ "age": -1 }')
##
 Found 2 records...
```

348 第 11 章 データベース操作

```
Imported 2 records. Simplifying into dataframe...
##     name age
## 1  Sara  26
## 2 David  25
```

抽出するドキュメント数を制限する場合は，`limit` 引数に指定する．

```
m$find('{ "projects": { "$gte": 2 }}',
fields ='{ "_id": 0, "name": 1, "age": 1 }',
sort ='{ "age": -1 }',
limit =1)
##
 Found 1 records...
 Imported 1 records. Simplifying into dataframe...
##    name age
## 1 Sara  26
```

`distinct()` メソッドを用いることで，指定したフィールドにおいて重複のないユニークな結果を取得することもできる．

```
m$distinct("major")
## [1] "Statistics"       "Physics"              "Computer Science"
```

この際，抽出条件を設定することもできる．以下の例では，`projects` が 2 以上のドキュメントにおいて，ユニークな `major` の結果を取得している．

```
m$distinct("major", '{ "projects": { "$gte": 2 } }')
## [1] "Statistics"       "Computer Science"
```

コレクション内のドキュメントを更新する際は，`update()` メソッドを用いる．以下の例では，`name` が Jenny であるドキュメントの `age` を 24 に更新している．

```
m$update('{ "name": "Jenny" }', '{ "$set": { "age": 24 } }')
## [1] TRUE
m$find()
##
 Found 4 records...
 Imported 4 records. Simplifying into dataframe...
##     name age            major projects
## 1 David  25        Statistics        2
## 2 Jenny  24           Physics        1
## 3  Sara  26 Computer Science        3
## 4  John  23        Statistics        1
```

(2) インデックスの作成および削除

リレーショナルデータベースと同様に，MongoDB もインデックスをサポートしている．各コレクションは複数のインデックスをもつことができる．インデックスを設定したフィールド

11.2 NoSQL データベースの操作　　349

はメモリ上にキャッシュされるため，迅速な検索が可能になる．適切にインデックスを設定することで，ドキュメントの検索を大変効率的に実行できるようになる．

mongolite パッケージを用いればインデックスの作成は簡単にできる．インデックスはデータをデータベースにインポートする際でも，インポートした後でも可能である．なお，ドキュメント数が何十億にものぼる場合，インデックスの作成には非常に時間がかかることを覚悟しておこう．また，たくさんのフィールドに対してインデックスを設定する場合も同様に時間がかかるので注意が必要である．以下にインデックスの作成例を示した．

```
m$index('{ "name": 1 }')
##   v key._id key.name    name               ns
## 1 1       1       NA    _id_  test.students
## 2 1      NA        1  name_1  test.students
```

インデックスを設定したフィールドを用いてデータを抽出すると，実行速度が向上しているはずである．

```
m$find('{ "name": "Sara" }')
##
 Found 1 records...
 Imported 1 records. Simplifying into dataframe...
##   name age            major projects
## 1 Sara  26 Computer Science        3
```

なお，条件を満たすドキュメントがデータベース内にない場合は，空のデータフレームが結果として返ってくる．

```
m$find('{ "name": "Jane" }')
##
 Imported 0 records. Simplifying into dataframe...
## data frame with 0 columns and 0 rows
```

最後にコレクションを削除したい場合は，drop() メソッドを用いる．

```
m$drop()
## [1] TRUE
```

データのサイズが小さい場合，インデックスによる高速化の効果はピンとこないかもしれない．以下の例では大量の行をもつデータフレームを作成し，インデックスの有無によるパフォーマンスの変化を検討している．なお，ここでは expand.grid() を用いてデータフレームを作成している．この関数を用いると，指定したベクトル間ですべての組み合わせを考慮したデータフレームが得られる．

```
set.seed(123)
m <- mongo("simulation", "test")
sim_data <- expand.grid(
```

350   第 11 章　データベース操作

```
 type = c("A", "B", "C", "D", "E"),
 category = c("P-1", "P-2", "P-3"),
 group = 1:20000,
 stringsAsFactors = FALSE)
head(sim_data)
##   type category group
## 1    A      P-1     1
## 2    B      P-1     1
## 3    C      P-1     1
## 4    D      P-1     1
## 5    E      P-1     1
## 6    A      P-2     1
```

この type, category, group をインデックスに用いる．さらにフィールドを追加しよう．ここでは乱数を格納した score1 と test1 を追加する．

```
sim_data$score1 <- rnorm(nrow(sim_data), 10, 3)
sim_data$test1 <- rbinom(nrow(sim_data), 100, 0.8)
```

作成したデータフレームは，以下の通りである．

```
head(sim_data)
##   type category group    score1 test1
## 1    A      P-1     1  8.318573    80
## 2    B      P-1     1  9.309468    75
## 3    C      P-1     1 14.676125    77
## 4    D      P-1     1 10.211525    79
## 5    E      P-1     1 10.387863    80
## 6    A      P-2     1 15.145195    76
```

先ほど作成した simulation コレクションに，このデータフレームを挿入しよう．

```
m$insert(sim_data)
Complete! Processed total of 300000 rows.
[1] TRUE
```

さて，ここからドキュメントの抽出の実行速度を測定していこう．まずはインデックスを使わずに find() メソッドでドキュメントを抽出する．

```
system.time(rec <- m$find('{ "type": "C", "category": "P-3", "group": 87
}'))
##
 Found 1 records...
 Imported 1 records. Simplifying into dataframe...
##    user  system elapsed
##   0.000   0.000   0.104
rec
##   type category  group   score1 test1
## 1    C      P-3     87  6.556688    72
```

11.2 NoSQL データベースの操作　　351

　2つ目のテストとして複数条件を組み合わせた場合の抽出についても，実行速度を測定しておく．

```
system.time({
  recs <- m$find('{ "type": { "$in": ["B", "D"]  },
    "category": { "$in": ["P-1", "P-2"] },
    "group": { "$gte": 25, "$lte": 75 } }')
})
##
 Found 204 records...
 Imported 204 records. Simplifying into dataframe...
##    user  system elapsed
##   0.004   0.000   0.094
```

　なお，得られるデータフレームは以下の通りである．

```
head(recs)
##   type category group     score1 test1
## 1    B      P-1    25 11.953580    80
## 2    D      P-1    25 13.074020    84
## 3    B      P-2    25 11.134503    76
## 4    D      P-2    25 12.570769    74
## 5    B      P-1    26  7.009658    77
## 6    D      P-1    26  9.957078    85
```

　3つ目のテストとして，インデックスを設定しない予定のフィールドを抽出する場合の実行速度も測定する．

```
system.time(recs2 <- m$find('{ "score1": { "$gte": 20 } }'))
##
 Found 158 records...
 Imported 158 records. Simplifying into dataframe...
##    user  system elapsed
##   0.000   0.000   0.096
```

　結果は以下のようになる．

```
head(recs2)
##   type category group     score1 test1
## 1    D      P-1    89 20.17111    76
## 2    B      P-3   199 20.26328    80
## 3    E      P-2   294 20.33798    75
## 4    E      P-2   400 21.14716    83
## 5    A      P-3   544 21.54330    73
## 6    A      P-1   545 20.19368    80
```

　以上3つの実行速度測定テストは，コレクションに対してインデックスを設定せずに行ってきた．今度はインデックスを設定してみよう．

352 第 11 章　データベース操作

```
m$index('{ "type": 1, "category": 1, "group": 1 }')
##   v key._id key.type key.category key.group
## 1 1       1       NA           NA        NA
## 2 1      NA        1            1         1
##                          name               ns
## 1                        _id_  test.simulation
## 2 type_1_category_1_group_1  test.simulation
```

インデックスが作成できたら最初のテストを実行してみよう．明らかに実行速度が速くなっていることがわかる．

```
system.time({
  rec <- m$find('{ "type": "C", "category": "P-3", "group": 87 }')
})
##
 Found 1 records...
 Imported 1 records. Simplifying into dataframe...
##    user  system elapsed
##   0.000   0.000   0.001
```

2つ目のテストも同様に，インデックスを用いて実行してみよう．こちらも実行速度が改善されている．

```
system.time({
  recs <- m$find('{ "type": { "$in": ["B", "D"]  },
    "category": { "$in": ["P-1", "P-2"] },
    "group": { "$gte": 25, "$lte": 75 } }')
})
##
 Found 204 records...
 Imported 204 records. Simplifying into dataframe...
##    user  system elapsed
##   0.000   0.000   0.002
```

一方，インデックスを設定していないフィールドを対象とした3つ目のテストでは，速度は向上しない．

```
system.time({
  recs2 <- m$find('{ "score1": { "$gte": 20 } }')
})
##
 Found 158 records...
 Imported 158 records. Simplifying into dataframe...
##    user  system elapsed
##   0.000   0.000   0.095
```

さて，MongoDB の特徴的な機能として，集計用のパイプラインがある．$group 等，先頭に $ が付与された集約演算子 (aggregate operations) を用いて，データを集計することができる．たとえば，以下のコードではデータを type 単位でグループ化して集計している．各グルー

プでは，スコアの平均値，テストスコアの最小値および最大値を算出している．この結果は非常に冗長なものとなるため，ここでは表示しない．自身でコードを実行して結果を確認してみてほしい．

```
m$aggregate('[
  { "$group": {
      "_id": "$type",
      "count": { "$sum": 1 },
      "avg_score": { "$avg": "$score1" },
      "min_test": { "$min": "$test1" },
      "max_test": { "$max": "$test1" }
    }
  }
]')
```

以下の例では，複数のフィールドを用いてグループ化している．SQLにおけるgroup by A, Bに相当する．

```
m$aggregate('[
  { "$group": {
      "_id": { "type": "$type", "category": "$category" },
      "count": { "$sum": 1 },
      "avg_score": { "$avg": "$score1" },
      "min_test": { "$min": "$test1" },
      "max_test": { "$max": "$test1" }
    }
  }
]')
```

パイプラインは以下のように，集計結果を別の操作に受け渡すストリームライン操作もサポートしている．

```
m$aggregate('[
  { "$group": {
      "_id": { "type": "$type", "category": "$category" },
      "count": { "$sum": 1 },
      "avg_score": { "$avg": "$score1" },
      "min_test": { "$min": "$test1" },
      "max_test": { "$max": "$test1" }
    }
  },
  {
    "$sort": { "_id.type": 1, "avg_score": -1 }
  }
]')
```

複数の演算子を組み合わせることで，パイプラインを延ばしていくことができる．以下のコードでは，グループ化を行ってデータを集計した後，平均スコアの降順でドキュメントを並べ替え，そのうちトップ3のドキュメントを抽出した上で，新しいフィールドを追加している．

354　第 11 章　データベース操作

```
m$aggregate('[
  { "$group": {
      "_id": { "type": "$type", "category": "$category" },
      "count": { "$sum": 1 },
      "avg_score": { "$avg": "$score1" },
      "min_test": { "$min": "$test1" },
      "max_test": { "$max": "$test1" }
    }
  },
  {
      "$sort": { "avg_score": -1 }
  },
  {
      "$limit": 3
  },
  {
      "$project": {
        "_id.type": 1,
        "_id.category": 1,
        "avg_score": 1,
        "test_range": { "$subtract": ["$max_test", "$min_test"] }
      }
  }
]')
```

　MongoDB に用意されている演算子は集約演算子だけではない．他の演算子について知りたい際は，関連する MongoDB の公式サイト内ページ (Pipeline Aggregation Stages[6], Arithmetic Aggregation Operators[7]) を参照してほしい．

　さて，MongoDB で触れておくべき重要な機能として MapReduce[8] がある．MapReduce は，分散コンピューティングを用いるビッグデータ分析を語る上では欠かせない技術である．MapReduce を用いてヒストグラムを生成するという簡単な例を以下に示す．

```
bins <- m$mapreduce(
map = 'function() {
    emit(Math.floor(this.score1 / 2.5) * 2.5, 1);
  }',
reduce = 'function(id, counts) {
    return Array.sum(counts);
  }'
)
```

　MapReduce の第一段階は Map ステップである．このステップにおいてすべての値はキーバリューペアに配置される．そして次の Reduce ステップにおいて，キーバリューペアが集約される．先の例では，各ビンに対するドキュメントの数を集計している．

---

[6] https://docs.mongodb.com/manual/reference/operator/aggregation-pipeline/

[7] https://docs.mongodb.com/manual/reference/operator/aggregation-arithmetic/

[8] https://en.wikipedia.org/wiki/MapReduce

```
bins
##    _id value
## 1  -5.0     6
## 2  -2.5   126
## 3   0.0  1747
## 4   2.5 12476
## 5   5.0 46248
## 6   7.5 89086
## 7  10.0 89489
## 8  12.5 46357
## 9  15.0 12603
## 10 17.5  1704
## 11 20.0   153
## 12 22.5     5
```

集計結果を barplot() に渡して，ヒストグラムを作成しよう．

```
with(bins, barplot(value /sum(value), names.arg = `_id`,
 main = "Histogram of scores",
 xlab = "score1", ylab = "Percentage"))
```

プロット結果は以下のようになる．

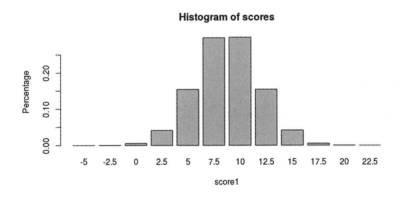

これで本項における MongoDB の紹介は終わりである．最後に drop() メソッドを用いて，コレクションを削除しておこう．

```
m$drop()
## [1] TRUE
```

なお，MongoDB の発展的内容については本書でカバーできる範囲を超えるので，MongoDB の公式チュートリアル[9] を参照してほしい．

---

[9] https://docs.mongodb.com/manual/tutorial/

356　第 11 章　データベース操作

11.2.2　Redis の操作

Redis[10] は，インメモリー型データストアの 1 つである．Redis はメモリ上にキーバリューペアの形でデータを保存し，この点が，表形式でデータを保存する SQLite や，ネストしてデータを保存できる MongoDB とは大きく異なる．キーバリューペアの形で保存することで高速な検索能力を有している一方，SQLite や MongoDB に実装されているようなクエリ言語を持ち合わせていない．

Redis は高速なデータキャッシュに用いられることが多い．Redis を用いることで，基本的なデータ構造の保存・操作が可能である．インストールする際はまず Redis の公式ダウンロードページ [11] にアクセスしてほしい．残念ながら Windows は公式にはサポートされていないが，Microsoft Open Tech group が Windows 上で実行できる Win64 版 Redis を開発している [12]．

SQL データベースのテーブル，MongoDB のドキュメントと同様に Redis は以下の例のようにキーバリューペアでデータを格納する．

```
name: Something
type: 1
grade: A
```

バリューとしては 1 つの値だけでなく，ハッシュマップやセット，ソートセットといったより複雑なデータ構造も格納できる．Redis はこのようなデータ構造に対して高速かつ低いレイテンシーでアクセスできるインターフェースを提供している．

(1)　Redis に R からアクセスする

R から Redis にアクセスするには **rredis** パッケージを用いる．まずパッケージをインストールしよう．

```
install.packages("rredis")
```

パッケージをインストールできたら Redis インスタンスに接続しよう．

```
library(rredis)
redisConnect()
```

redisConnect() において引数を空白のままにしておくと，ローカルの Redis インスタンスに接続する．なお，リモートの Redis のインスタンスにも接続することは可能である．

(2)　Redis サーバからデータを取得する

Redis の最も基本的な使い方は，redisSet() を用いたデータの格納である．redisSet(キー，

---

[10] http://redis.io/

[11] http://redis.io/download

[12] https://github.com/MSOpenTech/redis

バリュー（値））という形でデータを格納する．ここであらゆる R のオブジェクトが Redis に格納できるように，値はシリアライズされる．

```
redisSet("num1", 100)
## [1] "OK"
```

　上記コマンドの実行に成功したら，セットしたキーで値を取得できる．

```
redisGet("num1")
## [1] 100
```

　以下のように整数型のベクトルも格納できる．

```
redisSet("vec1", 1:5)
## [1] "OK"
redisGet("vec1")
## [1] 1 2 3 4 5
```

　以下のようにデータフレームを格納することもできる．

```
redisSet("mtcars_head", head(mtcars, 3))
## [1] "OK"
redisGet("mtcars_head")
##                mpg cyl disp  hp drat    wt  qsec vs am gear
## Mazda RX4     21.0   6  160 110 3.90 2.620 16.46  0  1    4
## Mazda RX4 Wag 21.0   6  160 110 3.90 2.875 17.02  0  1    4
## Datsun 710    22.8   4  108  93 3.85 2.320 18.61  1  1    4
##               carb
## Mazda RX4        4
## Mazda RX4 Wag    4
## Datsun 710       1
```

　他の PC が同じ Redis インスタンスにアクセスしている時でも，redisGet() を用いれば同じデータを取得できる．なお，存在しないキーにアクセスした場合は NULL が返る．

```
redisGet("something")
## NULL
```

　キーの存在を確認する場合は redisExists() を用いるのもよい．

```
redisExists("something")
## [1] FALSE
redisExists("num1")
## [1] TRUE
```

　キーが不要になったら，redisDelete() で削除できる．

```
redisDelete("num1")
## [1] "1"
```

358　第 11 章　データベース操作

```
## attr(,"redis string value")
## [1] TRUE
redisExists("num1")
## [1] FALSE
```

　Redis はシンプルなキーバリューペア以外に，より複雑なデータ構造にも対応している．た
とえば，redisHSet() を用いるとハッシュマップを格納できる．以下ではそれぞれ異なる果
物と，その個数が格納されたハッシュマップを格納している．

```
redisHSet("fruits", "apple", 5)
## [1] "1"
## attr(,"redis string value")
## [1] TRUE
redisHSet("fruits", "pear", 2)
## [1] "1"
## attr(,"redis string value")
## [1] TRUE
redisHSet("fruits", "banana", 9)
## [1] "1"
## attr(,"redis string value")
## [1] TRUE
```

　redisHGet() を用いると，フィールドを指定して，格納したハッシュマップの値を取得で
きる．

```
redisHGet("fruits", "banana")
## [1] 9
```

　ハッシュマップをリストの形で取得することもできる．

```
redisHGetAll("fruits")
## $apple
## [1] 5
##
## $pear
## [1] 2
##
## $banana
## [1] 9
```

　redisHKeys() を用いると，ハッシュマップのキーを取得できる．

```
redisHKeys("fruits")
## [[1]]
## [1] "apple"
## attr(,"redis string value")
## [1] TRUE
##
## [[2]]
```

```
## [1] "pear"
## attr(,"redis string value")
## [1] TRUE
##
## [[3]]
## [1] "banana"
## attr(,"redis string value")
## [1] TRUE
```

値のみ取得したい場合は，redisHVals() を用いる．

```
redisHVals("fruits")
## [[1]]
## [1] 5
##
## [[2]]
## [1] 2
##
## [[3]]
## [1] 9
```

redisHLen() を用いると，ハッシュマップに格納されているフィールドの数を取得できる．

```
redisHLen("fruits")
## [1] "3"
## attr(,"redis string value")
## [1] TRUE
```

複数のフィールドの値を取得する場合は redisHMGet() を用いる．

```
redisHMGet("fruits", c("apple", "banana"))
## $apple
## [1] 5
##
## $banana
## [1] 9
```

Redis にはリストの形でデータを入力することもできる．

```
redisHMSet("fruits", list(apple = 4, pear = 1))
## [1] "OK"
```

データが格納されていることを確認しよう．

```
redisHGetAll("fruits")
## $apple
## [1] 4
##
## $pear
## [1] 1
```

360　第 11 章　データベース操作

```
##
## $banana
## [1] 9
```

　Redis は，ハッシュマップの他にもキューにも対応している．値を左方向からも右方向から
もキューに加えることができる．以下では整数値の 1～3 を，キューの右方向から加えている．

```
for (qi in 1:3) {
  redisRPush("queue", qi)
}
```

　キューの長さは，redisLLen() を用いて取得できる．

```
redisLLen("queue")
## [1] "3"
## attr(,"redis string value")
## [1] TRUE
```

　キューの長さが 3 であることが確認できた．なお，redisLLen() の結果は文字列であるこ
とに注意してほしい．したがって，この結果を数値として扱う場合は文字列からの変換が必要
である．
　先ほどのキューにおいて，左方向から値を取得してみよう．

```
redisLPop("queue")
## [1] 1
redisLPop("queue")
## [1] 2
redisLPop("queue")
## [1] 3
redisLPop("queue")
## NULL
```

　3 つの値しか格納していないので，それ以上取得しようとすると，空の結果として NULL が
返ってくることに注意してほしい．
　操作を終了する際には Redis との接続を切断する．

```
redisClose()
```

　本書では扱わなかったが，Redis には他にも様々な機能がある．たとえば，メッセージブロー
カーという機能があり，これを用いることでプログラム間でメッセージを送受信させることが
できる．詳しくは公式ドキュメント [13] を参照してほしい．

---

[13] http://redis.io/documentation

11.3 まとめ

本章では，様々なデータベースに R から接続する方法を学んだ．リレーショナルデータベースの代表例として SQLite，NoSQL の代表例として MongoDB および Redis を扱った．各データベースの特徴を踏まえた上で，実務に適したものを選んでほしい．

データを扱うプロジェクトにおいて，データの入力は最初のステップである．そして，その次にくるデータクリーニングおよびデータ操作に最も時間を費やすことになる．次の章では，データ操作を扱う．R では，データ操作に特化した多くのパッケージが開発されている．そして，これらのパッケージをうまく使っていくには，パッケージの挙動について十分に理解する必要がある．これまで学んできた知識がその理解に役立つはずなので，十分に復習しておいてほしい．

第12章
データ操作

前章では，SQLite や MySQL に代表されるリレーショナルデータベースや，MongoDB，Redis に代表される NoSQL データベースを R から操作する方法について学んだ．一般に，リレーショナルデータベースは表形式でデータを格納しており，NoSQL はネストされたデータ構造をサポートするデータ構造をもつ．

さて，データをメモリに読み込んだとして，これでもまだデータ分析を行うにはほど遠い．多くの場合，データクリーニングや目的に沿った形へのデータの変形が必要である．そしてこのステップが，分析全体のプロセスの中で最も時間を要する．本章ではデータ操作における，R の組み込み関数および有用なパッケージの使い方を紹介していく．なお，これらのパッケージを使いこなすには，前章までの知識が必要になるので十分に復習しておいてほしい．

本章の内容は以下の通りである．

- データフレームを操作する基本関数群
- **sqldf** パッケージによる SQL を用いたデータフレームの操作
- **data.table** パッケージを用いたデータ操作
- **dplyr** パッケージを用いたデータ操作パイプライン
- **rlist** パッケージによるネストされたデータのハンドリング

12.1 データフレームの基本操作

R において，多くのデータ操作は組み込み関数で実行できる．本章では，モデルを作ったりプレゼンテーションを行うにあたって，必要なデータ形式にもっていくまでのデータ処理に有用な組み込み関数について紹介していく．なお，いくつかの関数についてはすでに前章までに紹介してきたものである．

以降のパートで扱うデータは架空の製品データである．まず，データの読み込みに **readr** パッケージを用いる．まだインストールしていない場合はインストールしてほしい．

```
install.packages("readr")
```

```
library(readr)
product_info <- read_csv("data/product-info.csv")
product_info
##    id     name  type   class released
## 1 T01   SupCar   toy vehicle      yes
## 2 T02 SupPlane   toy vehicle       no
## 3 M01    JeepX model vehicle      yes
## 4 M02 AircraftX model vehicle     yes
## 5 M03   Runner model  people      yes
## 6 M04   Dancer model  people       no
```

これで，データフレームの形でデータがメモリに読み込まれる．ここで各列のデータの型を確認してみよう．

```
sapply(product_info, class)
##          id        name        type       class    released
## "character" "character" "character" "character" "character"
```

readr パッケージにおける `read_csv()` は，組み込み関数の `read.csv()` とは異なる挙動を示す．たとえば，`read_csv()` は `read.csv()` とは異なり，文字列型のデータを因子型のデータに自動で変換しない．`read.csv()` のこの挙動はあまり得にならない割に，問題を引き起こすことが多い．したがって，筆者はデータフレームの形でデータを読み込みたい場合は `read_csv()` を用いることを薦める．ちなみに仮に `read.csv()` を用いてデータを読み込んだ場合，先の例ではすべての列が因子型に変換される．

12.1.1　組み込み関数群を用いたデータフレームの操作

これまでの章では，データフレームの基本について学んできた．ここではまず，データフレームから必要なデータを抽出する方法について復習しよう．データフレームは内部的にはベクトルのリストである．しかし，実際に操作する際は行列のように扱える．これは，すべての列ベクトルが，同じ長さをもつからである．ある条件で行方向にデータを抽出する際は，［条件,］のように，［］の第一引数に条件を論理値型のベクトルで渡し，第二引数を空のままにする．

以下の例では，これまでの章でRにおけるデータの抽出や集約を紹介する際に用いたやり方で，製品データから情報を抽出している．まず `type` が `toy` の行をすべて抽出してみよう．

```
product_info[product_info$type == "toy", ]
##    id     name type   class released
## 1 T01   SupCar  toy vehicle      yes
## 2 T02 SupPlane  toy vehicle       no
```

次は，まだリリースされていない商品情報，つまり `released` が `no` の行を抽出してみよう．

```
product_info[product_info$released == "no", ]
```

364   第 12 章　データ操作

```
##    id    name   type   class released
## 2 T02 SupPlane   toy vehicle       no
## 6 M04   Dancer model  people       no
```

　列単位でデータを抽出する際は，[, 抽出したい列の名前] のように，[] の第二引数に，抽出したい列の名前を文字列型ベクトルで与える．これは R における行列の操作と同様である．

```
product_info[, c("id", "name", "type")]
##    id    name  type
## 1 T01    SupCar   toy
## 2 T02  SupPlane   toy
## 3 M01     JeepX model
## 4 M02 AircraftX model
## 5 M03    Runner model
## 6 M04    Dancer model
```

　データフレームはリストの一種なので，リストと同じようにも扱える．カンマを除いて列の名前を文字列型ベクトルで与えると，以下のような結果が得られる．

```
product_info[c("id", "name", "class")]
##    id    name   class
## 1 T01    SupCar vehicle
## 2 T02  SupPlane vehicle
## 3 M01     JeepX vehicle
## 4 M02 AircraftX vehicle
## 5 M03    Runner  people
## 6 M04    Dancer  people
```

　データフレームから行方向と列方向の両方でデータを抽出したい場合は，[] の第一引数と第二引数の両方に条件を指定する．

```
product_info[product_info$type == "toy", c("name", "class", "released")]
##      name   class released
## 1   SupCar vehicle      yes
## 2 SupPlane vehicle       no
```

　抽出条件が複雑になってくると，先の方法ではコードが冗長になる．もっとシンプルな書き方として subset() を用いる方法がある．

```
subset(product_info,
 subset = type == "model" & released == "yes",
 select = name:class)
##       name  type   class
## 3    JeepX model vehicle
## 4 AircraftX model vehicle
## 5   Runner model  people
```

　subset() は，非標準評価 (non-standard evaluation) を内部的に用いている．これにより，

表現式は指定したデータフレーム（ここでは product_info）の文脈で評価されるようになり，データフレームの名前を何度も書く必要がなくなる．また，with() を用いることで subset() と同様，指定したデータフレームの文脈で表現式を評価できる．

```
with(product_info, name[released == "no"])
## [1] "SupPlane" "Dancer"
```

データの抽出の次に，データのカウントについて学ぼう．以下では table() を用いて，すでにリリースされた製品の数をカウントしている．

```
with(product_info, table(type[released == "yes"]))
##
## model   toy
##     3     1
```

ここで，製品情報データに加えて，製品の属性について記述された統計情報データも利用することにしよう．まず read_csv() を用いてデータを読み込む．

```
product_stats <- read_csv("data/product-stats.csv")
product_stats
##    id material size weight
## 1 T01    Metal  120   10.0
## 2 T02    Metal  350   45.0
## 3 M01 Plastics   50     NA
## 4 M02 Plastics   85    3.0
## 5 M03     Wood   15     NA
## 6 M04     Wood   16    0.6
```

さて，サイズが大きい順にトップ 3 の製品の名前を取得したいとしよう．まず考えられるのは，product_stats データを降順に並べ替えて，その id を抽出し，それを条件に用いて，product_info データから該当データを抽出するという方法だ．

```
top_3_id <- product_stats[order(product_stats$size, decreasing = TRUE),
 "id"][1:3]
product_info[product_info$id %in% top_3_id, ]
##    id     name  type   class released
## 1 T01   SupCar   toy vehicle      yes
## 2 T02 SupPlane   toy vehicle       no
## 4 M02 AircraftX model vehicle      yes
```

この方法は想定通りに実行できるが，冗長である．ここで，product_info と product_stats は，同じ製品の違う側面について記述されたデータ同士であることに着目しよう．各データにおいて id はユニークで同じ製品を指しているので，この 2 つのデータは id で結合可能である．したがって，1 つのデータフレームにまとめてしまうのがよい．この際，merge() を用いるのが最も簡単である．

366 第12章 データ操作

```
product_table <- merge(product_info, product_stats, by = "id")
product_table
##    id      name   type   class released material size weight
## 1 M01     JeepX model vehicle      yes Plastics   50     NA
## 2 M02 AircraftX model vehicle      yes Plastics   85    3.0
## 3 M03    Runner model  people      yes     Wood   15     NA
## 4 M04    Dancer model  people       no     Wood   16    0.6
## 5 T01     SupCar   toy vehicle      yes    Metal  120   10.0
## 6 T02   SupPlane   toy vehicle       no    Metal  350   45.0
```

これで, product_info と product_stats を id で結合した product_table というデータフレームが得られた. なお, 片方のデータフレームを並べ替えていたとしても, 2つのデータフレームは結合できるので心配は無用である. 結合したデータフレーム (product_table) を用いると, 先の操作が楽になる. 以下の例のように, データの並べ替えも1つのデータフレーム内で完結する.

```
product_table[order(product_table$size), ]
##    id      name   type   class released material size weight
## 3 M03    Runner model  people      yes     Wood   15     NA
## 4 M04    Dancer model  people       no     Wood   16    0.6
## 1 M01     JeepX model vehicle      yes Plastics   50     NA
## 2 M02 AircraftX model vehicle      yes Plastics   85    3.0
## 5 T01     SupCar   toy vehicle      yes    Metal  120   10.0
## 6 T02   SupPlane   toy vehicle       no    Metal  350   45.0
```

さて, サイズが大きいトップ3の製品の名前を抽出するという先の例題に戻ると, 以下のような回答になる.

```
product_table[order(product_table$size, decreasing = TRUE), "name"][1:3]
## [1] "SupPlane" "SupCar"   "AircraftX"
```

このように2つのデータフレームを結合することで, 結合前の一方のデータフレーム内の列を用いて並べ替えた後, もう一方のデータフレーム内の列を用いてデータを抽出することが可能になる. たとえば, weight で降順に並べ替えた後, type が model のものを抽出してみよう.

データフレームに格納されている値を R のデータ構造に変換した方が操作しやすいこともある. たとえば, released に格納されているデータは yes と no なので, 論理値ベクトルとして表現した方が扱いやすい. 値を変更する場合はこれまで学んできたように <- を用いればよい. だが, 元のデータを変更することなく, 一部のデータを変更した新しいデータフレームを作成したい場合もある. このような時は transform() を用いるとよい.

```
transform(product_table,
 released = ifelse(released == "yes", TRUE, FALSE),
 density = weight / size)
##    id      name   type   class released material size weight
## 1 M01     JeepX model vehicle     TRUE Plastics   50     NA
```

```
## 2 M02 AircraftX model vehicle    TRUE Plastics  85   3.0
## 3 M03   Runner model  people    TRUE     Wood  15    NA
## 4 M04   Dancer model  people   FALSE     Wood  16   0.6
## 5 T01   SupCar   toy vehicle    TRUE    Metal 120  10.0
## 6 T02 SupPlane   toy vehicle   FALSE    Metal 350  45.0
##      density
## 1         NA
## 2 0.03529412
## 3         NA
## 4 0.03750000
## 5 0.08333333
## 6 0.12857143
```

結果として released が論理値ベクトルに変換され，density という列が加えられた新しい
データフレームが得られる．product_table を見れば，全く変更が加えられていないことが
わかる．なお，transform() も subset() と同様に非標準評価を用いているので，関数の中
で product_table$のようにデータフレームを一つ一つ指定する必要がない．

先のデータには，いくつかの列に NA で表現される欠損値が含まれていた．多くの場合，欠
損値の存在は分析を進める上で望ましくないので，対応を考える必要がある．ここからは別の
データを用いて，欠損値対応についていくつかのテクニックを紹介していく．このデータは先
の製品データに含まれる製品おいて，いくつかのテストを実行した結果を格納したデータであ
る．品質 (quality)，耐久性 (durability)，防水性 (waterproofing) の各テスト結果が格納
されている．

```
product_tests <- read_csv("data/product-tests.csv")
product_tests
##    id quality durability waterproof
## 1 T01      NA         10         no
## 2 T02      10          9         no
## 3 M01       6          4        yes
## 4 M02       6          5        yes
## 5 M03       5         NA        yes
## 6 M04       6          6        yes
```

quality と durability にはそれぞれ欠損値が NA として含まれている．さて，欠損値が含
まれている行を削除するには na.omit() を用いる．

```
na.omit(product_tests)
##    id quality durability waterproof
## 2 T02      10          9         no
## 3 M01       6          4        yes
## 4 M02       6          5        yes
## 6 M04       6          6        yes
```

また，欠損値が含まれる行をすべて削除するには complete.cases() を用いるという方法
もある．この関数は，指定した行が欠損値を含んでいなければ TRUE を，含んでいれば FALSE

368 第12章 データ操作

を返す.

```
complete.cases(product_tests)
## [1] FALSE  TRUE  TRUE  TRUE FALSE  TRUE
```

この結果をデータフレームの抽出条件にすることで，欠損値を含まない行を抽出できる．

```
product_tests[complete.cases(product_tests), "id"]
## [1] "T02" "M01" "M02" "M04"
```

逆に NA を含む行のみを抽出することもできる．

```
product_tests[!complete.cases(product_tests), "id"]
## [1] "T01" "M03"
```

さて，これまで紹介してきた 3 つのデータ (product_info, product_stats, product_tests) は，皆 id という列をもつため，この列を用いてデータを結合することができる．なお，組み込み関数には 3 つ以上のデータフレームを一度に結合する関数はないため，そのような場合は複数回繰り返して結合していく必要がある．今回はすでに product_info と product_stats を結合した product_table があるので，これと product_tests を結合することにしよう．

```
product_full <- merge(product_table, product_tests, by = "id")
product_full
##    id     name  type   class released material size weight
## 1 M01    JeepX model vehicle      yes Plastics   50     NA
## 2 M02 AircraftX model vehicle      yes Plastics   85    3.0
## 3 M03   Runner model  people      yes     Wood   15     NA
## 4 M04   Dancer model  people       no     Wood   16    0.6
## 5 T01   SupCar   toy vehicle      yes    Metal  120   10.0
## 6 T02  SupPlane   toy vehicle       no    Metal  350   45.0
##    quality durability waterproof
## 1       6          4        yes
## 2       6          5        yes
## 3       5         NA        yes
## 4       6          6        yes
## 5      NA         10         no
## 6      10          9         no
```

この結合済みデータを用いて集計をしてみよう．ここでは tapply() を用いる．tapply() は表形式のデータへの適用に特化した apply 族の関数であり，関数を適用したい列と，そこに適用する関数を指定することで集計処理を実行できる．以下の例では，type ごとに quality の平均値を求めている．

```
mean_quality1 <- tapply(product_full$quality,
 list(product_full$type),
 mean, na.rm = TRUE)
mean_quality1
```

```
## model    toy
## 5.75 10.00
```

ここで mean() の引数として，na.rm=TRUE を指定していることに注意してほしい．これにより，欠損値を無視して平均値を算出することができる．さて，先の例の実行結果は数値型ベクトルで返ってきているように見えるが，str() を用いて，構造を確認しよう．

```
str(mean_quality1)
##  num [1:2(1d)] 5.75 10
##  - attr(*, "dimnames")=List of 1
##   ..$ : chr [1:2] "model" "toy"
```

この結果は 1 次元配列になっている．

```
is.array(mean_quality1)
## [1] TRUE
```

つまり，tapply() の結果は数値型ベクトルではなく，配列を返している．これは，tapply() が複数のグループ化に対応しているためである．type と class でグループ化して，quality の平均値を求めた例を見てみよう．

```
mean_quality2 <- tapply(product_full$quality,
 list(product_full$type, product_full$class),
 mean, na.rm = TRUE)
mean_quality2
##       people vehicle
## model    5.5       6
## toy       NA      10
```

結果は 2 次元配列として返ってくる．この結果から値を抽出するには，各グループの水準を指定する．以下では，type の model，class の vehicle を指定して該当する値を抽出している．

```
mean_quality2["model", "vehicle"]
## [1] 6
```

以下の例では，3 つの列をグループ化に用いている．なお，データフレームの指定が冗長になるので，with() を用いている．

```
mean_quality3 <- with(product_full,
 tapply(quality, list(type, material, released),
 mean, na.rm = TRUE))
mean_quality3
## , , no
##
##       Metal Plastics Wood
## model    NA       NA    6
```

370　第 12 章　データ操作

```
## toy        10         NA    NA
##
## , , yes
##
##         Metal Plastics Wood
## model     NA        6     5
## toy      NaN       NA    NA
```

　先ほどの結果は 3 次元配列として取得できる．1 次元配列の時と同様に，配列中の値にはグループ化に用いた列に含まれる水準を指定することでアクセスできる．

```
mean_quality3["model", "Wood", "yes"]
## [1] 5
```

　しかし，na.rm = TRUE を指定したにもかかわらず，結果には NA が含まれている．これはグループ化する際に指定した列に，欠損値が含まれていたからである．

```
str(mean_quality3)
##  num [1:2, 1:3, 1:2] NA 10 NA NA 6 NA NA NaN 6 NA ...
##  - attr(*, "dimnames")=List of 3
##   ..$ : chr [1:2] "model" "toy"
##   ..$ : chr [1:3] "Metal" "Plastics" "Wood"
##   ..$ : chr [1:2] "no" "yes"
```

　tapply() が返す配列の次元数は，グループ化に用いた列の数に一致する．したがって，グループ化に用いる列の数が多くなってくると，多次元配列を扱うことになり，取り扱いが面倒になってくる．以降のパートでは，tapply() よりも扱いやすい集計方法を紹介していくことにしよう．

12.1.2　reshape2 パッケージを用いたデータフレームの変形

　これまで，データフレームからのデータの抽出，並べ替え，結合，集計について学んできた．これらの操作は列方向と行方向に独立して適用することを前提としていた．しかし現実のデータはより複雑な操作を必要とする．まず以下のデータを見てみよう．これは 2 つの製品について，複数の日程で品質と耐久性をテストした結果を格納したデータである．

```
toy_tests <- read_csv("data/product-toy-tests.csv")
toy_tests
##    id     date sample quality durability
## 1 T01 20160201    100       9          9
## 2 T01 20160302    150      10          9
## 3 T01 20160405    180       9         10
## 4 T01 20160502    140       9          9
## 5 T02 20160201     70       7          9
## 6 T02 20160303     75       8          8
```

```
## 7 T02 20160403     90      9         8
## 8 T02 20160502     85     10         9
```

この toy_tests データは，id 単位で複数の日付のデータを格納している．製品間で同日に実施されたテストの結果（品質と耐久性）を比較しようとすると，この形式のままでは難しい．より操作しやすくするために，以下のデータのような形式に変形してみよう．

```
date      T01    T02
20160201    9      9
20160301   10      9
```

reshape2 パッケージはこのような変形操作に適したパッケージである．まずはインストールしよう．

```
install.packages("reshape2")
```

今回の操作には，**reshape2** パッケージの dcast() を用いる．以下のコードでは date を軸に，id を行方向に展開して，値には quality を表示するように指定している．

```
library(reshape2)
toy_quality <- dcast(toy_tests, date ~ id, value.var = "quality")
toy_quality
##        date T01 T02
## 1 20160201   9   7
## 2 20160302  10  NA
## 3 20160303  NA   8
## 4 20160403  NA   9
## 5 20160405   9  NA
## 6 20160502   9  10
```

dcast() を用いることで，製品のテスト結果が行方向に展開され，日付順に並ぶようにデータを変形することができた．データを見ると，各製品は毎月テストを行っているが，その日付は必ずしも一致しているわけではない．このような欠損値を埋める方法として，**LOCF 法**（**Last Observation Carried Forward 法**）がある．これは，欠損値を直前の非欠損値で補完していくという方法である．今回は **zoo** パッケージに実装されている LOCF 法の関数を用いることにしよう．まずは **zoo** パッケージをインストールする．

```
install.packages("zoo")
```

LOCF 法を実行するには，na.locf() を用いる．以下では，欠損値を含む数値型ベクトルに対して適用した例を示した．

```
zoo::na.locf(c(1, 2, NA, NA, 3, 1, NA, 2, NA))
## [1] 1 2 2 2 3 1 1 2 2
```

372　第 12 章　データ操作

直前の非欠損値で欠損値が補完されている様子が確認できる．先の toy_quality データにも適用してみよう．ここでは列ごとに na.locf() を適用して，結果をその列に格納するというコードを書いている．

```
toy_quality$T01 <- zoo::na.locf(toy_quality$T01)
toy_quality$T02 <- zoo::na.locf(toy_quality$T02)
```

しかし，仮に製品の数が数千とあった場合，この書き方は非常に冗長なものになる．ここで lapply() を用いてみよう．こうすると，どんなに指定する列の数が多くても 1 行でこの処理を実行できるので非常に便利である．

```
toy_quality[-1] <- lapply(toy_quality[-1], zoo::na.locf)
toy_quality
##        date T01 T02
## 1 20160201   9   7
## 2 20160302  10   7
## 3 20160303  10   8
## 4 20160403  10   9
## 5 20160405   9   9
## 6 20160502   9  10
```

上記では lapply() を date 以外のすべての列に適用している．lapply() は原則としてリストを返す．ここではそのリストをデータフレームに代入しているにもかかわらず，データフレームの形は保存されている．これは，データフレームへのリストの代入は元の形を保持するというデータフレームの性質によるものである．これでデータから欠損値はなくなったが，各行のもつ意味は変わった．元のデータでは，製品 T01 に対しては 20160303 にテストを実行していない．したがって，ここに格納されている値は直前のテスト結果である．また，もう 1 つ課題がある．各製品に対しては毎月テストが行われているものの，日付に関してその間隔は一定ではない．

この課題を解決するために，日付の代わりに年月を用いることにしよう．以下のコードでは，新しい列として ym を加えている．ここには，20160101 であれば 201601 になるように，substr() を用いて date の最初の 6 文字を格納している．

```
toy_tests$ym <- substr(toy_tests$date, 1, 6)
toy_tests
##    id     date sample quality durability     ym
## 1 T01 20160201    100       9          9 201602
## 2 T01 20160302    150      10          9 201603
## 3 T01 20160405    180       9         10 201604
## 4 T01 20160502    140       9          9 201605
## 5 T02 20160201     70       7          9 201602
## 6 T02 20160303     75       8          8 201603
## 7 T02 20160403     90       9          8 201604
## 8 T02 20160502     85      10          9 201605
```

さて，dcast() を用いた変形に新しく作成した ym を用いてみよう．

```
toy_quality <- dcast(toy_tests, ym ~ id,
 value.var = "quality")
toy_quality
##        ym T01 T02
## 1 201602   9   7
## 2 201603  10   8
## 3 201604   9   9
## 4 201605   9  10
```

これで欠損値もなくなり，月単位で規則正しく並んだデータが得られた．

データの変形を行う際，いくつかの列を値とその値に対応する計測の種類という形に変形したい場合がある．具体例を見てみよう．以下では **reshape2** パッケージの melt() を用いて 2 つの計測値（quality と durability）を measure と value の列にまとめている．

```
toy_tests2 <- melt(toy_tests, id.vars = c("id", "ym"),
 measure.vars = c("quality", "durability"),
 variable.name = "measure")
toy_tests2
##       id     ym     measure  value
## 1   T01 201602     quality      9
## 2   T01 201603     quality     10
## 3   T01 201604     quality      9
## 4   T01 201605     quality      9
## 5   T02 201602     quality      7
## 6   T02 201603     quality      8
## 7   T02 201604     quality      9
## 8   T02 201605     quality     10
## 9   T01 201602  durability      9
## 10  T01 201603  durability      9
## 11  T01 201604  durability     10
## 12  T01 201605  durability      9
## 13  T02 201602  durability      9
## 14  T02 201603  durability      8
## 15  T02 201604  durability      8
## 16  T02 201605  durability      9
```

これで，これまで列名だった quality と durability は，measure という列の値として格納されている．こうすることで，図のプロットに用いる **ggplot2** パッケージに代表されるいくつかのパッケージにおいてデータが利用しやすくなる．以下のコードは **ggplot2** パッケージを用いて因子の組み合わせごとに散布図を描く例である．

```
library(ggplot2)
ggplot(toy_tests2, aes(x = ym, y = value)) +
  geom_point() +
  facet_grid(id ~ measure)
```

以下の例では，**ggplot2** パッケージを用いて id と measure の組み合わせごとに図をプロットしている．x 軸は ym，y 軸は value である．

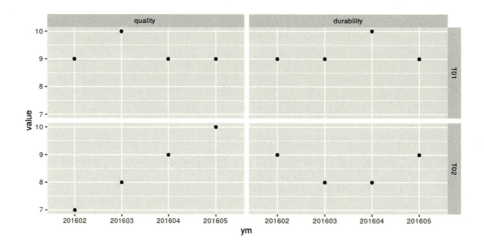

ggplot2 パッケージでは，このようにグループ化に用いる変数を独立した列のままではなく，データとして1つの列（この場合は measure）にまとめることでプロットしやすくなっている．

```
ggplot(toy_tests2, aes(x = ym, y = value, color = id)) +
  geom_point() +
  facet_grid(. ~ measure)
```

以下では2つの製品において，id 単位で色分けした図をプロットしている（口絵3にカラー）．

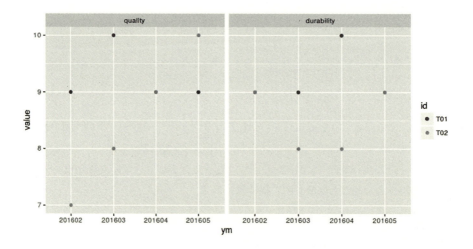

12.2 sqldfパッケージを用いたSQLによるデータフレームの操作

前章では，SQLite や MYSQL といったリレーショナルデータベースにおけるデータ操作にSQLを用いる方法を学んだ．Rのデータフレームにおいても同様に，SQLで操作する方法はないだろうか．**sqldf**パッケージを用いればそれが可能になる．このパッケージは内部的にSQLite を利用している．SQLite はサイズが小さくRのセッション内で用いても負担にならないため，このような使い方が可能になる．まずパッケージをインストールして読み込んでみよう．

```
install.packages("sqldf")
library(sqldf)
## Loading required package: gsubfn
## Loading required package: proto
## Loading required package: RSQLite
## Loading required package: DBI
```

sqldfパッケージを読み込むと，他のパッケージもいくつか自動的に読み込まれる．これは**sqldf**パッケージがRとSQLite 間でデータを転送および変換するという機能において，それらのパッケージに依存しているからである．さて，まずは前節までで用いた製品データを読み込もう．

```
product_info <- read_csv("data/product-info.csv")
product_stats <- read_csv("data/product-stats.csv")
product_tests <- read_csv("data/product-tests.csv")
toy_tests <- read_csv("data/product-toy-tests.csv")
```

このパッケージの特徴は，SQLを用いてデータフレームを操作できるという点である．たとえば，`product_info`からすべてのデータを抽出してみる．

```
sqldf("select * from product_info")
## Loading required package: tcltk
##    id      name  type   class released
## 1 T01    SupCar   toy vehicle      yes
## 2 T02  SupPlane   toy vehicle       no
## 3 M01     JeepX model vehicle      yes
## 4 M02 AircraftX model vehicle      yes
## 5 M03    Runner model  people      yes
## 6 M04    Dancer model  people       no
```

sqldfパッケージはSQLite でサポートされているselect 操作に対応している．以下の例では列を指定して抽出している．

```
sqldf("select id, name, class from product_info")
##    id      name   class
## 1 T01    SupCar vehicle
```

376   第 12 章　データ操作

```
## 2 T02  SupPlane vehicle
## 3 M01     JeepX vehicle
## 4 M02 AircraftX vehicle
## 5 M03    Runner  people
## 6 M04    Dancer  people
```

条件を設定してデータを抽出することもできる.

```
sqldf("select id, name from product_info where released = 'yes'")
##    id      name
## 1 T01    SupCar
## 2 M01     JeepX
## 3 M02 AircraftX
## 4 M03    Runner
```

既存の列の計算結果から，新しい列を作成することもできる.

```
sqldf("select id, material, size / weight as density from product_stats")
##    id material   density
## 1 T01    Metal 12.000000
## 2 T02    Metal  7.777778
## 3 M01 Plastics        NA
## 4 M02 Plastics 28.333333
## 5 M03     Wood        NA
## 6 M04     Wood 26.666667
```

データの並べ替えも可能である.

```
sqldf("select * from product_stats order by size desc")
##    id material size weight
## 1 T02    Metal  350   45.0
## 2 T01    Metal  120   10.0
## 3 M02 Plastics   85    3.0
## 4 M01 Plastics   50     NA
## 5 M04     Wood   16    0.6
## 6 M03     Wood   15     NA
```

sqldf パッケージは，SQL の join のような複数のデータフレームを扱う操作も可能である.
以下では，product_info と product_stats を id で結合している. この操作は，組み込み
関数の merge() を用いた操作と同様である.

```
sqldf("select * from product_info join product_stats using (id)")
##    id      name  type   class released material size weight
## 1 T01    SupCar   toy vehicle      yes    Metal  120   10.0
## 2 T02  SupPlane   toy vehicle       no    Metal  350   45.0
## 3 M01     JeepX model vehicle      yes Plastics   50     NA
## 4 M02 AircraftX model vehicle      yes Plastics   85    3.0
## 5 M03    Runner model  people      yes     Wood   15     NA
## 6 M04    Dancer model  people       no     Wood   16    0.6
```

12.2 sqldf パッケージを用いた SQL によるデータフレームの操作　　**377**

sqldf パッケージはネストされたクエリにも対応している．以下のコードでは product_stats において材質が木の製品 id を抽出し，それを product_info に結合することで，材質が木の製品の製品情報を抽出している．

```
sqldf("select * from product_info where id in
 (select id from product_stats where material = 'Wood')")
##   id   name  type  class released
## 1 M03 Runner model people      yes
## 2 M04 Dancer model people       no
```

この条件設定については以下のような別の書き方もあるが，SQLite をはじめとして，多くのリレーショナルデータベースにおいては join を用いた方が処理速度が速い．

```
sqldf("select * from product_info join product_stats using (id)
 where material = 'Wood'")
##   id   name  type  class released material size weight
## 1 M03 Runner model people      yes     Wood   15     NA
## 2 M04 Dancer model people       no     Wood   16    0.6
```

join に加え，グループ化した集約処理も可能である．以下の例では product_tests を防水性でグループ化して，品質と耐久性の平均を求めている．

```
sqldf("select waterproof, avg(quality), avg(durability) from product_tests
 group by waterproof")
##   waterproof avg(quality) avg(durability)
## 1         no        10.00             9.5
## 2        yes         5.75             5.0
```

また，以下の例では toy_tests データを用いて，id 単位で品質と耐久性の平均を算出している．

```
sqldf("select id, avg(quality), avg(durability) from toy_tests
 group by id")
##   id avg(quality) avg(durability)
## 1 T01         9.25            9.25
## 2 T02         8.50            8.50
```

より多くの情報を一度に得るために，この結果と product_info を結合したクエリを書いてみよう．

```
sqldf("select * from product_info join
 (select id, avg(quality), avg(durability) from toy_tests
  group by id) using (id)")
##   id    name type   class released avg(quality)
## 1 T01   SupCar  toy vehicle      yes         9.25
## 2 T02 SupPlane  toy vehicle       no         8.50
##   avg(durability)
```

378　第 12 章　データ操作

```
## 1            9.25
## 2            8.50
```

　以上のように **sqldf** パッケージによる SQL を用いたデータフレームの操作は便利だが，いくつか課題もある．

　1 つ目の課題として，**sqldf** パッケージは SQLite に依存しているため，集約処理があまり充実していないことがある．SQLite の公式サイト [1] には，集約処理の関数として，avg(), count(), group_concat(), max(), min(), sum(), total() が準備されているとある．これ以外の処理，たとえば四分位点を求める（quantile() に相当）等しようとすると，これは容易ではない．したがってこのような場合は，**sqldf** パッケージを無理に使わずに R 内で処理した方がよい．

　2 つ目の課題として，**sqldf** パッケージを利用する際はクエリを文字列として送らなければならないが，クエリの一部に R の変数が関係してくると，クエリの動的な生成が面倒になるという点がある．このような際は R の組み込み関数である sprintf() を用いるとよい．

　3 つ目の課題として，SQL の限界が挙げられる．複雑な計算をしてその結果で新しい列を生成するという処理は，SQL では難しい時がある．たとえば数値データが格納された列を用いて，そのデータに基づいて順位を算出し，その結果を格納した列を生成したいとしよう．これを実装するのは実は容易ではない．だが，R であれば order() を用いればすぐに解決する．また，順位データを用いてデータの一部を抽出するといった処理も SQL の場合，実装が複雑になる．たとえば，これまで使用してきたデータでいえば material でグループ化して，その中で size を降順で並べ，最上位のデータを抽出したくとも，これを SQL で実行しようとすると実装は簡単にはいかない．

　しかしそのような処理も R の **plyr** パッケージを用いれば簡単である．早速試してみよう．まずパッケージをインストールする．

```
install.packages("plyr")
```

　先の処理を実装するには，**plyr** パッケージの ddply() を用いる．**plyr** パッケージの思想として split-apply-combine，つまり，データ分割して，処理を適用し，その結果を結合するというものがある．今回の例でいえば，material でデータを分割し，それぞれのデータで order() および head() を組み合わせた無名関数を適用して，データを降順に並べ，最上位のデータを抽出した後，得られた結果を結合している．

```
plyr::ddply(product_stats, "material",
  function(x) {
    head(x[}order(x$size, decreasing = TRUE),], 1L)
  })
##    id material size weight
```

---

[1] https://sqlite.org/lang_aggfunc.html

```
## 1 T02    Metal  350    45.0
## 2 M02 Plastics   85     3.0
## 3 M04     Wood   16     0.6
```

なお，ここでは **plyr** パッケージを読み込まずに，plyr:: という形で名前空間を指定して **plyr** パッケージ内の関数を呼び出していることに注意してほしい．

別の例を紹介しよう．ここでは id 単位でデータを分割し，2 位までのデータを抽出している．

```
plyr::ddply(toy_tests, "id",
  function(x) {
    head(x[order(x$sample, decreasing = TRUE), ], 2)
  })
##    id     date sample quality durability
## 1 T01 20160405 180       9         10
## 2 T01 20160302 150      10          9
## 3 T02 20160403  90       9          8
## 4 T02 20160502  85      10          9
```

order() と head() を組み合わせた無名関数は，id 単位で分割された 2 つのデータ（T01 と T02）にそれぞれ適用されている．このように **plyr** パッケージの ddply() を用いることで，複雑な処理も容易に実行できた．

plyr パッケージは他にもデータ操作において便利な関数を多数提供している．詳しくは公式サイト[2] や GitHub 上の開発レポジトリ[3] を確認してほしい．

12.3　data.table パッケージを用いたデータ操作

12.1 節では，データ操作における R の組み込み関数を紹介した．12.2 節では SQL でデータフレームが操作できるパッケージとして，**sqldf** パッケージを紹介した．いずれの方法も便利ではあるが，同時に課題もあった．組み込み関数は処理の記述が冗長になり，処理速度も遅い．また SQL は R の関数ほど多くの処理を容易に記述できない．

ここで data.table パッケージを紹介しよう．**data.table** パッケージは R のデータフレームを拡張したパッケージである．その処理速度は極めて速く，また大きなデータであってもメモリに載せられるくらい省メモリな設計となっている．**data.table** パッケージを用いたデータ操作は，データフレームと同様 [] を用いる．まずはパッケージをインストールしよう．

```
install.packages("data.table")
```

パッケージがインストールできたら，早速読み込んでみよう．

```
library(data.table)
```

---

[2] http://had.co.nz/plyr/
[3] https://github.com/hadley/plyr

380   第 12 章   データ操作

```
##
## Attaching package: 'data.table'
## The following objects are masked from 'package:reshape2':
##
##     dcast, melt
```

ここで，先に読み込んでいた **reshape2** パッケージと今回の **data.table** パッケージのそれぞれに dcast() と melt() が含まれていたため，後に読み込んだ **data.table** パッケージで上書きされていることに注意してほしい．これらの関数については本節の後半で解説する．

データフレームの拡張であるデータテーブルを早速作成してみよう．作成方法は，データフレームと同様である．

```
dt <- data.table(x = 1:3, y = rnorm(3), z = letters[1:3])
dt
##    x           y z
## 1: 1 -0.50219235 a
## 2: 2  0.13153117 b
## 3: 3 -0.07891709 c
```

str() で構造を確認してみよう．

```
str(dt)
## Classes 'data.table' and 'data.frame':
## $ x: int  1 2 3
## $ y: num  -0.5022 0.1315 -0.0789
## $ z: chr  "a" "b" "c"
##  - attr(*, ".internal.selfref")=<externalptr>
```

作成した **dt** は，data.table と data.frame の 2 つのクラスをもっていることがわかる．つまり data.table() を用いて作成したオブジェクトは，data.frame クラスを継承している．したがって，data.frame 関数の挙動を継承しつつ，拡張したものとなっているわけである．

data.table パッケージを用いてデータを読み込んでみよう．ここでは fread() を用いる．この関数は非常に読み込み速度が速く，data.table オブジェクトを返すため，読み込んだ後のデータも省メモリである．

```
product_info <- fread("data/product-info.csv")
product_stats <- fread("data/product-stats.csv")
product_tests <- fread("data/product-tests.csv")
toy_tests <- fread("data/product-toy-tests.csv")
```

ここで読み込んだ product_info を確認してみよう．データフレームとは若干様子が異なっている．

```
product_info
##     id    name type   class released
## 1: T01  SupCar  toy vehicle yes
```

```
## 2: T02  SupPlane   toy vehicle  no
## 3: M01     JeepX model vehicle yes
## 4: M02 AircraftX model vehicle yes
## 5: M03    Runner model  people yes
## 6: M04    Dancer model  people  no
```

fread() で読み込んだ product_info の構造を確認してみよう.

```
str(product_info)
## Classes 'data.table' and 'data.frame':   6 obs. of  5 variables:
##  $ id      : chr  "T01" "T02" "M01" "M02" ...
##  $ name    : chr  "SupCar" "SupPlane" "JeepX" "AircraftX" ...
##  $ type    : chr  "toy" "toy" "model" "model" ...
##  $ class   : chr  "vehicle" "vehicle" "vehicle" "vehicle" ...
##  $ released: chr  "yes" "no" "yes" "yes" ...
##  - attr(*, ".internal.selfref") =< externalptr>
```

データフレームとは異なり, データテーブルの場合は行方向データ抽出の際, カンマなしに引数は 1 つでよい.

```
product_info[1]
##     id   name type   class released
## 1: T01 SupCar  toy vehicle      yes
product_info[1:3]
##     id     name type   class released
## 1: T01   SupCar  toy vehicle      yes
## 2: T02 SupPlane  toy vehicle       no
## 3: M01    JeepX model vehicle      yes
```

行の値にマイナスをつけて指定すると, 指定した行以外のデータが抽出される.

```
product_info[-1]
##     id      name  type   class released
## 1: T02  SupPlane   toy vehicle       no
## 2: M01     JeepX model vehicle      yes
## 3: M02 AircraftX model vehicle      yes
## 4: M03    Runner model  people      yes
## 5: M04    Dancer model  people       no
```

なお, データテーブルにはデータ抽出等に利用できる特殊シンボルが用意されている. よく使うシンボルとして.N がある. これは組み込み関数の nrow() と同じであり, データテーブルにおける行数を表す. もし, データテーブルの最終行を抽出したい時は以下のように書ける.

```
product_info[.N]
##     id   name  type   class released
## 1: M04 Dancer model  people       no
```

最初の行と最終行を抽出したい場合は, 以下のように書ける.

382　第 12 章　データ操作

```
product_info[c(1, .N)]
##      id   name   type   class released
## 1: T01 SupCar    toy vehicle      yes
## 2: M04 Dancer  model  people       no
```

　データテーブルにおいては，表現式はそのデータテーブルの文脈で評価される．つまり，列名を指定する時は，subset() や，trasform()，with() と同様，データテーブル名を同時に指定する必要がない．以下の例では released が yes となっている行を抽出しているが，データテーブル名を指定することなしにデータを抽出できている．

```
product_info[released == "yes"]
##      id      name  type   class released
## 1: T01    SupCar   toy vehicle      yes
## 2: M01     JeepX model vehicle      yes
## 3: M02 AircraftX model vehicle      yes
## 4: M03    Runner model  people      yes
```

　カンマで挟んだ 2 つ目の引数に指定した条件は，1 つ目の引数で指定した条件で抽出されてきたデータに適用されることになる．具体例を見てみよう．以下では product_info において released が yes の行を抽出し，そこから id 列を抽出している．

```
product_info[released == "yes", id]
## [1] "T01" "M01" "M02" "M03"
```

　なお，データフレームのように文字列で条件を指定することはできない．文字列はデータテーブルの文脈で評価されることなく，文字列として評価されてしまうので以下のような結果になる．

```
product_info[released == "yes", "id"]
## [1] "id"
```

　ここでさらにカンマを挟んで，3 番目の引数に with=FALSE を指定すると，データフレームと同様の文字列による列方向のデータ抽出が可能になる．この際，先の文字列ではない形で列方向にデータを抽出した場合とは異なり，指定した列が 1 つであろうと複数であろうと常にデータテーブルを返す点に注意してほしい．

```
product_info[released == "yes", "id", with = FALSE]
##      id
## 1: T01
## 2: M01
## 3: M02
## 4: M03
product_info[released == "yes", c("id", "name"), with = FALSE]
##      id      name
## 1: T01    SupCar
## 2: M01     JeepX
## 3: M02 AircraftX
```

```
## 4: M03    Runner
```

なお，2つ目の引数には列名以外の式も指定できる．以下の例では table() を指定することで，1つ目の引数で指定した条件で抽出されたデータに対してクロス集計をかけている．

```
product_info[released == "yes", table(type, class)]
##        class
## type    people vehicle
##   model      1       2
##   toy        0       1
```

ただし，2つ目の引数でリストを生成しても，結果は自動的にデータテーブルに変換されてしまうので注意してほしい．

```
product_info[released == "yes", list(id, name)]
##     id      name
## 1: T01    SupCar
## 2: M01     JeepX
## 3: M02  AircraftX
## 4: M03    Runner
```

この性質を利用して，既存の列を置き換えて，新しいデータテーブルを作成することもできる．以下の例では，released 列を released が yes か否かの論理値で置き換えている．

```
product_info[, list(id, name, released = released == "yes")]
##     id      name released
## 1: T01    SupCar     TRUE
## 2: T02  SupPlane    FALSE
## 3: M01     JeepX     TRUE
## 4: M02 AircraftX     TRUE
## 5: M03    Runner     TRUE
## 6: M04    Dancer    FALSE
```

既存の列の計算結果を用いて，新しい列を作成することもできる．

```
product_stats[, list(id, material, size, weight,
 density = size / weight)]
##     id material size weight   density
## 1: T01    Metal  120   10.0 12.000000
## 2: T02    Metal  350   45.0  7.777778
## 3: M01 Plastics   50     NA        NA
## 4: M02 Plastics   85    3.0 28.333333
## 5: M03     Wood   15     NA        NA
## 6: M04     Wood   16    0.6 26.666667
```

data.table パッケージには list() のショートカットとして .() が用意されている．

```
product_info[, .(id, name, type, class)]
##     id      name type     class
```

```
## 1: T01    SupCar    toy vehicle
## 2: T02  SupPlane    toy vehicle
## 3: M01     JeepX  model vehicle
## 4: M02  AircraftX  model vehicle
## 5: M03    Runner  model  people
## 6: M04    Dancer  model  people
product_info[released == "yes", .(id, name)]
##      id      name
## 1: T01    SubCar
## 2: M01     JeepX
## 3: M02  AircraftX
## 4: M03    Runner
```

さて，並べ替え操作にはデータフレームの場合と同様に order() を用いるとよい．

```
product_stats[order(size, decreasing = TRUE)]
##      id material size weight
## 1: T02    Metal  350   45.0
## 2: T01    Metal  120   10.0
## 3: M02 Plastics   85    3.0
## 4: M01 Plastics   50     NA
## 5: M04     Wood   16    0.6
## 6: M03     Wood   15     NA
```

先に既存の列の計算結果を用いて新しい列を作成するという例を示したが，この操作のショートカットとして，**data.table** パッケージには := という代入演算子が用意されている．この演算子の挙動を以下の product_stats で確かめてみよう．

```
product_stats
##      id material size weight
## 1: T01    Metal  120   10.0
## 2: T02    Metal  350   45.0
## 3: M01 Plastics   50     NA
## 4: M02 Plastics   85    3.0
## 5: M03     Wood   15     NA
## 6: M04     Wood   16    0.6
```

ここに := を用いて，size と weight から作成した density を追加してみよう．

```
product_stats[, density := size / weight]
```

何も結果が表示されないが，改めて確認すると density が追加されているのがわかる．

```
product_stats
##      id material size weight   density
## 1: T01    Metal  120   10.0 12.000000
## 2: T02    Metal  350   45.0  7.777778
## 3: M01 Plastics   50     NA        NA
## 4: M02 Plastics   85    3.0 28.333333
```

```
## 5: M03      Wood    15      NA          NA
## 6: M04      Wood    16      0.6 26.666667
```

:=は既存の列の置換にも利用できる.

```
product_info[, released := released == "yes"]
product_info
##      id      name  type   class released
## 1: T01    SupCar   toy vehicle     TRUE
## 2: T02  SupPlane   toy vehicle    FALSE
## 3: M01     JeepX model vehicle     TRUE
## 4: M02 AircraftX model vehicle     TRUE
## 5: M03    Runner model  people     TRUE
## 6: M04    Dancer model  people    FALSE
```

なお, :=はデータフレームの代入演算子に見られるような不必要なコピーを作成しないため, メモリ効率がよい.

12.3.1 インデックスを用いたデータへのアクセス

data.table パッケージの特徴として, リレーショナルデータベースでよく用いられるインデックスが使用できるという点も挙げておきたい. データテーブルにはインデックスキーの設定が可能であり, これを用いてデータに対して高速にアクセスできる. 以下では setkey() を用いて product_info にインデックスキーを設定している.

```
setkey(product_info, id)
```

なお, R の一般的な関数とは異なり, setkey() はデータテーブルのコピーを作成せずに元のデータに対して直接インデックスキーを設定する. したがって, 元のデータを確認すると一見何も変わっていないように見える.

```
product_info
##      id      name  type   class released
## 1: M01     JeepX model vehicle     TRUE
## 2: M02 AircraftX model vehicle     TRUE
## 3: M03    Runner model  people     TRUE
## 4: M04    Dancer model  people    FALSE
## 5: T01    SupCar   toy vehicle     TRUE
## 6: T02  SupPlane   toy vehicle    FALSE
```

key() を用いると, インデックスキーが作成されていることを確認できる.

```
key(product_info)
## [1] "id"
```

386 第12章 データ操作

さて，インデックスキーを用いてデータにアクセスしてみよう．以下の例では，インデックスキーに設定した `id` に格納されている値を用いて，その値が含まれている行を抽出している．

```
product_info["M01"]
##     id  name   type  class released
## 1: M01 JeepX model vehicle     TRUE
```

インデックスキーが設定されていない場合，以下のようなエラーになり，インデックスキーを設定するよう促される．

```
product_stats["M01"]
## Error in `[.data.table`(product_stats, "M01"): When i is a data.table
(or character vector), x must be keyed (i.e. sorted, and, marked as sorted)
so data.table knows which columns to join to and take advantage of x being
sorted. Call setkey(x,...) first, see ?setkey.
```

なお，`setkeyv()` を用いてもインデックスキーは設定できるが，この関数には文字列しか指定できない．

```
setkeyv(product_stats, "id")
```

インデックスキーを指定する列がプログラム内で動的に変更される場合は，この関数を用いると便利である．これで先ほどはエラーとなっていた `product_stats` でもインデックスキーを用いてデータを抽出できるようになった．

```
product_stats["M02"]
##     id material size weight  density
## 1: M02 Plastics   85      3 28.33333
```

`product_info` と `product_stats` は同じインデックスキーが設定されているので，これを用いて簡単にデータを結合することができる．

```
product_info[product_stats]
##     id      name  type   class released material size
## 1: M01     JeepX model vehicle     TRUE Plastics   50
## 2: M02  AircraftX model vehicle     TRUE Plastics   85
## 3: M03    Runner model  people     TRUE     Wood   15
## 4: M04    Dancer model  people    FALSE     Wood   16
## 5: T01     SupCar   toy vehicle     TRUE    Metal  120
## 6: T02   SupPlane   toy vehicle    FALSE    Metal  350
##     weight   density
## 1:      NA        NA
## 2:     3.0 28.333333
## 3:      NA        NA
## 4:     0.6 26.666667
## 5:    10.0 12.000000
## 6:    45.0  7.777778
```

12.3 data.table パッケージを用いたデータ操作 **387**

インデックスキーの設定は，複数の列で行える．たとえば `toy_tests` では，`id` と `date` で
レコードが一意に定まる．以下ではその2つの列にインデックスキーを設定している．

```
setkey(toy_tests, id, date)
```

設定したインデックスキーを用いてデータを抽出してみよう．

```
toy_tests[.("T01", 20160201)]
##      id     date sample quality durability
## 1: T01 20160201    100       9          9
```

2つのインデックスキーのうち最初の1つのみ指定した場合に，該当するデータがすべて抽
出される．

```
toy_tests["T01"]
##      id     date sample quality durability
## 1: T01 20160201    100       9          9
## 2: T01 20160302    150      10          9
## 3: T01 20160405    180       9         10
## 4: T01 20160502    140       9          9
```

なお，アルゴリズムの実装上，複数のインデックスキーのうち，最初のもの以外を指定した
場合はエラーになるので注意してほしい．

```
toy_tests[.(20160201)]
## Error in bmerge(i, x, leftcols, rightcols, io, xo, roll, rollends,
## nomatch, : x. 'id' is a character column being joined to i. 'V1' which is
## type 'double'. Character columns must join to factor or character columns.
```

また順番を入れ替えて指定した場合もエラーになる．

```
toy_tests[.(20160201, "T01")]
## Error in bmerge(i, x, leftcols, rightcols, io, xo, roll, rollends,
## nomatch, : x. 'id' is a character column being joined to i.'V1' which is
## type 'double'. Character columns must join to factor or character columns.
```

12.3.2 グループ化を用いたデータの集約

data.table パッケージの特殊シンボルとして by を紹介しよう．これはデータをグループ化
するもので，他の操作と組み合わせることで，データの集約が可能になる．非常に便利な操作
なので，いくつか例を紹介していこう．まず，簡単なデータのカウント例を紹介する．以下で
は released でグループ化した上で，各グループに含まれる行数をカウントしている．

```
product_info[, .N, by = released]
```

388 第 12 章 データ操作

```
##     released N
## 1:     TRUE 4
## 2:    FALSE 2
```

グループ化には複数の列を指定できる．以下では type と class でグループ化を行い，行数をカウントしている．

```
product_info[, .N, by = .(type, class)]
##     type   class N
## 1: model vehicle 2
## 2: model  people 2
## 3:   toy vehicle 2
```

グループ化と統計処理を組み合わせることもできる．以下の例では waterproof でグループ化して，quality の平均値を求めている．

```
product_tests[, mean(quality, na.rm = TRUE),
 by = .(waterproof)]
##    waterproof     V1
## 1:         no 10.00
## 2:        yes  5.75
```

処理後の列名を指定することもできる．なお，処理後の列名を指定しない場合は，上記例と同様，V1 のように自動的に列名が割り当てられる．

```
product_tests[, .(mean_quality = mean(quality, na.rm = TRUE)),
 by = .(waterproof)]
##    waterproof mean_quality
## 1:         no        10.00
## 2:        yes         5.75
```

by の次には [] を用いた連結処理を紹介しよう．以下の例ではまず，product_info と product_tests を結合している．その上で結合したデータにおいて released == TRUE となっているデータを抽出し，type と class でグループ化を行って，quality と durability の平均値を求めている．

```
product_info[product_tests][released == TRUE,
 .(mean_quality = mean(quality, na.rm = TRUE),
 mean_durability = mean(durability, na.rm = TRUE)),
 by = .(type, class)]
##     type   class mean_quality mean_durability
## 1:   toy vehicle          NaN            10.0
## 2: model vehicle            6             4.5
## 3: model  people            5             NaN
```

得られる結果は type と class を組み合わせると一意なものになっており，インデックスキーに指定できる．ここで，結果の取得とインデックスキーの設定を同時に行うこともできる．

その場合，by の代わりに keyby を用いる.

```
type_class_tests <- product_info[product_tests][released == TRUE,
 .(mean_quality = mean(quality, na.rm = TRUE),
 mean_durability = mean(durability, na.rm = TRUE)),
 keyby = .(type, class)]
type_class_tests
##       type   class mean_quality mean_durability
## 1: model  people          5                NaN
## 2: model vehicle          6                4.5
## 3:   toy vehicle        NaN               10.0
key(type_class_tests)
## [1] "type"  "class"
```

設定したインデックスキーに含まれる値を指定することで，以下のようにデータにアクセスできる.

```
type_class_tests[.("model", "vehicle"), mean_quality]
## [1] 6
```

ここまでの説明で，インデックスキーを利用することでデータの抽出が非常に楽になることがわかってもらえたと思う.しかし，インデックスキーの真価はデータのサイズが巨大な時に発揮される.**data.table** パッケージにおけるインデックスキーは，二分探索によって効率的なデータ検索を実装しており，データのサイズが巨大になると，インデックスキーを用いない場合に比べて極めて高速に結果を得ることができるのである.

実例を通して確認してみよう.まずは id および 2 つの数値型の列を含む 1,000 万行のデータフレームを作成する.

```
n <- 10000000
test1 <- data.frame(id = 1:n, x = rnorm(n), y = rnorm(n))
```

このデータフレームから，8,765,432 行目のデータを抽出する際，どのくらい時間がかかるか計測してみよう.

```
system.time(row <- test1[test1$id == 8765432, ])
##    user  system elapsed
##   0.156   0.036   0.192
row
##              id          x         y
## 876543 876543 0.02300419 1.291588
```

この 1 回だけでは大した時間がかかっていないように見えるが，これが頻繁に繰り返されるとしたらどうだろうか.たとえば 1 秒あたりに何百回も呼び出す操作の場合，大量の時間を要することになるだろう.

今度は **data.table** パッケージを用いてみよう.setDT() を利用すると，コピーを作成する

390　第 12 章　データ操作

ことなく，データフレームをそのままデータテーブルに変換できる．さらに key に列を指定することで，インデックスキーを指定することもできる．

```
setDT(test1, key = "id")
class(test1)
## [1] "data.table" "data.frame"
```

これでデータテーブルへの変換が完了したので，先の実験を実行してみよう．

```
system.time(row <- test1[.(8765432)])
##    user  system elapsed
##   0.000   0.000   0.001
row
##          id         x          y
## 1: 8765432 0.2532357 -2.121696
```

データフレームの場合よりも高速にデータを抽出できていることが確認できた．

12.3.3　データテーブルの変形

12.1 節では **reshape2** パッケージを用いたデータフレームの変形を紹介した．**data.table** パッケージにはその中で紹介した dcast() および melt() が同様の挙動を示し，かつ高速な形で実装されている．

toy_tests の変形を例にとって解説しよう．以下では ym を縦方向に，製品名を横方向に，そして quatlity が値として表示されるよう変形した結果である．

```
toy_tests[, ym := substr(date, 1, 6)]
toy_quality <- dcast(toy_tests, ym ~ id, value.var = "quality")
toy_quality
##        ym T01 T02
## 1: 201602   9   7
## 2: 201603  10   8
## 3: 201604   9   9
## 4: 201605   9  10
```

この中で，:=を用いて ym 列を作成していることに注意してほしい．dcast() の使い方については，**reshape2** パッケージの場合と同様である．結果についても同様のものが得られる．**reshape2** パッケージの dcast() は値（先の quality）に複数の列を指定することができない．一方，**data.table** パッケージの dcast() ではそれが可能である．以下に例を示す．

```
toy_tests2 <- dcast(toy_tests, ym ~ id, value.var = c("quality",
 "durability"))
toy_tests2
##        ym quality_T01 quality_T02 durability_T01
## 1: 201602           9           7              9
```

```
## 2: 201603              10              8              9
## 3: 201604               9              9             10
## 4: 201605               9             10              9
##     durability_T02
## 1:               9
## 2:               8
## 3:               8
## 4:               9
```

　この場合，列名は値に指定した列名と横方向に展開するよう指定した列名をアンダースコアで区切ったものとなる．さらに，**data.table** パッケージの dcast() の場合，縦方向に展開するよう指定した列に対してインデックスキーが設定される．

```
key(toy_tests2)
## [1] "ym"
```

　ym にインデックスキーが設定されたので，この列に含まれる値を用いてデータ抽出が可能になる．しかし以下のコードはエラーになってしまう．

```
toy_tests2[.(201602)]
## Error in bmerge(i, x, leftcols, rightcols, io, xo, roll, rollends,
## nomatch, : x. 'ym' is a character column being joined to i.'V1' which is
## type 'double'. Character columns must join to factor or character columns.
```

　データ型に問題があるようだ．各列のデータ型を確認してみよう．

```
sapply(toy_tests2, class)
##              ym      quality_T01      quality_T02 durability_T01
##     "character"      "integer"        "integer"      "integer"
## durability_T02
##      "integer"
```

　ym のデータ型は，文字列型となっている．しかし先の例では抽出の際に，数値型で指定していた．結果としてエラーになっていたようである．文字列型で指定すると，以下のように正常な結果が得られる．

```
toy_tests2["201602"]
##        ym quality_T01 quality_T02 durability_T01
## 1: 201602           9           7              9
##     durability_T02
## 1:               9
```

　しかし ym は，どこで文字列型となったのだろうか．ym を追加した時のコードを思い出してほしい．そこでは date に substr() を適用して，ym を追加した．date は整数型だが，substr() を適用すると結果は文字列型に変換される．結果として ym は文字列型になったのである．以下のコードで確認してみよう．

392　第 12 章　データ操作

```
class(20160101)
## [1] "numeric"
class(substr(20160101, 1, 6))
## [1] "character"
```

　思わぬエラーが出るため，インデックスキーに指定した列のデータの型については注意して
ほしい．

12.3.4　set 系関数による操作

　データフレームにおいて，列名を変更したり列の順序を変更すると，内部的にデータフレー
ムのコピーが生成される．R の最近のバージョンでは，列名の変更の際にコピーが生成される
ことは以前より少なくなったが，列の順序変更の際には確実にコピーが生成される．データフ
レームのサイズが小さい時はコピーが生成されても問題ないが，サイズが大きいとメモリを圧迫
し，パフォーマンスを下げるといった問題が生じる．このような問題を解決すべく，**data.table**
パッケージでは，他のプログラミング言語でいうところの参照が利用できる関数群を提供して
いる．この関数群を用いることで，不必要なコピーを生成することなく，効率のよいデータ操
作が可能になる．
　product_stats を例にとってみよう．setDF() を用いると，コピーを生成することなくデー
タテーブルをデータフレームに変換できる．

```
product_stats
##      id material size weight    density
## 1: M01 Plastics   50     NA         NA
## 2: M02 Plastics   85    3.0 28.333333
## 3: M03     Wood   15     NA         NA
## 4: M04     Wood   16    0.6 26.666667
## 5: T01    Metal  120   10.0 12.000000
## 6: T02    Metal  350   45.0  7.777778
setDF(product_stats)
class(product_stats)
## [1] "data.frame"
```

　setDT() は逆にデータフレームをデータテーブルに変換する．この際，インデックスキーの
設定も可能である．

```
setDT(product_stats, key = "id")
class(product_stats)
## [1] "data.table" "data.frame"
```

　setnames() を用いると列名を変更できる．

```
setnames(product_stats, "size", "volume")
product_stats
```

12.3 data.table パッケージを用いたデータ操作　　393

```
##      id material volume weight   density
## 1: M01 Plastics     50     NA        NA
## 2: M02 Plastics     85    3.0 28.333333
## 3: M03     Wood     15     NA        NA
## 4: M04     Wood     16    0.6 26.666667
## 5: T01    Metal    120   10.0 12.000000
## 6: T02    Metal    350   45.0  7.777778
```

以下のように通常，列を追加する際，列は最後に追加される．なお，ここでは 1:.N を表す特殊シンボルとして，.I を用いている．

```
product_stats[, i := .I]
product_stats
##      id material volume weight   density i
## 1: M01 Plastics     50     NA        NA 1
## 2: M02 Plastics     85    3.0 28.333333 2
## 3: M03     Wood     15     NA        NA 3
## 4: M04     Wood     16    0.6 26.666667 4
## 5: T01    Metal    120   10.0 12.000000 5
## 6: T02    Metal    350   45.0  7.777778 6
```

ここで追加した列の順序を先頭に変更したいとしよう．この場合 setcolorder() を用いると，コピーを生成することなく列の順序を変更できる．

```
setcolorder(product_stats,
 c("i", "id", "material", "weight", "volume", "density"))
product_stats
##    i  id material weight volume   density
## 1: 1 M01 Plastics     NA     50        NA
## 2: 2 M02 Plastics    3.0     85 28.333333
## 3: 3 M03     Wood     NA     15        NA
## 4: 4 M04     Wood    0.6     16 26.666667
## 5: 5 T01    Metal   10.0    120 12.000000
## 6: 6 T02    Metal   45.0    350  7.777778
```

12.3.5　データテーブルにおける動的スコープ

data.table パッケージにおいて頻繁に使う文法は，data[i, j, by] である．ここで i, j, by は，すべて動的スコープのもと評価される．つまり呼び出した環境の文脈で，あらかじめ定義された.N, .I, .SD といった特殊シンボルに対して，アクセスすることができる．これはデータテーブル内の行や列を操作するのと同じ感覚である．

実例を確認してみよう．まず market_data というデータテーブルを新規に作成する．ここには連続した日付型のデータが格納されている．

```
market_data <- data.table(date = as.Date("2015-05-01") + 0:299)
head(market_data)
```

```
##          date
## 1: 2015-05-01
## 2: 2015-05-02
## 3: 2015-05-03
## 4: 2015-05-04
## 5: 2015-05-05
## 6: 2015-05-06
```

ここで:=を関数の形で適用してみよう．以下では新たに2つの列を追加している．

```
set.seed(123)
market_data[, `:=`(
  price = round(30 * cumprod(1 + rnorm(300, 0.001, 0.05)), 2),
  volume = rbinom(300, 5000, 0.8)
)]
```

この結果をプロットしてみよう．

```
plot(price ~ date, data = market_data,
 type = "l",
 main = "Market data")
```

以下のような図が得られる．

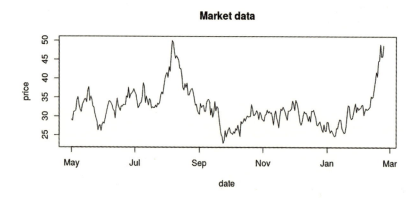

データが準備できたので，集計操作を通して動的スコープの実際を確認してみよう．まず，dateの範囲を確認する．

```
market_data[, range(date)]
## [1] "2015-05-01" "2016-02-24"
```

このdateから新しく年月を生成してグループ化した後，**OHLC(Open-High-Low-Close)** 形式として集計する．OHLC形式とは，Open（先頭の値），High（最高値），Low（最低値），Clone（最後尾の値）を抽出したものである．

```
monthly <- market_data[,
 .(open = price[[1]], high = max(price),
 low = min(price), close = price[[.N]]),
 keyby = .(year = year(date), month = month(date))]
head(monthly)
##    year month  open  high   low close
## 1: 2015     5 29.19 37.71 26.15 28.44
## 2: 2015     6 28.05 37.63 28.05 37.21
## 3: 2015     7 36.32 40.99 32.13 40.99
## 4: 2015     8 41.52 50.00 30.90 30.90
## 5: 2015     9 30.54 34.46 22.89 27.02
## 6: 2015    10 25.68 33.18 24.65 29.32
```

ここで，date から生成した year と month でグループ化して抽出した OHLC 形式のデータが j 引数に指定されている．j 引数にリスト，データフレーム，データテーブルを指定した場合，結果はすべて 1 つのデータテーブルにまとめられる．

j 引数に指定できる列に制限はなく，by で指定した列ですら利用できる．より具体的にいえば，j 引数は by で指定されたグループ単位で分割されたデータにおいて評価される．以下はグループ化して，集計の代わりにプロットした例である．

```
oldpar <- par(mfrow = c(1, 2))
market_data[, {
  plot(price ~ date, type = "l",
    main = sprintf("Market data (\%d)", year))
}, by = .(year = year(date))]
par(oldpar)
```

プロットの結果は以下の通りである．

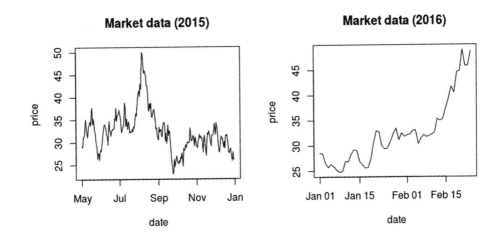

ここで，今回のコードでは，プロットする際に $ を用いるなどしてデータを指定していない．これは market_data の文脈において price と data が評価されたからである．

396   第 12 章　データ操作

j 引数に統計モデルを指定してみよう．以下に示す例では指定したグループ単位で線形モデルをフィッティングさせる．ここでは **ggplot2** パッケージの diamonds データを用いることにする．

```
data("diamonds", package = "ggplot2")
setDT(diamonds)
head(diamonds)
##    carat       cut color clarity depth table price    x
## 1: 0.23     Ideal     E     SI2  61.5    55   326 3.95
## 2: 0.21   Premium     E     SI1  59.8    61   326 3.89
## 3: 0.23      Good     E     VS1  56.9    65   327 4.05
## 4: 0.29   Premium     I     VS2  62.4    58   334 4.20
## 5: 0.31      Good     J     SI2  63.3    58   335 4.34
## 6: 0.24 Very Good     J    VVS2  62.8    57   336 3.94
##       y    z
## 1: 3.98 2.43
## 2: 3.84 2.31
## 3: 4.07 2.31
## 4: 4.23 2.63
## 5: 4.35 2.75
## 6: 3.96 2.48
```

diamonds は 10 列, 53,940 行のデータである．cut によるグループ単位で, 対数化した price を carat と depth で推定するモデルを作成してみよう．以下のコードでは, 推定したモデルの係数をリストに変換して結果として返している．keyby で指定した cut 単位で作成されたモデルの係数は, 1 つのデータテーブルにまとめられている．

```
diamonds[, {
  m <- lm(log(price) ~ carat + depth)
  as.list(coef(m))
}, keyby = .(cut)]
##          cut (Intercept)    carat        depth
## 1:      Fair    7.730010 1.264588 -0.014982439
## 2:      Good    7.077469 1.973600 -0.014601101
## 3: Very Good    6.293642 2.087957 -0.002890208
## 4:   Premium    5.934310 1.852778  0.005939651
## 5:     Ideal    8.495409 2.125605 -0.038080022
```

動的スコープは, **data.table** パッケージの特殊シンボルとも組み合わせられる．以下のコードでは, ユーザが指定した列に対して年単位の平均値を返す関数を定義している．

```
average <- function(column) {
  market_data[, .(average = mean(.SD[[column]])),
    by = .(year = year(date))]
}
```

j 引数の中で用いている .SD という特殊シンボルは, このコードにおいて年単位でグループ化されたデータテーブルを示している．.SD[[x]] という形で, 列 x の値にアクセスできる．

12.3 data.table パッケージを用いたデータ操作　397

これはリストの値にアクセスする場合と同様である.

　定義した関数を実際に利用してみよう. 以下では price 列の平均値を計算している.

```
average("price")
##    year  average
## 1: 2015 32.32531
## 2: 2016 32.38364
```

volume 列の平均値も計算してみよう.

```
average("volume")
##    year  average
## 1: 2015 3999.931
## 2: 2016 4003.382
```

　ここで, 動的に名前を変化させた新しい列を追加したい場合に使える便利な方法を紹介しよう. price にランダムなノイズを加えた新しい列を, 3 つ追加したいとする. これまでの方法であれば price1, price2 のように新しく列を追加していくことになるが, 新しい方法を紹介する. 追加したい列名をあらかじめ定義しておき, これを括弧で囲み, それに対してリストを代入する, つまり market_data[, (columns) := list(...)] の形を用いると, 規則的な名前をつけた新しい列を一度に追加できる.

```
price_cols <- paste0("price", 1:3)
market_data[, (price_cols) := lapply(1:3,
 function(i) round(price + rnorm(.N, 0, 5), 2))]
head(market_data)
##          date price volume price1 price2 price3
## 1: 2015-05-01 29.19   4021  30.55  27.39  33.22
## 2: 2015-05-02 28.88   4000  29.67  20.45  36.00
## 3: 2015-05-03 31.16   4033  34.31  26.94  27.24
## 4: 2015-05-04 31.30   4036  29.32  29.01  28.04
## 5: 2015-05-05 31.54   3995  36.04  32.06  34.79
## 6: 2015-05-06 34.27   3955  30.12  30.96  35.19
```

　先の例では既存の列を 1 つ抜き出して, その列に操作を加えた列を複数追加したが, 抜き出す列が複数の場合もある. 先ほど列を追加した market_data には, price を列名に含む列が複数存在する. これに欠損値が含まれているとしよう. この欠損値を **zoo** パッケージの na.locf() を用いて補完するという操作を考えてみる. まずは正規表現を用いて, price を含む列名を抽出する.

```
cols <- colnames(market_data)
price_cols <- cols[grep("^price", cols)]
price_cols
## [1] "price"  "price1" "price2" "price3"
```

　この抽出した列名をもつ列に対して欠損値補完を行うわけだが, ここで .SDcols という引

398 第12章 データ操作

数を紹介する．これを用いると，先に紹介した特殊シンボル .SD の適用列を限定することができる．今回の場合でいえば，`.SDcols = price_cols` とすることで，先ほど.SD を抽出した price が列名に含まれる列にのみ適用できる．

```
market_data[, (price_cols) := lapply(.SD, zoo::na.locf),
 .SDcols = price_cols]
```

本節では，**data.table** パッケージについて紹介してきた．本パッケージを用いることでデータ操作が非常に楽になる．ここではすべての機能を紹介することができなかったので，詳細については **data.table** パッケージの wiki[4] を参照してほしい．また，機能一覧がチートシート[5] という形でもまとめられているので，こちらも参照してほしい．

12.4　dplyr パッケージを用いたデータ操作

本節では **dplyr** パッケージについて紹介する．**data.table** パッケージと並んで，データ操作によく用いられるパッケージである．**dplyr** パッケージは，データフレームにおける [] において定義されていた操作を改めて関数群として定義した上で，その操作をさらに連結させる演算子を導入することで，R におけるデータ操作に新風を巻き起こした．**dplyr** パッケージについて解説を進めるにあたって，まずは **dplyr** パッケージを CRAN よりインストールし，必要なデータを読み込もう．

```
install.packages("dplyr")
library(readr)
product_info <- read_csv("data/product-info.csv")
product_stats <- read_csv("data/product-stats.csv")
product_tests <- read_csv("data/product-tests.csv")
toy_tests <- read_csv("data/product-toy-tests.csv")
```

dplyr パッケージを読み込むと以下のようなメッセージが出る．これは **dplyr** パッケージにおいて組み込み関数および **data.table** パッケージと同様の関数を再定義しているため，それをマスクしたという結果を表示している．

```
library(dplyr)
##
## Attaching package: 'dplyr'
## The following objects are masked from 'package:data.table':
##
##     between, last
## The following objects are masked from 'package:stats':
##
```

---

[4] https://github.com/Rdatatable/data.table/wiki
[5] https://www.datacamp.com/community/tutorials/data-table-cheat-sheet

12.4 dplyrパッケージを用いたデータ操作 399

```
##      filter, lag
## The following objects are masked from 'package:base':
##
##      intersect, setdiff, setequal, union
```

ここから具体的な関数の説明に入ろう．まずは列を選択し，新しいデータフレームを生成する select() を紹介する．

```
select(product_info, id, name, type, class)
## Source: local data frame [6 x 4]
##
##      id      name  type   class
##   (chr)    (chr) (chr)   (chr)
## 1   T01    SupCar   toy vehicle
## 2   T02  SupPlane   toy vehicle
## 3   M01     JeepX model vehicle
## 4   M02 AircraftX model vehicle
## 5   M03    Runner model  people
## 6   M04    Dancer model  people
```

ここでデータの表示がこれまで紹介してきたデータフレームやデータテーブルと違うことに気付いたかもしれない．データに加えて，データの行数・列数，そして各列のデータ型が表示されている．また，select() は非標準評価を用いているため，データフレームを明示的に指定する必要がない．これは subset() や transform()，with() と同様である．

select() に引き続き，filter() を紹介しよう．これはデータフレームから条件に合致する行を抽出する関数である．

```
filter(product_info, released == "yes")
## Source: local data frame [4 x 5]
##
##      id      name  type   class released
##   (chr)    (chr) (chr)   (chr)    (chr)
## 1   T01    SupCar   toy vehicle      yes
## 2   M01     JeepX model vehicle      yes
## 3   M02 AircraftX model vehicle      yes
## 4   M03    Runner model  people      yes
```

複数の条件を設定することもできる．

```
filter(product_info,
 released == "yes", type == "model")
## Source: local data frame [3 x 5]
##
##      id      name  type   class released
##   (chr)    (chr) (chr)   (chr)    (chr)
## 1   M01     JeepX model vehicle      yes
## 2   M02 AircraftX model vehicle      yes
## 3   M03    Runner model  people      yes
```

400   第 12 章　データ操作

次に mutate() を紹介する．これは新しい列の追加，既存の列の置き換えに利用する関数である．組み込み関数の transform() と挙動は似ているが，mutate() をデータテーブルに適用する際，:= もサポートしているという特徴がある．

```
mutate(product_stats, density = size / weight)
## Source: local data frame [6 x 5]
##
##       id material  size weight    density
##    (chr)    (chr) (int)  (dbl)     (dbl)
## 1   T01    Metal   120   10.0 12.000000
## 2   T02    Metal   350   45.0  7.777778
## 3   M01 Plastics    50     NA       NA
## 4   M02 Plastics    85    3.0 28.333333
## 5   M03     Wood    15     NA       NA
## 6   M04     Wood    16    0.6 26.666667
```

arrange() は，指定した列で並べ替えた新しいデータフレームを生成する．desc() と組み合わせることで，降順に並べ替えることもできる．

```
arrange(product_stats, material, desc(size), desc(weight))
## Source: local data frame [6 x 4]
##
##       id material  size weight
##    (chr)    (chr) (int)  (dbl)
## 1   T02    Metal   350   45.0
## 2   T01    Metal   120   10.0
## 3   M02 Plastics    85    3.0
## 4   M01 Plastics    50     NA
## 5   M03     Wood    15     NA
## 6   M04     Wood    16    0.6
```

dplyr パッケージには，inner_join(), left_join(), right_join(), full_join(), semi_join(), anti_join() といったデータフレームの結合関数が豊富に用意されている．データフレームを結合する際の結合キーに一致しないものが含まれる時，これらの関数は異なる振る舞いをする．結合キーが完全一致する場合（たとえば product_info と product_tests の場合），left_join() は merge() を用いた場合と同じ挙動を示す．

```
product_info_tests <- left_join(product_info, product_tests, by = "id")
product_info_tests
## Source: local data frame [6 x 8]
##
##       id      name  type    class released quality durability
##    (chr)     (chr) (chr)    (chr)   (chr)   (int)     (int)
## 1   T01    SupCar   toy  vehicle     yes      NA        10
## 2   T02  SupPlane   toy  vehicle      no      10         9
## 3   M01     JeepX model  vehicle     yes       6         4
## 4   M02 AircraftX model  vehicle     yes       6         5
## 5   M03    Runner model   people     yes       5        NA
```

12.4 dplyr パッケージを用いたデータ操作　401

```
## 6    M04    Dancer model people   no        6          6
## Variables not shown: waterproof (chr)
```

　結合関数の挙動の違いについては，?dplyr::join という形で **dplyr** パッケージのヘルプを
参照してほしい．

　グループ化した処理を行う際は，group_by() と summarize() を組み合わせる．以下では，
product_info_tests を type と class でグループ化して，quality と durability の平
均値を算出したい場合のコードを示している．

```
summarize(group_by(product_info_tests, type, class),
 mean_quality = mean(quality, na.rm = TRUE),
 mean_durability = mean(durability, na.rm = TRUE))
## Source: local data frame [3 x 4]
## Groups: type [?]
##
##    type   class mean_quality mean_durability
##   (chr)  (chr)        (dbl)           (dbl)
## 1 model  people         5.5             6.0
## 2 model vehicle         6.0             4.5
## 3   toy vehicle        10.0             9.5
```

　ここまで select(), filter(), mutate(), arrange(), group_by(), summarize() と
いった **dplyr** パッケージの基本関数を紹介してきた．それぞれの関数はごく小さいデータ操作
に対応しているが，組み合わせることで複雑なデータ操作が可能になる．これらの関数を組み
合わせる際に便利なのが，%>% 演算子である．この演算子は **magrittr** パッケージからインポー
トされている．

　一例を紹介しよう．product_info から released が yes となっているデータを抽出し，
product_tests と結合した上で，type と class でグループ化して quality と durability
の平均値を算出したい場合，%>% 演算子を用いて以下のように書ける．

```
product_info %>%
  filter(released == "yes") %>%
  inner_join(product_tests, by = "id") %>%
  group_by(type, class) %>%
  summarize(
    mean_quality = mean(quality, na.rm = TRUE),
    mean_durability = mean(durability, na.rm = TRUE)) %>%
  arrange(desc(mean_quality))
## Source: local data frame [3 x 4]
## Groups: type [2]
##
##    type   class mean_quality mean_durability
##   (chr)  (chr)        (dbl)           (dbl)
## 1 model vehicle           6             4.5
## 2 model  people           5             NaN
## 3   toy vehicle         NaN            10.0
```

402　第 12 章　データ操作

%>%演算子の機能はシンプルで，演算子の左側の処理結果を右側の関数の 1 つ目の引数に渡すというものである．この演算子を用いることで，複雑なデータ操作の際に一時的に結果を格納するための中間オブジェクトを作成する必要がなくなる．また，複数の関数を組み合わせる際に生じる関数の多重ネストも避けられる．

　この利点について具体例を交えて解説しよう．d0 から 3 段階のデータ操作を経て d3 という結果を得たいとしよう．各段階では，前段階の結果を用いた処理を行う．擬似コードは以下のような形になるが，d1 や d2 といった中間オブジェクトを作成している．しかしこれでは扱うデータのサイズが大きい場合，無駄なメモリを消費することになってしまう．

```
d1 <- f1(d0, arg1)
d2 <- f2(d1, arg2)
d3 <- f3(d2, arg3)
```

　中間オブジェクトの作成を避けるなら，以下のように関数をネストさせる方法もある．しかし，関数内で指定する引数の数が多い場合，これでは一見して処理がわかりづらくなってしまう．

```
f3(f2(f1(d0, arg1), arg2), arg3)
```

　%>%演算子を用いると，一連の操作は以下のように書ける．

```
d0 %>%
  f1(arg1) %>%
  f2(arg2) %>%
  f3(arg3)
```

　これまでのコードよりも，操作の内容が把握しやすくなっていることがわかるだろう．このコードは見た目通りの挙動，つまり，d0 が引数に arg1 を伴って f1() に渡され，その結果が f2()，さらにその結果が f3() というように順に渡されて評価されていくという挙動を示す．

　もちろん%>%演算子は **dplyr** パッケージの関数以外の関数にも適用できる．以下に **ggplot2** パッケージの diamond データの密度プロットの例を示す．

```
data(diamonds, package = "ggplot2")
plot(density(diamonds$price, from = 0),
 main = "Density plot of diamond prices")
```

　以下のプロットが生成される．

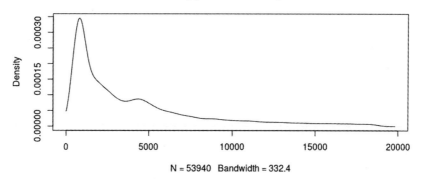

ここで %>% を用いると，以下のように書き直せる．

```
diamonds$price %>%
  density(from = 0) %>%
  plot(main = "Density plot of diamonds prices")
```

data.table パッケージと同様に **dplyr** パッケージにも，グループ単位で任意の操作を実行できる関数として do() が用意されている．ここで cut でグループ化して，log(price) ~ carat の形で線形モデルを当てはめたいとしよう．do() の場合，作成したモデルを格納する列名を明示的に指定する必要がある．また，グループ化したデータの文脈で自動的に評価されないので，data = . という形でドットを用いてデータを指定する必要がある．以上の点は，**data.table** パッケージとは異なるところである．

```
models <- diamonds %>%
  group_by(cut) %>%
  do(lmod = lm(log(price) ~ carat, data = .))
models
## Source: local data frame [5 x 2]
## Groups: <by row>
##
##         cut      lmod
##       (fctr)     (chr)
## 1      Fair   <S3:lm>
## 2      Good   <S3:lm>
## 3 Very Good   <S3:lm>
## 4   Premium   <S3:lm>
## 5     Ideal   <S3:lm>
```

ここでは線形モデルの結果を格納する列として，lmod を作成した．この列にはリストが格納されている点が，通常のデータフレームと異なるので注意してほしい．たとえば lmod の最初の結果にアクセスしたい場合は，以下のようにインデックスを用いる．

404 第12章 データ操作

```
models$lmod[[1]]
##
## Call:
## lm(formula = log(price) ~ carat, data = .)
##
## Coefficients:
## (Intercept)        carat
##        6.785        1.251
```

do() は込み入ったデータ操作を実行する際に，非常に便利である．たとえば，toy_tests
データを product 単位でグループ化して，quality と durability について集計したいとす
る．そして，集計の内容はサンプルの数が多い順に先頭の3つのデータのみを抽出し，サンプル
の数に応じた加重平均を行うというものだったとする．**dplyr** パッケージの関数および **%>%** を
用いると以下のように書ける．

```
toy_tests %>%
  group_by(id) %>%
  arrange(desc(sample)) %>%
  do(head(., 3)) %>%
  summarize(
    quality = sum(quality * sample) / sum(sample),
    durability = sum(durability * sample) / sum(sample))
## Source: local data frame [2 x 3]
##
##       id  quality durability
##    (chr)    (dbl)      (dbl)
## 1   T01 9.319149   9.382979
## 2   T02 9.040000   8.340000
```

一旦グループ化すると，その後の操作はすべてグループ単位で実行されることに注意してほ
しい．do() を実行する直前の結果を確認してみよう．

```
toy_tests %>%
  group_by(id) %>%
  arrange(desc(sample))
## Source: local data frame [8 x 5]
## Groups: id [2]
##
##       id     date sample quality durability
##    (chr)    (int)  (int)   (int)      (int)
## 1   T01 20160405    180       9         10
## 2   T01 20160302    150      10          9
## 3   T01 20160502    140       9          9
## 4   T01 20160201    100       9          9
## 5   T02 20160403     90       9          8
## 6   T02 20160502     85      10          9
## 7   T02 20160303     75       8          8
## 8   T02 20160201     70       7          9
```

サンプルの数の降順に，データが並べ替えられた結果が得られている．次の do(head(., 3))
の実行における．（ドット）は，この結果を表している．

```
toy_tests %>%
  group_by(id) %>%
  arrange(desc(sample)) %>%
  do(head(., 3))
## Source: local data frame [6 x 5]
## Groups: id [2]
##
##      id      date sample quality durability
##   (chr)     (int)  (int)   (int)      (int)
## 1   T01 20160405    180       9         10
## 2   T01 20160302    150      10          9
## 3   T01 20160502    140       9          9
## 4   T02 20160403     90       9          8
## 5   T02 20160502     85      10          9
## 6   T02 20160303     75       8          8
```

これで，サンプルの数が多い順に上位 3 つのデータを抽出することができた．あとは先の例
で示したように，これを集計するだけである．

dplyr パッケージの関数群は各処理の連結を想定しており，一つ一つの関数の挙動は非常に
わかりやすく，高機能なものとなっている．より詳細については知りたい場合は，**dplyr** パッ
ケージのビネット [6] または DataCamp が公開しているチュートリアル [7] の利用をお薦めする．

12.5 **rlist パッケージを用いたネストされたデータの操作**

前章ではリレーショナルデータベースにおける表形式のデータ，および NoSQL データベー
スにおけるネストされたデータの操作について学んだ．R ではネストされたデータを扱う際，
リストとして扱う．なお，本章でこれまで扱ってきたデータは，すべて表形式のデータだった．
本節では，筆者が開発した **rlist** パッケージを用いて，ネストされたデータなど表形式ではない
データを扱う．**rlist** パッケージは **dplyr** パッケージとよく似た設計となっており，リストに対
してデータの抽出や並べ替え，グループ化した上での関数の適用，集計などが実行できる．ま
ずは CRAN から **rlist** パッケージをインストールしよう．

```
install.packages("rlist")
```

最初に表形式ではないデータを用意しよう．今回は以下のような商品データ（JSON 形式）
を，data ディレクトリに product.json として準備した．ファイルを読み込む際のパスは
data/products.json である．

---

[6] https://cran.rstudio.com/web/packages/dplyr/vignettes/dplyr.html
[7] https://www.datacamp.com/courses/dplyr-data-manipulation-r-tutorial

406　第 12 章　データ操作

```
{
    "id": "T01",
    "name": "SupCar",
    "type": "toy",
    "class": "vehicle",
    "released": true,
    "stats": {
      "material": "Metal",
      "size": 120,
      "weight": 10
    },
    "tests": {
      "quality": null,
      "durability": 10,
      "waterproof": false
    },
    "scores": [8, 9, 10, 10, 6, 5]
}
```

　すべてのデータは JSON の配列 ([..., ...]) として格納されている．表形式のデータとは異なり，関連するデータは 1 つのオブジェクトにまとめて格納されている．早速 **rlist** パッケージを用いて，このデータを扱ってみよう．まずは **rlist** パッケージを読み込む．

```
library(rlist)
```

　それでは，JSON 形式のデータを読み込んでみよう．この際，**rlist** パッケージの list.load() を用いる．なお，JSON 形式のデータの読み込みには，**jsonlite** パッケージの from JSON() を使うという方法もある．JSON 形式のデータはリストとして読み込まれる．

```
products <- list.load("data/products.json")
str(products[[1]])
## List of 8
##  $ id      : chr "T01"
##  $ name    : chr "SupCar"
##  $ type    : chr "toy"
##  $ class   : chr "vehicle"
##  $ released: logi TRUE
##  $ stats   :List of 3
##   ..$ material: chr "Metal"
##   ..$ size    : int 120
##   ..$ weight  : int 10
##  $ tests   :List of 3
##   ..$ quality   : NULL
##   ..$ durability: int 10
##   ..$ waterproof: logi FALSE
##  $ scores : int [1:6] 8 9 10 10 6 5
```

　これで，products として商品データを読み込めた．各商品に関連する情報は，商品単位の要素として含まれている．各要素の文脈で表現式を評価したい場合は，list.map() を用いる．

12.5 rlist パッケージを用いたネストされたデータの操作　407

```
str(list.map(products, id))
## List of 6
##  $ : chr "T01"
##  $ : chr "T02"
##  $ : chr "M01"
##  $ : chr "M02"
##  $ : chr "M03"
##  $ : chr "M04"
```

　商品単位で id を評価して情報が抽出され，リストの形にまとめられて結果が返されている．ベクトルの形で結果がほしい時は list.mapv() を用いる．

```
list.mapv(products, name)
## [1] "SupCar"   "SupPlane" "JeepX"     "AircraftX"
## [5] "Runner"   "Dancer"
```

　一定の条件のもとリストからデータを抽出したい場合は，list.filter() を用いる．以下の例では released が TRUE となっているデータを抽出した上で，その name をベクトルの形で抽出している．

```
released_products <- list.filter(products, released)
list.mapv(released_products, name)
## [1] "SupCar"   "JeepX"    "AircraftX" "Runner"
```

　rlist パッケージの関数群は **dplyr** パッケージと同様の設計となっているため，関数における入力を第一引数に指定するようになっている．つまり，以下のように %>% 演算子を用いたコードが書きやすい．

```
products %>%
  list.filter(released) %>%
  list.mapv(name)
## [1] "SupCar" "JeepX" "AircraftX" "Runner"
```

　list.select() を用いると，指定したフィールドを抽出できる．以下では products から released と waterproof が TRUE となっているデータを抽出し，その中から id, name, scores をさらに抜き出している．

```
products %>%
  list.filter(released, tests$waterproof) %>%
  list.select(id, name, scores) %>%
  str()
## List of 3
##  $ :List of 3
##   ..$ id    : chr "M01"
##   ..$ name  : chr "JeepX"
##   ..$ scores: int [1:6] 6 8 7 9 8 6
##  $ :List of 3
```

408　第12章　データ操作

```
##   ..$ id    : chr "M02"
##   ..$ name  : chr "AircraftX"
##   ..$ scores: int [1:7] 9 9 10 8 10 7 9
## $ :List of 3
##   ..$ id    : chr "M03"
##   ..$ name  : chr "Runner"
##   ..$ scores: int [1:10] 6 7 5 6 5 8 10 9 8 9
##   ..$ scores    : int [1:5] 9 9 10 10 10
##   ..$ mean_score: num 9.6
## $ :List of 3
##   ..$ name      : chr "AircraftX"
##   ..$ scores    : int [1:7] 9 9 10 8 10 7 9
##   ..$ mean_score: num 8.86
```

以下のように list.select() の中で新しいフィールドを追加することも可能である.

```
products %>%
  list.filter(mean(scores) >= 8) %>%
  list.select(name, scores, mean_score = mean(scores)) %>%
  str()
## List of 3
## $ :List of 3
##   ..$ name      : chr "SupCar"
##   ..$ scores    : int [1:6] 8 9 10 10 6 5
##   ..$ mean_score: num 8
## $ :List of 3
##   ..$ name      : chr "SupPlane"
##   ..$ scores    : int [1:5] 9 9 10 10 10
##   ..$ mean_score: num 9.6
## $ :List of 3
##   ..$ name      : chr "AircraftX"
##   ..$ scores    : int [1:7] 9 9 10 8 10 7 9
##   ..$ mean_score: num 8.86
```

　list.sort() を用いると並べ替えも可能である. この場合, 並べ替えに利用するフィール
ドを指定する. list.stack() を用いることで, データフレームに変換もできる. 以下の例で
は, mean_score にマイナスをつけ, 降順に並べ替えた上でデータフレームに変換している.

```
products %>%
  list.select(name, mean_score = mean(scores)) %>%
  list.sort(-mean_score) %>%
  list.stack()
##        name mean_score
## 1  SupPlane   9.600000
## 2 AircraftX   8.857143
## 3    SupCar   8.000000
## 4    Dancer   7.833333
## 5     JeepX   7.333333
## 6    Runner   7.300000
```

12.5　rlist パッケージを用いたネストされたデータの操作　　409

dplyr パッケージで見たようなグループ化した操作には，`list.group()` を用いる．

```
products %>%
  list.select(name, type, released) %>%
  list.group(type) %>%
  str()
## List of 2
##  $ model:List of 4
##   ..$ :List of 3
##   .. ..$ name    : chr "JeepX"
##   .. ..$ type    : chr "model"
##   .. ..$ released: logi TRUE
##   ..$ :List of 3
##   .. ..$ name    : chr "AircraftX"
##   .. ..$ type    : chr "model"
##   .. ..$ released: logi TRUE
##   ..$ :List of 3
##   .. ..$ name    : chr "Runner"
##   .. ..$ type    : chr "model"
##   .. ..$ released: logi TRUE
##   ..$ :List of 3
##   .. ..$ name    : chr "Dancer"
##   .. ..$ type    : chr "model"
##   .. ..$ released: logi FALSE
##  $ toy  :List of 2
##   ..$ :List of 3
##   .. ..$ name    : chr "SupCar"
##   .. ..$ type    : chr "toy"
##   .. ..$ released: logi TRUE
##   ..$ :List of 3
##   .. ..$ name    : chr "SupPlane"
##   .. ..$ type    : chr "toy"
##   .. ..$ released: logi FALSE
```

　rlist パッケージには，他にも表形式ではないデータを扱う際に便利な関数が用意されている．たとえば，`list.table()` はリストに対して `table()` と同様の操作を行える．

```
products %>%
  list.table(type, class)
##       class
## type    people vehicle
##   model      2       2
##   toy        0       2
```

　`list.table()` は多次元テーブルをサポートしており，与えられた文脈下で引数を評価する．

```
products %>%
  list.filter(released) %>%
  list.table(type, waterproof = tests$waterproof)
##       waterproof
```

```
## type    FALSE TRUE
##  model      0    3
##  toy        1    0
```

データの保存に JSON 形式のような表形式ではない形を用いたとしても，データ操作を行う
上では表形式の方が便利である．ここで，scores が少なくとも5つ以上含まれているデータ
において，scores の平均値を算出し，最大のものから2つデータを抽出し，scores の平均値
とデータの数を算出したいとしよう．このような複雑な操作も，単純な操作に分解して，**rlist**
パッケージの関数を用いることで簡単に実行できる．以下の例では **%>%** 演算子を用いた．

```
products %>%
  list.filter(length(scores) >= 5) %>%
  list.sort(-mean(scores)) %>%
  list.take(2) %>%
  list.select(name,
    mean_score = mean(scores),
    n_score = length(scores)) %>%
    list.stack()
##        name mean_score n_score
## 1  SupPlane   9.600000       5
## 2 AircraftX   8.857143       7
```

このコードは非常にわかりやすくなっている．各段階でどのような結果が得られるか容易に
予想でき，エラーが起きても分析が簡単である．最後に list.stack() を用いることでデータ
フレームに変換し，表形式のデータとして表現しているので結果も見やすい．

rlist パッケージについてより知りたい読者はチュートリアル[8] を参照してほしい．なお，ネ
ストされたデータを扱うパッケージとしては他にも **purrr** パッケージがある．興味があれば開
発レポジトリ[9] にアクセスしてみてほしい．

12.6 まとめ

本章では，組み込み関数や拡張パッケージを用いたデータ操作について学んだ．組み込み関数
を用いたデータ操作は冗長である．拡張パッケージはデータ抽出や集計において，それぞれ異
なる設計思想に基づき開発されている．**sqldf** パッケージは SQLite データベースを内部的に
用いることで，SQL を利用したデータフレームの操作を可能にしている．**data.table** パッケー
ジは，データフレームの文法を継承しながらそれを拡張している．**dplyr** パッケージはデータ
操作を単純な操作に分解し，それを連結させるという思想で開発されている．**rlist** パッケージ
は **dplyr** パッケージと同様の感覚で，表形式ではないデータを扱える．これさえあれば何でも
できるというパッケージはない．各パッケージに特徴があり，タスクとデータ操作におけるあ

---

[8] https://renkun.me/rlist-tutorial/

[9] https://github.com/hadley/purrr

なたの好みに応じて，ベストなパッケージは異なってくる．

　データ処理およびシミュレーションには，コンピュータの計算能力を大量に必要とする．しかし，R はその開発当初から現在に至るまで，パフォーマンスを優先事項として掲げていない．R は分析，可視化，レポーティングにおいては大きな力を発揮するものの，大量のデータを扱う際は，実行速度において他のプログラミング言語に劣る．次章では，R におけるハイパフォーマンスコンピューティングを扱う．話題は実行速度の測定およびプロファイリングから始まり，ベクトル化，MKL を用いた R のカーネル，並行処理，**Rcpp** パッケージ等を用いた計算の高速化を扱う．これらの技術は，大量のデータを扱うことになった際にきっと役に立つだろう．

第13章
ハイパフォーマンスコンピューティング

　前章では，データ操作に特化したいくつもの組み込み関数と様々なパッケージについて学んだ．これらのパッケージは，土台となっている技術も思想も異なるが，いずれもデータの抽出と集計をずっと簡単にしてくれる．しかしながら，データ処理は単純な抽出や集計にとどまらない．時として，シミュレーションや計算時間のかかる処理が必要になる．CやC++といったハイパフォーマンスなプログラミング言語と比べて，Rの処理速度はずっと遅い．これは，その動的な設計と，統計解析と可視化の安定性および容易さ，強力さをパフォーマンスよりも重視している現在の実装のためだ．しかし，Rのコードでもうまく書けば，ほとんどの目的に対して十分な速さを実現できる．

　この章では，ハイパフォーマンスなRのコードを書くのに役立つ以下の技術について説明する．

- コードのパフォーマンス測定
- コードのプロファイリングによるボトルネックの発見
- 組み込み関数の利用とベクトル化
- 並列処理による複数コアの利用
- **Rcpp** と関連パッケージを使った C++ のコード

13.1　コードのパフォーマンス問題を理解する

　Rは，開発当初から統計処理とデータ可視化を主眼に置いており，学術界からビジネス界まで広く使われている．データ解析では，パフォーマンスよりも正確さが重視されることがほとんどだ．つまり，20秒で不正確な結果を得ることよりも，1分かけて正確な結果を得る方がよい．問題を3倍速く解いたとしても，そのままそれが，遅いけれど正確な結果よりも3倍優れている，ということにはならないのだ．こうしたことから，まずはパフォーマンスについては心配せず，そのコードが正確であると自信をもっていえるようにすることが先決だ．

　100%正しいと断言できるが実行に少し時間がかかる，というコードが書けたとしよう．いよ

13.1 コードのパフォーマンス問題を理解する　413

いよコードを最適化して速くすることが必要だろうか．いや，必ずしもそうとは限らない．決断を下す前に，問題解決のプロセスを，開発，実行，そして将来的なメンテナンスという3つのステップに分けて考えてみよう．

ある問題について1時間で取り組むという場合を考えよう．初めはパフォーマンスを考慮に入れていないので，コードはあまり速くない．問題について考えて解法を実装するのには50分かかる．そして，実行して答えを出すのには1分かかる．コードは問題をそのままなぞった素直な実装になっているので，将来何かの改良を取り込むのも簡単で，メンテナンス時間はあまりかからない．次に，別の開発者が同じ問題に取り組んで，初めから極めてハイパフォーマンスなコードを書こうとしたとする．問題に対して解法を見つけるのには時間がかかるが，コードの構造を最適化して実行を速くするのにはさらに時間がかかる．ハイパフォーマンスな解法について考えて実装するには2時間かかる．そして，実行して答えを出すのには0.1秒かかる．このコードはいまのハードウェアに特化した最適化をしているので，将来の変更，特に問題自体に変更があるような場合に柔軟に対応することはおそらくできない．メンテナンスにより多くの時間を費やさなくてはならないだろう．

後者の開発者は，自分のコードが前者のコードの600倍のパフォーマンスを誇ると嬉々として主張するだろう．しかし，人間の時間をより多く費やさなくてはならないコードにそのような価値はない．多くの場合，人間の時間が計算時間よりも高くつく．しかし，もしそのコードが頻繁に使われる，たとえば10億回の試行が必要だとすると，各試行のパフォーマンスをほんの少し改善するだけでかなりの時間節約になる可能性がある．この場合は，コードのパフォーマンスが重要になる．

累積和を例として考えてみよう．累積和は単純なアルゴリズムで，要素がそれぞれ入力ベクトルのそれまでの要素の合計値になっているような数値型ベクトルを生成する．この実装を，様々な観点から検討していこう．Rには累積和を計算するための関数 cumsum() が組み込みで用意されているが，パフォーマンス問題についての理解を深めるため，R バージョンの関数を自分で実装してみよう．このアルゴリズムは次のように簡単に実装することができる．

```r
x <- c(1, 2, 3, 4, 5)
y <- numeric()
sum_x <- 0
for (xi in x) {
  sum_x <- sum_x + xi
  y <- c(y, sum_x)
}
y
## [1]  1  3  6 10 15
```

このアルゴリズムは for ループを使って，入力ベクトル x の各要素を sum_x に加算しているだけだ．各試行で sum_x を出力ベクトル y に加えている．これは次のように書き直すことができる．

414　第13章　ハイパフォーマンスコンピューティング

```r
my_cumsum1 <- function(x) {
  y <- numeric()
  sum_x <- 0
  for (xi in x) {
    sum_x <- sum_x + xi
    y <- c(y, sum_x)
  }
  y
}
```

以下はまた別の実装で，インデックスを使って入力ベクトル x にアクセスし，出力ベクトル y にアクセスし変更を加えている．

```r
my_cumsum2 <- function(x) {
  y <- numeric(length(x))
  if (length(y)) {
    y[[1]] <- x[[1]]
    for (i in 2:length(x)) {
      y[[i]] <- y[[i - 1]] + x[[i]]
    }
  }
  y
}
```

すでに述べた通り，累積和は組み込み関数 cumsum() を使えば計算できる．上の2つの実装は，cumsum() と全く同じ結果が得られるはずだ．乱数を生成してこれらが一致しているか調べてみよう．

```r
x <- rnorm(100)
all.equal(cumsum(x), my_cumsum1(x))
## [1] TRUE
all.equal(cumsum(x), my_cumsum2(x))
## [1] TRUE
```

上のコードで all.equal() は，2つのベクトルの対応する要素がすべて等しいかどうかを調べている．この結果から，my_cumsum1()，my_cumsum2() と cumsum() の挙動が一致していることが確認できた．次項からは，それぞれのバージョンの cumsum() が実行に要する時間を計測してみよう．

13.1.1　コードのパフォーマンスを測定する

先に作成した3つの関数は，同じ入力を与えると同じ結果を返すが，そのパフォーマンス面においては顕著な違いがある．パフォーマンスの違いを明らかにするには，コードの実行時間を計測するツールが必要だ．最も簡単なものは system.time() だろう．この関数でコードをラップするだけで，どんな表現式でも実行時間を計測することができる．ここで，my_cumsum1()

13.1 コードのパフォーマンス問題を理解する 415

が100要素の数値型ベクトルに対して計算を行うのにかかる時間を計測してみよう.

```
x <- rnorm(100)
system.time(my_cumsum1(x))
##    user  system elapsed
##       0       0       0
```

この時間計測の結果は, user, system, elapsed という3つの列に分かれている. 最も注意を払うべきは user の時間だ. これは, コードを実行するのにかかった CPU 時間を測定したものだ. 詳細については, ?proc.time を実行して各測定の違いについて参照されたい. この結果が示しているのは, このコードは実行が速すぎて測定できないということだ. my_cumsum2() の時間を計測してみても, 結果はほぼ同じになる.

```
system.time(my_cumsum2(x))
##    user  system elapsed
##   0.000   0.000   0.001
```

組み込み関数 cumsum() でも同じだ.

```
system.time(cumsum(x))
##    user  system elapsed
##       0       0       0
```

この時間計測は, 入力が小さすぎるために実際には機能していない. 次に, 1,000 個の数字のベクトルを使ってもう一度計測してみよう.

```
x <- rnorm(1000)
system.time(my_cumsum1(x))
##    user  system elapsed
##   0.000   0.000   0.003
system.time(my_cumsum2(x))
##    user  system elapsed
##   0.004   0.000   0.001
system.time(cumsum(x))
##    user  system elapsed
##       0       0       0
```

今度は, my_cumsum1() と my_cumsum2() が結果を計算するのに確かに時間がかかっているがはっきりした差はない, ということがわかった. しかし, cumsum() はやはり速すぎて計測できない.

3つの関数に対してより大きな入力を使って, パフォーマンスの違いを明らかにできるか見てみよう.

```
x <- rnorm(10000)
system.time(my_cumsum1(x))
##    user  system elapsed
```

416　第 13 章　ハイパフォーマンスコンピューティング

```
##   0.208   0.000   0.211
system.time(my_cumsum2(x))
##    user  system elapsed
##   0.012   0.004   0.013
system.time(cumsum(x))
##    user  system elapsed
##       0       0       0
```

　結果は明らかだ. my_cumsum1() は my_cumsum2() の 10 倍遅く, cumsum() はやはりどちらの実装と比べても速すぎる. 注意すべきは, パフォーマンスの違いは一定ではないということだ. 特に, 次のようにさらに大きな入力を指定した時は差が顕著になる.

```
x <- rnorm(100000)
system.time(my_cumsum1(x))
##    user  system elapsed
## 25.732   0.964  26.699
system.time(my_cumsum2(x))
##    user  system elapsed
##  0.124   0.000   0.123
system.time(cumsum(x))
##    user  system elapsed
##       0       0       0
```

　衝撃的な差が明らかになった. 入力ベクトルの長さが 10 万のレベルになると, my_cumsum1() は my_cumsum2() の 200 倍遅い. cumsum() はいずれの例でもずば抜けて速い.

　system.time() はコードチャンクの実行時間を測定するのに役立つが, あまり正確であるとはいえない. これは, 1 つは測定結果が毎回かなり異なる値になる可能性があるという点だ. 適切な比較をするには時間計測を十分な回数繰り返すべきだ. もう 1 つは, 計測器の分解能が不十分で, 対象コードのパフォーマンスの本当の差が見えない, という可能性もある.

　microbenchmark というパッケージを使うと, より正確な精度で様々な表現式のパフォーマンスを比較することができる. 次のコードを実行してこのパッケージをインストールしよう.

```
install.packages("microbenchmark")
```

　準備ができればパッケージを読み込み, microbenchmark() を呼び出して, 3 つの関数のパフォーマンスを一気に比較してみよう [1].

```
library(microbenchmark)
x <- rnorm(100)
microbenchmark(my_cumsum1(x), my_cumsum2(x), cumsum(x))
## Unit: nanoseconds
##            expr    min      lq     mean   median      uq
##   my_cumsum1(x)  58250  64732.5 68353.51  66396.0  71840.0
```

---

[1] 訳注：microbenchmark() の実行結果にある cld という列は, **multcomp** パッケージをインストール済みの場合のみ表示される. 詳細は ?print.microbenchmark を参照.

```
##   my_cumsum2(x) 120150 127634.5 131042.40 130739.5 133287.5
##       cumsum(x)    295    376.5    593.47    440.5    537.5
##     max neval cld
##   88228   100   b
##  152845   100    c
##    7182   100  a
```

microbenchmark() は，デフォルトでは各式をそれぞれ 100 回実行し，実行時間の様々な統計量を提供してくれる．驚くかもしれないが，入力ベクトルが 100 要素の時は my_cumsum1() は my_cumsum2() よりも少し速い．時間の単位がナノ秒（1 秒 =10 億ナノ秒）になっていることにも注目してほしい．

次に，1000 要素の入力を試してみよう．

```
## Unit: microseconds
##           expr       min        lq       mean      median
##  my_cumsum1(x) 1600.186 1620.5190 2238.67494 1667.5605
##  my_cumsum2(x) 1034.973 1068.4600 1145.00544 1088.4090
##      cumsum(x)    1.806    2.1505    3.43945    3.4405
##        uq       max neval cld
##  3142.4610 3750.516   100   c
##  1116.2280 2596.908   100  b
##     4.0415   11.007   100 a
```

ここで，my_cumsum2() は my_cumsum1() よりも少し速くなったが，どちらも組み込みの cumsum() よりずっと遅い．単位はマイクロ秒になっている．入力を 5000 要素にすると，my_cumsum1() と my_cumsum2() のパフォーマンスの差はさらに大きくなる．

```
## Unit: microseconds
##           expr        min         lq        mean      median
##  my_cumsum1(x) 42646.201 44043.050 51715.59988 44808.9745
##  my_cumsum2(x)  5291.242  5364.568  5718.19744  5422.8950
##      cumsum(x)    10.183    11.565    14.52506    14.6765
##        uq        max neval cld
##  46153.351 135805.947   100   c
##   5794.821  10619.352   100  b
##     15.536    37.202   100 a
```

10000 要素に増やしても同じだ．

```
## Unit: microseconds
##           expr         min          lq        mean       median
##  my_cumsum1(x) 169609.730 170687.964 198782.7958 173248.004
##  my_cumsum2(x)  10682.121  10724.513  11278.0974  10813.395
##      cumsum(x)     20.744     25.627     26.0943     26.544
##        uq        max neval cld
##  253662.89 264469.677    10  b
##   11588.99  13487.812    10 a
##     27.64    29.163    10 a
```

418 第 13 章 ハイパフォーマンスコンピューティング

cumsum() は，すべてのベンチマークを通してとても安定したパフォーマンスを示しており，
入力ベクトルが増えても顕著な変化はなかった．

この 3 つの関数のパフォーマンスに作用しているダイナミクスを探っていこう．異なる長さ
の入力を与えた時にこれらの関数がどのように振る舞うか，次の関数で可視化してみる．

```
library(data.table)
benchmark <- function(ns, times = 30) {
  results <- lapply(ns, function(n) {
    x <- rnorm(n)
    result <- microbenchmark(my_cumsum1(x), my_cumsum2(x), cumsum(x),
times = times, unit = "ms")
    data <- setDT(summary(result))
    data[, n := n]
    data
  })
  rbindlist(results)
}
```

この関数のロジックは単純なものだ．ns には 3 つの関数をテストするための様々な長さのベ
クトルを指定する．microbenchmark() はすべてのテスト結果をデータフレームとして返し，
summary(microbenchmark()) はこれまで見たように要約のテーブルを返す．それぞれの要
約を n にタグ付けしてすべてのベンチマーク結果を蓄積し，**ggplot2** パッケージを使ってこの
結果を可視化する．まず，100 から 3000 まで 100 刻みの要素数についてベンチマークをとっ
てみる．

```
benchmarks <- benchmark(seq(100, 3000, 100))
```

次にグラフを描き，3 つの関数のパフォーマンスの差を明らかにする．

```
library(ggplot2)
ggplot(benchmarks, aes(x = n, color = expr)) +
  ggtitle("Microbenchmark on cumsum functions") +
  geom_point(aes(y = median)) +
  geom_errorbar(aes(ymin = lq, ymax = uq))
```

これで，比較したかった 3 バージョンの cumsum() のベンチマークが次のように生成される
（口絵 4 にカラー）．

13.1 コードのパフォーマンス問題を理解する　419

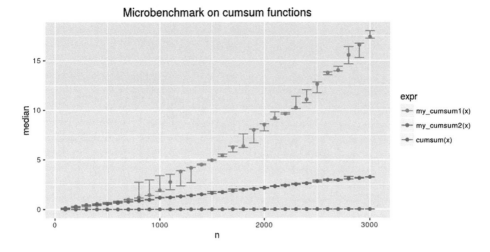

上のグラフは，3つの関数の結果を重ね合わせたものだ．点は中央値を示し，エラーバーは75%と25%の四分位点を示している．ここで明らかになったのは，`my_cumsum1()`のパフォーマンスは入力が長いほど加速度的に遅くなっていくこと，`my_cumsum2()`のパフォーマンスは入力が長くなるにつれてほぼ線形で遅くなること，一方で，`cumsum(x)`は極めて速く，入力が大きくなってもパフォーマンスはほとんど劣化していないように見える，ということだ．

小さな入力に対しては，先ほど示したように`my_cumsum1()`が`my_cumsum2()`よりも速くなる．入力を小さな範囲に絞ってベンチマークを行ってみよう．

```
benchmarks2 <- benchmark(seq(2, 600, 10), times = 50)
```

今回は，入力ベクトルの長さを2から600まで10刻みに制限してみよう．先ほどと比べると関数の実行回数は約2倍になるので，全体の実行時間を同程度に保つために繰り返し回数を100から50に減らす．

```
ggplot(benchmarks2, aes(x = n, color = expr)) +
  ggtitle("Microbenchmark on cumsum functions over small input") +
  geom_point(aes(y = median)) +
  geom_errorbar(aes(ymin = lq, ymax = uq))
```

結果は次のグラフになる（口絵5にカラー）．これは小さな入力でのパフォーマンスの差について示している．

420　第13章　ハイパフォーマンスコンピューティング

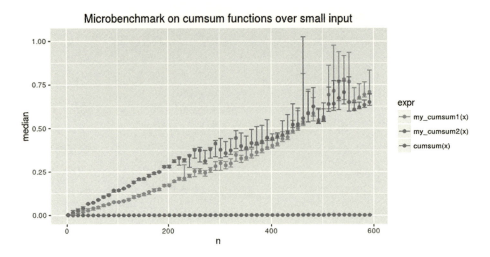

このグラフから，400以下あたりの小さな入力では my_cumsum1() が my_cumsum2() よりも速いことがわかる．入力がより多くの要素になるにつれ，my_cumsum1() のパフォーマンスは my_cumsum2() よりも早く劣化していく．

パフォーマンス順位のダイナミクスは，10 から 800 要素の入力のベンチマークを見るとより明らかだ．

```
benchmarks3 <- benchmark(seq(10, 800, 10), times = 50)
ggplot(benchmarks3, aes(x = n, color = expr)) +
  ggtitle("Microbenchmark on cumsum functions with break even") +
  geom_point(aes(y = median)) +
  geom_errorbar(aes(ymin = lq, ymax = uq))
```

生成されたグラフを以下に示す（口絵6にカラー）．

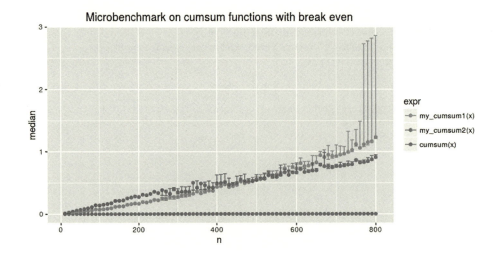

13.2 コードのプロファイリング　421

　結論として，実装上の少しの違いは大きなパフォーマンスの差につながることがある．小さな入力に対してはこの差がわからないことも多いが，入力が大きくなるにつれてパフォーマンスの差は顕著なものとなるので無視すべきではない．複数のコードのパフォーマンスを比較するには，system.time() の代わりに microbenchmark() を使うとより正確で役に立つ結果を得ることができる．

13.2　コードのプロファイリング

　前節では，microbenchmark() を使って式をベンチマークする方法について学んだ．これを使うと，ある問題に対して新規の解法が複数見つかった時，どれがパフォーマンスに優れているのか，そもそも元のコードよりパフォーマンスがよくなるのか，といったことを調べられる．しかし，コードが遅いと感じていても，どの表現式がプログラム全体を遅くしている主犯なのかを特定するのは容易ではないことが多い．こうした表現式は「パフォーマンスのボトルネック」と呼ばれる．コードのパフォーマンスを改善するためには，このボトルネックをまず解消すべきだ．幸運なことに，ボトルネックを探すのを助けてくれるプロファイリングツールが R には用意されている．ボトルネックとはつまり最も実行が遅いコードで，パフォーマンスを改善するために最も注目すべきものだ．

13.2.1　Rprof によるコードのプロファイリング

　コードのプロファイリングのために，R には組み込み関数 Rprof() が用意されている．プロファイリングを開始したら，それより後のすべてのコードで，サンプリング処理が実行される．これはプロファイリングが終了するまで続く．サンプリングは基本的には，20 マイクロ秒（デフォルトの設定）ごとにどの R 関数が実行されているかを見るというものだ．このやり方で，もしある関数がとても遅ければ，ほとんどの実行時間はその関数呼び出しに費やされているはずだ．

　サンプリングというアプローチはあまり正確な結果にならないこともあるが，多くの場合は目的に適った情報が得られる．my_cumsum1() を呼び出すコードを Rprof() を使ってプロファイリングし，どの部分がコードを遅くしているのか見つけてみよう．Rprof() の使い方はとても簡単だ．Rprof() を呼び出してプロファイリングを開始し，プロファイリングしたいコードを走らせ，Rprof(NULL) を呼び出してプロファイリングを止め，最後に summaryRprof() を呼び出してプロファイリングの要約を見ればいい．

```
x <- rnorm(1000)
tmp <- tempfile(fileext = ".out")
Rprof(tmp)
for (i in 1:1000) {
  my_cumsum1(x)
```

422 第13章 ハイパフォーマンスコンピューティング

```
}
Rprof(NULL)
summaryRprof(tmp)
## $by.self
##               self.time self.pct total.time total.pct
## "c"               2.42    82.88       2.42      82.88
## "my_cumsum1"      0.46    15.75       2.92     100.00
## "+"               0.04     1.37       0.04       1.37
##
## $by.total
##              total.time total.pct self.time self.pct
## "my_cumsum1"       2.92    100.00      0.46    15.75
## "c"                2.42     82.88      2.42    82.88
## "+"                0.04      1.37      0.04     1.37
##
## $sample.interval
## [1] 0.02
##
## $sampling.time
## [1] 2.92
```

プロファイリングのデータを格納するために，tempfile() を使って一時ファイルを作っていることに注目してほしい．もしこうしたファイルを Rprof() に与えなければ，Rprof.out が現在の作業ディレクトリに自動で作成される．この動作は summaryRprof() についても当てはまる．

summaryRprof() の結果は，プロファイリングのデータを読みやすいフォーマットに要約したものだ．$by.self は self.time で計測結果をソートする一方，$by.total は total.time でソートする．具体的には，self.time とは純粋にその関数の中のコード実行に費やされた時間で，total.time とはそこから呼び出された関数の実行も含んだ合計時間だ．

どの部分がこの関数を遅くしているのかを見つけ出すには，self.time に注目しよう．この値は各関数の個別の実行時間だ．このプロファイリング結果から，c が実行時間の大部分を占めているということがわかる．つまり，y <- c(y, sum_x) が関数を遅くするのに最も寄与している．

同じことを my_cumsum2() に対してもやってみよう．このプロファイリング結果は，ほとんどの時間が my_cumsum2() に費やされたことを示唆しているが，これはコードの中でやる唯一のことなので当たり前だ．my_cumsum2() の実行時間の大部分を占めるような特定の関数は存在しない．

```
tmp <- tempfile(fileext = ".out")
Rprof(tmp)
for (i in 1:1000) {
  my_cumsum2(x)
}
Rprof(NULL)
```

```
summaryRprof(tmp)
## $by.self
##               self.time self.pct total.time total.pct
## "my_cumsum2"       1.42    97.26       1.46    100.00
## "-"                0.04     2.74       0.04      2.74
##
## $by.total
##              total.time total.pct self.time self.pct
## "my_cumsum2"       1.46    100.00      1.42    97.26
## "-"                0.04      2.74      0.04     2.74
##
## $sample.interval
## [1] 0.02
##
## $sampling.time
## [1] 1.46
```

実務では，プロファイリングしたいコードは往々にしてかなり複雑だ．複数の異なる関数がかかわってくることもある．こうしたプロファイリングの要約は，追跡している各関数の時間を見るだけではあまり訳に立たない．しかし幸運なことに，Rprof() は行単位のプロファイリングもサポートしている．line.profiling = TRUE を指定して source(..., keep.source = TRUE) を使うと，コードの各行の時間を表示させることができる．

次のコードを，code/my_cumsum1.R という名前のスクリプトファイルとして保存する．

```
my_cumsum1 <- function(x) {
  y <- numeric()
  sum_x <- 0
  for (xi in x) {
    sum_x <- sum_x + xi
    y <- c(y, sum_x)
  }
  y
}
x <- rnorm(1000)
for (i in 1:1000) {
  my_cumsum1(x)
}
```

次に，Rprof() と source() でこのスクリプトファイルをプロファイリングしてみよう．

```
tmp <- tempfile(fileext = ".out")
Rprof(tmp, line.profiling = TRUE)
source("code/my_cumsum1.R", keep.source = TRUE)
Rprof(NULL)
summaryRprof(tmp, lines = "show")
## $by.self
##                 self.time self.pct total.time total.pct
## my_cumsum1.R#6       2.38    88.15       2.38     88.15
```

424 第 13 章　ハイパフォーマンスコンピューティング

```
## my_cumsum1.R#5        0.26     9.63        0.26     9.63
## my_cumsum1.R#4        0.06     2.22        0.06     2.22
##
## $by.total
##                   total.time total.pct self.time self.pct
## my_cumsum1.R#14        2.70    100.00      0.00     0.00
## my_cumsum1.R#6         2.38     88.15      2.38    88.15
## my_cumsum1.R#5         0.26      9.63      0.26     9.63
## my_cumsum1.R#4         0.06      2.22      0.06     2.22
##
## $by.line
##                    self.time self.pct total.time total.pct
## my_cumsum1.R#4         0.06     2.22        0.06     2.22
## my_cumsum1.R#5         0.26     9.63        0.26     9.63
## my_cumsum1.R#6         2.38    88.15        2.38    88.15
## my_cumsum1.R#14        0.00     0.00        2.70   100.00
##
## $sample.interval
## [1] 0.02
##
## $sampling.time
## [1] 2.7
```

　今度は，関数名は表示されず，スクリプトファイルの行番号が表示された．`$by.self` の上位を見れば最も時間がかかった行がすぐわかる．この例では，`my_cumsum1.R#6` は `y <- c(y, sum_x)` を指しており，この結果はこれまでのプロファイリングと一致している．

13.2.2　profvis パッケージによるコードのプロファイリング

　`Rprof()` を使うと，どの部分のコードが遅すぎるのかを探し出し，実装を改善することができる．RStudio は，強化版のプロファイリングツール **profvis** パッケージ [2] もリリースしている．**profvis** は，R のコードをプロファイリングするためのインタラクティブな可視化を提供する．これは R のパッケージであり，RStudio に統合されている．次のコードを実行してこのパッケージをインストールしよう．

```
install.packages("profvis")
```

　準備ができたら `profvis()` を使って式をプロファイリングし，その結果を可視化してみよう．

```
library(profvis)
profvis({
  my_cumsum1 <- function(x) {
    y <- numeric()
    sum_x <- 0
```

---

[2] https://rstudio.github.io/profvis/

```
    for (xi in x) {
      sum_x <- sum_x + xi
      y <- c(y, sum_x)
    }
    y
  }
  x <- rnorm(1000)
  for (i in 1:1000) {
    my_cumsum1(x)
  }
})
```

プロファイリングが終われば，インタラクティブなユーザインタフェースとともに新しいタブが現れる．

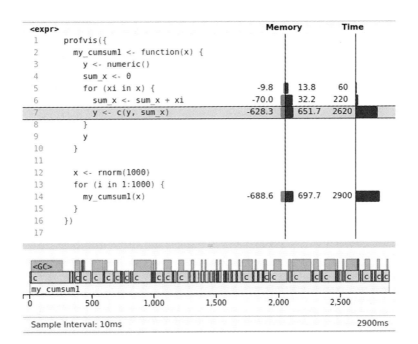

上部のペインはコードとメモリ使用量と計測時間を表示し，下部のペインは関数呼び出しのタイムラインとともに，いつガベージコレクションが発生したかを表示する．このインタラクティブな可視化は，`summaryRprof()` によって生成される結果と比べてずっと豊富な情報が得られ，コードがどのように実行されたかという履歴がわかる．このように，遅いコードや問題を引き起こすパターンを簡単に特定することができる．

全く同じことを `my_cumsum2()` に対してもやってみよう．

```
profvis({
  my_cumsum2 <- function(x) {
```

```
    y <- numeric(length(x))
    y[[1]] <- x[[1]]
    for (i in 2:length(x)) {
      y[[i]] <- y[[i-1]] + x[[i]]
    }
    y
  }
  x <- rnorm(1000)
  for (i in 1:1000) {
    my_cumsum2(x)
  }
})
```

今回のプロファイリング結果は次のようになった．

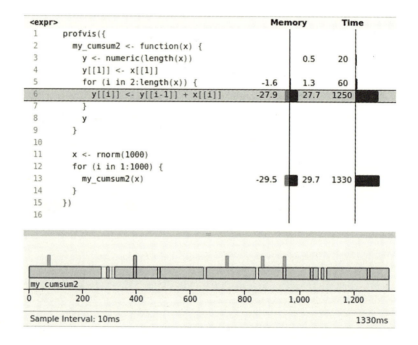

　最も多くの時間を使っているのがどの部分なのかは簡単に特定できるので，それが許容できるのかを判断しよう．あらゆるコードに最も多くの時間を使う部分が当然あるが，その部分のコードが遅すぎるとは限らない．もしコードが目的に役立っていてパフォーマンスが許容できるなら，パフォーマンスを最適化する必要はないかもしれない．最適化には間違ったコードを混入させてしまうリスクが付きまとう．

13.2.3　なぜコードが遅いのかを理解する

　これまで，コードの時間計測とプロファイリングを行うツールについて学んだ．同じ問題を

解くのに，ある関数はぶっちぎりに速く，別の関数は耐えがたいほど遅いということがある．なぜコードが遅くなるのかを理解しておくと，こうした時にも役に立つはずだ．

まず，Rは動的プログラミング言語だ．設計上，高度に柔軟なデータ構造とコード実行のメカニズムが備わっている．それゆえ，インタプリタが次の関数呼び出しをどう扱えばいいかあらかじめ知っておくということは困難だ．これは，CやC++などの強い型付けの静的言語には当てはまらない．多くのことが，実行時ではなくコンパイル時に決定されるので，プログラムは事前に多くのことを把握できる．対照的に，Rは柔軟性を重視しており，そのためにパフォーマンスが犠牲になる．しかし，Rのコードでも，うまく書けば許容可能な程度のパフォーマンスにはすることができる．

Rのコードが遅くなる理由で一番多いのは，データ構造の作成や，割り当て，コピーを激しく繰り返してしまうことだ．先ほどmy_cumsum1()とmy_cumsum2()で入力が大きくなった時のパフォーマンスにかなり差があったが，その原因はまさにこれだ．my_cumsum1()はベクトルを常に拡張していくので，試行のたびにベクトルが新しいアドレスにコピーされて新しい要素が追加される．結果として，試行の回数が多くなるほど多くの要素がコピーされ，コードは遅くなっていく．

これは次のベンチマークによって明らかにすることができる．grow_by_indexは空のリストとして初期化されている．preallocatedは要素があらかじめ割り当てられたリスト，つまり，n個のNULLが事前に割り当てられたリストとして初期化されている．どちらの場合でもリストのi番目の要素に変更を加えるが，前者のリストは試行のたびに拡張され，後者はすでにすべての要素が割り当て済みなので拡張は起こらないという点が異なる．

```
n <- 10000
microbenchmark(grow_by_index = {
  x <- list()
  for (i in 1:n) x[[i]] <- i
}, preallocated = {
  x <- vector("list", n)
  for (i in 1:n) x[[i]] <- i
}, times = 20)
## Unit: milliseconds
##          expr        min         lq       mean     median
##  grow_by_index 258.584783 261.639465 299.781601 263.896162
##   preallocated   7.151352   7.222043   7.372342   7.257661
##          uq        max neval cld
##  351.887538 375.447134    20   b
##    7.382103   8.612665    20   a
```

この結果は明らかだ．リストの拡張を激しく繰り返す場合はコードが顕著に遅くなり，事前割り当てされたリストの範囲内で修正を加える場合は速い．同じ理屈がアトミックベクトルや行列にも当てはまる．Rにおいて，データ構造の拡張は再割り当てを引き起こすので一般的に遅い．再割り当てとは，元のデータ構造を新しいメモリアドレスにコピーすることだ．Rでは

428 第13章 ハイパフォーマンスコンピューティング

コピーはとてもコストが高い操作で,特にデータが大きい場合には影響が大きい.

しかしながら,正確な事前割り当てがいつもできるとは限らない.試行の前にその合計試行回数を知っておく必要があるからだ.時には,正確な試行回数がわからず,結果を求めては繰り返し同じ場所に格納するという手しかないこともある.その場合でも,リストやベクトルはほどよい長さで事前割り当てしておくとよいだろう.試行が終わった時,試行数が事前割り当てされた要素数よりも小さければ,そのリストやベクトルから試行数の要素だけを切り出せばよい.このようにすれば,データ構造の激しい再割り当てを避けることができる.

13.3 コードのパフォーマンスを加速させる

前節では,プロファイリングツールを使ってコードのパフォーマンスのボトルネックを特定する方法について説明した.本節では,コードのパフォーマンスを加速させる数々の方法を学んでいこう.

13.3.1 組み込み関数を使う

先ほど,my_cumsum1() と my_cumsum2(),組み込み関数 cumsum() のパフォーマンスの違いを示した.my_cumsum2() は my_cumsum1() より速いとはいえ,入力ベクトルが多くの数値を含む時は cumsum() の方がずっと速い.また,cumsum() のパフォーマンスは入力ベクトルが大きくなってもあまり劣化しない.cumsum() の中身を見てみると,これがプリミティブ関数であることがわかる.

```
cumsum
## function (x)  .Primitive("cumsum")
```

R のプリミティブ関数は,C/C++/Fortran で実装されてネイティブ命令にコンパイルされているので,極めて効率的だ.別の例として diff() を取り上げてみよう.これはベクトル内の隣接する要素の差を計算する関数だ.R で実装してみると次のようになる.

```
diff_for <- function(x) {
  n <- length(x) - 1
  res <- numeric(n)
  for (i in seq_len(n)) {
    res[[i]] <- x[[i + 1]] - x[[i]]
  }
  res
}
```

この実装が正しいことを確かめよう.

13.3 コードのパフォーマンスを加速させる　　429

```
diff_for(c(2, 3, 1, 5))
## [1]  1 -2  4
```

以上から，`diff_for()` と組み込み関数 `diff()` は同じ入力に対して同じ結果を返すはずだ．

```
x <- rnorm(1000)
all.equal(diff_for(x), diff(x))
## [1] TRUE
```

しかしながら，この 2 つの関数にはパフォーマンス面で大きな隔たりがある．

```
microbenchmark(diff_for(x), diff(x))
## Unit: microseconds
##          expr       min        lq        mean    median
##  diff_for(x) 1034.028 1078.9075 1256.01075 1139.1270
##      diff(x)   12.057   14.2535   21.72772   17.5705
##         uq       max neval cld
## 1372.1145 2634.128   100   b
##   25.4525   75.850   100   a
```

組み込み関数は多くの場合，R のコードによる等価な実装よりずっと速い．これはベクトルの関数についてだけではなく行列の関数についても同じことがいえる．たとえば，ここに 3 × 4 の整数行列がある．

```
mat <- matrix(1:12, nrow = 3)
mat
##      [,1] [,2] [,3] [,4]
## [1,]    1    4    7   10
## [2,]    2    5    8   11
## [3,]    3    6    9   12
```

この行列を転置する関数は，次のように書ける．

```
my_transpose <- function(x) {
  stopifnot(is.matrix(x))
  res <- matrix(vector(mode(x), length(x)),
  nrow = ncol(x), ncol = nrow(x),
  dimnames = dimnames(x)[c(2, 1)])
  for (i in seq_len(ncol(x))) {
    for (j in seq_len(nrow(x))) {
      res[i, j] <- x[j, i]
    }
  }
  res
}
```

この関数では，まず入力と同じ型だが行数と列数が入れ替わった行列を作る．そして，列と行に操作を繰り返して行列の転置を行う．

430 第13章 ハイパフォーマンスコンピューティング

```
my_transpose(mat)
##      [,1] [,2] [,3]
## [1,]    1    2    3
## [2,]    4    5    6
## [3,]    7    8    9
## [4,]   10   11   12
```

行列を転置する組み込み関数は t() だ．どちらの関数も同じ結果を返すことは次のように簡単に確かめられる．

```
all.equal(my_transpose(mat), t(mat))
## [1] TRUE
```

しかし，これらはパフォーマンス面においては大きな違いを示す．

```
microbenchmark(my_transpose(mat), t(mat))
## Unit: microseconds
##               expr    min     lq     mean  median      uq
##  my_transpose(mat) 22.795 24.633 29.47941 26.0865 35.5055
##             t(mat)  1.576  1.978  2.87349  2.3375  2.7695
##     max neval cld
##  71.509   100   b
##  16.171   100   a
```

パフォーマンスの差は，入力ベクトルが大きくなるにつれてさらに顕著になる．ここで，1000行25列の行列を新しく作ってみる．結果は同じになるが，そのパフォーマンスは大きく異なる．

```
mat <- matrix(rnorm(25000), nrow = 1000)
all.equal(my_transpose(mat), t(mat))
## [1] TRUE
microbenchmark(my_transpose(mat), t(mat))
## Unit: microseconds
##               expr        min         lq      mean
##  my_transpose(mat) 21786.241 22456.3990 24466.055
##             t(mat)    36.611    46.2045    61.047
##      median         uq        max neval cld
##  23821.5905 24225.142 113395.811   100   b
##     57.7505    68.694    142.126   100   a
```

注意してほしいのは，t() は行列もデータフレームも扱うことができる総称関数だという点だ．S3 のディスパッチは入力に対して適切なメソッドを探すが，これにもオーバーヘッドがある．それゆえ，t.default() を行列に対して直接呼び出す方が少し速い．

```
microbenchmark(my_transpose(mat), t(mat), t.default(mat))
## Unit: microseconds
##               expr        min         lq       mean
##  my_transpose(mat) 21773.751 22498.6420 23673.26089
##             t(mat)    37.853    48.8475    63.57713
##     t.default(mat)    35.518    41.0305    52.97680
```

```
##       median        uq       max neval cld
## 23848.6625 24139.7675 29034.267   100   b
##      61.3565   69.6655   140.061   100   a
##      46.3095   54.0655   146.755   100   a
```

　ここまでの例からわかるように，多くの場合，R に組み込み関数が用意されているなら車輪を再発明するよりそれを使う方がずっといい．これらの関数は，R のコードのオーバーヘッドから逃れることができるので，入力が巨大な時でも極めて効率的に動作するのだ．

13.3.2　ベクトル化を使う

　組み込み関数の中でも特別なものとして，+ や -，*，/，^，%% といった算術演算子がある．これらの演算子は極めて効率的であるだけでなく，処理がベクトル化されている．仮に + を R のコードで実装すれば次のようになる．

```
add <- function(x, y) {
  stopifnot(length(x) == length(y),
  is.numeric(x), is.numeric(y))
  z <- numeric(length(x))
  for (i in seq_along(x)) {
    z[[i]] <- x[[i]] + y[[i]]
  }
  z
}
```

　次に，x と y をランダムに生成する．add(x, y) と x + y は同じ結果を返すはずだ．

```
x <- rnorm(10000)
y <- rnorm(10000)
all.equal(add(x, y), x + y)
## [1] TRUE
```

　このベンチマークをとってみると，パフォーマンスは大きく異なることがわかる．

```
microbenchmark(add(x, y), x + y)
## Unit: microseconds
##       expr       min         lq        mean     median
##  add(x, y) 9815.495 10055.7045 11478.95003 10712.7710
##      x + y   10.260   12.0345    17.31862    13.3995
##         uq       max neval cld
## 12598.366 18754.504   100   b
##     22.208   56.969   100   a
```

　次に，先頭 n 個の自然数の逆数の合計を計算する場合を考えてみよう．このアルゴリズムは，次の関数 algo1_for() のように for ループを使って容易に実装できる．

432 第13章 ハイパフォーマンスコンピューティング

```
algo1_for <- function(n) {
  res <- 0
  for (i in seq_len(n)) {
    res <- res + 1 /i ^ 2
  }
  res
}
```

この関数は入力 n をとり，加算を n 回繰り返し，結果を返す．よりよい方法は，ベクトル化された計算を直接使って for ループを使わずに済むようにすることだ．これを実装すれば次の algo1_vec() のようになる．

```
algo1_vec <- function(n) {
  sum(1 / seq_len(n) ^ 2)
}
```

この 2 つの関数は，普通の入力を渡すと同じ結果が得られる．

```
algo1_for(10)
## [1] 1.549768
algo1_vec(10)
## [1] 1.549768
```

しかし，パフォーマンスは大きく異なる．

```
microbenchmark(algo1_for(200), algo1_vec(200))
## Unit: microseconds
##             expr    min        lq      mean   median      uq
##   algo1_for(200) 91.727 101.2285 104.26857 103.6445 105.632
##   algo1_vec(200)  2.465   2.8015   3.51926   3.0355   3.211
##      max neval cld
##  206.295   100   b
##   19.426   100   a
microbenchmark(algo1_for(1000), algo1_vec(1000))
## Unit: microseconds
##              expr     min       lq      mean  median
##   algo1_for(1000) 376.335 498.9320 516.63954 506.859
##   algo1_vec(1000)   8.718   9.1175   9.82515   9.426
##        uq      max neval cld
##  519.2420 1823.502   100   b
##    9.8955   20.564   100   a
```

ベクトル化は R のコードを書く方法として強く推奨したい．ハイパフォーマンスなだけでなく，コードを理解しやすいものにしてくれる．

13.3.3　バイトコードコンパイラ

　前項では，ベクトル化の力について見てきた．しかし問題によっては，for ループを使わざるを得ず，コードのベクトル化が難しいこともある．こうした場合には，R のバイトコードコンパイラを使って関数をコンパイルすることを検討するべきかもしれない[3]．そうすれば関数のパースが必要なくなり，実行が速くなる可能性がある．

　まず，**compiler** パッケージを読み込もう．このパッケージは R に初めからインストールされている．cmpfun() を使うと，R で実装された関数をコンパイルできる．たとえば，diff_for() をコンパイルして，そのコンパイルされた関数を diff_cmp() として保存してみよう．

```
library(compiler)
diff_cmp <- cmpfun(diff_for)
diff_cmp
## function(x) {
##   n <- length(x) - 1
##   res <- numeric(n)
##   for (i in seq_len(n)) {
##     res[[i]] <- x[[i + 1]] - x[[i]]
##   }
##   res
## }
## <bytecode: 0x93aec08>
```

　diff_cmp() の表示は diff_for() とあまり違いはないが，バイトコードアドレスのタグが追加されている．今度は，diff_cmp() とともにベンチマークを再び走らせる．

```
x <- rnorm(10000)
microbenchmark(diff_for(x), diff_cmp(x), diff(x))
## Unit: microseconds
##        expr       min         lq        mean      median
##  diff_for(x) 10664.387 10940.0840 11684.3285 11357.9330
##  diff_cmp(x)   732.110   740.7610   760.1985   751.0295
##      diff(x)    80.824    91.2775   107.8473   103.8535
##        uq        max neval cld
## 1 12179.98 16606.291   100   c
## 2   763.66  1015.234   100   b
## 3   115.11   219.396   100   a
```

　コンパイルされたバージョンの関数 diff_cmp() が，バイトコードにコンパイルする以外は何も変更していないのに，diff_for() よりずっと速いというのは素晴らしいことだ．ここで，algo1_for() に対して同じことをしてみよう．

```
algo1_cmp <- cmpfun(algo1_for)
```

---

[3] 訳注：R 3.4.0 からは何もしなくても関数定義時にコンパイルされる（JIT コンパイル）ようになったので，最新版の R を使っている場合は cmpfun() は必要ない．

434　第 13 章　ハイパフォーマンスコンピューティング

```
algo1_cmp
## function(n) {
##    res <- 0
##    for (i in seq_len(n)) {
##      res <- res + 1 / i ^ 2
##    }
##    res
## }
## <bytecode: 0xa87e2a8>
```

　次に，コンパイルされたバージョンの関数を含めてベンチマークを行ってみよう．

```
n <- 1000
microbenchmark(algo1_for(n), algo1_cmp(n), algo1_vec(n))
## Unit: microseconds
##          expr      min       lq       mean    median        uq
##  algo1_for(n) 490.791 499.5295 509.46589 505.7560 517.5770
##  algo1_cmp(n)  55.588  56.8355  58.10490  57.8270  58.7140
##  algo1_vec(n)   8.688   9.2150   9.79685   9.4955   9.8895
##     max neval cld
## 567.680   100   c
##  69.734   100   b
##  19.765   100   a
```

　今度も，コンパイルされたバージョンは，コードを全く変更しなくても元のバージョンの 6
倍以上も早くなった．しかし，コンパイルの魔法は完全にベクトル化された関数に対しては効
果がない．ここで，algo1_vec() をコンパイルし，元のバージョンとパフォーマンスを比較し
てみよう．

```
algo1_vec_cmp <- cmpfun(algo1_vec)
microbenchmark(algo1_vec(n), algo1_vec_cmp(n), times = 10000)
## Unit: microseconds
##              expr  min    lq      mean median    uq
##      algo1_vec(n) 8.47 8.678 20.454858  8.812 9.008
##  algo1_vec_cmp(n) 8.35 8.560  9.701012  8.687 8.864
##        max neval cld
## 96376.483 10000   a
##  1751.431 10000   a
```

　注目すべきは，コンパイルされた関数にパフォーマンスの改善がほとんど見られないという
点だ．コンパイラがどのように働くかを知るには，?compile と打ってドキュメントを読むと
いいだろう．

13.3.4　Intel MKL 版の R ディストリビューションを使う

　よく使われる R のディストリビューションはシングルスレッド，つまり，すべての R コード
の実行に 1 つの CPU だけしか使わない．このよい点は実行モデルが単純で安全だということ

だが，マルチコア処理の恩恵を受けることができない．

Microsoft R Open (MRO)[4] は，拡張版の R ディストリビューションだ．Intel Math Kernel Library (MKL)[5] の力によって，MRO を使うと行列アルゴリズムの計算が自動でマルチスレッド化される．マルチコア処理が可能な環境では，行列の掛け算やコレスキー分解，QR 分解，特異値分解，主成分分析，LDA といった処理において，MRO は公式の R 実装の 10〜80 倍速い．詳細については，公式ウェブサイトのベンチマーク結果[6] を見てみるといいだろう．

13.3.5 並列処理を使う

前項で言及したように，R は設計上シングルスレッドになっているが，マルチプロセスの並列処理，つまり複数の R セッションを走らせる計算を行うこともできる．このテクニックは **parallel** パッケージによってサポートされている．このパッケージは R に初めからインストールされている．

次のシミュレーションを行う場合を考えてみよう．あるランダムなプロセスに従うランダムな経路を生成し，始点の上下にあらかじめ決めた値でマージンをとって，その範囲を超えるような点が 1 つでもあるかどうかを調べる．これを実装すると次のようになる．

```
set.seed(1)
sim_data <- 100 * cumprod(1 + rnorm(500, 0, 0.006))
plot(sim_data, type = "s", ylim = c(85, 115),
 main = "A simulated random path")
abline(h = 100, lty = 2, col = "blue")
abline(h = 100 * (1 + 0.1 * c(1, -1)), lty = 3, col = "red")
```

生成されたグラフを以下に示す．

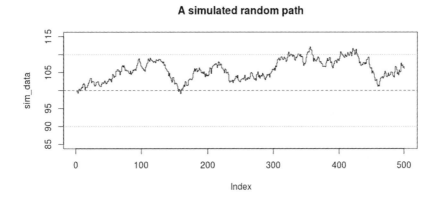

---

[4] https://mran.microsoft.com/open/
[5] https://software.intel.com/en-us/intel-mkl
[6] https://mran.microsoft.com/documents/rro/multithread/

436 第 13 章 ハイパフォーマンスコンピューティング

　上のグラフは，生成された経路と 10%のマージンを示している．インデックスが 300〜500 の時，値が上限のマージンを明らかに何回も超えている．

　今回は 1 つの経路だけだった．シミュレーションを正しく行おうと思うなら，結果が統計的に意味のあるものになる程度まで，試行回数を増やす必要がある．次の関数は，指定したパラメータで経路を生成し，知りたい指標を要約したリストを結果として返す．signal は，いずれかの点で経路がマージンを超えたかを示すものだ．

```
simulate <- function(i, p = 100, n = 10000,
 r = 0, sigma = 0.0005, margin = 0.1) {
 ps <- p * cumprod(1 + rnorm(n, r, sigma))
 list(id = i,
  first = ps[[1]],
  high = max(ps),
  low = min(ps),
  last = ps[[n]],
  signal = any(ps > p * (1 + margin) | ps < p * (1 - margin)))
}
```

　この関数を試しに一度だけ実行して結果を見てみよう．

```
simulate(1)
## $id
## [1] 1
##
## $first
## [1] 100.0039
##
## $high
## [1] 101.4578
##
## $low
## [1] 94.15108
##
## $last
## [1] 96.13973
##
## $signal
## [1] FALSE
```

　シミュレーションを行うには，この関数を何度も走らせる必要がある．実務的には，最低でも数百万回の実行が必要な場合もあり，そうなるとかなりの時間がかかる．ここで，このシミュレーションの試行を 1 万回走らせるのにどれだけ時間がかかるかを測定してみよう．

```
system.time(res <- lapply(1:10000, simulate))
##    user  system elapsed
##   8.768   0.000   8.768
```

　シミュレーションが終わったら，すべての結果を data.table のオブジェクトに変換する．

```
library(data.table)
res_table <- rbindlist(res)
head(res_table)
##    id     first     high      low      last signal
## 1:  1 100.03526 100.7157 93.80330 100.55324  FALSE
## 2:  2 100.03014 104.7150 98.85049 101.97831  FALSE
## 3:  3  99.99356 104.9834 95.28500  95.59243  FALSE
## 4:  4  99.93058 103.4315 96.10691  97.22223  FALSE
## 5:  5  99.99785 100.6041 94.12958  95.97975  FALSE
## 6:  6 100.03235 102.1770 94.65729  96.49873  FALSE
```

ここから signal == TRUE になる確率を計算してみよう.

```
res_table[, sum(signal) /.N]
## [1] 0.0881
```

　問題がもっと実務的で，必要な実行回数が数百万回というオーダーの場合はどうだろうか.
この場合，C や C++ といった，もっとハイパフォーマンスに実装されたプログラミング言語
に向かう研究者もいるだろう. こうしたプログラミング言語は極めて効率的で柔軟だ. しかし，
これらはアルゴリズムを実装するにはよいツールだが，コンパイラやリンカ，データの入力と
出力を扱うのには努力が必要になる.

　先ほどのシミュレーションでは各試行は互いに完全に独立しているので，並列処理を使えば
よりパフォーマンスを上げることができる. OS が異なるとプロセスとスレッドのモデルの実装
も異なるので，Linux と mac では利用できるいくつかの機能が Windows では使えない. こ
のため，Windows 上で並列処理を行おうと思うとやや冗長になる.

(1) Windows で並列処理を使う

　Windows で並列処理を走らせるためには，複数の R セッションのクラスタをローカルに作
る必要がある.

```
library(parallel)
cl <- makeCluster(detectCores())
```

　detectCores() はコンピュータが搭載しているコア数を返す. クラスタのノード数をこの
数以上にすることはできるが，コア数以上のタスクを同時に実行することはできないので意味
がない. クラスタができれば次は，lapply() の並列版である parLapply() を呼び出す.

```
system.time(res <- parLapply(cl, 1:10000, simulate))
##    user  system elapsed
##   0.024   0.008   3.772
```

　実行時間が元の時間の半分以下に減ったことに注目してほしい. ここで，もうクラスタは必
要なくなった. stopCluster() で先ほど作った R のセッションを終了させよう.

438　第 13 章　ハイパフォーマンスコンピューティング

```
stopCluster(cl)
```

　parLapply() を呼び出すと，各クラスタノードに自動でタスクが割り当てられていく．具体的には，すべてのクラスタノードが 1:10000 のどれか 1 つを他と被らないように選んで simulate() を同時実行している．こうして計算が並列実行される．最後はすべての結果が集められ，lapply() を使った時と全く同じようにリストとして返される．

```
length(res)
## [1] 10000
res_table <- rbindlist(res)
res_table[, sum(signal) /.N]
## [1] 0.0889
```

　この並列コードがシンプルに見えるのは，simulate() には必要なものがすべて揃っており，ユーザ定義の外部変数やデータセットに依存していないからだ．もし並列に走らせるのが主セッション（クラスタが作られた現在のセッション）の変数を参照する関数だったなら，その関数は変数を見つけることができない．

```
cl <- makeCluster(detectCores())
n <- 1
parLapply(cl, 1:3, function(x) x + n)
## Error in checkForRemoteErrors(val): 3 nodes produced errors; first error:
オブジェクト 'n' がありません
stopCluster(cl)
```

　各ノードは，ユーザ変数が全く定義されていない新しい R セッションとして立ち上がるので，すべてエラーになる．クラスタノードが必要な変数を得られるようにするには，その変数をすべてノードに対してエクスポートする必要がある．例を通してこれがどのように機能しているか見てみよう．以下のような各列が数値型のデータフレームからランダムに要素を抽出する場合を考える．

```
n <- 100
data <- data.frame(id = 1:n, x = rnorm(n), y = rnorm(n))
take_sample <- function(n) {
  data[sample(seq_len(nrow(data)),
    size = n, replace = FALSE), ]
}
```

　もしサンプリングを並列に実行するなら，すべてのノードがデータフレームと関数を共有しなければならない．このために，clusterEvalQ() を使って各クラスタノードで式を評価してみよう．まず，これまでやっていたようにクラスタを作成する．

```
cl <- makeCluster(detectCores())
```

　Sys.getpid() は，現在の R セッションのプロセス ID を返す．クラスタには 4 つのノードが

あるので, それぞれに固有のプロセスIDをもったRセッションがあるはずだ. clusterEvalQ()
をSys.getpid()に対して呼び出して, 各ノードのプロセスIDを見てみよう.

```
clusterEvalQ(cl, Sys.getpid())
## [[1]]
## [1] 20714
##
## [[2]]
## [1] 20723
##
## [[3]]
## [1] 20732
##
## [[4]]
## [1] 20741
```

　各ノードのグローバル環境の変数を見るには, いつも手元の実行環境でやっているようにls()
を呼び出せばよい.

```
clusterEvalQ(cl, ls())
## [[1]]
## character(0)
##
## [[2]]
## character(0)
##
## [[3]]
## character(0)
##
## [[4]]
## character(0)
```

　先ほど述べたように, すべてのクラスタノードはデフォルトでは空のグローバル環境として初
期化される. dataとtake_sampleを各ノードにエクスポートするためにclusterExport()
を呼び出してみよう.

```
clusterExport(cl, c("data", "take_sample"))
clusterEvalQ(cl, ls())
## [[1]]
## [1] "data" "take_sample"
##
## [[2]]
## [1] "data" "take_sample"
##
## [[3]]
## [1] "data" "take_sample"
##
## [[4]]
## [1] "data" "take_sample"
```

440 第13章 ハイパフォーマンスコンピューティング

すべてのノードに data と take_sample があるのがわかる．ここで，各ノードで
take_sample() を呼び出してみよう．

```
clusterEvalQ(cl, take_sample(2))
## [[1]]
##    id         x          y
## 88 88 0.6519981  1.43142886
## 80 80 0.7985715 -0.04409101
##
## [[2]]
##    id          x          y
## 65 65 -0.4705287 -1.0859630
## 35 35  0.6240227 -0.3634574
##
## [[3]]
##    id         x          y
## 75 75 0.3994768 -0.1489621
##  8  8 1.4234844  1.8903637
##
## [[4]]
##    id         x         y
## 77 77 0.4458477  1.420187
##  9  9 0.3943990 -0.196291
```

別の方法として，clusterCall() と <<- を使って各ノードにグローバル変数を作るという手
もある．<- は関数の中でローカル変数を作るだけなのに対して，<<- はグローバル変数を作る．

```
invisible(clusterCall(cl, function() {
  local_var <- 10
  global_var <<- 100
}))
clusterEvalQ(cl, ls())
## [[1]]
## [1] "data" "global_var" "take_sample"
##
## [[2]]
## [1] "data" "global_var" "take_sample"
##
## [[3]]
## [1] "data" "global_var" "take_sample"
##
## [[4]]
## [1] "data" "global_var" "take_sample"
```

clusterCall() は各ノードからの返り値を返すことに注意してほしい．上のコードでは，
invisible() を使って返り値を抑制している．

各ノードはまっさらな状態でスタートするので，基本的なパッケージしか読み込まれない．指
定したパッケージをノードに読み込ませるのにも clusterEvalQ() を使う．次のコードは，各

ノードに**data.table**パッケージをアタッチし，中で data.table() を使う関数を parLapply()
が実行できるようにしている．

```
clusterExport(cl, "simulate")
  invisible(clusterEvalQ(cl, {
  library(data.table)
}))
res <- parLapply(cl, 1:3, function(i) {
  res_table <- rbindlist(lapply(1:1000, simulate))
  res_table[, id := NULL]
  summary(res_table)
})
```

結果は，summary() によるデータの要約のリストになっている．

```
res
## [[1]]
##     first           high            low
## Min.   : 99.86   Min.   : 99.95   Min.   : 84.39
## 1st Qu.: 99.97   1st Qu.:101.44   1st Qu.: 94.20
## Median :100.00   Median :103.32   Median : 96.60
## Mean   :100.00   Mean   :103.95   Mean   : 96.04
## 3rd Qu.:100.03   3rd Qu.:105.63   3rd Qu.: 98.40
## Max.   :100.17   Max.   :121.00   Max.   :100.06
##     last          signal
## Min.   : 84.99   Mode :logical
## 1st Qu.: 96.53   FALSE:911
## Median : 99.99   TRUE :89
## Mean   : 99.92   NA's :0
## 3rd Qu.:103.11
## Max.   :119.66
##
## [[2]]
##     first           high            low
## Min.   : 99.81   Min.   : 99.86   Min.   : 83.67
## 1st Qu.: 99.96   1st Qu.:101.48   1st Qu.: 94.32
## Median :100.00   Median :103.14   Median : 96.42
## Mean   :100.00   Mean   :103.91   Mean   : 96.05
## 3rd Qu.:100.04   3rd Qu.:105.76   3rd Qu.: 98.48
## Max.   :100.16   Max.   :119.80   Max.   :100.12
##     last          signal
## Min.   : 85.81   Mode :logical
## 1st Qu.: 96.34   FALSE:914
## Median : 99.69   TRUE :86
## Mean   : 99.87   NA's :0
## 3rd Qu.:103.31
## Max.   :119.39
##
## [[3]]
##     first           high            low
## Min.   : 99.84   Min.   : 99.88   Min.   : 85.88
```

442 第 13 章　ハイパフォーマンスコンピューティング

```
## 1st Qu.: 99.97    1st Qu.:101.61    1st Qu.: 94.26
## Median :100.00    Median :103.42    Median : 96.72
## Mean   :100.00    Mean   :104.05    Mean   : 96.12
## 3rd Qu.:100.03    3rd Qu.:105.89    3rd Qu.: 98.35
## Max.   :100.15    Max.   :117.60    Max.   :100.03
##      last              signal
## Min.   : 86.05    Mode :logical
## 1st Qu.: 96.70    FALSE:920
## Median :100.16    TRUE :80
## Mean   :100.04    NA's :0
## 3rd Qu.:103.24
## Max.   :114.80
```

クラスタがもう必要なくなれば，次のコードを実行して解放しよう．

```
stopCluster(cl)
```

(2)　Linux や macOS で並列処理を使う

　Linux や macOS で並列処理を使うのは Windows と比べてずっと簡単だ．ソケットベース
のクラスタを手動で作らなくても，mclapply() を使うだけでいい．mclapply() は，並列実
行や子セッションへのタスク割り当てに必要なすべてを保ったまま，現在の R セッションを複
数の R セッションにフォークしてくれる．

```
system.time(res <- mclapply(1:10000, simulate,
 mc.cores = detectCores()))
##  user  system  elapsed
## 9.732   0.060    3.415
```

　このため，エクスポートしなくても元の変数をフォークしたそれぞれのプロセスから使うこ
とができる．

```
mclapply(1:3, take_sample, mc.cores = detectCores())
## [[1]]
##    id          x            y
## 62 62 0.1679572 -0.5948647
##
## [[2]]
##    id          x            y
## 56 56 1.5678983  0.08655707
## 39 39 0.1015022 -1.98006684
##
## [[3]]
##    id            x            y
## 98 98  0.13892696 -0.1672610
##  4  4  0.07533799 -0.6346651
## 76 76 -0.57345242 -0.5234832
```

また，並列に実行するジョブをより柔軟に作ることができる．たとえば，10 個の乱数を生成するジョブを作ってみよう．

```
job1 <- mcparallel(rnorm(10), "job1")
```

ジョブが作成されているなら，mccollect() でジョブから結果を集めることができる．そして，この関数はそのジョブが終わるまで返ってこない．

```
mccollect(job1)
## $`20772`
##  [1]  1.1295953 -0.6173255  1.2859549 -0.9442054  0.1482608
##  [6]  0.4242623  0.9463755  0.6662561  0.4313663  0.6231939
```

並列に実行するジョブを，プログラムによっていくつも作成することもできる．たとえば，8つのジョブを作り，それぞれランダムな時間だけスリープするとする．mccollect() はすべてのジョブがスリープし終わるまで結果を返さない．しかし，ジョブは並列に実行されるので，mccollect() の時間はあまり長くはならない．

```
jobs <- lapply(1:8, function(i) {
  mcparallel({
    t <- rbinom(1, 5, 0.6)
    Sys.sleep(t)
    t
  }, paste0("job", i))
})
system.time(res <- mccollect(jobs))
##    user  system elapsed
##   0.012   0.040   4.852
```

これによって，タスクスケジューリングの仕組みをカスタマイズすることが可能である．

13.3.6　Rcpp パッケージを使う

前述の通り並列処理が可能なのは，各試行が独立で，最終的な結果が実行順序に依存しない場合だ．しかし，現実にはすべてのタスクがこのように理想的なものではない．このため，並列処理の利用は限られたものとなっている．実行が速く，R とのやりとりも簡単なアルゴリズムが本当にほしい時はどうすればいいのだろうか．その答えは，**Rcpp**[7] を使って C++ でアルゴリズムを書くことだ．

C++ のコードの実行は一般にとても速い．なぜなら，ネイティブ命令にコンパイルされるので，R のようなスクリプト言語と比べてハードウェア層にずっと近いものだからだ．**Rcpp** は，R と C++ をシームレスに統合しつつ，C++ コードを書けるようにするパッケージだ．**Rcpp**

---

[7] http://www.rcpp.org/

444   第13章　ハイパフォーマンスコンピューティング

によって，Rの関数を中で呼び出してRのデータ構造の利点を活かすようなC++コードを書けるようになる．ハイパフォーマンスなコードを書きつつ，同時にRの強力なデータ操作処理も使うことができる．

Rcpp を使うには，まず，正しいツールチェインでネイティブコードを処理する準備が手元のシステムでできているかを確かめる．Windowsでは，Rtoolsが必要になる．これはCRAN[8]から入手できる．LinuxやmacOSでは，正しくインストールされたC/C++のツールチェインが必要になる．ツールチェインを適切にインストールできたら，次のコードで **Rcpp** パッケージをインストールしよう．

```
install.packages("Rcpp")
```

次に，以下の内容のC++ソースファイルを作成し，code/rcpp-demo.cpp として保存する．

```
#include <Rcpp.h>
usingnamespace Rcpp;
// [[Rcpp::export]]
NumericVector timesTwo(NumericVector x) {
  return} x * 2;
}
```

上のコードはC++で書かれている．C++の文法に馴染みがなければ，LearnCpp.com[9] をざっと読むと簡単な部分についてはすぐに学ぶことができる．この言語の設計とサポートされている機能は，Rと比べてずっと豊富でずっと複雑だ．短い期間でエキスパートになれるとは思わない方がよいが，基本的な要素を学べば簡単なアルゴリズムについては書くことができるようになる．

上のコードを見ると，典型的なRのコードとはかなり異なることに気付くだろう．C++は強い型付けをもった言語なので，関数の引数の型や関数の返り値の型を指定する必要がある．[[Rcpp::export]] というコメントがついている関数は **Rcpp** により捕捉されるもので，RStudioに読み込んだ時やRcpp::sourceCpp() を使った時に自動的にコンパイルされてRの作業環境に読み込まれる．

上のC++関数がやっていることは単純で，数値型ベクトルをとり，xのすべての要素を2倍した新しい数値型ベクトルを返している．NumericVector クラスに注目してほしい．これはソースファイルの先頭でインクルードされている Rcpp.h によって用意されたものだ．実際には，Rcpp.h はよく使われるRのデータ構造すべてについてC++のプロキシ[10] を提供している．ここで，Rcpp::sourceCpp() を呼び出してソースファイルをコンパイルして読み込んでみよう．

---

[8] https://cran.r-project.org/bin/windows/Rtools/
[9] http://www.learncpp.com/
[10] 訳注：別のクラスへのインターフェースを提供するクラス．

13.3 コードのパフォーマンスを加速させる **445**

```
Rcpp::sourceCpp("../code/rcpp-demo.cpp")
```

　この関数はソースコードをコンパイルし，必要な共有ライブラリにリンクして，Rの関数を作る．美しいのは，これらがすべて自動で行われるということだ．このおかげで，C++のプロではない開発者でも簡単にアルゴリズムを書くことができる．Rの関数ができたので呼び出してみよう．

```
timesTwo
## function (x)
## .Primitive(".Call")(<pointer: 0x7f81735528c0>, x)
```

　RのtimeTwo()は，通常の関数ではなく，C++の関数のネイティブ呼び出しを行っていることがわかる．この関数は，単一の数値入力に対して動作する．

```
timesTwo(10)
## [1] 20
```

　また，複数の要素をもつ数値型ベクトルに対しても動く．

```
timesTwo(c(1, 2, 3))
## [1] 2 4 6
```

　ここで，とても単純なC++言語の部品を使ってalgo1_for()のアルゴリズムをC++で再実装してみよう．以下の内容でC++のソースファイルを作成し，code/rcpp-algo1.cppとして保存する．

```
#include <Rcpp.h>
using namespace Rcpp;
// [[Rcpp::export]]
double algo1_cpp(int n) {
  double res = 0;
  for (double i = 1; i < n; i++) {
    res += 1 / (i * i);
  }
  return res;
}
```

　algo1_cpp()ではRのデータ構造は全く使わず，C++のデータ構造を使っているという点に注目してほしい．このコードをsourceCpp()すると，関数をRに読み込むまでの処理は，**Rcpp**がすべてやってくれる．

```
Rcpp::sourceCpp("../code/rcpp-algo1.cpp")
```

　この関数は単一の数値入力に対しては動作する．

```
algo1_cpp(10)
```

446　第 13 章　ハイパフォーマンスコンピューティング

```
## [1] 1.539768
```

しかし，複数要素の数値入力を渡すとエラーが起こる.

```
algo1_cpp(c(10, 15))
## Error in eval(expr, envir, enclos): expecting a single value
```

ここで，ベンチマークを再度行ってみよう. 今回は，algo1_cpp() を比較対象の実装のリストに加える. 以下のように，R の for ループを使ったバージョン，R の for ループを使ってバイトコンパイルしたバージョン，ベクトル化したバージョン，そして C++ バージョンを比較する.

```
n <- 1000
microbenchmark(
  algo1_for(n),
  algo1_cmp(n),
  algo1_vec(n),
  algo1_cpp(n))
## Unit: microseconds
##           expr     min       lq      mean    median        uq
##  algo1_for(n) 493.312 507.7220 533.41701 513.8250 531.5470
##  algo1_cmp(n)  57.262  59.1375  61.44986  60.0160  61.1190
##  algo1_vec(n)  10.091  10.8340  11.60346  11.3045  11.7735
##  algo1_cpp(n)   5.493   6.0765   7.13512   6.6210   7.2775
##       max neval cld
## 1 789.799   100   c
## 2 105.260   100   b
## 3  23.007   100   a
## 4  22.131   100   a
```

素晴らしいことに，C++ のバージョンはベクトル化バージョンよりもずっと速く動いている. ベクトル化バージョンで使われている関数はプリミティブ関数で十分速いが，やはりメソッドディスパッチと引数チェックのために，いくらかオーバーヘッドがある. C++ バージョンはこのタスクに特化しているので，ベクトル化バージョンをも上回る速度になっている.

別の例として，以下の diff_for() の C++ 実装を使ってみよう.

```
#include <Rcpp.h>
usingnamespace Rcpp;
// [[Rcpp::export]]
NumericVector diff_cpp(NumericVector x) {
  NumericVector res(x.size() - 1);
  for (int i = 0; i < x.size() - 1; i++) {
    res[i] = x[i + 1] - x[i];
  }
  return res;
}
```

上の C++ コードでは，diff_cpp() は数値型ベクトルをとって数値型ベクトルを返す. この

関数は，新しいベクトルを作り，x の中の連続する 2 つの要素の差を計算して格納するという処理を繰り返す．これを code/rcpp-diff.cpp という名前でファイルに保存し，sourceCpp()してみよう．

```
Rcpp::sourceCpp("../code/rcpp-diff.cpp")
```

この関数が期待通り動くか確認しよう．

```
diff_cpp(c(1, 2, 3, 5))
## [1] 1 1 2
```

次に，5 つの実装について再びベンチマークをとってみる．5 つの実装とは，R の for ループを使ったバージョン (diff_for)，それをバイトコンパイルしたバージョン (diff_cmp)[11]，ベクトル化バージョン (diff)，ベクトル化バージョンからメソッドディスパッチを省略したもの (diff.default)，そして C++ バージョンだ (diff_cpp)．

```
x <- rnorm(1000)
microbenchmark(
  diff_for(x),
  diff_cmp(x),
  diff(x),
  diff.default(x),
  diff_cpp(x))
## Unit: microseconds
##             expr       min         lq        mean     median
##      diff_for(x) 1055.177 1113.8875 1297.82994 1282.9675
##      diff_cmp(x)   75.511   78.4210   88.46485   88.2135
##          diff(x)   12.899   14.9340   20.64854   18.3975
##  diff.default(x)   10.750   11.6865   13.90939   12.6400
##      diff_cpp(x)    5.314    6.4260    8.62119    7.5330
##        uq      max neval cld
## 1400.8250 2930.690   100   c
##   90.3485  179.620   100  b
##   24.2335   65.172   100 a
##   15.3810   25.455   100 a
##    8.9570   54.455   100 a
```

どうやら C++ バージョンが一番速いようだ．近年，**Rcpp** を使った R のパッケージ数が急速に増加している．これらのパッケージは，**Rcpp** を使って，パフォーマンスを加速させたり，ハイパフォーマンスなアルゴリズムを提供している有名ライブラリへのラッパーパッケージになっていたりする．たとえば，RcppArmadillo や RcppEigen はハイパフォーマンスな線形代数アルゴリズムを提供している．RcppDE は進化差分法による大域的最適化の高速な C++ 実装を提供している．

---

[11] 訳注：前述のように R 3.4.0 以降では JIT コンパイルがデフォルトで有効なので，diff_cmp と diff_for の差はない．

448 第 13 章　ハイパフォーマンスコンピューティング

Rcpp とその関連パッケージについてさらに詳しく知るには，公式ウェブサイト[12] を参照するとよいだろう．また，**Rcpp** の作者 Dirk Eddelbuettel 氏の著書 *Seamless R and C++ Integration with Rcpp* (Use R!, Springer, 2013) もお薦めしたい．

(1)　OpenMP

前項までで言及したように，R のセッションはシングルスレッドで動作する．しかし，**Rcpp** のコードの中なら，マルチスレッディングを使ってパフォーマンスを加速させることができる．マルチスレッディングの技術の 1 つとして OpenMP[13] がある．OpenMP は，モダンな C++ コンパイラのほとんどにサポートされている[14]．

OpenMP を **Rcpp** とともに使う方法についての記事は，公式ページのサンプルコード集[15] で見つけることができる．ここでは単純な例を紹介する．以下の C++ コードを code/rcpp-diff-openmp.cpp という名前で保存しよう．

```cpp
// [[Rcpp::plugins(openmp)]]
#include <omp.h>
#include <Rcpp.h>
usingnamespace Rcpp;
// [[Rcpp::export]]
NumericVector diff_cpp_omp(NumericVector x) {
  omp_set_num_threads(3);
  NumericVector res(x.size() - 1);
  #pragma omp parallel for
  for (int i = 0; i < x.size() - 1; i++) {
    res[i] = x[i + 1] - x[i];
  }
  return res;
}
```

Rcpp は 1 行目のコメントを認識し，必要なオプションをコンパイラに伝えて OpenMP を有効にする．OpenMP を使うには，omp.h をインクルードする必要がある．次に，omp_set_num_threads(n) を呼び出してスレッド数を設定し，#pragma omp parallel for というコメントをつけて，次の行の for ループが並列化の対象であることを示す．もしスレッド数が 1 に設定されれば，コードは通常と同じように実行される．

sourceCpp() でファイルを読み込んでみよう．

```
Rcpp::sourceCpp("../code/rcpp-diff-openmp.cpp")
```

まず，関数が正しく動くか見てみよう．

---

[12] http://www.rcpp.org/

[13] http://www.openmp.org/

[14] http://www.openmp.org/wp/openmp-compilers/

[15] http://gallery.rcpp.org/tags/openmp/

```
diff_cpp_omp(c(1, 2, 4, 8))
## [1] 1 2 4
```

次に，1,000 個の数値の入力ベクトルでベンチマークを行ってみよう．

```
x <- rnorm(1000)
microbenchmark(
  diff_for(x),
  diff_cmp(x),
  diff(x),
  diff.default(x),
  diff_cpp(x),
  diff_cpp_omp(x))
## Unit: microseconds
##              expr      min         lq       mean     median
##       diff_for(x) 1010.367 1097.9015 1275.67358 1236.7620
##       diff_cmp(x)   75.729   78.6645   88.20651   88.9505
##           diff(x)   12.615   16.4200   21.13281   20.5400
##   diff.default(x)   10.555   12.1690   16.07964   14.8210
##       diff_cpp(x)    5.640    6.4825    8.24118    7.5400
##   diff_cpp_omp(x)    3.505    4.4390   26.76233    5.6625
##        uq      max neval cld
##  1393.5430 2839.485   100   c
##    94.3970  186.660   100  b
##    24.4260   43.893   100 a
##    18.4635   72.940   100 a
##     8.6365   50.533   100 a
##    13.9585 1430.605   100 a
```

　残念ながらマルチスレッディングを用いても，`diff_cpp_omp()` はシングルスレッドの C++
実装よりも遅くなっている．これは，マルチスレッディングを使うことにオーバーヘッドがあ
るためだ．もし入力が小さければ，複数のスレッドを初期化するのにかかる時間が実行時間の
無視できない割合を占めることになる．しかし，入力が十分大きければ，マルチスレッディン
グの利点がコストを上回る．今度は 10 万個の数字を入力ベクトルにしてみよう．

```
x <- rnorm(100000)
microbenchmark(
  diff_for(x),
  diff_cmp(x),
  diff(x),
  diff.default(x),
  diff_cpp(x),
  diff_cpp_omp(x))
## Unit: microseconds
##              expr        min          lq        mean
##       diff_for(x) 112216.936 114617.4975 121631.8135
##       diff_cmp(x)   7355.241   7440.7105   8800.0184
##           diff(x)    863.672    897.2060   1595.9434
##   diff.default(x)    844.186    877.4030   3451.6377
```

450　第 13 章　ハイパフォーマンスコンピューティング

```
##      diff_cpp(x)     418.207     429.3125     560.3064
##  diff_cpp_omp(x)     125.572     149.9855     237.5871
##       median            uq          max neval cld
##   115284.377  116165.3140  214787.857    100    c
##     7537.405    8439.9260  102712.582    100    b
##     1029.642    2195.5620    8020.990    100    a
##      931.306    2365.6920   99832.513    100    a
##      436.638     552.5110    2165.091    100    a
##      166.834     190.7765    1983.299    100    a
```

複数のスレッドを作るコストは，それによるパフォーマンス増大に比べれば小さなものだ．
この結果，OpenMP を使ったバージョンは単純な C++ の実装よりもずっと速くなった．

実際には，OpenMP の機能はここで説明したよりずっと豊富にある．詳細については公式ド
キュメントを参照されたい．使用例については，Joel Yliluoma 氏の著書 *Guide into OpenMP:
Easy multithreading programming for C++*[16] をお薦めしたい．

(2) RcppParallel パッケージ

Rcpp を使ってマルチスレッディングを利用するための別のアプローチとして，**RcppParallel**
パッケージ[17] がある．このパッケージは，Intel TBB[18] と TinyThread[19] を使っている．ベ
クトルと行列をラップしたスレッドセーフなデータ構造と，高度な並列関数が用意されている．

RcppParallel でマルチスレッディングの並列処理を行うには，Worker を実装して入力デー
タがどのように変換されて結果になるかを制御する必要がある．すると，マルチスレッディン
グのタスクスケジューリングといった残りの作業の面倒は **RcppParallel** が見てくれる．

短いデモを紹介しよう．次の C++ コードを code/rcpp-parallel.cpp として保存す
る．**RcppParallel** に依存しているのとラムダ関数を使っているので，C++11 を使うこと
を Rcpp に対して宣言する必要があるという点に注意してほしい．以下では，行列の各要素
x を 1 / (1 + x ^ 2) に変換する Transformer という Worker を実装している．次に，
par_transform の中で Transformer のインスタンスを作り，それに対して parallelFor
を呼び出すと自動でマルチスレッディングが使われるようになる．

```cpp
// [[Rcpp::plugins(cpp11)]]
// [[Rcpp::depends(RcppParallel)]]
#include <Rcpp.h>
#include <RcppParallel.h>
using namespace Rcpp;
using namespace RcppParallel;
struct Transformer : public Worker {
  const RMatrix<double> input;
```

---

[16] http://bisqwit.iki.fi/story/howto/openmp/

[17] http://rcppcore.github.io/RcppParallel/

[18] https://www.threadingbuildingblocks.org/

[19] http://tinythreadpp.bitsnbites.eu/

```
  RMatrix<double> output;
  Transformer(const NumericMatrix input, NumericMatrix output)
    : input(input), output(output) {}
  void operator()(std::size_t begin, std::size_t end) {
    std::transform(input.begin() + begin, input.begin() + end,
      output.begin() + begin, [](double x) {
        return 1 / (1 + x * x);
      });
  }
};

// [[Rcpp::export]]
NumericMatrix par_transform (NumericMatrix x) {
  NumericMatrix output(x.nrow(), x.ncol());
  Transformer transformer(x, output);
  parallelFor(0, x.length(), transformer);
  return output;
}
```

小さな行列を使って，この関数の動作を確認してみよう．

```
mat <- matrix(1:12, nrow = 3)
mat
##      [,1] [,2] [,3] [,4]
## [1,]    1    4    7   10
## [2,]    2    5    8   11
## [3,]    3    6    9   12
par_transform(mat)
##      [,1]       [,2]       [,3]        [,4]
## [1,]  0.5 0.05882353 0.02000000 0.009900990
## [2,]  0.2 0.03846154 0.01538462 0.008196721
## [3,]  0.1 0.02702703 0.01219512 0.006896552
all.equal(par_transform(mat), 1 /(1 + mat ^ 2))
## [1] TRUE
```

この関数は，ベクトル化された R の式と全く同じ結果を生成している．ここで，入力ベクトルがとても大きい場合のパフォーマンスについて見てみよう．

```
mat <- matrix(rnorm(1000 * 2000), nrow = 1000)
microbenchmark(1 /(1 + mat ^ 2), par_transform(mat))
## Unit: milliseconds
##                 expr      min       lq     mean   median
##     1/(1 + mat ^ 2) 14.50142 15.588700 19.78580 15.768088
##  par_transform(mat)  7.73545  8.654449 13.88619  9.277798
##        uq      max neval cld
## 1 18.79235 127.1912   100   b
## 2 11.65137 110.6236   100   a
```

マルチスレッディングバージョンは，ベクトル化バージョンの約 2 倍速いようだ．

RcppParallel の強力さはここで紹介した例にとどまらない．詳しい説明と例については，公

452　第 13 章　ハイパフォーマンスコンピューティング

式ウェブサイト [20] を参照されたい.

13.4　まとめ

　本章では，どのような場合にパフォーマンスが重要になり，どのような場合は重要でないのか，R のコードのパフォーマンスを測定する方法，プロファイリングツールを使ってコードの遅い部分を特定する方法，そして，なぜそうしたコードが遅いのかということについて学んだ．また，可能な限り組み込みの関数を使うこと，ベクトル化を活用すること，バイトコードコンパイルを使うこと，並列処理を使うこと，**Rcpp** で C++ のコードを書くこと，C++ でのマルチスレッディングのテクニックを使うことについて紹介した．これらはコードのパフォーマンスを増大させる最も重要な点だ．ハイパフォーマンスコンピューティングはかなり高度な話題なので，これらを実務に適用したいならまだまだ多くのことを学ばなくてはならない．この章では，R のコードが常に遅いわけではないということについて示した．つまり，もし望むならば，R のコードであってもハイパフォーマンスを実現することは可能なのだ.

　次章では，話題は変わってウェブスクレイピングについて紹介する．ウェブページからデータを収集するためには，ウェブページがどのような構造になっているか，そのソースコードからどのようにデータを取り出すか，ということを理解する必要がある．HTML や XML, CSS の基本的な考え方と表現，そして対象のウェブページを分析してそのウェブページからほしい情報を正しく取り出す方法について学ぼう.

---

[20] http://rcppcore.github.io/RcppParallel

第14章
ウェブスクレイピング

Rは，統計計算およびデータ分析のプラットフォームである．これまでの章で見てきたように，データ操作も楽にできるようになっており，統計モデル，数値計算をハイパフォーマンスコンピューティングのもと実行することもできる．だが，そのような分析に用いるデータは必ずしもデータベースにきれいな表形式で格納されているとは限らない．分析者自身が収集してこなければならない場合もある．ウェブコンテンツは，多くの研究領域で重要なデータソースとなる．インターネットからデータを収集してくるためには，それに応じた手段が必要である．本章ではウェブスクレイピングを実行する際に必要な基本知識と方法を，以下の構成で紹介する．

- ウェブページの内部構造
- CSS セレクタと XPath を用いて HTML からデータを抽出する

14.1 ウェブページの内部構造

ウェブページは情報を提示するために作られている．以下のスクリーンショットは data/simple-page.html ファイルをウェブブラウザで表示したものであり，1つの見出しと1つのパラグラフで構成されている．

現在使われているウェブブラウザであれば同じような表示となるだろう．先のファイルをテ

454   第 14 章　ウェブスクレイピング

キストエディタで開くと，以下のようなコードが表示されるはずである．

```
<!DOCTYPE html>
<html>
<head>
  <title>Simple page</title>
</head>
<body>
  <h1>Heading 1</h1>
  <p>This is a paragraph.</p>
</body>
</html>
```

　このコードは，HTML(Hyper Text Markup Language) と呼ばれる形式で表示されている．
HTML はインターネットで最も多く用いられている言語である．他のプログラミング言語とは
異なり，HTML はウェブページのレイアウトおよび内容を表示することに特化しており，ウェ
ブブラウザは業界で定められた標準に基づき HTML をウェブページの形で表示するように設
計されている．

　ウェブブラウザはまず HTML の 1 行目を確認して，ウェブページとして表示する際にどの
標準を用いるか決める．このコードの場合であれば，執筆時点で最新の標準である HTML5 を
用いて表示する．

　さて，コードを読んでいくと <html>，<title>，<body>，<h1>，<p> といったタグで囲ま
れたネスト構造になっていることに気付くだろう．各タグは <タグ> で始まり，</タグ> で閉じ
ている．タグに任意の名前をつけたり，任意の内容をもつタグを追加することはできない．各
タグはウェブブラウザにおいて特定の意味をもち，使えるタグはあらかじめ決められている．

　<html> タグはすべての HTML の一番上の階層に位置する要素である．多くの場合，この次
の階層として <head> タグおよび <body> タグが続く．<head> タグにはタイトルバーもしくは
ブラウザタブに示す情報を含む <title> タグや，その他メタデータを格納する．<body> タグ
にはウェブページのレイアウトや内容を表示するための情報を他のタグをネストさせることで
格納していく．先のウェブページではレベル 1 見出し（大見出し）を指定する <h1> タグとパ
ラグラフを指定する <p> タグが含まれている．以下のウェブページはファイルをウェブブラウ
ザで表示したものだが，2 行 2 列の表が表示されている．

テキストエディタでファイルを開くと，以下の HTML が表示される．

```
<!DOCTYPE html>
<html>
<head>
  <title>Single table</title>
</head>
<body>
  <p>The following is a table</p>
  <table id="table1" border="1">
    <thead>
      <tr>
        <th>Name</th>
        <th>Age</th>
      </tr>
    </thead>
    <tbody>
      <tr>
        <td>Jenny</td>
        <td>18</td>
      </tr>
      <tr>
        <td>James</td>
        <td>19</td>
      </tr>
    </tbody>
  </table>
</body>
</html>
```

`<table>` タグは行方向に構造化されており，`<tr>` は表の行を，`<th>` は表の見出し行を，`<td>` は表のセルに含まれる要素をそれぞれ定義している．

HTML の各要素は，`<table attr1="value1" attr2="value2">` のような形で属性を付加できる．属性はタグと同様に標準で定められたものを用いることができる．先のコードにおいては各表の識別子として `id` が，表の罫線の太さを指定するものとして `border` が指定されている．

以下に示すスクリーンショットは，これまでのものとはコンテンツのスタイルが異なってい

るように見える．

このウェブページのソースコードである data/simple-products.html をテキストエディタで開いてみると，ウェブページ内のセクションを定義する <div> や順序のないリストを定義する <ul>，リスト内のアイテムを定義する <li>，一定のスタイルを設定したセクションを定義する <span> といったこれまでのソースコードにはなかったタグがあることに気付くだろう．さらに各要素にはそのスタイルを定義する属性も付加されている．

```
<!DOCTYPE html>
<html>
<head>
  <title>Products</title>
</head>
<body>
  <h1 style="color: blue;">Products</h1>
  <p>The following lists some products</p>
  <div id="table1" style="width: 50px;">
  <ul>
   <li>
    <span style="font-weight: bold;">Product-A</span>
       <span style="color: green;">$199.95</span>
    </li>
    <li>
       <span style="font-weight: bold;">Product-B</span>
       <span style="color: green;">$129.95</span>
    </li>
    <li>
       <span style="font-weight: bold;">Product-C</span>
       <span style="color: green;">$99.95</span>
    </li>
    </ul>
   </div>
</body>
</html>
```

スタイルを設定する style 属性において，値は property1: value1; property2: value2; という形で設定する．しかしこの場合，各リストにおいて商品名と商品の価格はそれぞれ同じスタイルを適用しているため，一つ一つにスタイルを設定するのは冗長である．CSS(Cascading Style Sheets) を導入すると，この冗長さを解消できる．以下の HTML では CSS を設定している．

```html
<!DOCTYPE html>
<html>
<head>
  <title>Products</title>
  <style>
    h1 {
      color: darkblue;
    }
    .product-list {
      width: 50px;
    }
    .product-list li.selected .name {
      color: 1px blue solid;
    }
    .product-list .name {
      font-weight: bold;
    }
    .product-list .price {
      color: green;
    }
  </style>
</head>
<body>
  <h1>Products</h1>
  <p>The following lists some products</p>
  <div id="table1" class="product-list">
    <ul>
      <li>
        <span class="name">Product-A</span>
        <span class="price">$199.95</span>
      </li>
      <li class="selected">
        <span class="name">Product-B</span>
        <span class="price">$129.95</span>
      </li>
      <li>
        <span class="name">Product-C</span>
        <span class="price">$99.95</span>
      </li>
    </ul> </div>
</body>
</html>
```

`<head>` において，`<style>` を用いてウェブページ全体の CSS を設定している．このようにあらかじめスタイルを定義しておくことで，HTML 内の div, li, span といった各要素のスタイルを切り替えることができる．CSS の文法を簡単に紹介しよう．特定のタグ（ここでは `<h1>`）のスタイルを定義する場合は以下の通りである．

```
h1 {
  color: darkblue;
}
```

特定のクラス（ここでは product-list）のスタイルを定義する場合は以下の通りである．

```
.product-list {
  width: 50px;
}
```

ネストされた特定のクラス（ここでは .product-list .name）のスタイルを定義する場合は以下の通りである．

```
.product-list .name {
  font-weight: bold;
}
```

より複雑な指定も可能である．以下では product-list クラスを指定された要素の中で，`<li>` タグで selected クラスを指定され，さらにその中でも name クラスを指定された要素のスタイルを設定している．3 段階のネストとなっていることに注意してほしい．

```
.product-list li.selected .name {
  color: 1px blue solid;
}
```

以下のスクリーンショットは，CSS を設定した HTML をブラウザで確認した結果である．

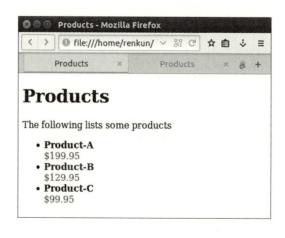

CSS は，HTML の要素を指定する CSS セレクタと，そこに設定するスタイルで構成されている．CSS セレクタの用途は，スタイルの設定のみにとどまらない．ウェブページからデータを収集する際に，ウェブページからの必要なデータのみを抽出するような用途にも利用できる．これがウェブスクレイピングの根幹の技術である．

CSS は先に示したコードに示したもの以外にも，多様なものが存在している．ウェブスクレイピングにおいてよく使われる CSS セレクタを以下に示す．

文法	得られる結果
*	全要素
h1, h2, h3	\<h1>,\<h2>,\<h3>
#table1	\<* id="table1">
.product-list	\<* class="product-list">
div#container	\<div id="container">
div a	\<div>\<a> and \<div>\<p>\<a>
div > a	\<div>\<a> but not \<div>\<p>\<a>
div > a.new	\<div>\<a class="new">
ul > li:first-child	\<ul> 中の最初の \<li>
ul > li:last-child	\<ul> 中の最後の \<li>
ul > li:nth-child(3)	\<ul> 中の 3 番目の \<li>
p + *	\<p> の次の要素
img[title]	title 属性をもつ \<img>
table[border=1]	\<table border="1">

CSS セレクタを利用する際は，`tag#id.class[]` という形を覚えておくとよい．タグはその名前のみで指定し，id 属性は # に続けて，class 属性は . (ドット) に続ける．CSS セレクタの詳細について知りたい場合は mozilla の CSS セレクタの解説 [1] を，HTML タグの詳細について知りたい場合は w3schools の解説 [2] を参照するとよい．

14.2 CSS セレクタを用いたウェブページからのデータ抽出

R を利用したウェブスクレイピングには，**rvest** パッケージが最適である．まず **rvest** パッケージをインストールしよう．

```
install.packages("rvest")
```

次にパッケージをロードして，今回ウェブスクレイピングを実行する対象ファイル data/single-table.html を読み込む．ファイルの読み込みには read_html() を用いる．

```
library(rvest)
## Loading required package: xml2
single_table_page <- read_html("data/single-table.html")
```

---

[1] https://developer.mozilla.org/en-US/docs/Web/CSS/CSS_Selectors

[2] http://www.w3schools.com/tags/

460　第 14 章　ウェブスクレイピング

```
single_table_page
## {xml_document}
## <html>
## [1] <head>\n  <title>Single table</title>\n</head>
## [2] <body>\n  <p>The following is a table</p>\n  <table i ...
```

　single_table_page には，パース済みの HTML ドキュメントが格納されている．パース済みの HTML ドキュメントはネストされたデータ構造になっている．

　ここで **rvest** パッケージを用いたウェブスクレイピングの一般的な手順を紹介しよう．

1. 分析に必要な HTML 要素を決定する．
2. CSS セレクタもしくは XPath を用いて 1 を記述する．
3. 2 の記述をもとに，html_nodes()，html_attrs()，html_text() を用いて，HTML 要素，属性，テキスト情報を抽出する．

　rvest パッケージには，ウェブページからデータを抽出し，結果をデータフレームの形で返す関数群も準備されている．たとえば，ウェブページから <table> 要素を抽出する関数として html_table() がある．

```
html_table(single_table_page)
## [[1]]
##     Name Age
## 1 Jenny  18
## 2 James  19
```

　最初の <table> 要素を抽出するためには，html_node() において CSS セレクタを用いて最初の <table> 要素が含まれるノードを指定した上で，html_table() を用いる．結果はデータフレームで返ってくる．

```
html_table(html_node(single_table_page, "table"))
##     Name Age
## 1 Jenny  18
## 2 James  19
```

　第 12 章で紹介した **dplyr** パッケージの場合と同様，%>% を用いると，関数のネストを使わずに一連の操作がスムーズに記述できる．先のコードを %>% を用いて書き直すと以下のようになる．

```
single_table_page %>%
  html_node("table") %>%
  html_table()
##     Name Age
## 1 Jenny  18
## 2 James  19
```

　今度は data/products.html を読み込んで，product-list クラスに含まれる <li> 要素

のうち`<span class="name">`である要素を`html_nodes()`を用いて抽出してみよう.

```
products_page <- read_html("data/products.html")
products_page %>%
  html_nodes(".product-list li .name")
## {xml_nodeset (3)}
## [1] <span class="name">Product-A</span>
## [2] <span class="name">Product-B</span>
## [3] <span class="name">Product-C</span>
```

CSS セレクタの利用に不安があるようなら,先に示した CSS の一覧表を参照してほしい.

選択したノードからコンテンツとして含まれる文字列を抽出するには`html_text()`を用いる.これは文字列型ベクトルを結果として返す.

```
products_page %>%
  html_nodes(".product-list li .name") %>%
  html_text()
## [1] "Product-A" "Product-B" "Product-C"
```

以下の例では同様に,`html_text()`を用いて商品の価格についての情報を抽出している.

```
products_page %>%
  html_nodes(".product-list li .price") %>%
  html_text()
## [1] "$199.95" "$129.95" "$99.95"
```

先のコードに用いた関数を復習しよう.`html_nodes()`は HTML ノードの集合を返した.`html_text()`は各ノードに含まれるコンテンツとして含まれる文字列を抽出し,文字列として返した.ここで返された情報は文字列型であり,数値型ではないことに注意してほしい.以下のコードでは,価格については数値型に変換することで後の分析に使いやすい形にしている.

```
product_items <- products_page %>%
  html_nodes(".product-list li")
products <- data.frame(
  name = product_items %>%
    html_nodes(".name") %>%
    html_text(),
  price = product_items %>%
    html_nodes(".price") %>%
    html_text() %>%
    gsub("$", "", ., fixed = TRUE) %>%
    as.numeric(),
  stringsAsFactors = FALSE
)
products
##        name  price
## 1 Product-A 199.95
## 2 Product-B 129.95
```

```
## 3 Product-C   99.95
```

このコードにおいてはすべてのコードを %>% でつなぐことなく，ウェブページから抽出したノードを product_items に一旦格納している．これはその後，データフレームに抽出した情報を整形して格納する際の利便性を考慮した結果である．

ここで，商品価格のデータは数値型として扱いたいため，gsub() を用いて $ を除き，as.numeric() で数値型に変換している．なお，gsub() 内での引数指定について，これまでと毛色が違う点がある．それは gsub() に引き渡す結果を . (ドット) で指定しているという点である．これは gsub() は変換したい対象文字列を第二引数で指定するようになっているからである．

なお今回のケースでは，.product-list li .name と指定しなくても .name という形でほしいデータは取得できる．しかし，実務上は後者の形で指定すると，あまりに多くのノードにマッチすることが多く望ましくない．ほしいデータに対してなるべく正確にマッチするような記述にすべきである．

14.3　XPath を用いたデータ抽出

前節では，**rvest** パッケージと CSS セレクタを用いたウェブページからのコンテンツ抽出について学んだ．ウェブスクレイピングは CSS セレクタで事足りることが多いが，たまにうまくいかないことがある．そのような時は別の手段を考える必要がある．

以下のウェブページ (data/new-products.html) を見てほしい．これは先に示した data/products.html よりも複雑な構造をしている．

すべてのソースを示すには長すぎるので，以下に <body> のみを示す．まずはざっと見て概

観をつかんでほしい．

```
<body>
  <h1>New Products</h1>
  <p>The following is a list of products</p>
  <div id="list" class="product-list">
    <ul>
      <li>
        <span class="name">Product-A</span>
        <span class="price">$199.95</span>
        <div class="info bordered">
          <p>Description for Product-A</p>
          <ul>
            <li><span class="info-key">Quality</span> <span class="info-
value">Good</span></li>
            <li><span class="info-key">Duration</span> <span class="info-
value">5</span><span class="unit">years</span></li>
          </ul>
        </div>
      </li>
      <li class="selected">
        <span class="name">Product-B</span>
        <span class="price">$129.95</span>
        <div class="info">
          <p>Description for Product-B</p>
          <ul>
            <li><span class="info-key">Quality</span> <span class="info-
value">Medium</span></li>
            <li><span class="info-key">Duration</span> <span class="info-
value">2</span><span class="unit">years</span></li>
          </ul>
        </div>
      </li>
      <li>
        <span class="name">Product-C</span>
        <span class="price">$99.95</span>
        <div class="info">
          <p>Description for Product-C</p>
          <ul>
            <li><span class="info-key">Quality</span> <span class="info-
value">Good</span></li>
            <li><span class="info-key">Duration</span> <span class="info-
value">4</span><span class="unit">years</span></li>
          </ul>
        </div>
      </li>
    </ul>
  </div>
  <p>All products are available for sale!</p>
</body>
```

464   第 14 章　ウェブスクレイピング

このソースコードには，商品の詳細な情報およびウェブページ上での表示を規定する CSS が
格納されている．各商品の情報には商品の説明と属性が含まれている．このソースからデータ
を抽出していくために，まずはソースを読み込もう．

```r
page <- read_html("data/new-products.html")
```

このソースの構造は，シンプルかつわかりやすいものである．XPath を用いてデータを抽出
していく前に，一旦 **XML(eXtensive Markup Language)** について少し学んでおこう．実は，
HTML ドキュメントは XML の特殊な一形態と見なすことができる．HTML と XML で異な
る点は，XML においては任意のタグおよび属性を設定できることである．以下に XML のシ
ンプルな例を示す．

```xml
<?xml version="1.0"?>
<root>
  <product id="1">
    <name>Product-A<name>
    <price>$199.95</price>
  </product>
  <product id="2">
    <name>Product-B</name>
    <price>$129.95</price>
  </product>
</root>
```

Xpath は XML からデータを抽出するための記述方法である．本節では XPath と CSS セレ
クタを比較しながら，これらの方法を用いることでウェブページからのデータ抽出がいかに楽
になるかについて学んでいく．

`html_node()` と `html_nodes()` は，xpath 引数に指定することで XPath を用いた記述が
可能になる．以下の表では同じ挙動を示す CSS セレクタと XPath についてその記述を比較し
たものである．

CSS	XPath	得られる結果
li > *	//li/*	\<li\> の子要素すべて
li[attr]	//li[@attr]	attr 属性をもつすべての \<li\>
li[attr=value]	//li[@attr='value']	\<li attr="value"\>
li#item	//li[@id='item']	\<li id="item"\>
li.info	//li[contains(@class,'info')]	\<li class="info"\>
li:first-child	//li[1]	最初の \<li\>
li:last-child	//li[last()]	最後の \<li\>
li:nth-child(n)	//li[n]	n 番目の \<li\>
(N/A)	//p[a]	\<a\> を子要素としてもつすべての \<p\>
(N/A)	//p[position() <= 5]	最初から 5 番目までの \<p\>
(N/A)	//p[last()-2]	最後から 3 番目の \<p\>
(N/A)	//li[value>0.5]	value が 0.5 より大きいすべての \<li\>

ここで注意したいのが，ノードがネストされている場合，CSS セレクタは特別な記述をせずとも下層レベルのノードも含めてすべてのノードにマッチしたが，XPath の場合は明示的にスラッシュ (/) を用いて階層を指定する必要があるということである．具体的にいうと，/ は 1 つ下の階層を示し，// はその下の階層すべてを示す．たとえばすべての <p> ノードにマッチさせたい場合は，// を用いて以下のように書く．

```
page %>% html_nodes(xpath = "//p")
## {xml_nodeset (5)}
## [1] <p>The following is a list of products</p>
## [2] <p>Description for Product-A</p>
## [3] <p>Description for Product-B</p>
## [4] <p>Description for Product-C</p>
## [5] <p>All products are available for sale!</p>
```

クラス属性をもつ <li> ノードを抽出したい場合は，以下のように書く．

```
page %>% html_nodes(xpath = "//li[@class]")
## {xml_nodeset (1)}
## [1] <li class="selected">\n          <span class="name">Pro ...
```

list という id 属性をもつ <div> ノードの下層にネストされている <ul> ノードの，さらに下層の <li> ノードを抽出したい場合は，以下のように書く．

```
page %>% html_nodes(xpath = "//div[@id='list']/ul/li")
## {xml_nodeset (3)}
## [1] <li>\n          <span class="name">Product-A</span>\n   ...
## [2] <li class="selected">\n          <span class="name">Pro ...
## [3] <li>\n          <span class="name">Product-C</span>\n   ...
```

id 属性が list である <div> ノードに含まれる，<li> ノードのすぐ下の階層にある <span> のうち，クラスが name であるノードを抽出する場合は以下のように書ける．

```
page %>% html_nodes(xpath = "//div[@id='list']//li/span[@class='name']")
## {xml_nodeset (3)}
## [1] <span class="name">Product-A</span>
## [2] <span class="name">Product-B</span>
## [3] <span class="name">Product-C</span>
```

クラスが selected である <li> ノードのうち，クラスが name である span ノードを抽出する時は以下のように書ける．

```
page %>%
  html_nodes(xpath = "//li[@class='selected']/span[@class='name']")
## {xml_nodeset (1)}
## [1] <span class="name">Product-B</span>
```

466　第 14 章　ウェブスクレイピング

以上の例はすべて CSS セレクタを用いても記述できる．だが，以下の例は CSS セレクタで
は記述できない．たとえば子要素として，`<p>`ノードをもつ`<div>`ノードをすべて抽出したい
場合は，以下の通りである．

```
page %>% html_nodes(xpath = "//div[p]")
## {xml_nodeset (3)}
## [1] <div class="info bordered">\n
## [2] <div class="info">\n
## [3] <div class="info">\n
```

`<span class="info-value">Good</span>`というノードをすべて抽出したい場合は以下
のように書ける．

```
page %>%
  html_nodes(xpath = "//span[@class='info-value' and text()='Good']")
## {xml_nodeset (2)}
## [1] <span class="info-value">Good</span>
## [2] <span class="info-value">Good</span>
```

上記条件に加えて，クラスが`name`となっているノードを抽出したい場合は，以下のように
なる．

```
page %>%
  html_nodes(xpath = "//li[div/ul/li[1]/span[@class='info-value' and
text()='Good']]/span[@class='name']")
## {xml_nodeset (2)}
## [1] <span class="name">Product-A</span>
## [2] <span class="name">Product-C</span>
```

最後に，`duration`が 3 年以上の`name`を抽出する例を以下に示す．

```
page %>%
  html_nodes(xpath = "//li[div/ul/li[2]/span[@class='info-value' and
text()>3]]/span[@class='name']")
## {xml_nodeset (2)}
## [1] <span class="name">Product-A</span>
## [2] <span class="name">Product-C</span>
```

XPath は，ウェブページからデータを抽出する上で非常に柔軟で強力なツールである．XPath
の詳細については w3schools の解説[3] を参照してほしい．

14.4　HTML のソース解析によるデータ抽出

これまでの節では，HTML，CSS，XPath の基本について学んできた．ウェブスクレイピン

---

[3] http://www.w3schools.com/xml/xpath_intro.asp

グを進める上では，必要な情報の抽出にどうやって適切な CSS セレクタ，XPath を書くかが問題となる．本節では適切な CSS セレクタ，XPath を書く際に便利な方法を紹介する．

今回スクレイピングの対象とするのは，CRAN のパッケージ一覧[4] である．このウェブページは一見シンプルに見える．スクレイピングコードを書くために，ウェブページの構造を把握しよう．ここでは Google Chrome を用いて，任意のパッケージ名（ここでは A3) の上で右クリックして，メニューから「検証」を選ぶ．

Available CRAN Packages By Name

A B C D E F G H I J K L M N O P Q R S T U V W X Y Z

A3	Accurate, Adaptable, and Accessible Error Metrics for Predictive Models
abbyyR	Access to Abbyy Optical Character Recognition (OCR) API
abc	Tools for Approximate Bayesian Computation (ABC)
abc.data	Data Only: Tools for Approximate Bayesian Computation (ABC)
ABC.RAP	Array Based CpG Region Analysis Pipeline
ABCanalysis	Computed ABC Analysis
abcdeFBA	ABCDE_FBA: A-Biologist-Can-Do-Everything of Flux Balance Analysis with this package
ABCoptim	Implementation of Artificial Bee Colony (ABC) Optimization
ABCp2	Approximate Bayesian Computational Model for Estimating P2

検証パネルが開き，該当部分の HTML ソースが確認できる．ソース上で選択したノードはハイライトされる（なおここでは Google Chrome を用いているが，Firefox でも同様の機能がある）．

---

[4] https://cran.rstudio.com/web/packages/available_packages_by_name.html

468　第 14 章　ウェブスクレイピング

　ソースを確認すると，このウェブページには独立した `<table>` が 1 つ格納されているのみである．`html_table()` を用いて，表をデータフレームとして抽出してみよう．

```
page <-
read_html("https://cran.rstudio.com/web/packages/available_packages_by_name
 .html")
pkg_table <- page %>%
  html_node("table") %>%
  html_table(fill = TRUE)
head(pkg_table, 5)
##               X1
## 1
## 2             A3
## 3        abbyyR
## 4           abc
## 5 ABCanalysis
##
X2
## 1
<NA>
## 2 Accurate, Adaptable, and Accessible Error Metrics for
Predictive\nModels
## 3
API
## 4
(ABC)
## 5
Analysis
```

　ここで，ソース中の表にはヘッダが含まれていないことに注意してほしい．抽出されたデータフレームには，X1 のようなデフォルトのヘッダが使われている．また，データフレームの 1 行目は空行となっている．以上の問題点を踏まえて書き直したコードが以下である．

14.4 HTMLのソース解析によるデータ抽出

```
pkg_table <- pkg_table[complete.cases(pkg_table), ]
colnames(pkg_table) <- c("name", "title")
head(pkg_table, 3)
##       name
## 2       A3
## 3   abbyyR
## 4      abc
##
title
## 2 Accurate, Adaptable, and Accessible Error Metrics for
Predictive\nModels
## 3                   Access to Abbyy Optical Character Recognition (OCR)
API
## 4                          Tools for Approximate Bayesian Computation
```

さて，次は MSFT の最近の株価を米 Yahoo!Finance[5] のサイトから取得してみよう．先の例と同様，「検証」機能を用いてソースを確認すると，株価は非常に長いクラスを伴って `<span>` に格納されていることがわかる[6]．

「検証」パネルを確認すると，`<div>` ノードの #quote-header-info から `<div>` を3つ挟

---

[5] http://finance.yahoo.com/quote/MSFT
[6] 訳注：株価は変動しているので，スクリーンショット上の数値およびこの後のコードの結果は一致しないことに注意してほしい．

んで，目的とする株価を含んだ<span>ノードに辿り着けることがわかる．これを CSS セレクタで表現すると，div#quote-header-info > div > div > div > span となる．以上を踏まえたコードは以下の通りである．

```
page <- read_html("https://finance.yahoo.com/quote/MSFT")
page %>%
  html_node("div#quote-header-info > div > div > div > span") %>%
  html_text() %>%
  as.numeric()
## [1] 64.62
```

株価チャートの下部には主要な企業指標が示されている．今度はこの企業指標のうち，右側に示されているものを取得してみよう．

今回も「検証」機能を用いて，データ抽出する上で適切なノードの記述を探索する．

14.4 HTML のソース解析によるデータ抽出　　471

　　目的とする指標は，`data-test` 属性に'right-summary-table' が指定された `<div>` ノードの下層に，`<table>` として格納されていることがわかる．この構造を CSS セレクタで指定して，`html_table()` でデータフレームの形で結果を取得する．

```
page %>%
  html_node("div[data-test='right-summary-table'] table") %>%
  html_table()
##                 X1           X2
## 1       Market Cap       499.35B
## 2             Beta          1.39
## 3    PE Ratio (TTM)        30.41
## 4        EPS (TTM)           N/A
## 5     Earnings Date         N/A
## 6 Dividend & Yield 1.56 (2.41%)
## 7  Ex-Dividend Date         N/A
## 8    1y Target Est         N/A
```

　　以上のテクニックを応用することで，企業名とその株価，株式市場における企業のシンボル（ティッカーシンボル）を取得する関数を作成できる．

```
get_price <- function(symbol) {
```

```
page <- read_html(sprintf("https://finance.yahoo.com/quote/%s", symbol))
list(symbol = symbol,
  company = page %>%
    html_node("div#quote-header-info > div > div > div > h1") %>%
    html_text(),
  price = page %>%
    html_node("div#quote-header-info > div > div > div > span:nth-child(1)") %>%
    html_text() %>%
    as.numeric())
}
```

今回指定する CSS セレクタは，必要な情報のみ抽出できるように nth-child を用いて限定的な記述にしている．作成した関数を早速テストしてみよう．

```
get_price("AAPL")
## $symbol
## [1] "AAPL"
##
## $company
## [1] "Apple Inc. (AAPL)"
##
## $price
## [1] 136.66
```

ここでまた別の例を紹介しよう．今回はプログラミングに関する質問サイト Stackoverflow 内の R に関する質問を得票数の多い順に並べた質問リスト[7]を対象とする．

---

[7] http://stackoverflow.com/questions/tagged/r?sort=votes

14.4 HTMLのソース解析によるデータ抽出

これまでと同様にソースを覗くと，質問リストは id が questions となっているコンテナに格納されていることがわかる．したがって，対象ページをロードし，この質問が格納されたコンテナを抽出するコードは以下のようになる．

```
page <- 
read_html("https://stackoverflow.com/questions/tagged/r?sort=votes")
questions <- page %>%
  html_node("#questions")
```

ここからさらに質問のタイトルを取得するために，最初の質問の HTML ソースをより詳しく確認してみよう．

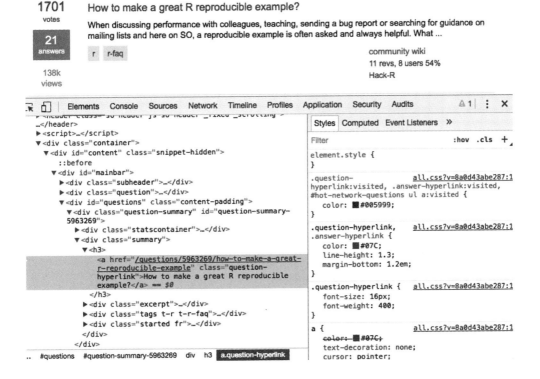

すると，各質問は <div class="summary"><h3> というタグで囲まれていることがわかる．

```
questions %>%
  html_nodes(".summary h3") %>%
  html_text()
## [1] "How to make a great R reproducible example?"
## [2] "How to sort a dataframe by column(s)?"
## [3] "R Grouping functions: sapply vs. lapply vs. apply. vs. tapply vs.by vs.
aggregate"
## [4] "How to join (merge) data frames (inner, outer, left, right)?"
```

[5] "How can we make xkcd style graphs?"
(後略)

なお，<a class="question-hyperlink">をCSSセレクタに指定してもタイトルを取得できる．

```
questions %>%
  html_nodes(".question-hyperlink") %>%
  html_text()
```

タイトルだけでなく各質問の得票数を取得したい場合も同様に，得票数のHTMLソースを確認して，それを抽出するCSSセレクタを記述する．

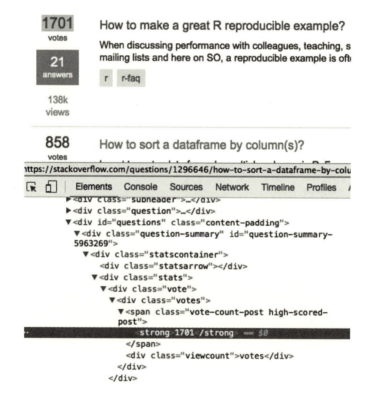

幸い各質問において得票数を格納している構造は統一されているため，そのパターンを見つけるのは難しくない．得票数はquestion-summaryクラスをもつ<div>のうち，vote-count-postクラスをもつ<span>に格納されている．

```
questions %>%
  html_nodes(".question-summary .vote-count-post") %>%
  html_text() %>%
  as.integer()
```

```
## [1] 1701  858  722  646  507  469  426  384  378  370  365  364  346
## [14]  335  330  326  326  324  298  290  284  283  282  281  279  272
## [27]  239  237  236  234  234  231  229  227  227  226  224  214  204
## [40]  204  200  199  199  193  187  185  185  176  175  166
```

同様に，各質問における回答数も以下のコードで取得できる.

```
questions %>%
  html_nodes(".question-summary .status strong") %>%
  html_text() %>%
  as.integer()
## [1] 21 15  8 11  7 17 10 17  3 21  6  8 13 12 14  9  5  3  6  8  3 13  2
## [24]  5  8  3 10 11 11 24  6 10  5 11 25 10  8  6 12  8 11 13  6 10  9  7
## [47]  2  6  8  7
```

各質問におけるタグを抽出する際は，これまでとは少し違った方法を用いる必要がある．なぜなら，各質問につけられたタグの数は異なるからである．以下のコードではまずタグが格納されているノードを抽出した上で，各ノードに対して lapply() を用いてタグを抽出する処理を繰り返し実行している.

```
questions %>%
  html_nodes(".question-summary .tags") %>%
  lapply(function(node) {
      node %>%
      html_nodes(".post-tag") %>%
      html_text()
      }) %>%
  str
## List of 50
##  $ : chr [1:2] "r" "r-faq"
##  $ : chr [1:4] "r" "sorting" "dataframe" "r-faq"
##  $ : chr [1:4] "r" "sapply" "tapply" "r-faq"
##  $ : chr [1:5] "r" "join" "merge" "dataframe" ...
##  $ : chr [1:2] "r" "ggplot2"
```
(後略)

これまで紹介してきた例は，すべて単一のページを対象としたものであった．それでは複数のページを対象とする場合はどうしたらよいだろう．stackoverflow の質問ごとのページ[8]には，右上にその質問についての統計情報をまとめた領域がある．この領域から統計情報を抽出することを考えてみよう.

asked **5 years ago**

viewed **113403 times**

active **5 days ago**

---

[8] http://stackoverflow.com/q/5963269/2906900

476   第14章　ウェブスクレイピング

　HTMLソースを確認すると，#qinfo を用いればこの領域を指定できることがわかる．したがって，先の質問リストから各質問へのリンクを取得し，そのリンク先のページを読み込んで，各ページにおいて #qinfo を用いて統計情報を抽出するというコードを書けばよい．コードを以下に示す．

```
questions %>%
  html_nodes(".question-hyperlink") %>%
  html_attr("href") %>%
  lapply(function(link) {
    paste0("https://stackoverflow.com", link) %>%
      read_html() %>%
      html_node("#qinfo") %>%
      html_table() %>%
      setNames(c("item", "value"))
  })
```

```
## [[1]]
##      item        value
## 1  asked  5 years ago
## 2 viewed 138188 times
## 3 active  1 month ago
##
## [[2]]
##      item        value
## 1  asked  7 years ago
## 2 viewed 763374 times
## 3 active 3 months ago
##
## [[3]]
##      item        value
## 1  asked  6 years ago
## 2 viewed 264488 times
## 3 active 4 months ago
##
## [[4]]
##      item        value
## 1  asked  7 years ago
## 2 viewed 420753 times
## 3 active 5 months ago
##
## [[5]]
##      item        value
## 1  asked  4 years ago
## 2 viewed  57753 times
## 3 active 2 months ago
```
(後略)

　ここまで紹介してきた内容の他にも，**rvest** パッケージにはページナビゲーションを模した形でHTTPセッションを作成する機能もある．詳しくは **rvest** パッケージのヘルプドキュメン

トを確認してほしい．また，ウェブスクレイピングを多用する際は selectorgadget[9] 等のサイトを活用すると，適切な CSS セレクタをすぐに見つけられるので便利である．

AJAX や Javascript を用いて動的に生成されるウェブページのスクレイピングについては，本章の内容を超えるので割愛した．こちらも詳しくは **rvest** パッケージのヘルプドキュメントを確認してほしい．

rvest パッケージは Python のウェブスクレイピング用パッケージである **Robobrowser**[10]，**BeautifulSoup**[11] に大きな影響を受けている．これらの Python のパッケージは **rvest** パッケージでは難しい操作も可能であったりする．ウェブスクレイピングを大規模に実行する場合は Python の利用も検討してほしい．

14.5　まとめ

本章では，まずウェブページにおいて HTML が構造を決め，CSS がスタイルを設定していることについて学んだ．ウェブページに格納されたコンテンツを抽出する際，CSS セレクタを用いることができる．よく考えられて設計されたウェブページの場合は，XPath を用いると，CSS セレクタでは抽出できないような情報も抽出できる．さらに，ウェブページから必要な情報を抽出するにあたって HTML ソースを確認する際に便利な「検証」機能についても学んだ．

次の章では RMarkdown，図の生成，Shiny といった生産性を向上させる一連のツールについて学ぶ．RMarkdown を用いることで，質および再現性が高く，インタラクティブなドキュメントが簡単に生成できる．このようなドキュメントはデータやアイデア，プロトタイプを提示する上で非常に便利である．

---

[9] http://selectorgadget.com/
[10] https://robobrowser.readthedocs.io/en/latest/
[11] https://www.crummy.com/software/BeautifulSoup/

第15章
生産性を高める

前章では，Rを使ってウェブページから情報を抽出する方法について学んだ．またその仕組みを理解するために，HTML, CSS, XPathといったいくつかのプログラミング言語について学んだ．実際，Rは単なる統計解析環境にとどまらず，はるかに多くのものを提供する．Rのコミュニティは，データ収集，データ加工，統計モデリング，可視化，レポーティングとプレゼンテーションまで，すべての用途に対するツールを提供している．

本章では，生産性を向上させる多くのパッケージについて学ぶ．この本を通じ学んできたいくつかの言語について振り返り，新しいもの，Markdownについて学ぶ．RとMarkdownがどのように組み合わさり，強力でダイナミックなドキュメントを生み出すのかについて見ていく．より具体的には，以下について学ぶ．

- Markdown と RMarkdown を知る
- 表，グラフ，図，インタラクティブなプロットを埋め込む
- インタラクティブなアプリケーションを作成する

15.1 Markdown書類を書く

データ分析の仕事は，単にデータをモデルに当てはめて結論を導き出すことにとどまらない．データ収集からデータクレンジング，可視化，モデリング，最終的にレポートもしくはプレゼンテーションの作成という一連のすべての作業を行わなければならないことがしばしばである．

前章までで，R言語を様々な側面から学ぶことにより，生産性を向上させてきた．本章では，最終ステップであるレポーティングとプレゼンテーションに焦点を合わせることによって，さらに生産性を高める．この節では，ドキュメント作成のためのとてもシンプルな言語であるMarkdownについて学ぶ．

15.1.1 Markdown を知る

本書を通じてすでに多くの言語について学んだ。これらの言語はとても難しく、初心者はいつどれを使えばよいのか混乱してしまうかもしれない。しかし、それぞれの言語の目的に留意しておけば、それらを組み合わせて使うことは難しくはない。Markdown について学ぶ前に、前章までに学んできた言語を簡単に振り返る。

1つ目は、もちろん R 言語である。プログラミング言語は何らかの問題を解決するために考案されている。R は特に統計解析のために設計・適用されており、コミュニティの力により、その他の多くのことを行うことが可能となっている。以下がその一例である。

```
n <- 100
x <- rnorm(100)
y <- 2 * x + rnorm(n)
m <- lm(y ~ x)
coef(m)
```

第12章「データ操作」において、リレーショナルデータベースを扱う SQL について学んだ。これはプログラミング言語として設計されているが、挿入、レコードの更新、そしてデータの問い合わせといった、リレーショナルデータベースの操作について表現するために使われる。

```
SELECT name, price
FROM products
WHERE category = 'Food'
ORDER BY price desc;
```

R 言語は R インタプリタにより実行され、SQL はデータベースエンジンにより実行される。また、R や SQL のようなデータ処理を実行するための言語の他に、データを表現するために設計された言語についても学んだ。おそらく、そのような言語として最も一般に使われているものは JSON と XML だろう。

```
[
  {
    "id" : 1,
    "name" : "Product-A",
    "price" : 199.85
  },
  {
    "id" : 2,
    "name" : "Product-B",
    "price" : 129.95
  }
]
```

JSON の仕様においては、値 (1, "text")、アレイ ([])、オブジェクト ({}) といった要素を定義する一方で、XML はタイプをサポートしないが、属性とノードを使用することができる。

480   第 15 章　生産性を高める

```xml
<? xml version="1.0"?>
<root>
  <product id="1">
    <name>Product-A</name>
    <price>$199.95</price>
  </product>
  <product id="2">
    <name>Product-B</name>
    <price>$129.95</price>
  </product>
</root>
```

　前章のウェブスクレイピングにおいて，XML に極めて似ている HTML の基礎について学んだ．柔軟にコンテンツおよびレイアウトを表現できるという特徴から，ほとんどのウェブページは HTML で書かれている．

```html
<!DOCTYPE html>
<html>
<head>
  <title>Simple page</title>
</head>
<body>
  <h1>Heading 1</h1>
  <p>This is a paragraph.</p>
</body>
</html>
```

　本章では，Markdown について学ぶ．Markdown は，プレーンテキストの体裁を整えるように設計されたシンタックスをもち，その他様々なドキュメントのフォーマットに変換することができる軽量マークアップ言語である．Markdown について知った後，RMarkdown へと踏み込む．RMarkdown は動的なドキュメントを作成でき，RStudio やその他 R コミュニティによって活発にサポートされている．Markdown のフォーマットは非常にシンプルであるので，どのプレーンテキストエディタを使って書いてもよい．以下のコードブロックがそのシンタックスである．

```markdown
# Heading 1

This is a top level section. This paragraph contains both __bold__ text and
_italic_ text. There are more than one syntax to represent **bold** text
and *italic* text.

## Heading 2

This is a second level section. The following are some bullets.

* Point 1
* Point 2
* Point 3
```

```
### Heading 3

This is a third level section. Here are some numbered bullets.

1. hello
2. world

Link: [click here](https://r-project.org)
Image: ![image-title](https://www.r-project.org/Rlogo.png)
Image link: [![imagetitle](https://www.r-project.org/Rlogo.png)]
(https://r-project.org)
```

シンタックスは非常にシンプルである．いくつかの文字はそれぞれ異なるフォーマットを表現するために使われている．プレーンテキストエディタでは，想定しているフォーマットをプレビューすることはできない．しかし，HTMLドキュメントに変換されると，上記テキストはシンタックスに従い，以下のように整えられる．スクリーンショットは動的なプレビュー機能をもったオープンソースのMarkdownエディタAbricotine[1]におけるプレビュー画面である．

他にも素晴らしい機能をもったオンラインのMarkdownエディタがある．筆者のお気に入りの1つはStackEdit[2]だ．新規ドキュメントを作成し，先ほどのMarkdownテキストをコピーしてエディタにペーストすると，以下のようなHTMLページのプレビュー画面を見ることができる．

---

[1] http://abricotine.brrd.fr/

[2] https://stackedit.io/

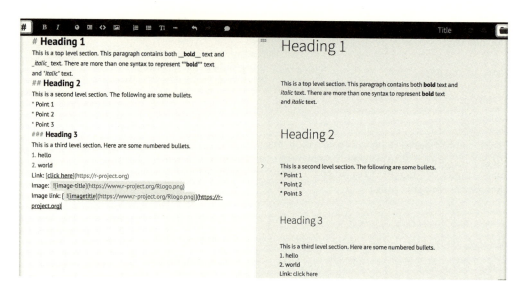

　Markdownはオンラインで議論する際に広く使われている．以下に世界で最も多くオープンソースレポジトリを抱えているGitHub[3]の例を挙げた．GitHubでは，そこに挙げられたコードについて議論する際にIssueを用いる．IssueはMarkdown形式をサポートしている．

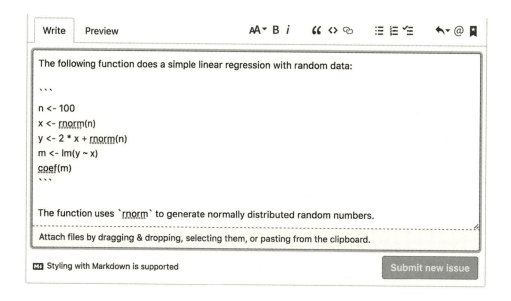

　バックティック (`) はソースコードシンボルを作成するのに使われ，3つのバックティック (```X) は，プログラミング言語Xで書かれたコードブロックを作成するのに使われている．コードブロックは固定幅のフォントで表示されており，プログラムのコードを表現するのに適

---

[3] https://github.com

15.1 Markdown 書類を書く　　483

している．また，いままで書いたもののプレビューを見ることもできる．

| Write | **Preview** |

The following function does a simple linear regression with random data:

```
n <- 100
x <- rnorm(n)
y <- 2 * x + rnorm(n)
m <- lm(y ~ x)
coef(m)
```

The function uses `rnorm` to generate normally distributed random numbers.

　他の特殊な記号 \$ は，数式を表現するのに使われている．1 つのドル記号 (\$) はインラインの数式を示し，2 つのドル記号 (\$\$) は新しい行での数式を示す．数式は LaTeX の数式用シンタックス[4] に従って書かれている必要がある．

```
The following math equation is not that simple: $$x^2+y^2=z^2$$, where $x$,$y$,
and $z$ are integers.
```

　すべての Markdown エディタが数式のプレビューをサポートしているわけではないことには注意してほしい．StackEdit では上記の Markdown は以下のようにプレビューされる．

The following math equation is not that simple:

$$x^2 + y^2 = z^2$$

where x, y, and z are integers.

　さらに，多くの Markdown レンダラーは以下のような表のシンタックスもサポートする．

```
| Sepal.Length| Sepal.Width| Petal.Length| Petal.Width|Species |
|------------:|-----------:|------------:|-----------:|:-------|
|          5.1|         3.5|          1.4|         0.2| setosa |
|          4.9|         3.0|          1.4|         0.2| setosa |
|          4.7|         3.2|          1.3|         0.2| setosa |
|          4.6|         3.1|          1.5|         0.2| setosa |
|          5.0|         3.6|          1.4|         0.2| setosa |
|          5.4|         3.9|          1.7|         0.4| setosa |
```

---

[4] https://en.wikibooks.org/wiki/LaTeX/Mathematics

484　第 15 章　生産性を高める

StackEdit では，上記の表は以下のように作成される．

Sepal.Length	Sepal.Width	Petal.Length	Petal.Width	Species
5.1	3.5	1.4	0.2	setosa
4.9	3.0	1.4	0.2	setosa
4.7	3.2	1.3	0.2	setosa
4.6	3.1	1.5	0.2	setosa
5.0	3.6	1.4	0.2	setosa
5.4	3.9	1.7	0.4	setosa

15.1.2　R と Markdown の融合

　Markdown は簡単に読み書きでき，シンプルなテキストの体裁の調整，画像・リンク・表・引用・数式・コードブロックの埋め込みといった，レポートを書くために必要な機能のほとんどが備わっている．しかし，Markdown でプレーンテキストを書くことは簡単であっても，たくさんの画像と表を含んだレポートを作成することは簡単ではない．画像と表がコードによって動的に生成されていない場合は特にである．RMarkdown は R と Markdown を融合させるための驚異的なアプリケーションである．さらにいうと，本章の前半で提示してきた Markdown は静的なドキュメントである．すなわち，書かれた時点で内容が定まっている．一方，RMarkdown は R のコードと Markdown を組み合わせることで，テキスト，表，画像，インタラクティブなウィジェット，さらには HTML ウェブページ，PDF 文書，そして Word 文書にまで変換して出力することができる．その他のサポート形式については Rmarkdown の公式サイト[5] で確認してほしい．

　RMarkdown ドキュメントを作成するには，まず以下のスクリーンショットにあるようにメニューをクリックする．

---

[5] http://rmarkdown.rstudio.com/formats.html

もしまだ rmarkdown と knitr をインストールしていなければ，RStudio は自動的にこれら必要なライブラリをインストールしてくれる．インストールされると，以下のスクリーンショットのように，タイトルと著者を記入し，デフォルトの出力形式を選択することができる．

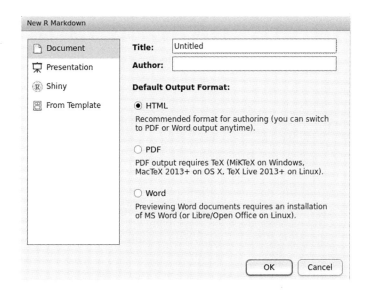

次に，新しい RMarkdown 書類が作成される．これは白紙ではなく，基本的なテキストと，画像を出力する R コードの埋め込みについて示すデモンストレーションのドキュメントである．テンプレートのドキュメントでは，以下のようなコードチャンクを見ることができる．

```
17
18  ```{r cars}
19  summary(cars)
20  ```
21
```

上記のチャンクは summary(cars) を評価し，テキストを出力する．

```
25
26  ```{r pressure, echo=FALSE}
27  plot(pressure)
28  ```
```

上記のチャンクは plot(pressure) を評価し，画像を生成する．それぞれのチャンクに ({r [chunk_name], [options]}) という形式でオプションを特定する必要があることに注意されたい．[chunk_name] の指定は任意であるが，生成される画像に名前をつけるのに使われる．[options] の指定は任意であるが，コードが出力される書類に表示されるか否か，生成される図表の幅と高さを決めることなどができる．その他のオプションについては，**knitr** パッケージの公式サイト[6]を確認してほしい．

ドキュメントを生成し出力するには，**Knit** ボタンを押すだけでよい．

ドキュメントは即座にディスクに保存され，RStudio はこれをウェブページに変換し出力するための関数を呼び出す．より詳しくいうと，ドキュメントは以下の2つのステップを経て生成される．

1. kintr モジュールがそれぞれのコードのチャンクを実行し，コードとその出力をチャンクのオプションに従って配置する．これにより，Rmd は静的な Markdown 書類として生成される．
2. pandoc モジュールが，Rmd ファイルのヘッダーで指定されたオプションに従い，前工程で作成された Markdown を HTML, PDF, DOCX といった文書に変換する．

RMarkdown を RStudio で編集している際，いつでもどのフォーマットで生成するか選択することができる．これにより自動的に knitr モジュールを呼び出し，文書を Markdown 形式に変換し，pandoc モジュールを実行し，指定された通りのフォーマットで文書を生成する．これは，knitr と rmarkdown モジュールによって提供されている関数を使ってコードを実行

---

[6] https://yihui.name/knitr/options/

15.1 Markdown 書類を書く　　487

することでも実現できる.

　新規文書のダイアログにおいて, プレゼンテーションを選択し, RMarkdown を用いてスラ
イドを作成することもできる. スライド作成の手順はここまで説明してきたドキュメント作成
と似たような手順なので, ここでは詳細には踏み込まない.

15.1.3　表とグラフを埋め込む

　R コードチャンクがなければ, RMarkdown は通常の Markdown 文書と何ら変わらない.
コードチャンクがあると, 出力されるコードはドキュメントに埋め込まれ, 最終的に生み出さ
れるものは動的になる. もしコードチャンクが乱数の種を固定せずに乱数発生器を使用してい
る場合, 毎回ドキュメントを knit するごとに異なる結果を得ることになる.

　デフォルトでは, コードチャンクの出力はコンソールでの実行結果と同様に `##` に続く形で出
力される. この出力形式で問題ない場合も多いが, より元のデータ形式に近い形で出力したい場
合もあるだろう. 以降では, そのような場合に表やグラフを用いて出力する方法について学ぶ.

(1)　表を埋め込む

　レポートを書いている時, 表を出力したい場合があるだろう. RMarkdown ドキュメント
では, `data.frame` オブジェクトを直接評価することができる. 以下のような `data.frame` が
あったとしよう.

```
toys <- data.frame(
 id = 1:3,
 name = c("Car", "Plane", "Motocycle"),
 price = c(15, 25, 14),
 share = c(0.3, 0.1, 0.2),
 stringsAsFactors = FALSE
)
```

　プレーンテキスト形式でこの変数を出力するには, 変数名をコードチャンクに書くだけでよい.

```
toys
## id name price share
## 1 1 Car 15 0.3
## 2 2 Plane 25 0.1
## 3 3 Motocycle 14 0.2
```

　HTML, PDF, Word 文書において, すべてそれぞれに固有な表をサポートしていることに
注意されたい. それぞれのフォーマットに応じた表を作成したい場合, `knitr::kable()` を使
い, 下記のような Markdown 形式の表を生成する.

488　第 15 章　生産性を高める

```
| id|name      | price| share|
|--:|:---------|-----:|-----:|
|  1|Car       |    15|   0.3|
|  2|Plane     |    25|   0.1|
|  3|Motocycle |    14|   0.2|
```

pandoc がそれぞれのフォーマットに応じた表を生成する際，Markdown 形式からネイティブな表を生み出す．

```
knitr::kable(toys)
```

生成される表は以下のようになる．

id	name	price	share
1	Car	15	0.3
2	Plane	25	0.1
3	Motocycle	14	0.2

拡張パッケージを用いると，より柔軟な設定のもと表を作成できる．たとえば，**xtable** パッケージは data.frame を LaTeX に変換することをサポートしているのみならず，多くの統計モデルの結果を表現するための，定義済みのテンプレートが用意されている．

```
xtable::xtable(lm(mpg ~ cyl + vs, data = mtcars))
```

上記のコードが results = `asis` オプションをつけて knit されると，この線形モデルは以下のような表で，出力される PDF 文書に表示される．

	Estimate	Std. Error	t value	Pr(>|t|)
(Intercept)	39.6250	4.2246	9.38	0.0000
cyl	−3.0907	0.5581	−5.54	0.0000
vs	−0.9391	1.9775	−0.47	0.6384

データを扱うソフトウェアとしてよく知られたものに，Microsoft Excel がある．Excel の最も興味深い機能は条件付き書式である．筆者は条件付き書式を R で実装すべく，**formattable** パッケージを開発した．インストールするには，install.packages("formattable") を実行すればよい．このパッケージを使うと，データフレームにセル形式で表現できるようになるので，情報の比較を行うことができる．

```
library(formattable)
formattable(toys,
 list(price = color_bar("lightpink"), share = percent))
```

15.1 Markdown 書類を書く 489

生成される表は以下のようになる.

id	name	price	share
1	Car	15	30.00%
2	Plane	25	10.00%
3	Motocycle	14	20.00%

　たくさんの行をもつデータから生成した表を文書に埋め込むと, 煩雑になることが多い. しかし, DataTables[7] といった JavaScript のライブラリを使用すると, 大きなデータセットをウェブページに埋め込むことが簡単にできる. 自動的にページングを行ってくれる上に検索とフィルタリングの機能もサポートしているためである. RMarkdown ドキュメントは HTML ウェブページに変換できるので, JavaScript ライブラリも当然利用できる. **DT** パッケージ[8] という R パッケージを使うと, R データフレームを DataTables 形式で表現でき, 大きなデータセットを文書に埋め込める. これにより, 文書の読み手がデータを詳しく見られるようにする.

```
library(DT)
datatable(mtcars)
```

　生成される表は, 以下のようになる.

Show 10 entries　　　　　　　　　　　　　　　　　　　　Search:

	mpg	cyl	disp	hp	drat	wt	qsec	vs	am	gear	carb
Mazda RX4	21	6	160	110	3.9	2.62	16.46	0	1	4	4
Mazda RX4 Wag	21	6	160	110	3.9	2.875	17.02	0	1	4	4
Datsun 710	22.8	4	108	93	3.85	2.32	18.61	1	1	4	1
Hornet 4 Drive	21.4	6	258	110	3.08	3.215	19.44	1	0	3	1
Hornet Sportabout	18.7	8	360	175	3.15	3.44	17.02	0	0	3	2
Valiant	18.1	6	225	105	2.76	3.46	20.22	1	0	3	1
Duster 360	14.3	8	360	245	3.21	3.57	15.84	0	0	3	4
Merc 240D	24.4	4	146.7	62	3.69	3.19	20	1	0	4	2
Merc 230	22.8	4	140.8	95	3.92	3.15	22.9	1	0	4	2
Merc 280	19.2	6	167.6	123	3.92	3.44	18.3	1	0	4	4

Showing 1 to 10 of 32 entries　　　　　　　　　Previous　1　2　3　4　Next

前述のパッケージ, **formattable** と **DT** は, **htmlwidgets** パッケージ[9] を用いて開発され

---

[7] https://datatables.net/

[8] http://rstudio.github.io/DT/

[9] http://www.htmlwidgets.org/

たパッケージ群の2つの例である．質の高いJavaScriptライブラリが世の中には多く存在しており，**htmlwidgets** パッケージを用いて開発されたパッケージ群はそのようなライブラリを用いている．

(2) グラフやダイアグラムを埋め込む

グラフは表と同様に簡単にドキュメントに埋め込める．コードチャンクがプロットを生成する場合，knitr は画像ファイルをコードチャンクの名前で保存する．[name](image-file.png) とコードの真下に書くと，pandoc が文書を生成する際，画像が挿入された場所にきちんと表示される．

```
set.seed(123)
x <- rnorm(1000)
y <- 2 * x + rnorm(1000)
m <- lm(y ~ x)
plot(x, y, main = "Linear regression", col = "darkgray")
abline(coef(m))
```

生成されるプロットは以下のようになる．

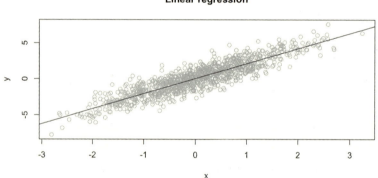

デフォルトの画像サイズはすべての状況に合致するものではないだろう．チャンクオプション fig.height と fig.width を指定することで，画像のサイズを変更することができる．

R のプロット（**ggplot2** パッケージも含む）に加え，**DiagrammeR** パッケージを用いて，ダイアグラムやグラフを作成できる．CRAN からパッケージをインストールするには，install.packages("DiagrammeR") を実行すればよい．このパッケージはダイアグラムの構造とスタイルを表現するにあたって，GraphViz[10] を利用している．以下のコードは，とてもシンプルな有向グラフを生成する．

---

[10] https://en.wikipedia.org/wiki/Graphviz

```
library(DiagrammeR)
grViz("
digraph rmarkdown {
  A -> B;
  B -> C;
  C -> A;
}")
```

生成されるグラフは以下のようになる．

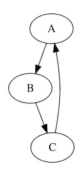

DiagrammeR はまた，ダイアグラムを作成するために，プログラムでより制御できる方法を提供している．**DiagrammeR** は関数の一式をエクスポートし，グラフの操作を行う．それぞれの関数はグラフを受け取り，修正されたグラフを出力する．そのため，パイプラインを使用してすべての操作をつなげ，効率的にグラフを生成することができる．詳細はパッケージのウェブサイト[11]の内容を確認してほしい．

(3) インタラクティブなプロットを埋め込む

静的な表(`knitr::kable`, `xtable`, `formattable`)とインタラクティブな表(**DT**)について先に説明した．プロットについても，同様のことが可能である．すなわち，静的な画像を文書に埋め込むことと，ビューアや文書に動的でインタラクティブなプロットを生成させることができるということだ．実際，インタラクティブな表を生成するパッケージより，図を生成するパッケージの方が多く開発されている．それらのほとんどは既存の JavaScript ライブラリを活用し，R のデータ構造を簡単に利用できるようにしている．以下のコードでは，インタラクティブな図を作成するために最もよく使われるもののいくつかを紹介する．

RStudio 社によって開発された **ggvis** パッケージ[12]は，バックエンドに Vega[13] を使用しているものである．

---

[11] http://rich-iannone.github.io/DiagrammeR
[12] http://ggvis.rstudio.com/
[13] https://vega.github.io/vega/

```
library(ggvis)
mtcars %>%
  ggvis(~mpg, ~disp, opacity := 0.6) %>%
  layer_points(size := input_slider(1, 100, value = 50, label = "size")) %>%
  layer_smooths(span = input_slider(0.5, 1, value = 1, label = "span"))
```

生成されるプロットは以下のようになる．

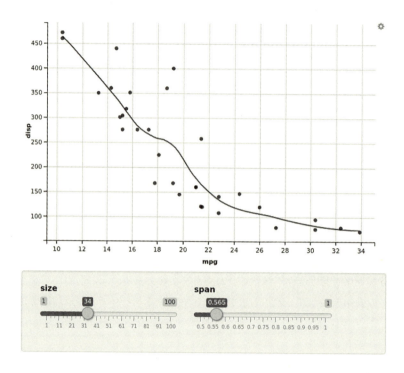

ggvis の文法は **ggplot2** に似ており，パイプ演算子との相性がとてもよい．

別のパッケージとして，**dygraphs** パッケージ[14] が挙げられる．これは同名の JavaScript ライブラリ[15] を用いることでインタラクティブな時系列データのプロットを実現している．

以下の例では，**nycflights13** パッケージで提供されている空港の気温データを用いて，各空港の日時の気温データを時系列でプロットする．まず，プロットの前準備として，日ごとに気温の平均を算出し，縦長データを横長データに変換し，空港ごとに日付と気温の列をもった xts 時系列オブジェクトに変換している．

```
library(dygraphs)
library(xts)
library(dplyr)
```

---

[14] https://rstudio.github.io/dygraphs/
[15] http://dygraphs.com/

```r
library(reshape2)
data(weather, package = "nycflights13")
temp <- weather %>%
  group_by(origin, year, month, day) %>%
  summarize(temp = mean(temp)) %>%
  ungroup() %>%
  mutate(date = as.Date(sprintf("%d-%02d-%02d", year, month, day))) %>%
  select(origin, date, temp) %>%
  dcast(date ~ origin, value.var = "temp")
temp_xts <- as.xts(temp[-1], order.by = temp[[1]])
head(temp_xts)
##            EWR     JFK      LGA
## 2013-01-01 38.4800 38.8713 39.23913
## 2013-01-02 28.8350 28.5425 28.72250
## 2013-01-03 29.4575 29.7725 29.70500
## 2013-01-04 33.4775 34.0325 35.26250
## 2013-01-05 36.7325 36.8975 37.73750
## 2013-01-06 37.9700 37.4525 39.70250
```

そして，この`temp_xts`を`dygraph()`に与え，インタラクティブな時系列プロットを作成する．この際，`dyRangeSelector()`で範囲セレクタを，`dyHighlight()`で動的なハイライトを追加している．

```r
dygraph(temp_xts, main = "Airport Temperature") %>%
  dyRangeSelector() %>%
  dyHighlight(highlightCircleSize = 3,
              highlightSeriesBackgroundAlpha = 0.3,
              hideOnMouseOut = FALSE)
```

生成されるプロットは以下のようになる．

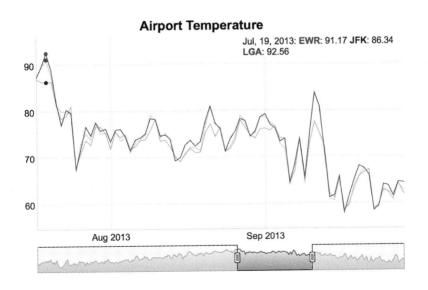

494 第 15 章 生産性を高める

このコードが R ターミナルで実行されると，ウェブブラウザが立ち上がり，プロットを含ん
だウェブページが表示される．RStudio で実行された場合，**Viewer** の pane に表示される．
コードが RMarkdown ドキュメントのチャンクである場合，プロットは生成されるドキュメ
ントに埋め込まれる．

静的なプロットに対するインタラクティブなプロットの主な利点は，1 つの固定された視点
ではなく，様々な視点からデータを見ることで，データを深く吟味できるようになるというこ
とである．

インタラクティブな図を扱う素晴らしいパッケージは他にもある．たとえば **plotly**[16] や
highchartr[17] は，JavaScript バックエンドに基づいて様々な種類のインタラクティブなプロッ
トを作成できる使い勝手のよいパッケージである．

いままでの節で説明してきた機能に加え，RMarkdown はプレゼンテーションのためのスラ
イド，学術論文，本，ウェブサイトを作成することもできる．詳細は公式ウェブサイト [18] の内
容を確認してほしい．

15.2 インタラクティブなアプリケーションを作成する

前節では，動的なドキュメントを作成するために設計された RMarkdown の利用方法につ
いて紹介した．本節では，グラフィカルユーザインターフェースを利用してデータを扱う，イ
ンタラクティブなアプリケーションを作成するための方法について概観する．

15.2.1 Shiny アプリケーションを作成する

R はそれ自体がデータ分析と可視化に優れた環境といえる．しかし，R の分析スクリプトを顧
客に渡して自身で実行してもらうということは通常ありえない．データ分析の結果は，HTML
ウェブページや PDF ドキュメント，Word ドキュメントの形で提供されることが多いだろう．
R を使うことで，顧客自身のパラメータ操作によりデータと対話可能なインタラクティブなア
プリケーションとしても提供できる．

RStudio 社によって開発された **shiny** パッケージ [19] はまさしくこの目的に則して設計さ
れている．Shiny アプリケーションは，以前に紹介したインタラクティブな図表とは異なる．
Shiny アプリケーションはウェブブラウザ上で動作する．開発者は，利用者に対してウェブペー
ジ内の要素とその操作方法について説明するだけでよい．これを実現するために，Shiny アプ
リケーションは 2 つの重要な要素から構成されている．ウェブブラウザと対話する HTTP サー

---

[16] https://plot.ly/r/
[17] http://jkunst.com/highcharter/
[18] http://rmarkdown.rstudio.com/
[19] http://shiny.rstudio.com/

バと，HTTP サーバと対話する R セッションである．

　以下に，最小単位の Shiny アプリケーションとして，平均値の計算を行う例を示した．ユーザインターフェースを定義する R スクリプト (ui) とサーバロジックを書く．ユーザインターフェースは bootstrapPage であり，サンプルサイズの整数を受け取る numericInput と，ランダムに生成されたサンプルの平均を出力する textOutput を含む．server の裏側のロジックは，input においてサンプルサイズ (n) に従い単純に乱数を生成し，output に生成した乱数の平均を置くことである．

```
library(shiny)

ui <- bootstrapPage(
  numericInput("n", label = "Sample size", value = 10, min = 10, max = 100),
  textOutput("mean")
)
server <- function(input, output) {
  output$mean <- renderText(mean(rnorm(input$n)))
}

app <- shinyApp(ui, server)
runApp(app)
```

　ユーザインターフェースとサーバロジックの定義は以上である．このスクリプトを RStudio 上で実行すると，Shiny アプリケーションを操作できるようになる．

Sample size

50

0.4221858

　サンプルサイズの数字を変えるたびに，HTTP サーバはバックエンドの R に問い合わせてサーバロジックを再実行し，出力される平均値を更新する．

　上記の例は，最低限の Shiny アプリケーションの基本的な構成要素を説明している．それでは，より複雑だが便利な例について説明しよう．以下の例は，株価のモデルとしてよく使われる，幾何ブラウン運動により生成される軌道を可視化したものである．よく知られているように，幾何ブラウン運動は開始の値と予測される成長率 (r)，ボラティリティ (sigma)，期間 (T)，そして period の数によって特徴付けられる．この Shiny アプリケーションでは期間については T = 1 と固定し，他のすべての変数を操作できるようにする．

　Shiny アプリケーションのユーザインターフェースを定義してみよう．**shiny** パッケージは以下のリストにあるように，豊富な入力制御を提供している．

```
shiny_vars <- ls(getNamespace("shiny"))
```

496　第 15 章　生産性を高める

```
shiny_vars[grep("Input$", shiny_vars)]
## [1] "checkboxGroupInput" "checkboxInput"
## [3] "dateInput" "dateRangeInput"
## [5] "fileInput" "numericInput"
## [7] "passwordInput" "selectInput"
## [9] "selectizeInput" "sliderInput"
## [11] "textInput" "updateCheckboxGroupInput"
## [13] "updateCheckboxInput" "updateDateInput"
## [15] "updateDateRangeInput" "updateNumericInput"
## [17] "updateSelectInput" "updateSelectizeInput"
## [19] "updateSliderInput" "updateTextInput"
```

　ここではユーザが乱数の種 (seed) を指定できるようにし, 同じ乱数の種が同じ軌道を生成
できるようにする. 以下のコードで, ui を定義する際, numericInput を seed に, 他のパラ
メータに sliderInput を使用している. sliderInput は一定の範囲を指定できるので, パラ
メータを妥当な値をもつように範囲を定めることができる.

　ユーザインターフェースは入力部分だけでなく, どこにそれを表示するかを示す出力部分も
定義することができる. 以下が **shiny** が提供する出力の形式である.

```
shiny_vars[grep("Output$", shiny_vars)]
## [1] "dataTableOutput" "htmlOutput"
## [3] "imageOutput" "plotOutput"
## [5] "tableOutput" "textOutput"
## [7] "uiOutput" "verbatimTextOutput"
```

　この Shiny アプリケーションは, すべての軌道を同時に表示している. こうすることで, 同
じパラメータの組が異なる可能性をもつことを示せる.

```
library(shiny)
ui <- fluidPage(
 titlePanel("Random walk"),
 sidebarLayout(
 sidebarPanel(
 numericInput("seed", "Random seed", 123),
 sliderInput("paths", "Paths", 1, 100, 1),
 sliderInput("start", "Starting value", 1, 10, 1, 1),
 sliderInput("r", "Expected return", -0.1, 0.1, 0, 0.001),
 sliderInput("sigma", "Sigma", 0.001, 1, 0.01, 0.001),
 sliderInput("periods", "Periods", 10, 1000, 200, 10)),
 mainPanel(
 plotOutput("plot", width = "100%", height = "600px")
 ))
)
```

　ユーザインターフェースを定義したら, 次はサーバロジックを定義しよう. サーバロジック
の内容は, ユーザが定義したパラメータに従ってランダムな軌道を生成し, それらをすべて同
一プロット上に描くというものになる. 以下のコードはサーバロジックの簡単な実装である.

15.2　インタラクティブなアプリケーションを作成する　**497**

まず，乱数の種を定める．そして，sde::GBM を繰り返し呼び出し，幾何ブラウン運動からランダムなパスを生成する．なお，GBM を呼び出す前に，install.package("sde") を実行しておく．

　GBM パッケージは 1 つのパスを生成する役割を果たし，sapply はすべての生成された軌道を，行列 (mat) として結合させている．この行列の各列がそれぞれのパスにあたる．最終的に，matplot を用い，それぞれの軌道を異なる色でプロットする．

　テキスト，画像，表など，形式にかかわらず，計算は render* 関数で行われる．以下のリストは **shiny** パッケージが提供する render にかかわる関数である．

```
shiny_vars[grep("^render", shiny_vars)]
## [1] "renderDataTable" "renderImage" "renderPage"
## [4] "renderPlot" "renderPrint" "renderReactLog"
## [7] "renderTable" "renderText" "renderUI"
```

　この例においてはプロットを生成するだけなので，renderPlot() のみがあればよい．output$plot は，入力が変更されると，ユーザインターフェースにおける plotOutput("plot") に作用する．

```
server <- function(input, output) {
  output$plot <- renderPlot({
  set.seed(input$seed)
  mat <- sapply(seq_len(input$paths), function(i) {
  sde::GBM(input$start,
  input$r, input$sigma, 1, input$periods)
  })
 matplot(mat, type = "l", lty = 1,
 main = "Geometric Brownian motions")
 })
}
```

　これでユーザインターフェースとサーバロジックができあがった．これらを組み合わせて Shiny アプリケーションを作成し，ウェブブラウザで実行することができる．

```
app <- shinyApp(ui, server)
runApp(app)
```

　パラメータが変更されると，このプロットは自動的に更新される．

Random walk

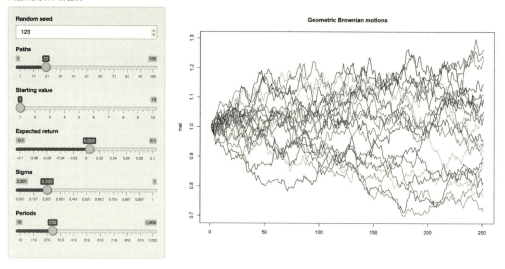

rを著しく大きな値に設定すると，生成されるパスは減少分を打ち消すほどの成長を見せる．

Random walk

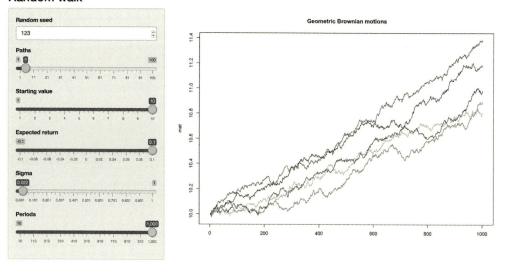

15.2.2　shinydashboardパッケージを使う

shiny パッケージに加え，RStudio 社は **shinydashboard** パッケージ[20] を開発している．このパッケージは，データの概要を示しモニタリングを行う目的に特化したものである．

---
[20] http://rstudio.github.io/shinydashboard/

15.2 インタラクティブなアプリケーションを作成する　　499

　以下の例では，週次・月次でのダウンロード数に基づいて CRAN で最も人気のあるパッケージを示すダッシュボードを作成する．**shinydashboard** パッケージを用いると，このようなダッシュボードも簡単に作成できる．データソースは cranlogs[21] によって提供されている．まず，以下のコードを実行して必要なパッケージをインストールする．

```
install.packages(c("shinydashboard", "cranlogs"))
```

　CRAN ダウンロードのデータソースについて，簡単に確認してみよう．

```
library(cranlogs)
cran_top_downloads()
## No encoding supplied: defaulting to UTF-8.
## rank package count from to
## 1 1 Rcpp 9682 2016-08-18 2016-08-18
## 2 2 digest 8937 2016-08-18 2016-08-18
## 3 3 ggplot2 8269 2016-08-18 2016-08-18
## 4 4 plyr 7816 2016-08-18 2016-08-18
## 5 5 stringi 7471 2016-08-18 2016-08-18
## 6 6 stringr 7242 2016-08-18 2016-08-18
## 7 7 jsonlite 7100 2016-08-18 2016-08-18
## 8 8 magrittr 6824 2016-08-18 2016-08-18
## 9 9 scales 6397 2016-08-18 2016-08-18
## 10 10 curl 6383 2016-08-18 2016-08-18
cran_top_downloads("last-week")
## No encoding supplied: defaulting to UTF-8.
## rank package count from to
## 1 1 Rcpp 50505 2016-08-12 2016-08-18
## 2 2 digest 46086 2016-08-12 2016-08-18
## 3 3 ggplot2 39808 2016-08-12 2016-08-18
## 4 4 plyr 38593 2016-08-12 2016-08-18
## 5 5 jsonlite 36984 2016-08-12 2016-08-18
## 6 6 stringi 36271 2016-08-12 2016-08-18
## 7 7 stringr 34800 2016-08-12 2016-08-18
## 8 8 curl 33739 2016-08-12 2016-08-18
## 9 9 DBI 33595 2016-08-12 2016-08-18
## 10 10 magrittr 32880 2016-08-12 2016-08-18
```

　Shiny アプリケーションの作成と同様，ダッシュボードの作成についても考えてみよう．**shinydashboard** パッケージを最大限に活用するために，**shinydashboard** の構造についての公式解説[22] を一読して，**shinydashboard** パッケージが提供する要素の概要について学んでおくことを薦める．

　Shiny アプリケーションと同じように，ユーザインターフェースを作成することから始める．今回は，dashboardPage(), dashboardSidebar() そして dashboardBody() を使う．このダッシュボードにおいて表現したいものは，月次・週次でのパッケージダウンロードの動態と，

---

[21] https://cranlogs.r-pkg.org/
[22] http://rstudio.github.io/shinydashboard/structure.html

500　第 15 章　生産性を高める

最も人気のあるパッケージの上位の表である.

　サイドバーには月次と週次のメニューを置き，どちらかを選択することができるようにする．タブページにおいては，プロットと表を一緒に見ることができるようにする．この例では，**formattable** パッケージを用いてダウンロード列にカラーバーを付け足すことで，ダウンロード数同士の比較を簡単に行えるようにする.

```
library(shiny)
library(shinydashboard)
library(formattable)
library(cranlogs)

ui <- dashboardPage(
 dashboardHeader(title = "CRAN Downloads"),
 dashboardSidebar(sidebarMenu(
 menuItem("Last week",
 tabName = "last_week", icon = icon("list")),
 menuItem("Last month",
 tabName = "last_month", icon = icon("list"))
 )),
 dashboardBody(tabItems(
 tabItem(tabName = "last_week",
 fluidRow(tabBox(title = "Total downloads",
 tabPanel("Total", formattableOutput("last_week_table"))),
 tabBox(title = "Top downloads",
 tabPanel("Top", formattableOutput("last_week_top_table"))))),
 tabItem(tabName = "last_month",
 fluidRow(tabBox(title = "Total downloads",
 tabPanel("Total", plotOutput("last_month_barplot"))),
 tabBox(title = "Top downloads",
 tabPanel("Top", formattableOutput("last_month_top_table")))))
 ))
)
```

　`plotOutput()` は **shiny** パッケージによって提供されており，`formattableOutput()` は **formattable** パッケージによって提供されていることに注意されたい．実際，そのパッケージが正しい HTML コードを生成する適切な `render*` 関数と `*Output` 関数を定義している限り，開発者は Shiny アプリケーションに埋め込むことが可能ないかなる HTML ウィジェットも作成することができる.

　次に，サーバロジックを定義する．出力はデータを読み込み，それを表現するだけなので，`formattable()` と `plot()` を呼び出す前にデータのダウンロードを行う.

```
server <- function(input, output) {
  output$last_week_table <- renderFormattable({
  data <- cran_downloads(when = "last-week")
  formattable(data, list(count = color_bar("lightblue")))
  })
  output$last_week_top_table <- renderFormattable({
```

```
data <- cran_top_downloads("last-week")
formattable(data, list(count = color_bar("lightblue"),
package = formatter("span",
style = "font-family: monospace;")))
})
output$last_month_barplot <- renderPlot({
data <- subset(cran_downloads(when = "last-month"),
count > 0)
with(data, barplot(count, names.arg = date),
main = "Last month downloads")
})
output$last_month_top_table <- renderFormattable({
data <- cran_top_downloads("last-month")
formattable(data, list(count = color_bar("lightblue"),
package = formatter("span",
style = "font-family: monospace;")))
})
}
```

実際使用するにあたり，データが更新されるものである場合，表とチャートが定期的に再読み込みされる動的なダッシュボードを作成できる．?reactiveTimer と ?reactive がこれを実現するための方法である．より詳しい情報は，ドキュメントを参照されたい．

ユーザインターフェースとサーバロジックが準備できたので，アプリケーションを実行してみよう．

```
runApp(shinyApp(ui, server))
```

デフォルトでは，Shiny アプリケーションは最初の訪問時には 1 番目のページを見せる．以下が **Last Week** タブページのスクリーンショットである．formattable() を適用したデータフレームの 2 つのタブパネルから成り立っている．

以下のスクリーンショットは **Last Month** タブページのものである．ヒストグラムと

formattable()を適用したデータフレームから成り立っている．

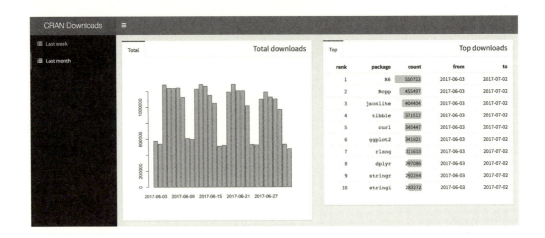

その他の例が shinydashboard の公式サイト[23] には掲載されているので，ぜひ確認してほしい．

15.3 まとめ

本章では，図表と，インタラクティブなプロットを埋め込んで動的なドキュメントを簡単に作成できる RMarkdown の使い方について説明した．R がバックエンドである，ウェブに基づいたインタラクティブなアプリケーション，Shiny アプリケーションのいくつか簡単な例についても見てきた．これらの強力な開発支援ツールを用いることにより，データ分析はより興味深く，楽しいものになる．なぜなら成果物が魅力的でインタラクティブな形で示されるので，詳細な情報を伝えるより深い洞察を与え，よりよい意思決定を行うために役立つためである．

さて，以上で本書の内容はすべてである．本書では R 言語について学習するにあたって，まずデータ構造と言語の構成と特徴といった基本的なコンセプトについて知ることから始めた．さらに幅広い例を通じ，これらがどのように実際のデータ分析のニーズに応えているのかについて理解した．R のデータ構造の挙動について具体的に体系立てて理解するため，R の評価モデル，メタプログラミング，オブジェクト指向システムといった，いくつかの R の応用的なトピックについても議論してきた．上記の知識を得た上で，データベースの扱い，データ操作技術，高性能計算，ウェブスクレイピング技術，動的ドキュメント，インタラクティブなアプリケーションといったより実践的なトピックについて見てきた．

本書は，R とその拡張パッケージが実現できることについての視野を広大なものとするため，様々なトピックを取り扱っている．この本を読み終わったいま，R を用い，正しい技法に基づ

---

[23] http://rstudio.github.io/shinydashboard/examples.html

いてデータ分析の問題を扱うことに対し，力が漲り，これまで以上の自信をもつことができたのではないだろうか．何よりこの本が，よりよいデータの取り扱い，可視化，専門的な統計モデリング，機械学習といった有用なトピックに踏み込むための一助となることを願っている．さらに深く学ぶことに関心があるのであれば，Hadley Wickham 氏による *Advanced R*[24] を読むことを強く薦める．

---

[24] 訳注：邦訳『R 言語徹底解説』（共立出版，2016）

訳者あとがき

　本書は Kun Ren による *Learning R programming -Become an efficient data scientist with R-* (PacktPublishing, Birmingham, 2016) の翻訳である．本書の内容紹介はまえがきに譲るとして，ここでは私と Kun Ren の出会いのきっかけについて少し紹介したい．著者の Kun Ren はクオンツ（粗くいうと金融業界でのデータサイエンス的な職）として働きながら，**rlist** や **formattable** パッケージなど有名な R パッケージの開発者としての側面ももっている．実は，彼が開発したパッケージこそが出会いのきっかけであった．著名な R パッケージ開発者 Hadley Wickham が開発した **dplyr** パッケージがその簡潔な文法と %>% による記述で日本において有名になり始めた頃，Kun Ren は自身の開発する **pipeR** パッケージ内で %>% と同様の処理を行う %>>% 演算子を独自に開発していた．実行速度から見ると当時は %>% より %>>% の方が速く，私自身も %>>% を推していたのを覚えている．しかし，そもそも **pipeR** パッケージを知る人も少なく，%>>% はグローバルに見て無視，所謂，グローバルネグレクトされていたように思う．その状況を悲しんで，勉強会の発表で Kun Ren，そして %>>% を応援する発表をしていたところ，たまたまそれが彼の目に留まり，そこから交流が生まれた．いまでは彼を "蓮君 (Kun Ren -> クンレン -> レンクン)" というあだ名で呼べるほどの関係となった．まさに，中国と日本を結ぶ「自由と繁栄の弧」の先駆けといえるだろう．

　そんな彼が R の教科書を執筆したとの報を聞いたのは，2016 年 10 月のことだ．早速一読したところ，R に関する基礎から応用まで幅広い話題を平易に解説している良書であり，ぜひこれを日本で紹介したい，R は巷でいわれているほど悪い言語ではないんだよと伝えたいという思いに駆られた．これが今回の翻訳の動機である．彼の R 言語に対する深い理解と洞察は，R 言語に詳しい読者諸氏にも学びある内容だと確信している．

　最後に，本書の翻訳に限らず，R に関する様々なアドバイスをいただいた石田基広先生，牧山幸史氏，Nagi Teramo 氏，TokyoR，r-wakalang，その他日本の R コミュニティの皆様に感謝します．皆様が陰に陽に公開されているウェブ上のアドバイスに何度となく助けられました．ともすれば一人ぼっちで意味不明なエラーと格闘せざるを得ない時間を少しでも短縮できたのは，皆様の無私の努力によるものだと思います．また，今回の翻訳の機会を与えていただ

いた共立出版編集部の石井様，日比野様，山内様にも大変お世話になりました．非常に限られたスケジュールの中で編集作業を進めていただき，まことにありがとうございます．

2017 年 10 月　　　　　　　　　　　株式会社ホクソエム[1] 専務取締役　高柳慎一
　　　　　　　　　　　　　　　　　　　　　　　　（訳者・監訳者を代表して）

---

[1] 株式会社ホクソエムについては以下の QR コードもしくは，http://hoxo-m.com/?source=renkunbook を参照．

索　引

【記号】

! 119
π 127
.() 383
.GlobalEnv 239
.I 393
.Rhistory ファイル 10
.Rproj ファイル 59
:= 384
<<- 226
[[]] 26, 38, 44
[] 26, 44
$ 37, 44
%*% 33
%>% 401
%in% 119
& 119
&& 119
| 119
|| 119

【A】

abline() 196
all() 121
anti_join() 400
any() 121
apply() 148
apply 族 143
arrange() 400
array() 35
as.call() 262
as.character() 166
as.data.frame() 43
as.list() 41
as.numeric() 28, 163

as.POSIXlt() 163

【B】

babynames パッケージ 188
barplot() 200
baseenv() 239
base パッケージ 81
batch() メソッド 344
boxplot() 206
break 106
by 389

【C】

call() 262
cat() 153
cbind() 50
cex 199
character と factor のメモリ消
　費量の差 50
class() 27, 113
clusterCall() 440
clusterEvalQ() 438
clusterExport() 439
colClasses 177
colnames() 31
complete.cases() 367
cor() 142
cov() 142
CRAN(Comprehensive R
　Archive Network) 4, 73
CRAN Task View 4
CSS(Cascading Style Sheets)
　457
CSS セレクタ 459
CSS セレクタを用いたウェブ

ページからのデータ抽出
　459
CSV(Comma-Separated
　Values) 52
cumsum() 413

【D】

D() 135
data.frame() 42, 43
data.table パッケージ 379
dbBegin() 333
dbCommit() 333
dbConnect() 317
dbDisconnect() 318
dbExistsTable() 320
dbGetQuery() 322
dbListFields() 320
dbListTables() 320
dbReadTable() 320
dbRollback() 333
dbSendQuery() 331
dbWriteTable() 318
dcast() 371, 390
density() 204, 284
desc() 400
detectCores() 437
devtools パッケージ 77
df 210
diag() 31
DiagrammeR パッケージ
　490
diamonds 187
diff() 428
dim() 115
dimnames 35

dnorm() 203
do() 404
dplyr パッケージ 82
dplyr パッケージを用いたデータ操作 398
drop() メソッド 355
DT パッケージ 489
dygraphs パッケージ 492

【E】

emptyenv() 240
environment() 238
Environment ペイン 64
eval() 263
exists() 235
expand.grid() 51

【F】

factor() 50
filter() 399
find() メソッド 343, 345
Firefox 467
fit 210
fitted() 283
format() 166
formattable パッケージ 13, 488
for ループ 102
fread() 380
fromJSON() 406
full_join() 400

【G】

get() 235
getOption() 69
getSlots() 300
getwd() 52, 59
ggplot2 パッケージ 187
ggvis パッケージ 491
GitHub 2, 74, 76
globalenv() 239
Google Chrome の検証機能 467
graphics パッケージ 81

【H】

head() 277
hist() 203
HTML(Hyper Text Markup Language) 454, 480
html_attrs() 460

html_nodes() 460
html_text() 460
htmlwidgets パッケージ 489

【I】

I() 343
identical() 183, 321
ifelse() 99
if 構文 93
Inf 126
inner_join() 400
insert() メソッド 342
install.packages() 75, 76
installed.packages() 83
install_github() 77
integrate() 136
Intel MKL 434
iris 186
is.call() 258
is.character() 27, 28
is.finite() 126
is.function() 52
is.infinite() 126
is.language() 258
is.list() 41
is.logical() 27, 28
is.name() 258
is.numeric() 27, 28, 52
is.symbol() 258
iterate() メソッド 344

【J】

JavaScript 489
JIT コンパイル 433
JSON 479
jsonlite パッケージ 343, 406

【K】

key() 385
keyby 389

【L】

lapply() 143, 144, 252, 372
left_join() 400
legend() 199
library() 77
list() 37
list.filter() 407
list.group() 409
list.load() 406

list.map() 406
list.mapv() 407
list.select() 407
list.table() 409
LOCF 法（Last Observation Carried Forward 法） 371
ls() 63, 235
ls.str() 66
lty 196

【M】

magrittr パッケージ 401
main 189
Map() 147
mapply() 147
MapReduce 354
Markdown 478
matrix() 30
max() 128
mccollect() 443
mclapply() 442
mean() 140
median() 140
melt() 373, 390
merge() 365
message() 153
METACRAN 4, 76
methods() 278
microbenchmark() 416
Microsoft R Open 435
Microsoft SQL Server 340
min() 128
moments パッケージ 78
MongoDB 340
MongoDB の操作 341
mongolite パッケージ 342
mtcars 186
mtext() 196
mutate() 400

【N】

NA 123
na.locf() 371, 397
na.omit() 367
names() 25
NaN 126
nchar() 156
ncol() 115
new() 300
new.env() 234
NextMethod() 298

NoSQL 340
NOTES.md 62
nrow() 115
nycflights13 パッケージ 188

【O】

objects() 63
OHLC(Open-High-Low-
Close) 形式 394
OpenMP 448
openxlsx パッケージ 181
options() 69
ordered levels 322

【P】

packageVersion() 83
pandoc 488
parent.env() 236, 239
parent.frame() 241
parLapply() 437
paste() 153
pch 190, 193
pie() 202
plot() 189
plyr パッケージ 378
pmax() 129
pmin() 129
points() 198
polyroot() 131
predict() 210, 283
profvis() 424
profvis パッケージ 424
purrr パッケージ 410
pystr_format() 161
pystr パッケージ 161

【Q】

quantile() 141
quote() 257

【R】

R documentation 4
R スタイルガイド 86
R-bloggers 4
R6 312
range() 141
rapply() 227
rbind() 50, 159
RcppParallel パッケージ
450
Rcpp パッケージ 443

Re() 131
read.csv() 52, 177, 316
read.table() 52, 316
read_csv() 363
read_html() 459
readLines() 172, 177
README.md 62
readr パッケージ 178, 362,
363
readxl パッケージ 181
Redis 356
redisClose() 360
redisDelete() 357
redisExists() 357
redisGet() 357
redisHKeys() 358
redisHLen() 359
redisHMGet() 359
redisHSet() 358
redisHVals() 359
redisLLen() 360
redisSet() 356
Redis の操作 356
remove() 68
R_EmptyEnv 240
require() 80
reshape2 パッケージ 371
residual.scale 210
residuals() 283
right_join() 400
rlist パッケージ 405, 406
rlist パッケージを用いたネス
トされたデータの操作 405
rm() 68
RMarkdown パッケージ
478
RMySQL パッケージ 340
RODBC パッケージ 182,
340
rownames() 31
RPostgres パッケージ 340
Rprof() 421
rredis パッケージ 356
RSQLite パッケージ 317
RSQLServer パッケージ
340
RStudio 2, 7, 8
RStudio Server 14
Rtools 7
runif() 138, 139
rvest パッケージ 459

rvest パッケージを用いたウェ
ブスクレイピング 460

【S】

S3 276
S4 299
sample() 137
sapply() 145
save() 185
saveRDS() 183
sd() 141
se.fit 210
search() 80, 240
select() 399
selectorgadget 477
semi_join() 400
sep = 154
sessionInfo() 78
setClass() 299
setcolorder() 393
setDF() 392
setDT() 389, 392
setGeneric() 307
setkey() 385
setkeyv() 386
setnames() 392
setRefClass() 311
setwd() 61
shinydashboard パッケージ
498
Shiny アプリケーション 494
shiny パッケージ 494
skewness() 78
sprintf() 144, 160, 335
SQL 322, 375, 479
sqldf パッケージ 375
SQLite 317, 375
sqrt() 125
Stack Overflow 4
standardGeneric 307
stats パッケージ 81
stop() 55
stopCluster() 437
str() 65
stringr パッケージ 170
stringsAsFactors 50, 177
strptime() 164
strsplit() 158
subset() 364
substitute() 261
substr() 157, 372

```
summary()   50, 141, 209, 280
summaryRprof()   421
switch()   100
Sys.Date()   162
Sys.time()   162
system.time()   414
```

【T】

```
t()   34, 430
table()   137
tail()   277
tapply()   368
title()   189
tolower()   155
toupper()   155
transform()   366
tryCatch()   333
type = "l"   195
typeof()   113
```

【U】

```
ui   495
unbox()   343
uniroot()   132
unlist()   41
unloadNamespace()   83
update.packages()   76
```

【V】

```
vapply()   146
var()   141
```

【W】

```
which()   122
while ループ   107
with()   369
```

【X】

```
x.intersp   199
xlab   189
```
XLConnect パッケージ   182
```
xlim   189
```
XML(eXtensive Markup Language)   464, 479
XPath   464
XPath を用いたデータ抽出   462
xtable パッケージ   488

【Y】

```
y.intersp   199
ylab   189
ylim   189
```

【Z】

zoo パッケージ   371, 397

【ア】

値のみ取得   359
値を代入する   47
当てはめ値   283
アトミックベクトル   17
アンダースコア   89
一部のデータを変更した新しいデータフレームを作成   366
因子型   49
インデックス   348, 385
インデックスの作成および削除   348
円グラフ   202
エンクロージング環境   241
親環境   235
折れ線グラフ   195

【カ】

格納したハッシュマップの値を取得   358
確率分布   138
型   111, 113
環境   63, 233
環境ペイン   10
関数   52
関数の作成   53
関数の呼び出し   53
キーの存在を確認   357
基本環境   239
求根   131
キューの長さ   360
共分散行列   142
行方向に結合   50
行列   17, 30
行列からデータフレームを作成   43
行列からの部分集合の取得   31
行列積   33
行列として値を代入   48
行列としてデータフレームの部分集合をとる   45
行列を転置   34
極限関数   128

空環境   240
クエリ   322
クラス   113
グループ化を用いたデータの集約   387
クロージャ   244
グローバルオプション   58, 69
グローバル環境   63, 238
継承   296, 304
欠損値   123
欠損値が含まれている行を削除   367
決定木   213
言語オブジェクト   257
高階関数   144, 249
コピー修正   223
コンパイル   433

【サ】

サーチパス   80
サーバ   495
最尤推定   247
作業環境   58
作業スペース   58
作業ディレクトリ   58
削除   357
三角関数   127
残差   283
参照クラス   311
参照のセマンティクス   237
散布図   188
サンプル外予測   283
サンプル内予測   283
次元   115
実行環境   241
四分位点   141
集約演算子   352
順序付き因子型   322
順序付きレベル   322
条件式   85, 91
小単位（チャンク）   319
ショートカットキー   10
ジョン・チェンバース   17
シンボルオブジェクト   257
シンボルの削除   68
水平拡張性   340
数学関数   125
数値型ベクトル   18
スロット   300
正規表現   150, 167
正規分布   139

510　索　引

絶対パス　58
相関行列　142
総称関数　277, 306
相対パス　59

【タ】

対角行列　31
対象オブジェクトがリストであ
　るかどうかをチェック　41
代入式　85
多重ディスパッチ　299
遅延評価　217, 218
ディレクトリ構造　62
データ抽出結果の簡潔化　46
データテーブルにおける動的ス
　コープ　393
データテーブルの変形　390
データテーブルをデータフレー
　ムに変換　392
データの一貫性　332
データの格納　356
データフレーム　17, 42
データフレームから抽出　363
データフレームに対して列単位
　で要約統計量を算出　50
データフレームに列を追加　51
データフレームの行と列に名前
　をつける　43
データフレームの部分集合をと
　る　44
データフレームを結合　50,
　365
データフレームを作成　42
データフレームをデータテーブ
　ルに変換　392
データベースからテーブルを
　データフレームの形で取得
　320
データベースへのデータ保存
　337
データベースへの問い合わせ
　322
データを行単位で抽出（フィル
　タする）　47
データを取得　357
データをテーブルに追加　319
テーブルの存在有無　320
テーブル名を取得　320
統計量　140
動的型付け　54
動的スコーピング　268

動的スコープ　393
匿名関数　145
ドット (.)　89
ドットを用いてデータを指定
　403
トランザクション　332

【ナ】

名前オブジェクト　257
名前付きベクトル　25
日時オブジェクト　150

【ハ】

バイト型ベクトル　22
バイトコードコンパイラ　433
ハイパボリック関数　128
パイプライン　352
配列　17, 34
配列から部分集合をとる　36
配列を作成　35
箱ひげ図　206
バッククオート　89
パッケージ　73
パッケージペイン　12
ハッシュマップに格納されてい
　るフィールドの数を取得
　359
ハッシュマップのキーを取得
　358
ハッシュマップを格納　358
ハッシュマップをリストの形で
　取得　358
ヒストグラム　202
微積分　135
非標準評価　266, 364, 399
ビューワペイン　13
表現式　85
標準偏差　141
標本算術平均値　140
標本中央値　140
ファイルペイン　11
フィールド名（列名）　320
フェイルファーストの原則　81
複数のテーブルをデータベース
　に書き込む　318
複数のフィールドの値を取得
　359
複素数型ベクトル　22, 131
プリミティブ関数　428
ブレークポイント　10
プロジェクト　59

プロジェクトファイル　59
プロットペイン　11
プロトタイプ　302
分割したデータ（チャンク）単
　位でデータを処理　331
分散　141
並列最小値　129
並列最大値　129
並列処理　437, 442
ペイン　8
ベクトルから行列を作成　30
ベクトルの一部を抽出　22
ベクトルの変換　28
ベクトルをリストに変換　41
ヘルプペイン　12
棒グラフ　200

【マ】

マスキング　82
密度曲線　283
密度プロット　202
ミラーサイト　74
無限　126
無作為抽出　137
メソッド　277
メソッドディスパッチ　277
文字列　21, 150
文字列型ベクトル　21, 150

【ヤ】

有限　126
呼び出しオブジェクト　257
呼び出し環境　241

【ラ】

リサイクル処理　29
リスト　17, 36
リストからデータフレームに変
　換　43
リストから要素を抽出　37
リストとして値を代入　47
リストとしてデータフレームの
　部分集合をとる　44
リストの形でデータを入力
　359
リストを作成　37
リストをベクトルに変換　41
リレーショナルデータベース
　316, 317
履歴ペイン　10
累積和　413

ループ式　85, 102
レキシカルスコープ　231
列の順序を変更　393
列方向に結合する関数　50

列名を変更　392
レベル　49
連続一様分布　138
ロールバック　332

論理演算子　119
論理集約関数　121
論理値型ベクトル　20

〈訳者紹介〉

湯谷啓明（ゆたに ひろあき）

2012年東京大学大学院新領域創成科学研究科国際協力学専攻修士課程修了．
サイボウズ株式会社 SRE 兼株式会社ホクソエム執行役員．
著書に『R によるスクレイピング入門』C&R 研究所（共著，2017）．

松村杏子（まつむら きょうこ）

2014年東京工業大学社会理工学研究科社会工学専攻修士課程修了．
ヤフー株式会社データアナリスト．
著書に『データサイエンティストのための最新知識と実践 R ではじめよう！［モダン］なデータ分析』マイナビ出版（共著，2017）．

市川太祐（いちかわ だいすけ）

医師．東京大学大学院医学系研究科社会医学専攻医学博士課程在籍．
サスメド株式会社および株式会社ホクソエム所属．
著書に『R によるスクレイピング入門』C&R 研究所（共著，2017），『パーフェクト R』技術評論社（共著，2017），訳書に『データ分析プロジェクトの手引』共立出版（共訳，2017），『R 言語徹底解説』共立出版（共訳，2017）．

R プログラミング本格入門	原著者	Kun Ren	
―達人データサイエンティストへの道―	訳 者	湯谷啓明 松村杏子　ⓒ 2017 市川太祐	
原題：Learning R Programming: Become an efficient data scientist with R	監訳者	株式会社ホクソエム	
2017 年 11 月 25 日　初版 1 刷発行 2018 年 9 月 15 日　初版 2 刷発行	発行者	南條光章	

発行所　**共立出版株式会社**
〒 112–0006
東京都文京区小日向 4-6-19
電話番号 03-3947-2511（代表）
振替口座 00110-2-57035
http://www.kyoritsu-pub.co.jp/

印　刷　藤原印刷
製　本

一般社団法人
自然科学書協会
会員

検印廃止
NDC 417
ISBN 978–4–320–12426–4 ｜ Printed in Japan

JCOPY ＜出版者著作権管理機構委託出版物＞
本書の無断複製は著作権法上での例外を除き禁じられています．複製される場合は，そのつど事前に，出版者著作権管理機構（TEL：03-3513-6969，FAX：03-3513-6979，e-mail：info@jcopy.or.jp）の許諾を得てください．

Wonderful R

石田基広監修／市川太祐・高橋康介・高柳慎一・福島真太朗・松浦健太郎編集

本シリーズではR/RStudioの諸機能を活用することで，データの取得から前処理，そしてグラフィックス作成の手間が格段に改善されることを具体例にもとづき紹介している。さらにデータサイエンスが当然のスキルとして要求される時代にあって，データの何に注目しどのような手法をもって分析し，そして結果をどのようにアピールするのか，その方向性を示すことを本シリーズは目指している。

【各巻：B5判・並製本・税別本体価格】

❶ Rで楽しむ統計
奥村晴彦著

R言語の予備知識や統計学の知識なしで，R言語を使って楽しみながら統計学（主として古典的な部分）の要点を学習できる一冊。

【目次】Rで遊ぶ／統計の基礎／2項分布，検定，信頼区間／事件の起こる確率／分割表の解析／連続量の扱い方／相関／回帰分析／他

・・・・・・・・・・・・・・204頁・本体2,500円＋税・ISBN978-4-320-11241-4

❷ StanとRでベイズ統計モデリング
松浦健太郎著

現実のデータ解析を念頭に置いた，StanとRによるベイズ統計実践書。背景となる統計モデリングの考え方もていねいに記述。

【目次】導入編（統計モデリングとStanの概要他）／Stan入門編（基本的な回帰とモデルのチェック他）／発展編（回帰分析の悩みどころ他）

・・・・・・・・・・・・・・280頁・本体3,000円＋税・ISBN978-4-320-11242-1

❸ 再現可能性のすゝめ
―RStudioによるデータ解析とレポート作成―

高橋康介著

再現可能なデータ解析とレポート作成のプロセスを解説。再現性を高めるためにRStudioを使いこなしてRマークダウンをマスターしよう。

【目次】再現可能性のすゝめ／RStudioによる再現可能なデータ解析／他

・・・・・・・・・・・・・・184頁・本体2,500円＋税・ISBN978-4-320-11243-8

❖ 続刊テーマ ❖

自然科学研究レポートのためのR入門
　―Reproducible Research実践―・・・江口哲史著

データ生成メカニズムの
　実践ベイズ統計モデリング・・・・・・坂本次郎著

Rによるデータ解析のための前処理
　・・・・・・・・・・・・・・・・・・瓜生真也著

Rによる言語データ分析・・・・・・天野禎章著

データ分析者のための
　RによるWebアプリケーション・・・・牧山幸史著

リアルタイムアナリティクス・・・・・・安部晃生著

（書名，執筆者は変更される場合がございます）

http://www.kyoritsu-pub.co.jp/　　**共立出版**　　（価格は変更される場合がございます）